"十二五"职业教育国家规划教材
经全国职业教育教材审定委员会审定

通 信 技 术
精品系列教材

移动基站
设备与维护 第4版

魏红◎编著

人民邮电出版社
北 京

图书在版编目（CIP）数据

移动基站设备与维护 / 魏红编著. -- 4版. -- 北京：
人民邮电出版社，2023.7
通信技术精品系列教材
ISBN 978-7-115-61104-8

Ⅰ. ①移… Ⅱ. ①魏… Ⅲ. ①移动通信－通信设备－
维修－教材 Ⅳ. ①TN929.5

中国国家版本馆CIP数据核字(2023)第020343号

内 容 提 要

本书全面、系统地阐述现代移动基站的基本原理、基本技术和当今广泛使用的各类设备及维护技术规范，充分地介绍当代移动通信的新技术及其应用以及设备维护知识。全书共8章，包括移动通信系统概述、天馈系统（含塔桅）、基站主设备、分布系统、传输设备、通信电源设备、空调和动力环境监控系统以及基站建设维护规范。

本书内容结合当前基站 2G/3G/4G/5G 共存的综合维护需求，紧扣行业标准及规范，具有较强的实用性及系统性。本书可作为普通本科院校、高等职业院校通信专业的教材，也可作为相关培训课程的教材，还可作为从事通信行业相关工作的工程人员及维护人员的参考书。

◆ 编　著　魏　红

责任编辑　鹿　征

责任印制　王　郁　焦志炜

◆ 人民邮电出版社出版发行　北京市丰台区成寿寺路11号

邮编　100164　电子邮件　315@ptpress.com.cn

网址　https://www.ptpress.com.cn

固安县铭成印刷有限公司印刷

◆ 开本：787×1092　1/16

印张：18.5　　　　　　2023年7月第4版

字数：552千字　　　　2025年6月河北第3次印刷

定价：69.80元

读者服务热线：(010)81055256　印装质量热线：(010)81055316
反盗版热线：(010)81055315

2019 年 6 月，工业和信息化部颁发了 5G 牌照，我国正式开始建设、运营 5G 网络。由于 5G 网络使用的频段高，形成超密集异构网络，基站间最近距离可能只有几米，致使基站数量非常庞大。大量的基站建设和维护工作，需要大量的高素质综合维护人员。这些工作涉及天馈系统、基站主设备、分布系统、电源、传输、监控、空调和动力等多方面的内容。不同的地区或不同的运营商采用的设备不同，在维护中的规范也会有所区别，但基本的目的、要求和方法是相同的。基于上述情况，本书在第 3 版的基础上减少了直放站设备部分内容，适当增加与 5G 相关的设备、技术与应用等知识，更贴合教学的实际需求。

本书内容涉及基站机房应用的几乎所有系统和设备，包括天馈系统、基站主设备、分布系统、传输设备、通信电源设备、空调、监控设备等。本书在第 3 版的基础上，结合目前各运营商的全业务运营和 5G 建设等方面的需求调整了内容，主要介绍系统的基本原理和使用的技术，并以 1～2 种设备为例，介绍设备的维护常识和规范。本书在每章开篇给出学习任务，使学生能有目的地学习，进一步提高学生的学习动力，并在附录中提出实训项目开设建议。通过对本书的学习，学生可以掌握基站机房所配置设备应用的相关原理、设备结构及维护知识，为将来在网络运营及其他相关部门工作打下基础。

"推进职普融通、产教融合、科教融汇，优化职业教育类型定位"，"培养造就大批德才兼备的高素质人才，是国家和民族长远发展大计"，在党的二十大报告的指引下，本书在产教融合的背景下编写修订，介绍的设备均为运营商商用设备，案例来自一线及培训授课中的积累，并在细节处隐含素养教育内容，以实现培育深蕴技能匠心的技术专才的目标。

读者使用本书，需要有一定的电工电子基础知识、通信网络基础知识、移动通信基本原理与技术知识，了解基本的网络构成和一些常用的技术。书中各章节具有一定的独立性，不同院校可视具体情况节选参考，不会影响教学的完整性。

本书在编写过程中力求简单、全面地阐述各类基站机房设备的基本概念、基本原理、主要技术、设备结构和基本维护、建设规范，以方便学生掌握。各院校还可根据设备配备情况开设相应的实训项目，使学生对所学理论知识有更深刻的认识，并增强实践技能，提高学生的岗位适应能力。

　　本书提供配套的电子课件、教学大纲和习题答案，读者可在人邮教育社区（https://www.ryjiaoyu.com）网站注册、登录后下载。

　　在本书编写过程中，很多老师和企业专家提出了许多宝贵意见，给予了编者很大帮助，在此一并表示感谢。

编　者

于浙江邮电职业技术学院

2023 年 3 月

目 录 CONTENTS

01 第1章 移动通信系统概述

【主要内容】本章主要介绍与基站维护相关的商用移动通信系统的基本知识和主要技术，以及基站机房的设备配置。

【重点难点】基站机房的设备配置。

【学习任务】掌握移动通信系统的主要技术；理解各商用移动通信系统的网络结构及主要技术；掌握基站机房设备配置及各信号传输过程。

1.1 移动通信技术

移动通信系统由于采用无线接入技术，有许多与有线通信系统不一样的特点，需采用一系列的技术以解决系统中存在的问题。本节简单介绍移动通信系统采用的主要技术。

1. 移动通信的概念

移动通信是指通信双方中至少有一方在移动中进行信息交换的通信方式，可以是双向的，也可以是单向的。

移动通信的工作方式分为单工、半双工、双工。在全双工方式中，通信双方可以同时收发信号，即收发信机同时工作，这对使用电池供电的移动台（Mobile Station，MS）非常不利。基于这一情况，移动通信通常采用"准双工方式"，即仅在有信号需发射时打开发射机，而接收机常开，这样既可以为移动台省电，又可以减小空中干扰电平。

2. 移动通信的特点

移动通信是一种有线和无线结合的通信方式，其电波传播条件恶劣，存在着严重的多径衰落，需要系统设备具有良好的抗多径衰落能力和储备。移动通信系统在强干扰条件下工作，主要噪声为人为噪声，需要系统具有抗人为噪声的能力和储备。移动通信系统工作时，有 3 种干扰：互调干扰、邻道干扰和同频干扰。由于存在互调干扰，这要求设备具有良好的选择性；由于存在邻道干扰，这要求移动台采用自动功率控制（Automatic Power Control，APC）技术；由于存在同频干扰，这要求技术人员在组网和频率配置时予以充分的重视。在移动通信系统中，由于收发设备间存在着相对速度，会产生多普勒效应和频率偏移，因此需要采用锁相技术。在移动通信中，可能存在覆盖盲区和信号弱区，需要在组网、基站设置时予以重视。此外，在移动通信中，用户经常移动，与基站间没有固定联系，需要采用切换、位置登记、漫游、小区重选等跟踪交换技术。

3. 移动通信中使用的主要技术

移动通信系统采用的技术有同频复用、多信道共用、多址技术、切换、位置登记、漫游、分集、跳频、扩频、语音间断传输等。下面对部分主要技术进行具体介绍。

大型移动公网采用蜂窝小区制结构，同一无线区群中使用不同的频率；间隔一定的距离，在不同的无线区群中可重复使用相同的频率。另外，同一小区中的多个无线信道可以由多个用户共同享用，实现多信道共用，有效提高频率利用率。

为进一步扩大系统容量，移动通信采用了频分多址（Frequency Division Multiple Access，FDMA）、时分多址（Time Division Multiple Access，TDMA）、码分多址（Code Division Multiple Access，CDMA）等多址技术。其中，采用 CDMA 容量最大，其次是 TDMA，FDMA 最小，不同的系统可根据需要组合应用不同的多址技术。4G 采用资源分配粒度更小的多址技术，即子载波间隔为 15kHz 的正交频分多址（Orthogonal Frequency Division Multiple Access，OFDMA）。5G 则在 4G 采用的 OFDMA 前加了优化滤波器，并结合稀疏码分多址（Sparse Code Multiple Access，SCMA）技术，提供更大的系统容量。当然，在有效提高频率利用率、扩大系统容量的同时，必须采取相应的抗干扰、抗衰落措施，如分集、跳频、扩频等。

分集技术是在发送端把具有独立衰落特性的信号分散传输，接收端对多个接收信号进行集中合并处理，即在发送端分散传输，在接收端根据信号的某一特征量对应的衰落特性的独立性进行集中合并处理。常用的分集技术有极化分集、空间分集、时间分集、频率分集等。基站天线采用空间分集或极化分集，接收端均能获得约 5dB 的增益。

跳频是指同一移动台在不同时隙工作在不同的载频上，结合交织、信道编码等技术提高系统的抗衰落能力。

为了提高无线信道的利用率，减少空中干扰，为移动台节能，系统采用间断传输技术，仅在有信息需要发送时打开发射机。

在 CDMA 系统中，为了解决自干扰，需与扩频技术相结合。扩频是一种信号传输技术。CDMA 系统通常采用直接序列扩频（Direct sequence Spread spectrum，DS）方式，在发送端把信号与扩频码相乘以对信号进行频谱扩展，在接收端用和发送端完全相同的扩频码与信号相乘以进行解扩，从而增大有用信号和干扰信号的功率差，提高系统的抗干扰能力。

移动通信中，为解决邻道干扰问题，会采用功率控制技术。功率控制按方向划分可分为反向功控和前向功控，按移动台和基站是否同时参与划分可分为开环功控和闭环功控，按实现过程划分又可分为内环功控和外环功控：内环功控是指基站接收到移动台的信号后，将其强度与一个门限值（闭环门限）相比较，向移动台发送功率调整指令；而外环功控是指调整基站的接收信号的目标门限设定值，以满足误帧率（Frame Error Ratio，FER）要求。当实际接收的信号的 FER 高于（或低于）目标值时，基站就需要提高（或降低）闭环门限，以增大（或降低）移动台的反向功率。

为了保证通信不中断，当移动台从一个小区进入另一个小区时需进行频道转换，实现切换。当移动台待机，用户从一个小区进入另一个小区时，移动台需进行小区重选。为了能顺利找到移动中的用户，系统要求用户终端在开机或进入新的位置区域时进行位置登记。用户终端还具有漫游功能，即在用户终端离开注册入网的移动业务交换中心（Mobile service Switching Center，MSC）服务区时，在其他 MSC 区仍能入网使用。

1.2　移动通信系统

移动通信系统发展到现在已经历了五代，其中，第一代（1G）为模拟移动通信系统，第二代（2G）为数字移动通信系统，目前处于 2G、3G、4G 和 5G 共存阶段。2G 主要指 GSM 和 IS-95 CDMA 系统，3G 包括 WCDMA、CDMA2000 和 TD-SCDMA 系统，4G 包括 TD-LTE 和 FDD LTE 系统，5G 主要指

NR 系统。本节简单介绍目前商用的各移动通信系统的组成、主要技术和无线接口基本概念。

1.2.1　GSM

全球移动通信系统（Global System for Mobile Communication，GSM）是第二代数字移动通信系统，采用泛欧标准和开放式结构，各功能实体间采用标准化的接口规范。我国于 1994 年进行 GSM 的商用，采用 900MHz 和 1800MHz 频段。GSM900 采用了 890MHz～915MHz（上行）、935MHz～960MHz（下行）频段，DCS1800（Digital Cellular System at 1800MHz，1800MHz 数字蜂窝系统）采用了 1710MHz～1785MHz（上行）、1805MHz～1880MHz（下行）频段。在关闭模拟网后，部分原模拟网使用频段由 GSM 使用，形成了增强型全球移动通信系统（Extended GSM，EGSM）工作频段。

GSM 采用的主要技术和指标如下。

频道间隔：200kHz；双工间隔：45MHz（900MHz 系统）/95MHz（1800MHz 系统）；调制方式：高斯最小频移键控（Gaussian Minimum Frequency Shift Keying，GMSK）；语音编码方式：规则脉冲激励-长期预测（Regular Pulse Excited-Long Term Prediction，RPE-LTP），13kbit/s；多址技术：FDMA/TDMA（每载频 8 时隙）；双工方式：频分双工。

另外，GSM 中还采用了跳频、功率控制、语音间断传输、信道编码等技术以提高系统的性能。

1. GSM 的组成

GSM 包括网络子系统（Network Subsystem，NSS）、基站子系统（Base Station Subsystem，BSS）、操作维护子系统（Operation Subsystem，OSS）和移动台 4 个组成部分，其基本结构如图 1-1 所示。

图 1-1 中，MS 为移动台，BTS（Base Transceiver Station）为基站收发信机，BSC（Base Station Controller）为基站控制器，MSC 为移动业

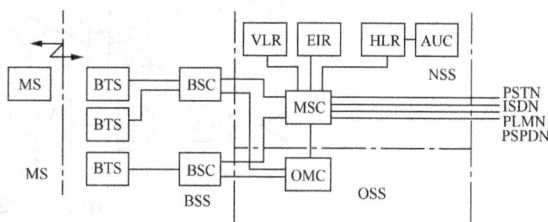

图 1-1　GSM 基本结构

务交换中心，EIR（Equipment Identity Register）为移动设备识别寄存器，VLR（Visitor Location Register）为访问位置寄存器，HLR（Home Location Register）为归属位置寄存器，AUC（Authentication Center）为鉴权中心，OMC（Operation Maintenance Center）为操作维护中心，ISDN（Integrated Services Digital Network）为综合业务数字网，PLMN（Public Land Mobile Network）为公共陆地移动网，PSTN（Public Switched Telephone Network）为公用电话交换网，PSPDN（Packet Switched Public Data Network）为分组交换公用数据网。一般情况下，MSC 与 VLR 常集成在一起，表示为 MSC/VLR；HLR 与 AUC 常集成在一起，表示为 HLR/AUC。

各组成部分功能详见【拓展内容 1　GSM 系统各组成部分功能】。

2. GSM 网络结构

我国的 GSM 网络采用二、三级混合结构，在无线区域覆盖时采用无线小区、基站小区、位置区、MSC 服务区、PLMN 服务区、GSM 服务区的层次结构，如图 1-2 所示。

3. GSM 中的接口

GSM 对各功能实体间的接口进行了具体的定义，如图 1-3 所示。与 BSS 密切相关的接口主要有 A 接口（MSC 与 BSC 间的接口）、Abis 接口（BSC 与 BTS 间的接口，是非标准接口，由厂家自定义）、Um 接口（BTS 与 MS 间的接口）。

拓展内容 1　GSM 系统各组成部分功能

GSM 终端设备信号的处理过程与移动台类似，只是移动台中的发送信号来自话筒，而系统终端的发送信号（64kbit/s 的信号）是来自交换机数据经对数线性变换器转换成的 8kHz（13bit）的信号。GSM 移动台原理如图 1-4 所示。

移动基站设备与维护（第4版）

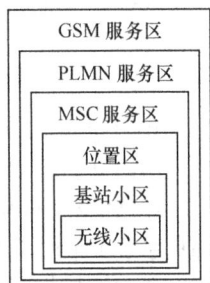

图 1-2　无线区域覆盖结构

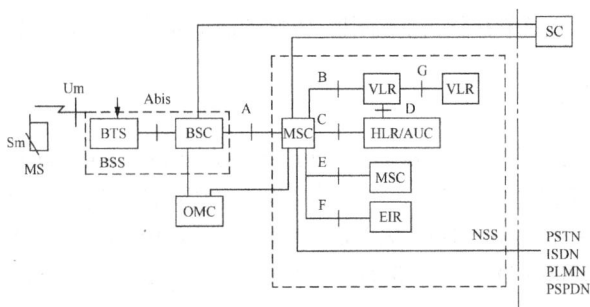

图 1-3　GSM 中的接口

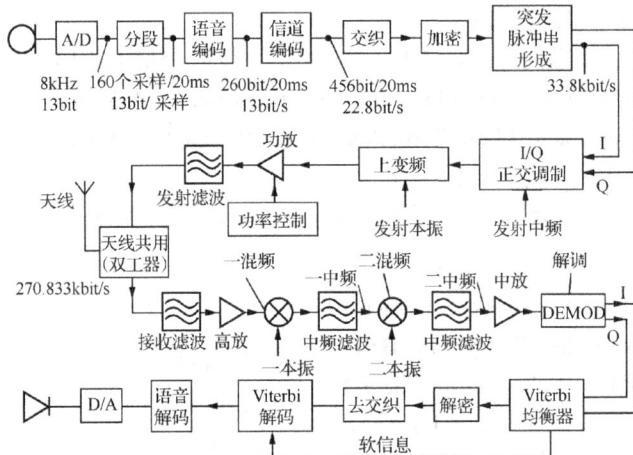

图 1-4　GSM 移动台原理

发送部分：将模数转换（Analog-to-Digital Conversion，ADC）后的 8kHz（13bit）的均匀量化数字信号按 20ms 分段，每 20ms 段 160 个采样；分段后按有声段和无声段对信号进行分开处理，有声段进行后续的语音编码处理，无声段按语音间断传输的要求处理；数字信号经过信道编码、交织、加密、突发脉冲串形成、调制、上变频、功率放大等后，由天线发射出去。

GSM 采用间断传输（Discontinuous Transmission，DTX）方式，在语音信号分段后，按有声段和无声段分开进行信号处理。处理无声段并不是简单地关闭发射机，而是要求在发射机关闭之前，必须把发送端背景噪声参数形成静寂描述帧（Silence Description，SID）传送给接收端，接收端利用这些参数合成与发送端类似的噪声（通常称为"舒适噪声"）。为了完成语音信号间断传输，在发送端应有语音活动检测器、对背景噪声的评价，而接收端应有噪声发生器。

接收部分：从天线接收的射频（Radio Frequency，RF）信号经双工器进入接收通道，高频放大后经一混频、二混频得到中频信号，数字解调后进行 Viterbi（维特比）均衡、解密、去交织、信道解码等，恢复出数字化语音信号。

在 BSS 中，语音编码过程在 BSC 侧完成，其余数字信号处理和射频部分信号处理则在 BTS 中进行。另外，由于基站需要多发射机共用天线、收发信机共用天线，因此天线共用部分包括合路器和双工器。

GSM 无线接口信道配置和帧结构详见【拓展内容 2　GSM 无线接口信道配置和帧结构】。

拓展内容 2　GSM 无线接口信道配置和帧结构

4. 频率复用

频率复用技术是指同一载波的无线信道用于覆盖相隔一定距离的不同区域，相当于频率资源获得

4

再生。移动通信系统的典型配置采用 4×3 频率复用方式,即每 4 个基站为一群,每个基站小区分成三叶草形的 3 个 60° 扇区或 3 个 120° 扇区。移动通信系统采用等间隔信道配置的方法。

GSM900 总共 25MHz 带宽,载频间隔 200kHz,频道序号为 1~124。频道序号和频道标称中心的频率关系为:上行频率 $f_l(n)=890.2+(n-1)×0.2$(MHz);下行频率 $f_h(n)=935.2+(n-1)×0.2$(MHz)。

因双工间隔为 45MHz,所以其下行频率可用上行频率加双工间隔计算,为 $f_h(n)=f_l(n)+45$(MHz)。

重点提示 在 GSM 中,一个载频频道包含 8 个信道(时隙),信道和频道是不同的概念。但在实际工作中,常把频道(频点)称为信道,在应用时需要加以区分。

DCS1800 总共 75MHz 带宽,载频间隔 200kHz,频道序号为 512~885。频道序号和频道标称中心的频率关系为:上行频率 $f_l(n)=1710.2+(n-512)×0.2$(MHz);下行频率 $f_h(n)=1805.2+(n-512)×0.2$(MHz)。
与 GSM900 类似,根据上下行双工间隔,下行频率计算公式为: $f_h(n)=f_l(n)+95$(MHz)。

1.2.2 TD-SCDMA 系统

时分-同步码分多址接入(Time Division-Sync Code Division Multiple Access,TD-SCDMA)系统由我国提出,是 3G 三大主流标准之一,可基于 GSM 演进。TD-SCDMA 是一个时分双工(Time Division Duplexing,TDD)的同步 CDMA 系统,软件和帧结构的设计实现了严格的上行同步,与其他 3G 标准相比,其具有频谱分配灵活、频谱利用率高、更适合非对称业务的特点。

1. TD-SCDMA 系统采用的主要技术与指标

TD-SCDMA 系统采用的主要技术与指标如下。
码片速率:1.28Mchip/s;带宽:1.6MHz;双工方式:TDD;多址技术:TDMA、CDMA、FDMA、SDMA(Space Division Multiple Access,空分复用接入);调制方式:四相移相键控(Quaternary Phase Shift Keying,QPSK)、8PSK、正交振幅调制(Quadrature Amplitude Modulation,QAM)等;扩频方式:直接序列扩频;支持基站间同步工作。另外,TD-SCDMA 系统还采用了智能天线、软件无线电、接力切换、联合检测及动态信道分配等技术来提高系统的性能。

2. TD-SCDMA 系统的组成

TD-SCDMA 系统由核心网(Core Network,CN)、通用电信无线接入网(Universal Telecommunication Radio Access Network,UTRAN)和用户设备(User Equipment,UE)组成,如图 1-5 所示。图中,NodeB(Node Base Station)是基站节点,RNC(Radio Network Controller)是无线网络控制器,MGW(Media Gateway)是媒体网关,RNS(Radio Network Subsystem)是无线网络子系统,Iu、Iub、Iur、Uu、Cu 分别是各设备间的接口。

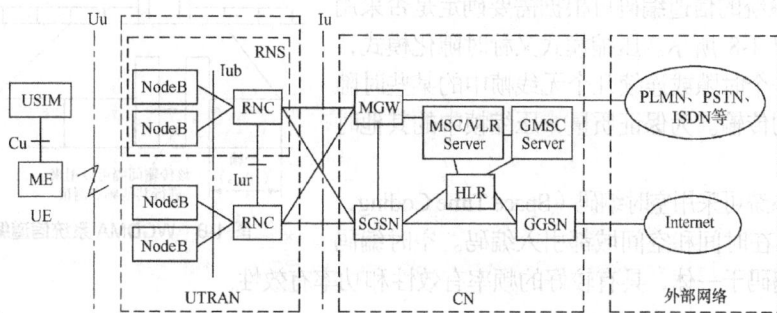

图 1-5 TD-SCDMA 系统组成

3. TD-SCDMA 系统的空中接口

TD-SCDMA 系统的空中接口采用 TDD 方式和 TDMA、CDMA 等多址技术。TD-SCDMA 系统的物理信道由码、频率和时隙共同定义。为及时定位移动台，接口把一个 10ms 的帧分成两个 5ms 的子帧。如图 1-6 所示，TD-SCDMA 子帧由 7 个业务时隙、1 个下行导频时隙（Downlink Pilot Time Slot，DwPTS）、1 个上行

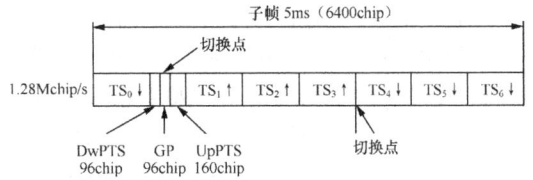

图 1-6　TD-SCDMA 子帧结构

导频时隙（Uplink Pilot Time Slot，UpPTS）和 1 个保护间隔（Guard Period，GP）组成，业务时隙的上下行随着切换点位置的移动改变比例，以适应不对称业务的需求。

TD-SCDMA 系统还定义了逻辑信道和传输信道。逻辑信道描述传送什么类型的信息，传输信道描述信息如何传输；逻辑信道会映射到传输信道，而传输信道会映射到物理信道以传送信息。TD-SCDMA 无线接口信道配置详见【拓展内容 2　GSM 无线接口信道配置和帧结构】。TD-SCDMA 系统的各类信道及映射关系如图 1-7 所示。

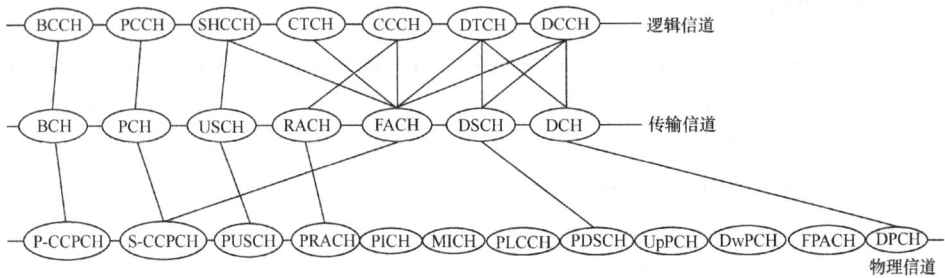

图 1-7　TD-SCDMA 系统的各类信道及映射关系

1.2.3　WCDMA 系统

宽带码分多址（Wideband Code Division Multiple Access，WCDMA）系统是基于 GSM 演进的 3G 标准，可采用 FDD 或 TDD 方式（此处主要介绍 FDD 方式）。WCDMA 系统组成与 TD-SCDMA 系统相同，如图 1-5 所示。

1. WCDMA 系统的主要技术和指标

WCDMA 系统采用的主要技术与指标如下。

码片速率：3.84Mchip/s；带宽：5MHz；调制方式：BPSK、QPSK；双工方式：FDD；多址技术：TDMA、CDMA；扩频方式：直接序列扩频；语音编码：自适应多速率（Adaptive Multi-Rate，AMR）；支持异步和同步的基站运行；支持下行发射分集，以增大系统下行链路容量。

WCDMA 系统的信道编码可根据需要确定是否采用压缩模式，如图 1-8 所示。压缩模式又称时隙化模式，其指一帧中的一个时隙或连续几个无线帧中的某些时隙不被用于数据的传输。为保证质量，压缩帧中的其他时隙的功率增加。

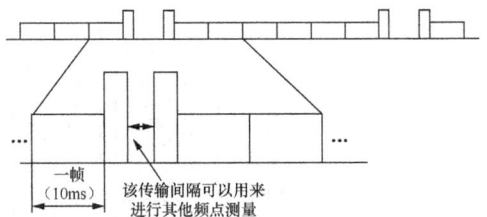

图 1-8　WCDMA 系统信道编码压缩模式

WCDMA 系统可采用空时编码（Space Time Coding，STC）技术，即在时间和空间域都引入编码。空时编码集发射分集和编码于一体，具有较好的频率有效性和功率有效性。

2. WCDMA 系统的空中接口

WCDMA 系统物理信道由载频、扰码、信道化码和相位定义，15 个时隙构成一个无线帧。WCDMA

系统与 TD-SCDMA 系统一样，也定义了逻辑信道和传输信道，WCDMA 无线接口信道配置详见【拓展内容 2　GSM 无线接口信道配置和帧结构】。各信道间的映射关系如图 1-9 所示。

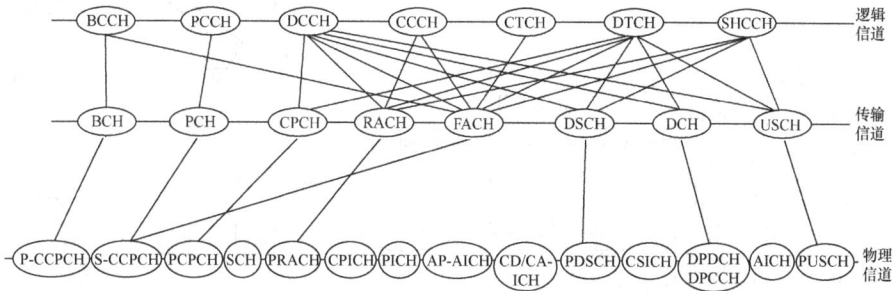

图 1-9　WCDMA 系统的各类信道及映射关系

1.2.4　CDMA2000 系统

CDMA2000 系统是基于 IS-95CDMA 系统演进的 3G 标准，采用 FDD 方式，主要技术特点有上行链路相干接收、下行链路发射分集、基站采用全球定位系统（Global Positioning System，GPS）同步、前向/后向兼容性好等。为了进一步满足用户对高速数据和语音业务的需求，CDMA2000.1x 系统的发展、演进经历了 CDMA2000.1x EV-DO（仅提供数据业务，不兼容 CDMA2000.1x 系统）及 CDMA2000.1x EV-DV（提供语音和数据业务，兼容 CDMA2000.1x 系统）。

1. CDMA2000.1x 系统的主要技术和指标

CDMA2000.1x 系统采用的主要技术与指标如下。

码片速率：1.2288Mchip/s；带宽：1.25MHz；调制方式：BPSK（上行）、QPSK（下行）；双工方式：FDD；多址技术：FDMA、CDMA；支持同步基站运行；支持下行发射分集，以增大系统下行链路容量。

CDMA2000.1x EV-DO 的功率控制方式与 CDMA2000.1x系统的不同，主要在于基站在所有时间内发送固定数量的功率。当移动台远离基站时，移动台接收的功率降低，为保证通信质量，基站不增加发射功率，而是降低发送给这些移动台的数据率，如图 1-10 所示。

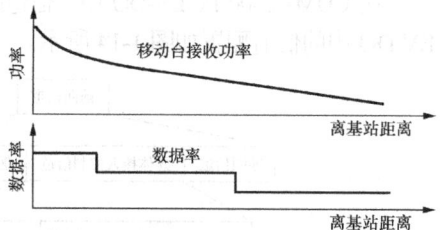

图 1-10　CDMA2000.1x EV-DO 中基站控制数据率的方式

2. CDMA2000.1x 系统的网络结构

CDMA2000.1x 系统的网络结构如图 1-11 所示。为提供高速分组数据传送能力，核心网侧增加了分组控制功能（Packet Control Function，PCF）、分组数据服务节点（Packet Data Service Node，PDSN）和相关接口。图中 AAA（Authentication Authorization and Accounting）是认证、授权与计费服务器，A1～A11 分别为各网元间的接口。

当 CDMA2000.1x EV-DO 提供移动 IP 接入方式时，由归属代理（Home Agent，HA）和外部代理（Foreign Agent，FA）协调工作，实现不改变 IP 地址的移动用户漫游接入，如图 1-12 所示。当 MS 从源 PDSN（Home）进入未知 PDSN（Foreign）时，需向未知网络上的 FA 注册，未知网络上的 FA 会给它分配一个临时 IP 地址 T，并向该 MS 的 HA 注册其临时地址。因 MS 发送的分组具有正确的目的地址 S，会正确到达服务器。服务器发给 MS 仍使用 MS 的 IP 地址 M，该分组到达 MS 的源 IP 网络后，被该 MS 的 HA 截获并转发到未知 IP 网络的 FA。未知 IP 网络的 FA 接收到分组，将其发往 MS。

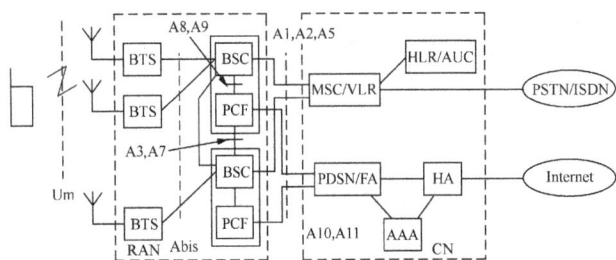

图 1-11 CDMA2000.1x 系统的网络结构

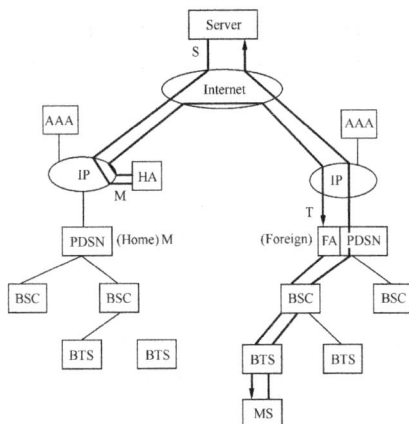

图 1-12 CDMA2000.1x EV-DO 移动 IP 接入

3. CDMA2000.1x 系统的空中接口

CDMA2000.1x 系统定义了物理信道和逻辑信道，基站发给移动台的前向信道和移动台发给基站的反向信道有不同的无线配置，但相互关联。CDMA2000.1x 无线接口信道配置详见【拓展内容 2 GSM 无线接口信道配置和帧结构】。CDMA2000.1x 中逻辑信道到物理信道的映射关系如图 1-13 所示。

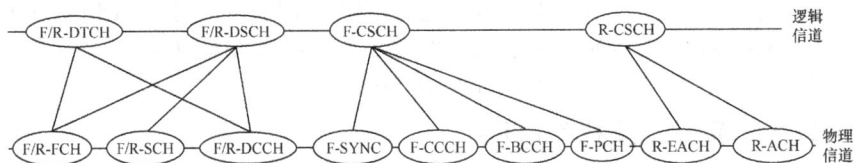

图 1-13 CDMA2000.1x 中逻辑信道到物理信道的映射关系

在 CDMA2000.1x EV-DO 中，信道的配置与 CDMA2000.1x 系统中有着明显的区别，CDMA2000.1x EV-DO 中的信道配置如图 1-14 所示。

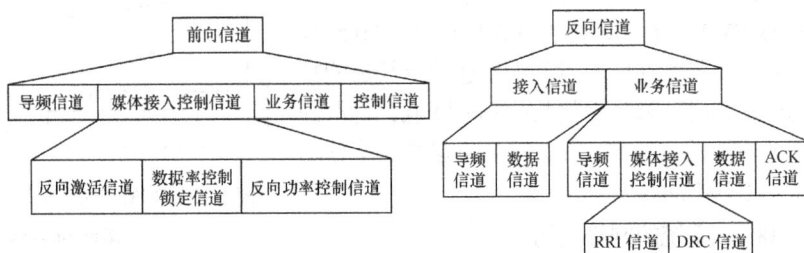

图 1-14 CDMA2000.1x EV-DO 中的信道配置

1.2.5 LTE-A 系统

长期演进技术（Long Term Evolution，LTE）为基于通用移动电信系统无线接入网（Universal Mobile Telecommunications System Radio Access Network，UMTS RAN）演进的技术，其演进的核心网称为演进的分组核心网（Evolved Packet Core network，EPC）。LTE 的目标是提供更好的网络性能并减少无线接入成本，是一个新设计的无线接口。较之前的移动通信系统而言，LTE 可以显著地提升频谱效率并降低延时。LTE-Advanced（LTE-A）系统是 LTE 系统的演进，是真正的 4G 标准。LTE-A 系统的网络结构和空中接口相较于 LTE 系统几乎没有变化，只是采用了一些新的技术提高了系统的主要性能指标。

1. LTE-A 系统的主要技术和指标

LTE-A 系统通过采用频谱聚合技术，最大支持 100MHz 的系统带宽；进行载波聚合的各单元载波可有不同的带宽，在频率上可以是连续的，也可以是非连续的，以支持灵活的频率使用方法；峰值数据传输速率进一步增大，设计的系统峰值速率下行超过 1Gbit/s，上行超过 500Mbit/s，实际达到的性能效果远超过指标要求，在使用最大的 100MHz 带宽，下行 8×8、上行 4×4 多天线配置的情况下，峰值速率下行超过 3Gbit/s，上行超过 1.5Gbit/s；在使用两个收发天线的情况下，频谱效率可达单天线高速下行链路分组接入（High Speed Downlink Packet Access，HSDPA）的 3~4 倍，单天线高速上行链路分组接入（High Speed Uplink Packet Access，HSUPA）的 2~3 倍；进一步降低了控制面时延，从驻留状态到连接状态的转换时间要求小于 50ms；进一步强调了重点优化低速（0~10km/h）移动环境中的系统性能；针对不同的覆盖范围提出不同的服务质量要求，小区覆盖半径在 5km 以下时满足 LTE 的所有性能要求，5~30km 的小区覆盖半径可允许一定的性能损失，能支持半径约 100km 的小区覆盖。

LTE-A 系统采用的新技术包括载波聚合、异构网络、增强的多天线技术和中继技术等，系统各方面的性能指标提升到了一个新的高度。

长期演进语音承载（Voice over Long-Term Evolution，VoLTE）是 3GPP 标准定义的基于 IP 多媒体子系统（IP Multimedia Subsystems，IMS）网络的 LTE 语音解决方案。通过 IMS 网络，LTE-A 系统可以实现无缝地继承传统的语音、短消息业务，还可以将语音通话与丰富的增强功能相整合，提供多样化的服务。

2. LTE-A 系统的网络结构

LTE 系统的网络结构最大特点就是"扁平化"，具体表现为：取消了无线网络控制器，无线接入网只保留基站节点；取消了核心网电路域的移动交换中心服务器（MSC Server）和媒体网关，语音业务由 IP 承载；核心网分组域采用类似软交换的架构，实行承载与业务分离的策略；承载网络全 IP 化。LTE-A 的网络结构与 LTE 一样，没有变化。

LTE 系统的网络结构包括核心网 EPC 和无线接入网 E-UTRAN（Evolved Universal Terrestrial Radio Access Network，演进的通用电信无线接入网）两部分，如图 1-15 所示。LTE 无线侧系统基本架构如图 1-16 所示。图中，MME（Mobility Management Entity）即移动性管理功能实体，是 EPC 的主要控制单元，负责网络中的移动性管理功能；PGW（PDN GateWay）即分组数据网关，是 UE 连接外部 IP 网络的网关，是 EPS 和外部分组数据网间的边界路由器，是用户数据出入外部 IP 网络的节点；SGW（Serving GateWay）即服务网关，只负责管理本身的资源，并基于 MME、PGW 或策略与计费规则功能（Policy and Charging Rules Function，PCRF）单元的请求进行资源分配。E-UTRAN 由多个 eNodeB（Evolved NodeB，演进的 NodeB）组成，eNodeB 之间通过 X2 接口，采用网格（Mesh）方式互联。同时 eNodeB 通过 S1 接口与 EPC 连接，S1 接口支持 GWs 和 eNodeB 多对多的连接关系。

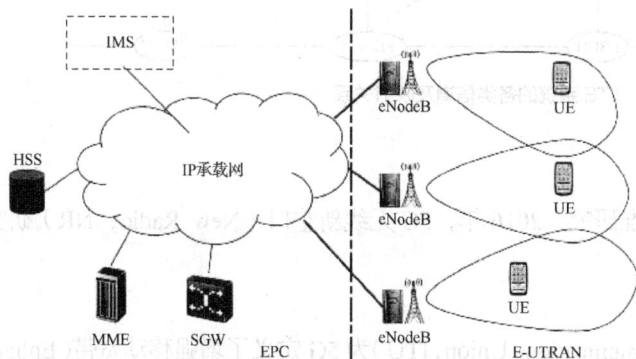

图 1-15 LTE 系统的扁平化结构

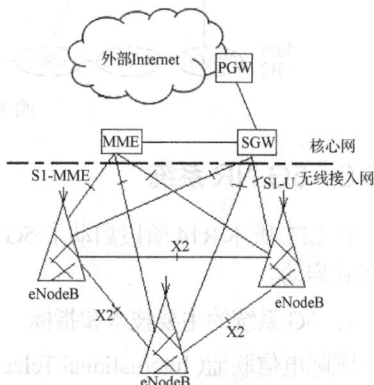

图 1-16 LTE 无线侧系统基本架构

3. LTE-A 系统的空中接口

LTE-A 系统的空中接口也与 LTE 系统的类似。LTE 系统定义了两种帧结构，帧结构类型 1（见

图 1-17）适用于全双工或半双工的 FDD LTE 系统，帧结构类型 2（见图 1-18）适用于 TDD LTE 系统。LTE-A 的空中接口也没有变化，与 LTE 一样。

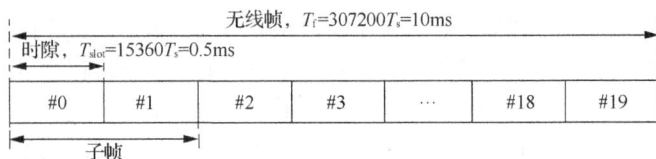

图1-17　LTE系统帧结构类型1

帧结构类型 1 的每个无线帧长 T_f=307200×T_s=10（ms），一个无线帧包括 20 个时隙，每个时隙长 T_{slot}=15360×T_s=0.5（ms），一个子帧定义为两个连续时隙。对于 FDD LTE，通过频域来隔离上下行传输，10 个子帧全部用于下行链路传输或上行链路传输。

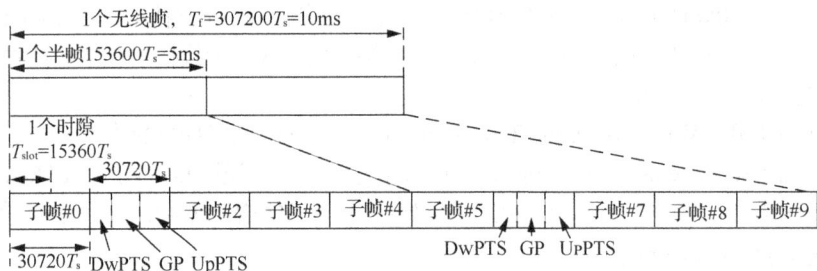

图 1-18　LTE 系统帧结构类型 2

帧结构类型 2 中，一个 10ms 的无线帧分为两个 5ms 的半帧。每个半帧由 5 个长度为 1ms 的子帧组成。子帧有普通子帧和特殊子帧之分，普通子帧由两个时隙组成，特殊子帧由 3 个时隙（UpPTS、GP、DwPTS）组成。

LTE 系统无线接口信道配置详见【拓展内容 2　GSM 无线接口信道配置和帧结构】。LTE 系统的各类信道及映射关系如图 1-19 所示。

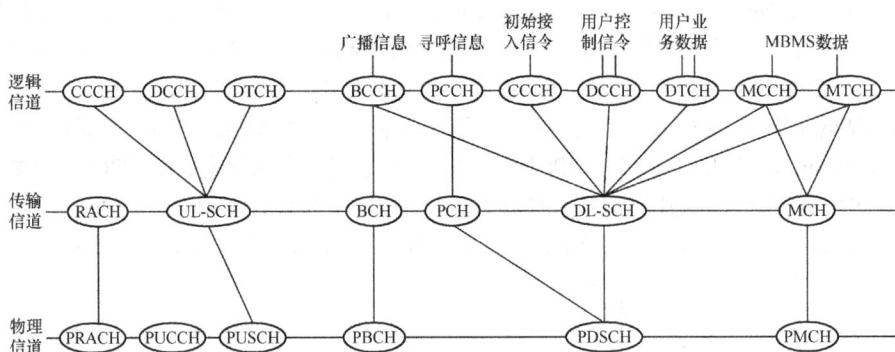

图 1-19　LTE 系统的各类信道及映射关系

1.2.6　5G NR 系统

在 LTE 版本 R14 阶段启动了 5G 标准研究，2016 年，5G 无线新空口（New Radio，NR）研究项目正式启动。

1. 5G 系统的主要技术和指标

国际电信联盟（International Telecommunications Union，ITU）为 5G 定义了增强移动宽带（Enhanced Mobile Broadband，eMBB）、海量机器类通信（Massive Machine Type Communication，mMTC）、高可靠低时延通信（Ultra Reliable & Low Latency Communication，uRLLC）三大应用场景。eMBB 典型应用包括超高清视频、虚拟现实（Virtual Reality，VR）、增强现实（Augment Reality，AR）等，关键的性能指标包括 100Mbit/s 用户体验速率（热点场景可达 1Gbit/s）、数十吉比特每秒峰值速率、每平方千

米数十太比特每秒的流量密度、500km/h 以上的移动性。mMTC 典型应用包括智慧城市、智能家居等。这类应用对连接密度要求较高，同时呈现行业多样性和差异化。uRLLC 典型应用包括工业控制、无人机控制、智能驾驶控制等，这类场景聚焦对时延极其敏感的业务，高可靠性也是其基本要求。不同于 3G、4G，5G 是一种附能工具，可实现物联、"5G+"万物互联、智能应用（5G 实时视觉识别、智能魔镜、智能家居、智慧城市、智能物流等）。

5G 的关键性能指标如图 1-20 所示。

5G 网络是多种接入技术融合的网络，遵循多网协同的原则，即 5G、4G、无线局域网（Wireless Local Area Network，WLAN）等网络共同满足多场景的需求，实现室内外网络协同；同时保证现有业务的平滑过渡，不造成现网业务中断和缺失。5G 应用的关键技术包括大规模天线技术（Massive MIMO）、新型多址接入（包括过滤正交频分复用和稀疏码分多址技术）、新型编码调制［包括用于 eMBB 场景中控制信道采用的极化码（Polar Code）和大数据业务信道采用的低密度奇偶校验码（Low Density Parity Check Code，LDPC）］、同时同频全双工（Co-time Co-frequency Full Duplex，CCFD）、超密集组网、网络功能虚拟化（Network Function Virtualization，NFV）和软件定义网络（Software Defined Network，SDN）等。

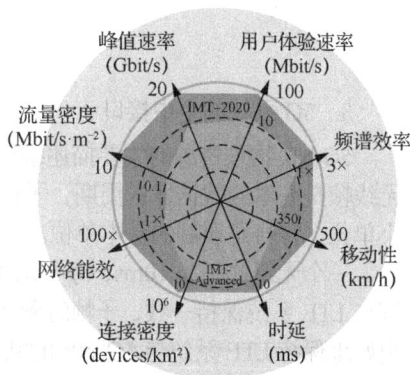

图 1-20　5G 关键性能指标

2. 5G 系统的网络结构

5G 网络结构如图 1-21 所示。与 LTE 系统的网络结构相比，5G NR 重新定义了核心网元（AMF/UPF）和接口（Xn/NG）。5G 核心网对控制平面的逻辑功能进行了细分，将接入和移动性管理功能（Access and Mobility Management Function，AMF）和信令管理功能（Signaling Management Function，SMF）分离为两个逻辑节点。5G 网络由 5G 核心网（5G Core Network，5GC）和下一代无线接入网（Next Generation Radio Access Network，NG-RAN）组成。NG-RAN 由基站 gNB 与 NG-eNB 组成；5G 核心网由 AMF、用户平面功能（User Plane Function，UPF）组成。gNB 与 NG-eNB 之间的接口为 Xn 接口，支持数据和信令传输；5GC 与 gNB、NG-eNB 间的接口为 NG 接口。gNB 为下一代基；AMF 负责控制平面的移动和接入管理，代替了 4G 中的 MME；UPF 负责用户平面，代替了 4G 中的 SGW 和 PGW。

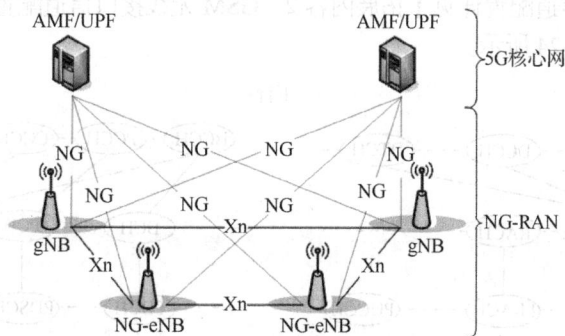

图 1-21　5G 网络结构

5G 在不同的发展阶段有不同的组网优化选项。5G 组网架构分为非独立（Non-StandAlone，NSA）组网和独立（StandAlone，SA）组网两种，采用 NR。NSA 由 NR+EPC 构成，结合组网技术实现两个制式的协同；SA 由 NR+NG 构成，如图 1-22 所示。

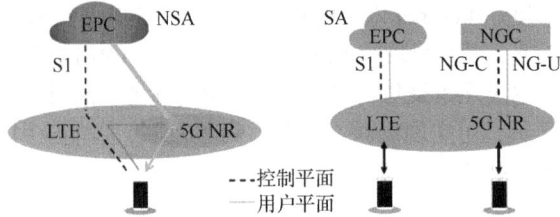

图 1-22　NSA/SA 组网架构

3. 5G 系统的空中接口

5G NR 物理资源的主要描述维度与 LTE 系统基本相同。时域资源包括无线帧、子帧、时隙、符号。无线帧是基本的数据发送周期，子帧是上下行的分配单位（TDD 方式），时隙是数据调度和同步的最小单位，符号是调制的基本单位。

一个无线帧长为 10ms，每个无线帧由 10 个长度为 1ms 的子帧构成，FDD 无线帧和子帧分布及长度与 LTE 系统保持一致，子帧时隙的个数根据子载波间隔配置。无线帧和子帧的长度固定，从而可以更好地保持 LTE 系统与 5G NR 的共存。不同的是，5G NR 定义了灵活的子构架，时隙和字符长度可根据子载波间隔灵活定义，如图 1-23 所示。根据多数 μ（取值范围为 0~4）取值的变化，一个子帧包含 2^μ 个时隙。当采用普通循环前缀时，一个时隙包含 14 个 OFDM 符号；当采用扩展循环前缀时，一个时隙包含 14 个 OFDM 符号。

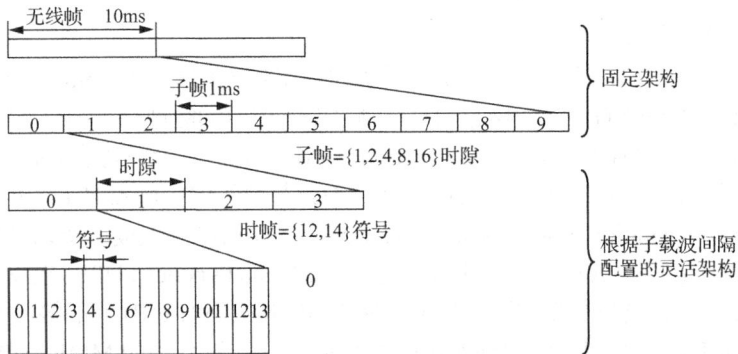

图 1-23　5G NR 帧结构

5G NR 中无线接口信道配置详见【拓展内容 2　GSM 无线接口信道配置和帧结构】。5G NR 的各类信道及映射关系如图 1-24 所示。

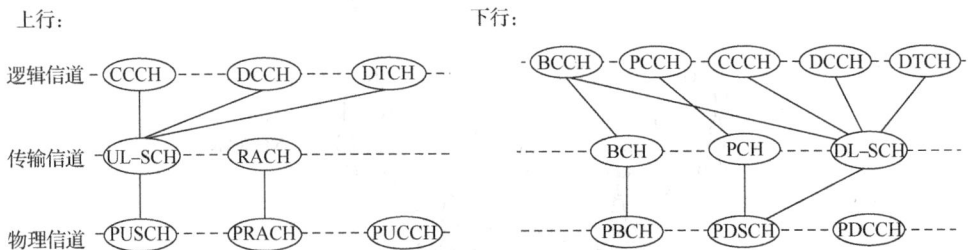

图 1-24　5G NR 的各类信道及映射关系

另外，为了解决 5G 在高频段工作时上行覆盖不足的问题，5G NR 上下行解耦定义了新的频谱配对方式，使下行数据在 3.5GHz、4.9GHz 等频段传输，而上行数据切换到 1.8GHz 等低频段传输。

5G 的基站功能重构为集中单元（Centralized Unit，CU）和分布单元（Distributed Unit，DU）两个

功能实体，CU 与 DU 功能以处理内容的实时性进行区分。CU 主要提供非实时的无线高层协议栈功能，同时支持部分核心网功能"下沉"和边缘应用业务的部署。DU 主要提供物理层功能和具有实时性需求的层 2 功能。考虑到节省远端射频单元（Remote Radio Unit，RRU）与 DU 间的传输资源，部分物理层功能也可上移至 RRU 实现。有源天线单元（Active Antenna Unit，AAU）在原室内基带单元（Building Baseband Unit，BBU）的基带功能部分上移，以减小 DU 与 RRU 之间的传输带宽。RAN 中采用了 CU/DU 高层逻辑分离的架构，其分离选项如图 1-25 所示。

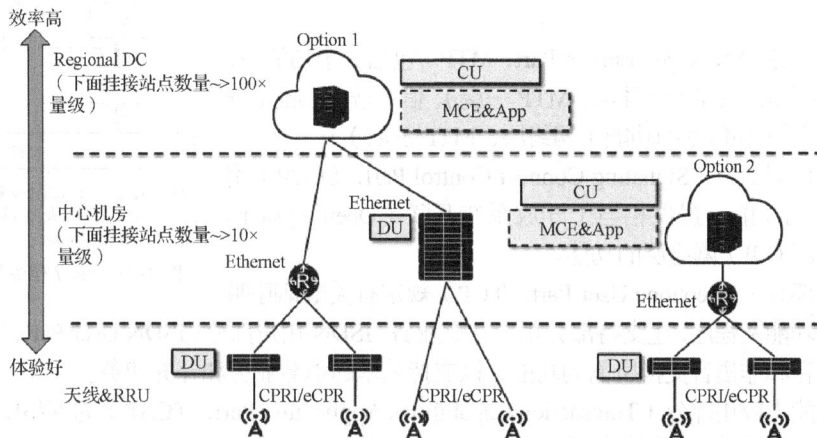

图 1-25　CU/DU 分离选项

如图 1-26 所示，在同一个 5G 网络中，运营商会把网络切片为智能交通、重大比赛、智能电表及车联网等多个不同的网络，开放给不同的用户，这样，切片网络在带宽、可靠性能力上有不同的保证，计费体系、管理体系也不同。在切片网络中，各个用户不是如 4G 一样都使用相同的网络、相同的服务，很多能力变得不可控。5G 切片网络可以向用户提供不同的网络、不同的管理、不同的服务、不同的计费，以使用户更好地使用 5G 网络。端到端网络切片架构在 RAN 侧实现切片感知和空口资源多切片共享，在核心网中实现根据不同用户情况的定制化，端到端控制平面、用户平面可根据业务发生要求动态部署。

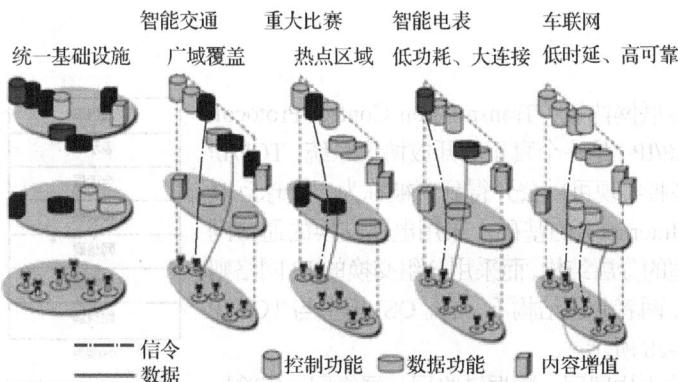

图 1-26　基于 SDN/NFV 的网络切片应用

1.3　移动通信系统中的信令

移动通信系统中的各功能实体间需要使用信令进行相互通信。在采用电路交换的 2G 和 3G 语音通信时代，主要使用的信令系统为 No.7 信令系统。而 4G、5G 的网络特点主要体现在 IP 化、融合化和扁平化方面。No.7 信令系统只在 HSS/HLR（HSS 即 Home Subscriber Server，归属签约用户服务）与

13

3G 网络、2G 网络的 No.7 信令系统互通时使用，其余信令均使用 IP，因此与 No.7 信令系统有关的信令转接点、信令点逐渐消失。本节将简单介绍 No.7 信令系统和 TCP/IP。

1.3.1 No.7 信令系统

No.7 信令系统以功能划分模块，各模块完成相对独立的功能，模块间靠原语传递各种业务信息和网络管理信息，其层次结构如图 1-27 所示。

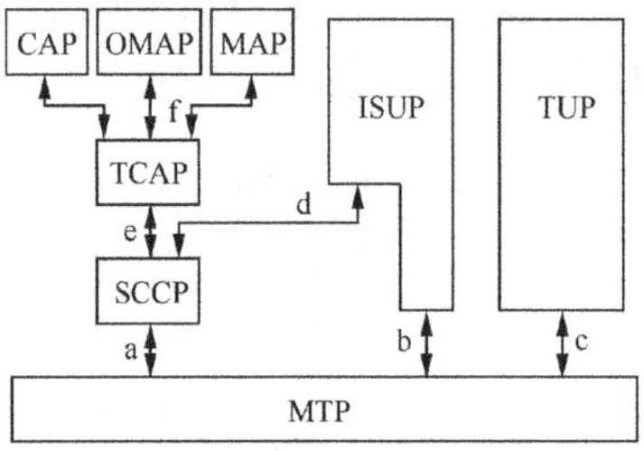

消息传递部分（Message Transfer Part，MTP）包括 3 个功能级，分别为信令数据链路功能（物理层，MTP 一层）、信令链路功能（链路层，MTP 二层）和信令网功能（网络层，MTP 三层）。

信令连接控制部分（Signaling Connect Control Part，SCCP）用于加强 MTP 的功能，提供相当于开放系统互联（Open Systems Interconnection，OSI）网络层的功能。

注：a、b、c 为 MTP 业务原语；
d、e 为网络业务原语；
f 为 TC 原语。

图 1-27 No.7 信令系统的层次结构

电话用户部分（Telephone User Part，TUP）规定有关电话呼叫建立和释放的功能及程序，还支持部分用户补充业务。ISDN 用户部分（ISDN User Part，ISUP）在 ISDN 环境中提供语音和非语音交换所需的功能，以支持基本的承载业务和补充业务。

事务处理能力应用部分（Transaction Capabilities Application Part，TCAP）为网络中一系列分散的应用业务相互通信提供一组规约和功能。

操作维护管理部分（Operations，Maintenance and Administration Part，OMAP）具有 No.7 信令系统的监视、测量及管理功能，还有协议测试及在线监视等功能。

移动应用部分（Mobile Application Part，MAP）提供移动网络特有的信令，如位置更新、用户漫游、呼叫控制等。移动网定制应用增强逻辑（Customized Applications of Mobile network Enhanced Logic，CAMEL）应用部分（CAMEL Application Part，CAP）提供的 CAMEL 业务是一种网络功能，而不是补充业务，采用智能网的原理，增加智能网的功能模块，即使用户漫游出归属 PLMN，运营商也可为用户提供特定的业务。

1.3.2 TCP/IP

传输控制协议/互联网协议（Transmission Control Protocol/Internet Protocol，TCP/IP）是一个真正的开放协议系统，TCP/IP 协议栈的定义及其多种实现可以公开得到，被称为"全球互联网"或"因特网"（Internet）的基础。采用电路交换的通信网络一般采用 OSI 模型的分层结构，而采用分组交换的 IP 网络则采用 TCP/IP 协议栈，两者分层结构不一样。OSI 模型与 TCP/IP 协议栈的比较如图 1-28 所示。

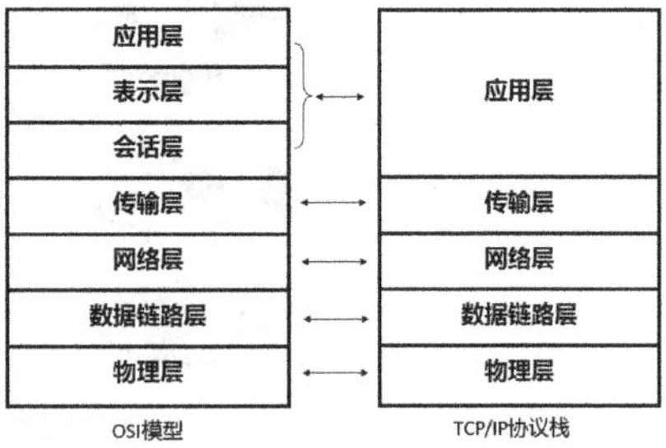

TCP/IP 协议栈分为物理层、数据链路层、网络层、传输层和应用层。各层功能和协议内容详见【拓展内容 3 TCP/IP 分层协议】。

图 1-28 OSI 模型与 TCP/IP 协议栈的比较

1.4 基站简介

基站作为移动通信系统为用户提供接入服务的系统终端设备，在不同的系统中称为 BTS、NodeB（简称 NB）、eNode（简称 eNB）或 gNodeB（简称 gNB）。本节

拓展内容 3
TCP/IP 分层协议

简单介绍基站机房中的基本设备配置及机房故障的处理流程。

1. 基站机房的基本配置

BSS 包括基站控制器（BSC）和基站收发信机（BTS）两部分，在基站中安装的主要是基站主设备 BTS，即基站主要提供系统与用户终端间的无线接口。作为一个基站，要提供可靠的通信服务，必须具有主设备、天馈系统、传输设备、开关电源、空调及监控系统等，基站机房配置如图 1-29 所示。用户信息和信令通过传输线由 BSC 经过传输设备和主设备相连，无线信号经主设备中的收发信机通过天馈系统收发。

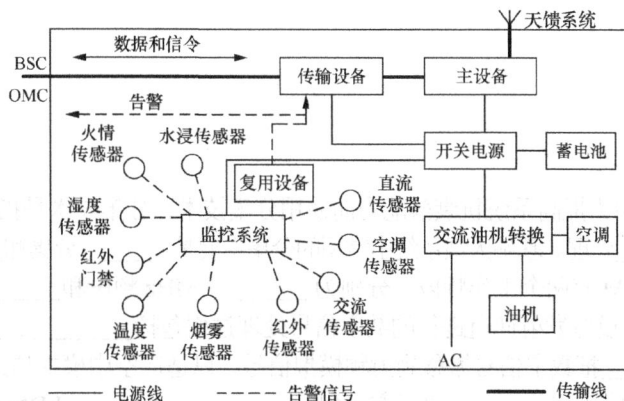

图 1-29 基站机房配置

电源可由交流（Alternating Current，AC）市电或油机提供，两者间用转换设备转换。交流电在开关电源中转换成稳定的直流电后提供给各直流用电设备，同时给蓄电池充电。在短暂停电时，蓄电池放电，通过开关电源给主设备、传输设备等供电。当油机开始发电后，即恢复至开关电源的交流供电模式。

监控系统主要完成对动力和环境的监控。早期，基站机房仅采用开关量监控，监控告警信号传至基站主设备，与主设备告警信号、传输设备告警信号一起经由传输设备送至 OMC，即占用 BTS 的 2Mbit/s 业务时隙传送。目前，基站采用模拟量监控，虽然仍有部分开关量监控信号，但监控信号均由监控主机通过复用设备送到传输设备，采用 2Mbit/s 独立组网传输，如图 1-29 所示。动力部分的监控设备主要包括交流、直流、空调等传感器，环境部分的监控设备包括水浸、火情、温度、湿度、烟雾、红外门禁等传感器。

相关知识 基站采用的监控方式有开关量监控方式和模拟量监控方式。开关量监控方式的信息量相对较少，占用 2Mbit/s 业务时隙传送；模拟量监控方式能反映监控指标的变化过程，信息量较大，主要采用 2Mbit/s 独立组网传输。

---

2. 基站故障时的处理流程

当基站故障时，处理顺序为：先电源，后传输设备，最后主设备。

对于电源部分，检查开关电源输出、设备电源输入（指示灯）；对于传输设备部分，在网管的配合下检查 SDH（Synchronous Digital Hierarchy，同步数字体系）或 PTN（Packet Transport Network，分组传送网）告警灯，进行远环/近环测试；对于主设备部分，检查连线、模块的工作状态，在网管配合下进行相应维护操作。

小结

移动通信系统由于采用无线接入技术，与有线通信系统相比有很多特点，需要采取相应的技术解决系统中存在的问题。为了提高系统的抗干扰和抗衰落能力，移动通信系统需采用如分集、扩频、跳频、功率控制等技术。

不同的移动通信系统由于采用的空中接口不同，分别采用不同的技术以提高系统性能，满足用户的业务需求。4G 系统主要采用 TCP/IP 协议栈，只在与 2G 和 3G 互通时才使用 No.7 信令系统。不同实体传送的信息不同，某些协议可用在不同的接口上，同一接口也可能用到多种协议。

基站要提供可靠的通信服务，必须具有主设备、天馈系统、传输设备、开关电源、空调及监控系统等部分。

习题

一、填空题

1. 移动通信系统中为提高系统抗衰落能力而使用分集技术，分集技术是指信号在发送端_____传输，在接收端_____处理。基站天馈系统中常用的分集主要是_____分集和_____分集。

2. 我国采用的 GSM 有两个工作频段，分别为_____ MHz 频段和_____MHz 频段。

3. GSM 基站 BTS 设备发射通道进行的数字信号处理过程包括_____、_____、加密、突发串形成，随后经_____把数字信号搬移到射频模拟信号，以适应空中模拟信道中的传输。

4. TD-SCDMA 系统采用_____双工方式和_____、_____、FDMA、SDMA 等多种多址技术。

5. WCDMA 系统信道编码可采用压缩模式，一帧中的一个或几个无线帧中的某些时隙_____传输，而压缩帧中的其他时隙_____增加。

6. CDMA2000.1x EV-DO 基站在所有时间内发送_____的功率。当移动台远离基站时，接收功率降低，基站降低发送给移动台的_____。

7. LTE 无线侧系统由多个_____组成，eNodeB 之间通过_____接口，采用网格方式互联。同时 eNodeB 通过_____接口与 EPC 连接，S1 接口支持 GWs 和 eNodeB 多对多的连接关系。

8. LTE 系统定义了两种帧结构，帧结构类型 1 适用于全双工或半双工的_____系统，帧结构类型 2 适用于_____系统。

9. ITU 为 5G 定义了_____、_____和 uRLLC 三大应用场景。

10. 5G NR 定义了灵活的子构架，_____和_____可根据子载波间隔灵活定义。

二、判断题

1. 移动通信系统都是双向工作的。　　　　　　　　　　　　　　　　（　　）
2. 准双工方式可以减小空中干扰电平。　　　　　　　　　　　　　　（　　）
3. 位置登记需在 HLR 中进行更新，在 VLR 中进行位置信息的存储。　（　　）
4. 漫游就是指移动台从一个小区进入另一个小区仍能继续使用。　　　（　　）
5. CDMA2000.1x EV-DO 可提供不更换 IP 地址的移动 IP 接入方式。　（　　）
6. 模拟量监控信息占用主设备的 2Mbit/s 业务时隙传送。　　　　　　（　　）
7. LTE 无线侧系统由 RNC 和 eNodeB 组成。　　　　　　　　　　　（　　）
8. LTE-A 系统采用了载波聚合、异构网络等新技术。　　　　　　　　（　　）
9. 5G NR 采用的仍是与 LTE 系统相同的固定帧结构。　　　　　　　（　　）
10. 5G 可采用基于 4G EPC 的非独立组网方式。　　　　　　　　　　（　　）

三、选择题

1. （　　）的变化不会影响小区的大小。

  A. 无线发射功率   B. 同频复用距离   C. 天线的有效高度

2. 与提高频率利用率无关的技术为（   ）。

  A. 多信道共用   B. 一起呼叫   C. 同频复用

3. GSM 中第 11 号载频的上行工作频率是（   ）。

  A. 892.2MHz   B. 937.2MHz   C. 890.4MHz

4. 实现对移动台功率控制的为（   ）。

  A. BTS   B. BSC   C. MSC

5. 基站停电时由（   ）提供直流电不间断供电。

  A. UPS   B. 油机   C. 蓄电池

6. CDMA2000.1x EV-DO 提供（   ）业务。

  A. 数据和语音   B. 数据   C. 语音

7. 基站间可以异步工作的系统是（   ）。

  A. TD-SCDMA   B. WCDMA   C. CDMA2000

8. LTE 系统中的语音业务由（   ）承载。

  A. 电路域   B. 电路域和 IP   C. IP

9. 在 5G 灵活帧结构中不可以改变的是（   ）。

  A. 时隙   B. 字符长度   C. 子帧

10. 属于 5G uRLLC 典型应用的是（   ）。

  A. 智能驾驶   B. 虚拟现实   C. 智能电表

四、简答题

1. 什么是无线信道？简述各移动通信系统中无线信道的含义。

2. 什么是多信道共用？什么是频率复用？为什么要采用这些技术？

3. 移动通信系统中常用的抗干扰、抗衰落技术有哪些？

4. 简述各移动通信系统中采用的主要技术。

5. 简述 LTE 系统的"扁平化"网络结构的具体表现。

6. 画出 5G 的网络架构图。

7. 5G 采用了哪些关键技术？哪些关键性能指标相比 4G 有了提高？

8. 简述基站机房的配置及各类信号的传输方式。

第2章　天馈系统

【主要内容】天馈系统是基站机房中的信号收发器件，是基站维护的重点。本章主要介绍无线电波的基础知识，天线的概念和基本特性、类型和指标，传输线的基本概念，天线的选择、安装，天馈、塔桅系统的维护、测试基础知识，以及主要测试仪表的使用。

【重点难点】天线的基本特性、天馈线的安装、天馈系统的维护和测试方法。

【学习任务】了解无线电波基础知识；掌握天馈线的基本特性指标；掌握天馈系统的安装、维护方法；掌握塔桅的维护方法；掌握天馈、塔桅系统的测试仪表的使用方法。

2.1　无线电波的基础知识

为了学习利用无线电波实现终端在移动情况下进行信息交换的移动通信系统，了解无线电波的传播特性是非常有必要的。本节主要介绍无线电波的概念及其基本特性。

1. 无线电波

无线电波是一种能量的传播形式，电场和磁场在空间交替变换，向前传播。在传播过程中，电场方向和磁场方向在空间中是相互垂直的，同时这两者又都垂直于无线电波传播方向，如图 2-1 所示。

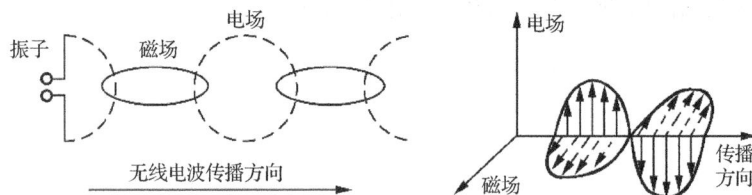

图 2-1　无线电波传播

无线电波和光波一样，它的传播速度和传播媒质有关。无线电波在真空中的传播速度等于光速，即 $3×10^8$m/s，在媒质中的传播速度为 $v_\varepsilon = C / \sqrt{\varepsilon}$，式中，$\varepsilon$ 为传播媒质的相对介电常数。空气的相对介电常数与真空的相对介电常数很接近，略大于1。因此，无线电波在空气中的传播速度略小于光速，通常认为它等于光速。无线电波在传播时会逐渐减弱。

无线电波的波长、频率和传播速度的关系可表示为 $\lambda = v/f$。式中，v 为速度（单位为 m/s），f 为频率（单位为 Hz），λ 为波长（单位为 m）。由上述关系式可知，同一频率的无线电波在不同的媒质中传播时速度是不同的，因此波长也不一样。不同波长的无线电波传播方式不同，传播特性不同，所需的天线尺寸也不同。

2. 无线电波的极化

无线电波在空间中传播时，其电场方向是按一定的规律变化的，这种现象称为无线电波的极化。无线电波的电场方向称为电波的极化方向。

电波在传播过程中，如果其电场的方向是旋转的，电场强度顶点的轨迹为一椭圆，就称其为椭圆极化波。旋转过程中，如果电场的幅度（即大小）保持不变，顶点轨迹为圆，就称其为圆极化；向传播方向看去，沿顺时针方向旋转的叫作右旋圆极化波，沿逆时针方向旋转的叫作左旋圆极化波。若电波的电场强度顶点轨迹为一直线，就称其为线极化波。线极化波中，如果电波的电场方向垂直于地面，就称其为垂直极化波；如果电波的电场方向与地面平行，则称其为水平极化波，如果电波的电场方向与地面成 45° 角，则称其为 +45°/-45° 倾斜极化波，如图 2-2、图 2-3 所示。极化电波由使用相应极化方式的天线产生，而在双极化天线中，两个天线为一个整体，对应两个独立的波，这两个波的极化方向相互垂直，如图 2-4 所示。极化波必须用具有对应极化特性的天线来接收，否则在接收过程中会产生极化损失。

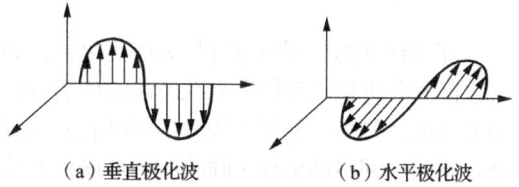

（a）垂直极化波　　　　（b）水平极化波

图 2-2　垂直极化波和水平极化波

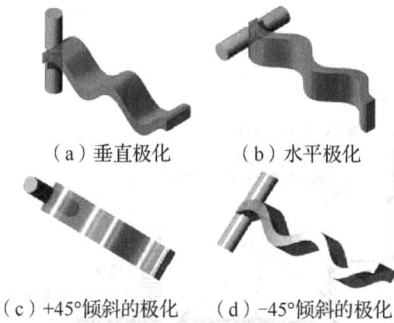

（a）垂直极化　　　（b）水平极化

（c）+45°倾斜的极化　　（d）-45°倾斜的极化

图 2-3　线极化

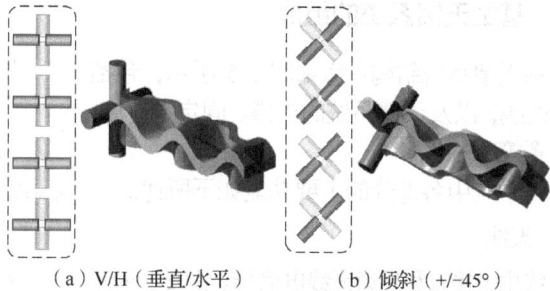

（a）V/H（垂直/水平）　　（b）倾斜（+/-45°）

图 2-4　双极化

3. 无线电波的传播特性

无线电波的波长不同，传播特性也不完全相同。目前，2G、3G、4G、5G 移动通信系统使用的频段都采用微波频段。由于波长短，无线电波的传播方式主要是直射传播和反射传播。

无线电波具有如下传播特性。

（1）视距直线传播

无线电波的频率很高，波长较短，它的地面波衰减很快，主要是以空间波形式来传播的。空间波一般只能沿直线方向传播到直视可见的地方。在直视距离内，无线电波的传播区域习惯上称为"照明区"。在直视距离内，微波接收装置才能稳定地接收信号。直视距离与发射天线以及接收天线的高度有关，并受到地球曲率及半径的影响。

（2）多径传播

电波在传播过程中，遇到如山丘、森林、地面或楼房等高大障碍物，还会产生反射。因此，到达接收天线的电波不仅有直射波，还有通过多条反射路径到达的反射波，这种现象就叫多径传播。多径信号的幅度、相位不同，在接收端叠加会引起严重的多径衰落。

由于多径传播会使信号场强分布相当复杂，波动很大也会使电波的极化方向发生变化，因此，有的地方信号场强增强，有的地方信号场强减弱。另外，不同的障碍物对电波的反射能力也不同。例如，钢筋水泥建筑物对微波的反射能力比砖墙强，因此需尽量避免多径效应的影响，同时可采取空间分集、极化分集等措施。

（3）绕射传播能力弱

电波在传播途径上遇到障碍物时，总是绕过障碍物，再向前传播，这种现象叫作电波的绕射。但移动通信中使用的电波是微波频段，绕射能力较弱，在高大障碍物后面会形成所谓的"阴影区"。信号质量受到影响的程度不仅和接收天线与障碍物间的距离及障碍物的高度有关，还和微波的频率有关。微波的频率越高，障碍物越高、距离天线越近，影响越大；相反，微波的频率越低，障碍物越矮、距离天线越远，影响越小。

因此，架设天线选择基站站址时，必须考虑上述传播特性，尽量避免各种不利因素的影响。

2.2 天线的基本概念

在对移动通信网络进行规划和优化时，必须了解移动通信系统所用天线的性能，特别是基站天线的性能和各种移动环境下无线电波的传播特性。根据天线特性，利用天线调整，可以改善移动通信网络的性能，例如，利用天线分集可以有效克服多径效应，而天线下倾可减小网络中的同频干扰等。另外，不同的网络结构和不同的应用环境有不同的无线电波传播特性。利用这些传播特性，可以预测传播路径损耗，提高系统的覆盖质量。本节主要介绍天线的基本性能指标、类型及天线下倾技术等。

2.2.1 基站天馈系统的组成

基站天馈系统结构示意如图 2-5 所示，包括天线、馈线，以及天馈系统的支撑、固定、连接、保护装置等部分。

天馈系统中各部分的主要功能如下所述。

1. 天线

天线用于接收和发射无线电信号。图 2-5 所示为定向板状天线，背面安装调节支架固定在抱杆上。

2. 馈线

室外用的主馈线大多采用 7/8"（"表示 in，

图 2-5 基站天馈系统结构

$1in \approx 2.54mm$）馈线，但其不能直接与天线和主设备相连，必须通过跳线转接。

室外连接天线和主馈线的是室外跳线，常用的跳线采用 1/2"馈线，长度一般为 3m。

室内采用超柔跳线连接主馈线（经避雷器）与基站主设备，常用的跳线采用 1/2"超柔馈线，长度一般为 2m～3m。由于各基站主设备的接头类型及接头位置有所不同，因此用于室内超柔跳线与主设备连接的接头规格有所不同，常用的接头有 7/16" DIN 型、N 型，有直头亦有弯头。为了改善无源互调及射频连接的可靠性，天线的输入接头采用 7/16" DIN-Female。在使用前，接头端口上应有保护盖，避免生成氧化物或进入杂质。

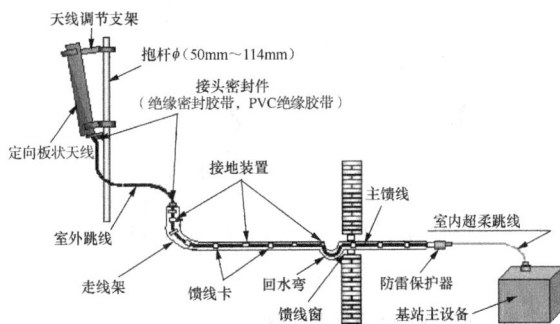

相关知识：室内超柔跳线常用的接头类型有 N、SMA、DIN、BNC、TNC。接头有公母（Female/Male，F/M）之分，选用时要注意接头的匹配。有的接头公母之分用 J/K 表示，J 代表接头螺纹在内圈，内芯是"针"；K 代表接头螺纹在外圈，内芯是"孔"。转接头涉及 2 种不同的接口类型，"/"代表转接头，前后连接的是不同类型的接头，常用的转接头有 BNC/N-50JK、SMA-J/BNC-K。

3. 天馈系统支撑、固定、连接、保护装置

天线调节支架：安装并固定天线到抱杆上，并用于调整天线的俯仰角度（范围一般为 0°～15°）。

走线架：用于布放主馈线、传输线、电源线和安装馈线卡。

馈线窗：主要用来穿过各类线缆，并防止雨水、小动物及灰尘的进入。不用的孔及穿线后的缝隙须用防火胶泥封堵。

馈线卡：用于固定主馈线到走线架上。一般在垂直方向每 1.2m 装一个，水平方向每 0.8m 装一个。常用的 7/8″馈线卡有 2 种：双联卡和三联卡。双联卡可固定 2 根馈线，三联卡可固定 3 根馈线。

尼龙扎带：在室外不宜用馈线卡或临时固定馈线时可使用黑色尼龙扎带，室内的各类线缆一般用白色尼龙扎带捆扎固定。

接头密封件：用于室外跳线两端接头（分别与天线和主馈线相接）的密封。常用材料有绝缘密封胶带（3M2228）和聚氯乙烯（Polyvinyl chloride，PVC）绝缘胶带（3M33+）。

接地装置：主要用来防雷和泄流，安装时与主馈线的外导体直接连接在一起。一般 20m～60m 的每根馈线装 3 套，分别装在馈线的上、中、下部位，接地点方向顺着电流方向，一点一孔连接到接地排或可靠接地的走线架上。接地夹安装后必须进行防水密封（与接头密封相同）。

防雷保护器：主要用来防雷和泄流，装在主馈线与室内超柔跳线之间，其接地线穿过馈线窗引出室外，与塔体相连或直接接地。铁塔上安装的避雷针也是用来防雷和泄流的。天馈系统必须安装在避雷针的 45° 角保护范围内。

另外，馈线在进入馈线窗前须设回水弯，以免雨水顺着馈线进入机房。

2.2.2 天线的基本特性

导线载有交变电流时，可以形成电磁波辐射，辐射的能力与导线的长短和形状有关。如果两导线的距离很近，两导线所产生的感应电动势几乎可以抵消，因而辐射很微弱。如果将两导线张开，这时由于两导线的电流方向相同，两导线所产生的感应电动势方向相同，因而辐射较强。当导线的长度远小于波长时，导线上的电流很小，辐射很微弱；当导线的长度增大到可与波长相比拟时，导线上的电流大大增加，就能形成较强的辐射，导线上电流的辐射特性如图 2-6 所示。通常，将上述能产生显著辐射的直导线称为振子。

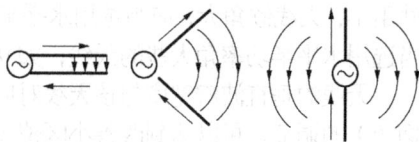

图 2-6 导线上电流的辐射特性

若组成振子单元的两根导线（振臂）长度相等，则为对称振子。若两等长振子的总长为 $\lambda/2$，则为半波对称振子；若两等长振子总长为 λ，则为全波对称振子。

天线就是由这些基本振子单元组阵构成的，天线功能就是控制辐射能量的去向。

在移动通信系统中，基站天线的辐射特性直接影响无线链路的性能。基站天线的辐射特性主要有天线的方向性、增益、极化方式、带宽、输入阻抗等。

1. 天线的方向性

天线的方向性是指天线向一定方向辐射电磁波的能力。对于接收天线而言，方向性表示天线对不同方向传来的电波所具有的接收能力。

（1）方向图

天线的方向图是度量天线各个方向收发信号能力的一个指标，反映天线方向的选择性，通常以图形的形式表示功率强度与夹角的关系。辐射方向图就是在以天线为球心的等半径球面上，相对场强随坐标变量 θ 和 φ（球面坐标系）变化的图形，天线的三维方向图如图 2-7 所示。具体工程设计中一般使用二维方向图，如图 2-8 所示。但在无线网络优化中，为评价基站天线下倾减小干扰的作用，仍需使用三维方向图。

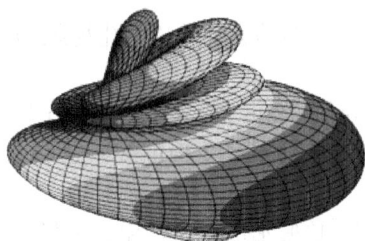

图 2-7　天线的三维方向图

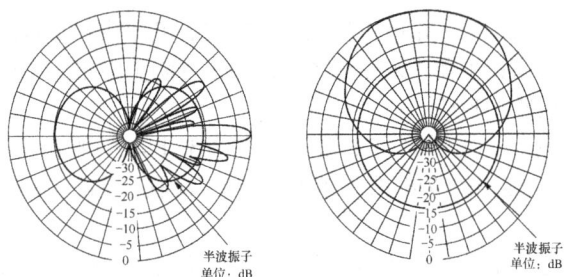

（a）垂直方向　　　　　　（b）水平方向

图 2-8　天线的二维方向图

（2）波瓣宽度

波瓣宽度也称为波束宽度，是定向天线常用的一个很重要的参数，在方向图中通常都有多个瓣，其中最大的瓣称为主瓣，其余瓣称为副瓣（或旁瓣）。主瓣的两个半功率点与振子连线间的夹角称为天线方向图的波瓣宽度，也称为半功率（角）波瓣宽度（或 3dB 波瓣宽度）。主瓣波瓣宽度越窄，天线的方向性越好，抗干扰能力越强。3dB 波瓣宽度示例如图 2-9 所示。对应二维方向图，波瓣宽度有水平波瓣宽度和垂直波瓣宽度两种。波瓣宽度也有 3dB 波瓣宽度和 10dB 波瓣宽度两种，但由于常用的是 3dB 波瓣宽度，所以下文中的波瓣宽度都是指 3dB 波瓣宽度。

在网络优化中，常通过调整水平波瓣宽度和垂直波瓣宽度来实现覆盖性能的改善。

水平波瓣宽度主要影响的是扇区交叠处的覆盖性能。在一定范围内，水平波瓣宽度越大，在扇区交界处的覆盖性能越好，但过大时容易发生波束畸变，形成越区覆盖而产生干扰；而水平波瓣宽度过小时，扇区交界处覆盖性能变差，可能产生局部信号弱区，甚至盲区，此时增大天线水平波瓣宽度可在一定程度上改善扇区交界处的覆盖性能，而且不易产生对其他小区的越区覆盖。市中心的基站由于站距小，天线倾角大，应当选用水平半功率角小些的天线，如 60°、65° 等的天线；而郊区的基站则应当选用水平半功率角大些的天线，如 90°、100° 等的天线。

天线的垂直波瓣宽度与该天线对应方向上的覆盖半径有关。在一定范围内，通过对天线垂直度（俯仰角）的调节，可以达到改善小区覆盖质量的目的。垂直波瓣宽度越小，信号偏离主波束方向时衰减越快，越容易通过调整天线俯仰角准确控制覆盖范围。但如果垂直波瓣宽度过小，可能会产生越区干扰；而俯仰角过大则可能在小区边缘出现信号弱区，甚至盲区。有关天线的俯仰角的内容将在天线下倾部分详细介绍。

（3）前后比

图 2-10 所示为天线方向图中的前后瓣，前后瓣最大功率之比称为前后比，表示天线对后瓣抑制效果的好坏。前后比的值越大，天线定向接收性能越好。基本半波振子天线的前后比为 1，对来自振子前后的相同信号具有相同的接收能力。以 dB 表示的前后比为 10lg（前向功率/后向功率）。

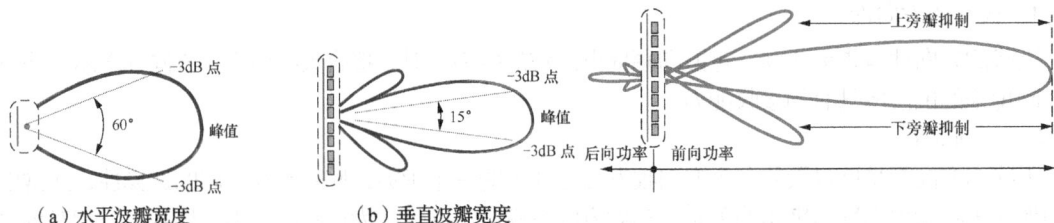

（a）水平波瓣宽度　　（b）垂直波瓣宽度

图 2-9　3dB 波瓣宽度

图 2-10　天线方向图中的前后瓣

选用前后比较小的天线，后瓣可能产生越区覆盖，导致切换关系混乱，易"掉话"。一般前后比范围为 25dB～30dB，使用时应优先选用前后比较大的天线（即有尽可能小的反向功率）。

2. 天线的增益

天线增益用来衡量天线朝一个特定方向收发信号的能力，它是选择基站天线最重要的参考依据之一。天线增益对于移动通信系统的运行质量极为重要，因为它决定了蜂窝边缘的信号电平。提高增益可以在一确定方向上增大网络的覆盖范围，或在确定范围内增大增益余量。任何蜂窝系统都是双向系统，增加天线的增益能同时减少双向系统增益预算余量。天线增益一般指天线的基本增益，对于智能天线则还包含其特有的赋形增益。

（1）天线的基本增益

天线的增益代表在某一特定方向上能量被集中的能力，而非天线具有放大作用。天线增益指在相同输入功率下，在最大辐射方向上的某点产生的辐射功率密度和将其用参考天线替代后同一点的辐射功率密度之比。参考天线不同，表征天线增益参数的值也不同，有 dBd 和 dBi 两种表示方法。

若参考天线为全方向性天线（又称各向同性天线或理想点源），即一个天线与全方向性天线相比，增益用 dBi 表示。若参考天线为基本振子天线，即一个天线与基本振子相比，增益用 dBd 表示。dBd 和 dBi 的转换关系为 0dBd=2.14dBi。天线增益示意如图 2-11 所示。相同条件下，增益越高，无线电波传播的距离越远。一般在乡村、开阔区域宜选用高增益天线；在市区和业务量较大的郊区则宜选用中等增益天线；在室内或局部热点地区覆盖需选用低增益天线。

一般说来，主要依靠减小波瓣宽度提高增益，天线的主瓣波瓣宽度越窄，天线增益越高。利用反射板改变天线水平波瓣宽度，也可提高增益，板状天线水平波瓣宽度改变对应的增益变化如图 2-12 所示。

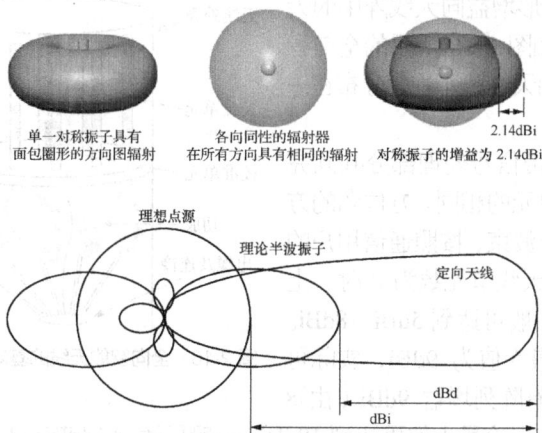

图 2-11　天线增益示意

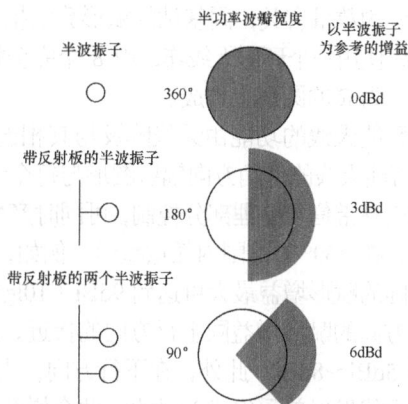

图 2-12　板状天线水平波瓣宽度改变对应的增益变化

天线辐射特性的改变一般通过两个方法实现：天线组阵和加反射板。一个单一的对称振子具有"面包圈"形状的方向图，如图 2-13 所示。

为了把信号集中到需要的地方，要求把"面包圈"压成扁平的，对称振子组阵能够控制辐射能量，构成"扁平的面包圈"。假设一个对称振子天线在接收机中有 1mW 的功率，由 4 个对称振子构成的天线阵的接收机就有 4mW 的功率，如图 2-14 所示，天线增益为 10lg(4mW/1mW)=6dBd。

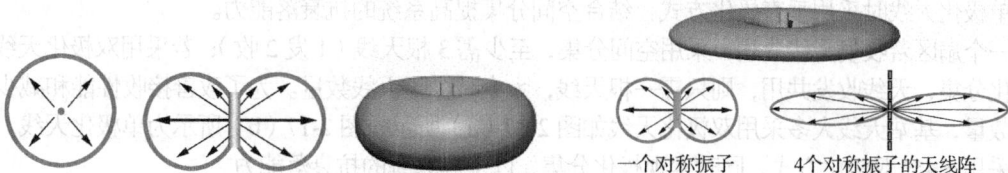

图 2-13　对称振子天线的方向图

图 2-14　"压扁"后的天线方向图

利用反射板可把辐射能量聚焦到一个方向，将反射板放在阵列的一边构成扇形覆盖天线。如"全向阵"天线接收机中功率为4mW，则"扇形覆盖天线"接收机中将有8mW的功率，如图2-15所示。扇形覆盖天线中，反射板把功率聚焦到一个方向，进一步提高了增益。"扇形覆盖天线"与单个对称振子相比的增益为10lg(8mW/1mW)=9dBd。

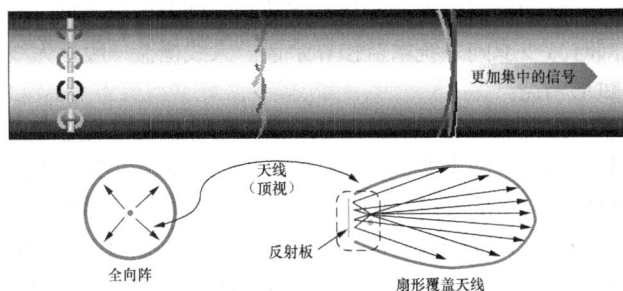

图2-15　利用反射板集中辐射能量

全方向性天线：在所有方向上辐射功率密度都均匀相同，即理想点源。

相关知识

（2）赋形增益

赋形增益是智能天线特有的参数，天线的赋形增益同天线阵中的天线单元的数量有关，同基站的赋形算法相关。如图2-16所示的全向智能天线使用一个环形天线阵，由8个完全相同的天线单元均匀分布在一个半径为R的圆环上构成。

智能天线的功能由天线阵及与其相连的基带信号处理部分共同完成。智能天线的仰角方向辐射图形与每个天线单元的相同。方位角的方向图由基带信号处理部分控制，可同时产生多个波束，按照通信用户的分布，在360°的范围内任意赋形。例如，智能天线单元数为8时，上行方向的赋形增益最大可达到9dBi（10lg8），一般可达到5dBi～8dBi。下行方向的赋形增益同上行方向的接近，理论最大值为9dBi，实际可达到5dBi～8dBi。此外，在下行方向，天线还有阵列增益9dBi（由8个单天线发射单元组成）。因此，两个增益叠加，理论最大值可达到18dBi，一般可达到14dBi～17dBi。

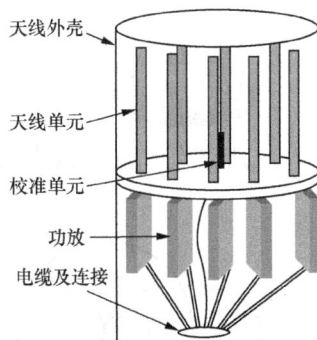

图2-16　全向智能天线的基本结构

智能天线的赋形增益、阵列增益再加上天线单振子的增益使得实际天线的下行增益非常可观。由于智能天线下行增益比上行增益大，因此它更适用于非对称的下行数据业务传输。

3. 天线的极化方式

产生极化波的天线即极化天线。由于电波的特性，采用水平极化方式传播的信号在贴近地面时会在大地表面产生极化电流，极化电流因受大地阻抗的影响产生热能而使电场信号迅速衰减。而采用垂直极化方式则不易产生极化电流，从而避免了能量的大幅衰减，保证了信号的有效传播。因此，基站使用单极化天线时采用垂直极化方式，结合空间分集提高系统的抗衰落能力。

一个扇区若收发天线分用，采用空间分集，至少需3根天线（1发2收）；若采用双极化天线，采用极化分集，天线收发共用，则只需一根天线，大大减少了天线数量。为了改善接收性能和减少基站天线数量，基站天线大多采用双极化天线如图2-17（a）所示，图2-17（b）所示为单极化天线。目前大多采用±45°双极化方式，同时实现极化分集，以提高系统的抗衰落能力。

当来波的极化方向与接收天线的极化方向不一致时，接收过程中通常会产生极化损失。例如，当用圆极化天线接收任意线极化波，或用线极化天线接收任意圆极化波时，都会产生3dB的极化损失，即只能接收到来波的一半能量。当接收天线的极化方向（如水平极化）与来波的极化方向（相应为垂直极化）完全正交时，接收天线就完全收不到来波的能量，即来波与接收天线极化是隔离的。

极化损失用隔离度表示，隔离度代表"馈送"的一种极化信号在另外一种极化接收信号中出现的比例。如图 2-18 所示，用-45° 极化天线接收 1000mW 的+45° 极化波，若收到的信号功率为 1mW，则隔离度为 10lg(1000mW/1mW)=30dB。

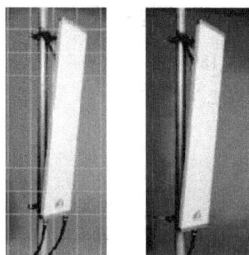

（a）双极化天线　（b）单极化天线

图 2-17　双极化天线与单极化天线

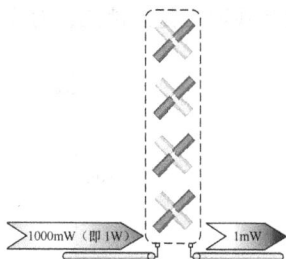

图 2-18　极化隔离示例

4. 天线的带宽

天线具有频率选择性，它只能有效地工作在预先设定的工作频率范围内。在这个范围内，天线的方向图、增益、极化方式等各个指标仍会有微小变化，但都会在允许范围内。而在工作频率范围外，天线的这些性能将变坏。

带宽用来描述天线处于良好工作状态下的频率范围，天线类型、用途的不同，对性能的要求也不同。工作带宽通常可根据天线的方向图特性、输入阻抗或电压驻波比（Voltage Standing Wave Ratio，VSWR）的要求来确定，通常定义带宽为天线增益下降 3dBi 时的频带宽度，或在规定驻波比时天线的工作频带宽度。

在移动通信系统中，天线宽带是按后一种方式定义的，即天线带宽为输入驻波比小于等于 1.5 时天线的有效工作频率范围。

5. 天线的输入阻抗

天线和馈线的连接端即馈电点两端感应的信号电压与信号电流之比，称为天线的输入阻抗。输入阻抗包括电阻分量和电抗分量。输入阻抗的电抗分量会减小从天线进入馈线的有效信号功率，因此天线与馈线连接的最佳情形是，天线的输入阻抗是纯电阻且等于馈线的特性阻抗，即电抗分量尽可能为 0。这时天线和馈线匹配连接，馈线终端没有能量反射，馈线上传输的是行波，天线的输入阻抗随频率的变化比较平缓。一般移动通信天线的输入阻抗为 50Ω。

相关知识

天线的输入阻抗与馈线特性阻抗相等时称为匹配，信号由馈线上传到天线时没有能量反射，此时馈线上所传的是行波；当天线与馈线不匹配时，信号由馈线进入天线时会产生反射，馈线上所传的有入射波，也有反射波，两者叠加形成驻波。

6. 天线的其他指标

① 端口隔离度：对于多端口天线，如双极化天线、双频段双极化天线，收发共用时端口之间的隔离度应大于 30dB。

② 功率容量：指平均功率容量。天线包括匹配、平衡、移相等耦合装置，其所能够承受的功率是有限的。考虑到基站天线的实际最大输入功率，设单载波功率为 20W，若天线的一个端口最多输入 6 个载波，则天线的输入功率为 120W，因此天线的单端口功率容量应大于 200W（环境温度为 65℃时）。

③ 零点填充：基站天线垂直面内采用赋形波束设计时，为了使小区内的辐射电平更均匀，下旁瓣第一零点需要填充，不能有明显的零深。通常零深相对于主波束大于-20dB 时即表示天线有零点填充。

某天线下倾角为 0°，垂直半功率角为 18° 时，其覆盖示意如图 2-19 所示。设 S 为信号波束覆盖区域到铁塔间的距离，当 S=S'时，天线与主波束的夹角 θ'正处于天线波束零点，此时天线处辐射功率为 0。同样，当 S = S ″时，也收不到信号。即在基站铁塔下方，根据天线的辐射特性，零点对应的覆盖区域信号很弱，即形成"塔下黑"。

进行零点填充可解决这一问题。高增益天线尤其需要采取零点填充技术来有效改善近处覆盖性能，对于大区制基站天线无这一要求。

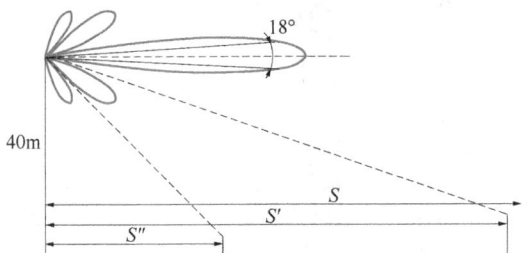

图 2-19　塔下黑

④ 上旁瓣抑制：对于小区制蜂窝系统，为了提高频率的复用能力，减少对邻区的同频干扰，基站天线波束赋形时应尽可能降低那些瞄准干扰区的旁瓣，提高有用信号和无用信号的比值（D/U 值），第一上旁瓣电平应小于-18dBm（见图 2-20）。对于大区制基站天线没有这一要求。

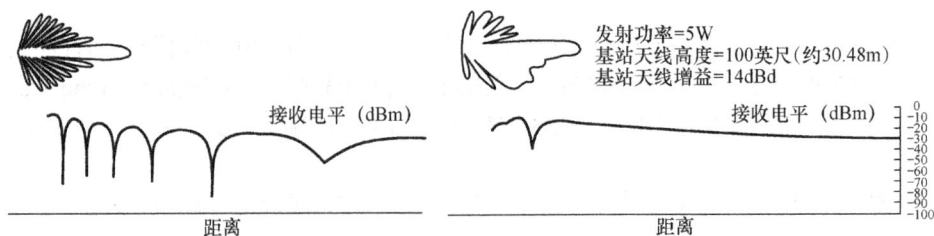

图 2-20　零点填充和上旁瓣抑制对天线辐射方向图的影响

零点填充可消除水平面以下波瓣间的空隙，扩大覆盖范围。

抑制第一上旁瓣，对于减小从邻小区来的同频道干扰很重要。

各个天线厂家的产品，其零点填充和对上旁瓣的抑制能力各不相同，目前没有绝对的行业标准，一般典型的零点填充应不小于 15dB，典型的上旁瓣抑制应不小于 15dB。

⑤ 无源互调（Passive Inter-Modulation，PIM）：无源互调的特性是指线性器件接头、馈线、天线、滤波器等无源部件工作在多个载频的大功率信号下，由于部件本身呈现非线性而引起的互调效应。通常，无源部件可认为是线性的，但在大功率条件下都会不同程度地呈现一定的非线性，主要因为不同材料的接触表面和相同材料的接触表面不光滑、连接处不紧密或存在磁性物质等。

互调效应的存在会对通信系统产生干扰，特别是落在接收通带内的互调效应，会对系统的接收性能产生严重影响，因此，移动通信系统中对接头、电缆、天线等无源部件的互调特性都有严格的要求。一般接头的无源互调指标可达到-150dBc，电缆的无源互调指标可达到-170dBc，天线的无源互调指标可达到-150dBc。

dBc 也表示功率相对值，与 dB 的计算方法几乎完全一样。一般来说，dBc 是相对于载波功率而言的，在许多情况下，用来度量与载波功率的相对值，如用来度量干扰（如同频干扰、互调干扰、带外干扰等）以及耦合、杂散等相对值。

7. 天线的机械性能

天线尺寸和重量：为了便于天线储存、运输、安装及保障天线安全，在满足各项电气指标的情况下，天线的外形尺寸应尽可能小，重量尽可能轻。

风载荷：基站天线通常安装在高楼及铁塔上，尤其在沿海地区，这些地方常年风速较高，所以一般要求天线在风速为 36m/s 时正常工作，在风速为 55m/s 时不会被破坏。

工作温度和湿度：基站天线应在-40℃～65℃的环境温度范围内正常工作，应在环境相对湿度为 0%～100%的范围内正常工作。

雷电防护：基站天线的所有射频输入端口均要求直流直接接地。

三防能力：基站天线必须具备三防能力，即防潮、防烟雾、防霉菌。基站全向天线必须倒置安装，同时满足三防要求。

8. 天线的工程参数

天线的电性能与机械性能在天线出厂时都已确定，工程设计时只能根据覆盖环境需要进行选择。而工程参数（简称工参）是需要施工维护人员在现场工作时根据设计和网络优化要求调整的。

（1）方位角

方位角即天线的朝向，指天线主瓣的指向。方位角是以正北为 0°，天线主瓣指向顺时针旋转的角度。图 2-21 所示为三扇区定向天线方位角示例，角度最小的为第一扇区，方位角为 60°；第二扇区方位角为 180°；第三扇区方位角为 300°。方位角可用罗盘测量，一般使用地质罗盘，允许误差范围为±5°。

（2）俯仰角

俯仰角即天线下倾角，指天线主瓣向下倾斜的角度。为了改善覆盖区域的信号质量，减少对其他小区的干扰，安装天线时须使垂直方向图主瓣向下倾斜，形成天线下倾，图 2-22 所示为机械下倾角。天线的下倾角可用公式进行估算，其值为机械下倾角与电下倾角之和。用坡度仪（倾角测试仪）测得的下倾角为机械下倾角，下倾角的允许误差范围为±1°。

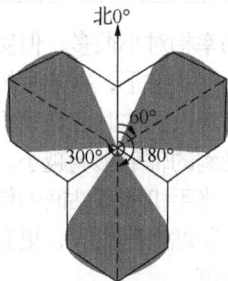

图 2-21　方位角示例　　　　　　　　　图 2-22　机械下倾角示例

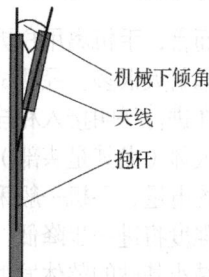

（3）挂高

天线中心点到地面的垂直高度即天线的挂高。

相关知识　　在规划网络时需考虑的天线高度，一般指基站天线的有效高度，即天线海拔与周边 3km～5km 范围内地面的平均海拔之差。而维护中，挂高一般指天线中心点到地面的垂直高度。

重点提示　　天线的俯仰角、方位角、挂高是在网络优化中可以进行调整的指标。要改变其他天线指标，只能更换天线。

---

9. 环境电磁波卫生标准

随着生活水平的提高，人们对自身健康的关注程度也越来越高，对于移动通信带来的电磁辐射问题也越来越担忧。研究表明，超量的微波辐射会对人体健康产生不利影响。

不同的电磁场，即不同场强、频率、振幅的电磁场，与生物的作用机理和产生的生物效应不一样，由于自身特点不同，所作用的生物对象、作用范畴、作用时间、能量和信息交换的方式及交换的值等都是不同的。频率为 100MHz～30GHz 的分米波、厘米波称为微波辐射，这个频段包含了移动通信系统的核心工作频段。生物体在受到电磁波辐射时由于所处位置不同，影响是不同的。

我国国家标准 GB 8702-2014《电磁环境控制限值》将环境电磁波容许辐射强度标准分为两级：一级标准，为安全区，在该环境电磁波强度下长期居住、工作、生活的一切人群均不会受到任何有害影响；二级标准，为中间区，在该环境电磁波强度下长期居住、工作、生活的一切人群可能引起潜在性不良反应。对于 300MHz～300GHz 的微波，一级标准为 $10\mu W/cm^2$（即 $0.1W/m^2$），二级标准为 $40\mu W/cm^2$（即 $0.4W/m^2$）。因此，酒店及写字楼应按一级标准设计，商场、商贸中心可按二级标准设计。

假设天线端的辐射功率是 10dBm=10mW=10000μW，按一级标准计算，允许的功率密度为 $10\mu W/cm^2$，那么安装全向天线时，要求最小距离 d 应满足 $10000\mu W/(4\pi d^2)=795.77/d^2=10\mu W/cm^2$，计算得 $d^2=79.577cm^2$，则有 $d\approx8.92cm$。即在天线下方约 9cm 的地方即可满足一级标准。假设要求距离天线 20cm 处为安全区，则 $4\pi d^2\times10\mu W/cm^2=50240\mu W$，即有最大 EIRP≈17dBm。这就是要求室内分布系统中天线端辐射功率范围为 10dBm～15dBm 的原因。

而对于商场、机场等非长期居住区域，可按二级标准设计，其天线端辐射功率不能超过 23dBm。

在实际设计中，要将天线增益及载波总数统筹考虑。

相关知识

对于室外宏基站（简称宏站），通过监测发现：天线正下方为非主辐射方向，辐射功率较低，即存在"塔下黑"现象；10m 以内的辐射功率较高，是由于此距离内监测点位处于电磁波主辐射波束范围内，且距离天线较近；随距离增加，辐射功率呈下降趋势。在日常工作状态下，一般在距天线约 20m 处基本满足安全要求。在室内，由于室外信号受到隔墙、楼层、室内装饰物等的影响，安全距离会更小。

相对于基站辐射而言，手机离用户更近，虽然其发射功率相对小很多，但实际到达人体的有效辐射功率可能比基站的辐射大很多。经测试，在待机、正常通话状态下，智能手机的电磁辐射是在安全范围内的，并且手机在进行呼叫接入和挂断的瞬间电磁辐射较大，这时应让手机远离头部。由于电磁波的空间衰减特性，人体（尤其是头部）距离手机越远，受到的辐射影响越小。

为控制干扰及节约电量，手机一般采用上行功率控制，当手机和基站间的传播损耗小时，手机将降低发射功率，辐射强度将进一步降低。而采用小基站时，基站密度更大，更有利于实现均匀和良好的覆盖，从而有利于减小基站的整体发射功率，降低辐射强度。

10. 天线下倾

天线下倾可以改善区域内的覆盖性能，同时可改善系统的抗干扰性能，一直被认为是降低系统内干扰的最有效方法之一。天线下倾主要是改变天线的垂直方向图主瓣的指向，使垂直方向图的主瓣指向覆盖小区，而使垂直方向图的零点或旁瓣对准受其干扰的同频小区。这样，既增强了服务小区覆盖范围内的信号强度，增大了服务小区内的载波干扰比（Carrier-to-Interference Ratio，C/I）值，同时又减少了对远处同频小区的干扰，提高了系统的频率复用能力，增加了系统容量。

天线下倾可通过两种方式实现：一种是机械下倾，另一种是电下倾。机械下倾通过调节机械装置使天线向下倾斜所需的角度。电下倾通过调节天线各振子单元的相位（波束赋形技术）使天线的垂直方向图主瓣向下倾斜一定的角度，而天线本身仍保持在原来的位置，如图 2-23 所示。

电下倾可在厂家生产时预置（固定电下倾），也可由维护人员现场调整（可调电下倾）。基站实际应用时也常会采用机械、电调组合的下倾调整方式。天线下倾调整如图 2-24 所示，图 2-24（a）为天线机械下倾调整，图 2-24（b）为电下倾调整，图 2-24（c）为 AAU 的机械下倾调整，圈中标示的是调整部件。

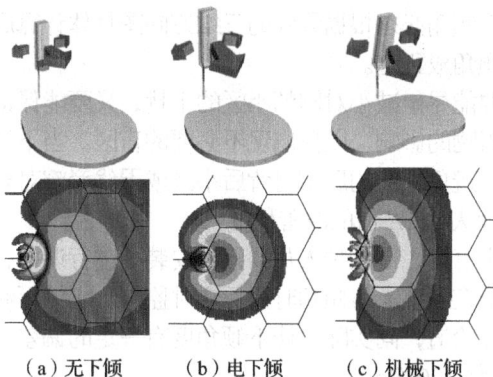

（a）无下倾　　（b）电下倾　　（c）机械下倾
图 2-23　天线波瓣下倾及方向图

（a）天线机械下倾调整　　（b）电下倾调整　　（c）AAU 的机械下倾调整
图 2-24　天线下倾调整

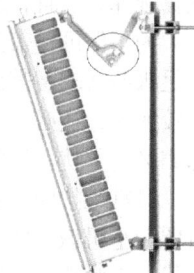

（1）机械下倾天线

当天线垂直安装时，天线辐射方向图的主瓣将从天线中心点开始沿水平线向前。但在进行无线网络优化时，基于不同原因（如同频干扰和时间扩散问题），需调整天线背面支架的位置，改变天线的倾角，使天线的主波束指向向下倾斜几度，从而减小干扰或时间扩散带来的影响。在调整过程中，虽然天线主瓣方向的覆盖距离有明显变化，但天线垂直分量和水平分量的幅值不变，所以天线方向图容易变形。

① 天线向下倾斜对覆盖范围的影响。根据天线下倾时的几何关系，结合某一给定的天线方向图可计算出天线向下倾斜对辐射方向图的影响，再利用传播模型即可计算出天线向下倾斜时的场强覆盖情况及 C/I 分布情况。一般天线机械下倾角度在 10° 以内，方向图缩小但形状变化不大；机械下倾角度大于 10° 时，方向图在主辐射方向上会出现明显的凹陷变形。

例如，假设基站天线高 30m，利用 OM 模型可以计算出以基站天线为中心的 5km 范围内的场强覆盖图，天线倾角分别为 0°、5°、10°、14°、16°、18° 时的 C/I 分布如图 2-25 所示。随着天线倾角增大，天线主波束对应的区域（正前方）场强迅速减小，而偏离主波束较大的区域场强变化较小。当倾角大于 12° 后，主波束对应的覆盖区域逐渐凹陷。因此，为保障区域的覆盖性能，机械下倾天线的最佳下倾角度范围为 1°～5°，不宜大于 10°。

② 利用机械下倾时出现的凹坑减少同频干扰。适当改变干扰小区的天线方位角，使方向图中的凹坑对准被干扰小区，可减少同频干扰。对于水平波瓣宽度为 60° 的天线，向下倾斜角应在 14°～16°，此时凹坑最大。不同类型的天线，天线垂直方向图不同，其凹坑对应的下倾角也不同。

当服务小区天线固定下倾 5°，与其同频的小区的干扰天线下倾角 θ 分别为 0°、5°、8°、10°、12° 及 13° 时，计算得到的 C/I 分布如图 2-26 所示。随着同频小区天线下倾角 θ 的增大，整个小区的 C/I=9dB 线向外迅速扩展。θ=13° 时，R=5km 的小区几乎全部在 C/I>9dB 的范围内，说明此时整个服务小区中的同频干扰都很小，C/I 都能满足要求。即在利用天线进行机械下倾降低同频干扰时，下倾角宜选择在 10° 以上。

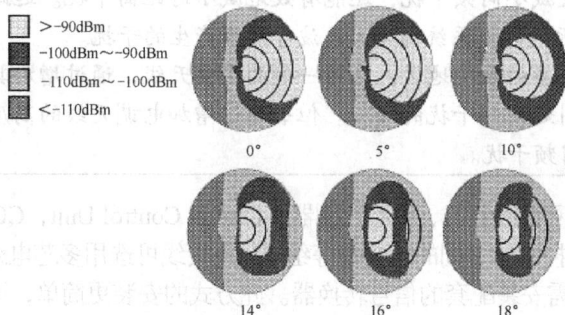

| >-90dBm |
| -100dBm～-90dBm |
| -110dBm～-100dBm |
| <-110dBm |

0°　　5°　　10°

14°　　16°　　18°

图 2-25　覆盖天线倾角变化时的 C/I 分布

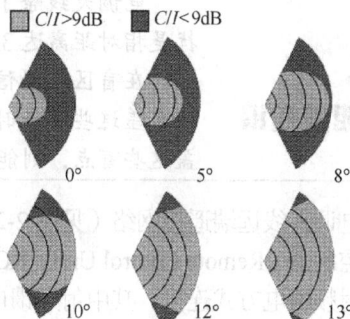

| C/I>9dB | C/I<9dB |

0°　　5°　　8°

10°　　12°　　13°

图 2-26　干扰天线下倾不同角度时的 C/I 分布

　　但是通过向下倾斜天线来降低同频干扰时，天线的下倾角必须根据天线的三维方向图具体计算后认真选择。而且，改善抗同频干扰能力的效果并非与下倾角成正比。

　　为了保证覆盖范围，还需调整基站的发射功率，既要能尽量减小对同频小区的干扰，又要能保证满足服务区的覆盖范围，特别要认真考虑实际地形、障碍物的影响，以免出现不必要的盲区。当下倾角较大时，还必须考虑天线的前后辐射比和旁瓣的影响，避免天线的后瓣对背后小区或天线旁瓣对相邻扇区的干扰。还要进行场强测试和同频干扰测试，以确认对 C/I 值的改善程度。

　　日常维护中，通过机械下倾天线调整下倾角度时非常麻烦，需维护人员到天线安装处进行调整；若要调整机械下倾天线的下倾角，整个系统要关机，不能在调整天线倾角时进行实时监测。机械下倾天线的下倾角度是通过计算机模拟分析软件计算得出的理论值，同实际最佳下倾角度有一定的偏差。机械下倾天线调整倾角的步进度数为 1°，三阶互调指标为 -120dBc。

　　（2）电调天线

　　电下倾即电调下倾，利用天线振子单元相位的改变来实现下倾角的调整。

　　① 电下倾对覆盖的影响。电下倾的原理是通过改变天线振子单元的相位来改变垂直分量和水平分量的幅值大小，进而改变合成分量场强，使天线的垂直方向图下倾，如图 2-27 所示。

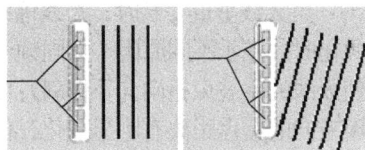

图 2-27　电下倾的实现

　　由于天线各方向的场强同时增大或减小，保证了改变倾角后天线方向图变化不大，主瓣方向覆盖距离缩短，同时整个方向图在服务扇区内减小覆盖面积但又不产生干扰。实践证明，电调天线下倾角度在 1°～5° 变化时，其天线方向图与机械下倾天线大致相同；当下倾角度在 5°～10° 变化时，其天线方向图较机械下倾天线稍有改善；当下倾角度在 10°～15° 变化时，其天线方向图较机械下倾天线变化较大；当电调天线下倾 15° 后，其天线方向图与机械下倾天线明显不同，这时天线方向图形状改变不大，主瓣方向覆盖距离明显缩短，整个天线方向图都在本基站扇区内。增大下倾角度，可以使扇区覆盖面积缩小，但不产生干扰，因此采用电调天线能够降低呼叫损失（简称呼损），减小干扰。

　　另外，电调天线允许系统在不停机的情况下对垂直方向图下倾角进行调整，可实时监测调整的效果，调整倾角的步进精度较高，为 0.1°，因此可以对网络覆盖实现精细调整。电调天线的三阶互调指标为 -150dBc，与机械下倾天线相差 30dBc，有利于消除邻频干扰和杂散干扰。电调天线的最大优点是把天线的辐射能量集中在服务区内，对其他小区的干扰很小。

　　② 电调天线的控制。电调天线的控制方式有手动控制、近端遥控和远端遥控。

　　手动控制是通过旋转天线底部的旋转手轮来改变天线下倾角的，多适用于天线安装位置较低的基站。如图 2-24（b）中的电下倾调整所示。近端遥控（见图 2-28）是通过室内控制单元遥控方式控制天线的电下倾角的。室内控制单元通过电缆连接安装在天线底部的室外控制单元，提供电源及控制信号。控制软件可安装在 PC 上。

相关知识

　　电调天线除了能有效减小同频干扰，还能有效地减小远距离干扰。远距离干扰是指对距离达 320km 远的其他系统由于大气波导原因产生的干扰。

　　在盲区或弱信号点较多的丘陵地区，采用一般的定向天线，通过增加其高度以覆盖这些盲点时，会引起同频干扰的增加。但若通过增加电调天线的高度来覆盖这些盲点，则能减小同频干扰。

　　电调天线远端遥控网络（见图 2-29）由网管服务器、中心控制器（Central Control Unit，CCU）、室外控制器（Remote Control Unit，RCU）及控制器之间的连接线等组成。连接线可选用多芯电缆，或采用射频馈电方式连接，其中射频馈电方式需安装配套的信号转换器。此方式的安装更简单，可大大降低施工难度，在塔顶距离地面很远的情况下，可以节省专用的多芯电缆，降低成本。

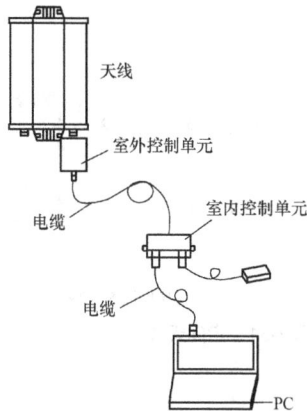

图 2-28　近端遥控控制连接

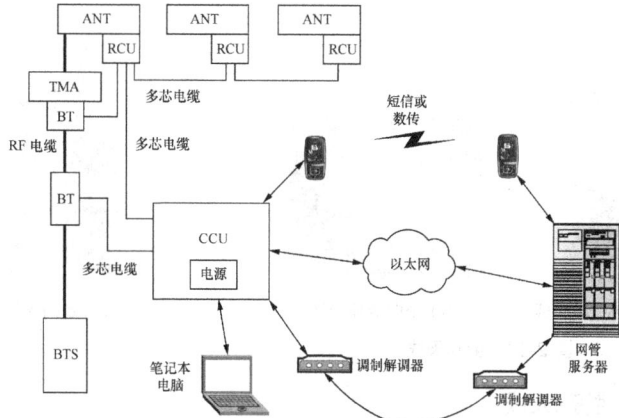

图 2-29　电调天线远端遥控网络

电调天线控制器与网管中心之间有 3 种通信方式：无线模块的短信或数传（即"无线电高速数据传输"）、有线调制解调器和以太网。网管服务器具有以下功能：远程查询任意一个天线的状态，控制任意一个天线的下倾角度，接收天线控制器的告警信息；管理天线数据库，记录任意一个天线的状态和历史控制动作；提供电子地图，让操作人员方便查询。

2.2.3　基站天线的类型

根据所要求的辐射方向图可以选择不同类型的天线，移动通信基站常用的天线有全向天线、定向天线、特殊天线、多天线系统、智能天线及美化天线等。

1. 全向天线

全向天线在水平方向图上表现为 360° 均匀辐射，也就是平常所说的无方向性，因此其水平方向图的形状基本为圆形；在垂直方向图上表现为有一定宽度的波束，辐射能量是集中的，因而可以获得天线增益。在移动通信系统中，室外全向天线（见图 2-30（a））一般应用于郊县大区制的站型，覆盖范围大；全向吸顶天线（见图 2-30（b））常用于室内分布系统。

全向天线一般由半波振子排列成的直线阵构成，并把按要求设计的功率和相位馈送到各个半波振子，以提高辐射方向上的功率。振子单元数每增加一倍（相应于长度增加一倍），增益增加 3dBd，典型的增益值范围是 6dBd～9dBd。受限制的因素主要是物理尺寸，例如 9dBd 增益的全向天线，其高度为 3m。

2. 定向天线

定向天线的水平和垂直方向图辐射是非均匀的，通常用在扇形小区，又称扇形天线，辐射功率或多或少集中在一个方向，在水平和垂直方向图上都表现为有一定宽度的波束。在蜂窝系统中使用定向天线有两个原因：覆盖扩展及频率复用。使用定向天线可以减少蜂窝移动网络中的干扰。定向天线在移动通信系统中一般应用于城区小区制的站型，覆盖范围小，用户密度大，频率利用率高。

定向天线一般由直线阵加上反射板构成，如图 2-31（a）所示；或直接采用方向天线，如八木天线，如图 2-31（b）所示。定向天线的典型增益值范围是 9dBd～16dBd，结构一般为包含 8～16 个天线单元的天线阵。

基站的类型根据组网的要求有所不同，而不同类型的基站可根据需要选择不同类型的天线，选择的依据就是上述技术参数。比如全向站采用各个水平方向增益基本相同的全向天线，定向站采用水平方向增益有明显变化的定向天线。一般在市区选择水平波瓣宽度为 60°、65° 的天线，在郊区可选择水平波瓣宽度为 65°、90° 或 100° 的天线（按照站型配置和地理环境而定），而在乡村则选择最经济的全向天线。

31

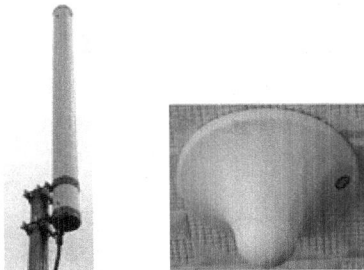

（a）室外全向天线　　（b）全向吸顶天线

图 2-30　全向天线

（a）定向天线示例　　（b）八木天线

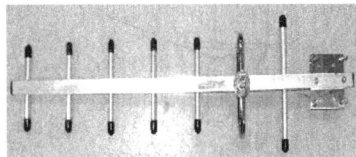

图 2-31　定向天线

3. 特殊天线

特殊天线是指用于特殊场合（如室内、隧道等）的天线，常用的有天线分布系统、泄漏同轴电缆等。天线分布系统与传统的单天线室内覆盖方式相比，主要区别在于，前者通过大量的低功率天线分散安装在建筑物内，全面解决了室内的覆盖问题，而且可以做到完全覆盖。

泄漏同轴电缆（见图 2-32）是一种特殊的天线分布系统，用于解决室内或隧道中的覆盖问题。泄漏同轴电缆外层铜网的隙缝允许所传送的信号能量沿整个电缆长度不断泄漏、辐射，接收信号能从隙缝进入电缆传送到基站。泄漏同轴电缆适用于需要局部覆盖的区域。

隙缝（大约隔2.5cm）

图 2-32　泄漏同轴电缆结构

使用泄漏同轴电缆时没有增益，为了延伸覆盖范围，可使用双向放大器。通常，能满足大多数应用的典型传输功率值范围是 20W～30W。

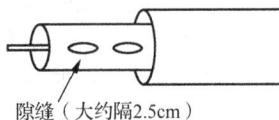

4. 多天线系统

多天线系统由许多单独的天线组成，最简单的多天线系统之一是在塔上的相反方向安装两个方向性天线做带状覆盖，通过功率分配器馈电，目的是用一个小区来覆盖较大的范围，比用两个小区覆盖的情况使用的信道数要少，如图 2-33 所示。

图 2-33　反方向安装方向性天线

当不能使用全向天线，或所需的增益（或较大的覆盖面积）比一个全向天线系统所能提供的还要大时，也可用多天线系统来形成全向方向图，如建筑物四周。当使用多天线系统时，空间分集非常复杂，典型的增益值是所用的单独天线增益减去由功率分配器带来的 3dB 损耗。

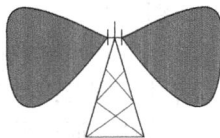

5. 智能天线

智能天线利用数字信号处理技术对用户信号到达的方向角（Direction of Arrival，DOA，简称到达角）进行估算，并进行波束赋形，进而产生空间定向波束，使天线主波束对准用户信号的到达方向，旁瓣或零点对准干扰信号的到达方向，达到充分、高效利用移动用户信号，并删除或抑制干扰信号的目的，如图 2-34 所示。智能天线可有效降低蜂窝系统中的同频干扰、多址干扰，在保证服务质量的前提下增加移动通信系统的容量，但其不具有抗多径衰落的能力。

4G、5G 中天线的多进多出（Multiple-In Multiple-Out，MIMO）技术也是由智能天线实现的。图 2-35 所示为全向智能天线和定向智能天线。

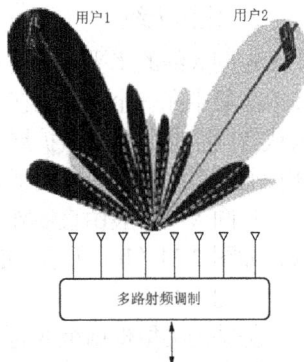

图 2-34　智能天线工作示意

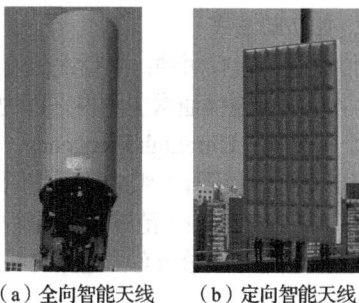

（a）全向智能天线　　　（b）定向智能天线

图 2-35　智能天线

6. 美化天线

为了配合环境或景观建设，在不增大传播损耗的情况下，通常会根据场景的需求改变天线的外观，进行伪装、修饰（见图 2-36），既美化了城市的视觉环境，也减少了居民对无线电波的恐惧和抵触，同时也可以延长天线的使用寿命、保证通信质量。从外形来分，美化天线有方柱形、圆柱形、空调形、广告牌形等在建筑外墙或街道边常见的类型。

图 2-36　美化天线

"天线加外罩"时采用的美化外罩材料普遍存在一些问题：一是介电常数越大，外罩对天线性能的影响越大；二是机械参数（包括拉伸强度、弯曲强度等）是衡量结构可靠性的指标，目前的外罩机械参数较差。也就是说，在二次加罩后，天线性能会受到一定影响。

"一体化美化天线"是一种全新的天线设计理念，将天线美化外罩与内置的辐射单元和馈电网络进行一体化设计，实质上是具有特殊美化外观的天线。由于采用一体化设计，天线外罩直接设计成隐蔽造型，省去二次加罩，既减少了信号的传播损耗，也有效缩减了美化天线尺寸，安装维护还非常方便。天线外罩不但具有美化的外观，而且起到了保护天线主体的作用。同时，"一体化美化天线"都采用电调下倾设计，可实现远距离调控，天线倾角调节非常方便。

2.3　传输线的基本概念

传输线是连接天线和收发信机的导线，又称为馈线。要使传输线有效地传输信号，必须根据指标进行合理的选择。本节将主要介绍传输线的基本概念和主要性能指标。

2.3.1　传输线的概念

连接天线和发射（或接收）机输出（或输入）端的导线称为传输线或馈线。馈线的主要任务是有效地传输信号。因此它应能将天线接收的信号以最小的损耗传送到接收机输入端，或将发射机发出的信号以最小的损耗传送到发射天线的输入端，同时它本身不应拾取或产生杂散干扰信号。这样，就要求馈线必须屏蔽或平衡。信号在馈线里传输，除有导体的电阻损耗，还有绝缘材料的介质损耗，这两种损耗随馈线长度的增加和工作频率的提高而增加。因此，要合理布局，尽量缩短传输线的长度。损耗大小用衰减常数表示，单位为分贝（dB）/米或分贝/百米。另外，线径越小，损耗也越大，因此，传输距离较远时宜采用较粗的馈线，如7/8"馈线。

目前，使用较多的微波频段的传输线一般有两种：平行线传输线和同轴电缆传输线（简称同轴电缆）。微波传输线有波导和微带等。平行线传输线通常由两根平行的导线组成，是对称式或平衡式的传输线，这种传输线损耗大，不能用于特高频（Ultrahigh Frequency，UHF）频段。移动通信系统主用的同轴电缆传输线的导线由芯线和屏蔽铜网（或铜管）组成，因铜网接地，两根导线对地不对称，因此叫作不对称式或不平衡式传输线。同轴电缆工作频率范围宽，损耗小，对静电耦合有一定的屏蔽作用，但对磁场的干扰却无能为力。使用同轴电缆时切忌与有强电流的线路并行走向，也不能靠近低频信号线路。

2.3.2 传输线的基本特性

传输线的基本特性主要指传输线的特性阻抗。当传输线的特性阻抗与天线的输入阻抗相等时，传输线与天线是匹配连接的。

1. 传输线的特性阻抗

无限长的传输线上各点电压与电流的比值等于特性阻抗，用 Z_0 表示。同轴电缆的特性阻抗 $Z_0 = (138/\sqrt{\varepsilon_r}) \times \lg(D/d)\ \Omega$。通常 $Z_0 = 50$ 或 75 。式中，D 为同轴电缆外导体铜网内径；d 为其芯线外径；ε_r 为导体间绝缘介质的相对介电常数。由上式可见，传输线特性阻抗与导体直径、导体间距和导体间介质的介电常数有关，与传输线长短、工作频率及传输线终端所接负载阻抗大小无关。

2. 匹配

天线的匹配就是消除天线输入阻抗中的电抗分量，使电阻分量尽可能接近传输线的特性阻抗。匹配的优劣一般用4个参数来衡量，即反射系数、行波系数、驻波比（驻波系数）和反射损耗（回波损耗）。4个参数之间有固定的数值关系，使用哪一个参数基于习惯。在日常维护中，用得较多的是驻波比和反射损耗。天线和传输线不匹配时，传输线上的信号如图2-37所示。

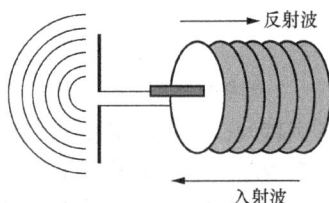

图2-37　不匹配天馈系统中
传输线上的入射波和反射波

可以简单地认为，传输线终端所接负载（天线）阻抗等于传输线特性阻抗时，称天线和传输线是匹配连接的。使用的天线振子较粗，输入阻抗随频率的变化较小，容易和传输线保持匹配，这时振子的工作频率范围就较宽；反之，则较窄。

（1）回波损耗

当传输线和天线匹配时，高频能量全部被负载吸收，传输线上只有入射波，没有反射波。此时，传输线上传输的是行波，传输线上各处的电压幅度相等，传输线上任意一点的阻抗都等于它的特性阻抗。

而当天线和传输线不匹配，也就是天线阻抗不等于传输线的特性阻抗时，负载就不能将传输线上传输的高频能量全部吸收，而只能吸收部分能量。入射波的一部分能量反射回来形成反射波，传输线上同时存在入射波和反射波，如图2-37所示。两者叠加，在入射波和反射波相位相同的地方，振幅相加最大，形成波腹；而在入射波和反射波相位相反的地方，振幅相减最小，形成波节；其他各点的振幅则介于波腹与波节之间。这种合成波称为驻波，反射波和入射波幅度之比叫作反射系数。

回波损耗是反射系数绝对值的倒数，以 dB 表示就是 $10\lg$（前向功率/反射功率）。回波损耗越大，表示匹配效果越好；回波损耗越小，表示匹配效果越差。回波损耗为 0 表示全反射，回波损耗为无穷大表示完全匹配。在移动通信系统中，一般要求回波损耗大于 14dB。如图2-38所示，馈线的特性阻抗为 50Ω，天

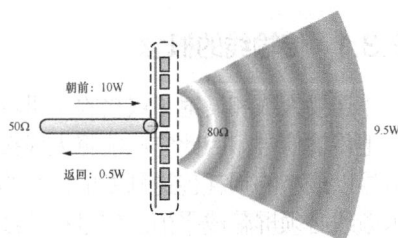

图2-38　天线与馈线不匹配时的反射损耗

线的输入阻抗为 80Ω，当馈线传输 10W 的信号时，有 0.5W 被反射，9.5W 由天线向外以电磁波的形式辐射，即回波损耗为 10lg (10W/0.5W)=13dB。

（2）馈线和天线的电压驻波比

驻波波腹电压与波节电压幅度之比称为驻波系数，即电压驻波比（VSWR）。终端负载阻抗和特性阻抗越接近，驻波比越接近于 1，匹配度也就越好。驻波比为 1，表示完全匹配；驻波比为无穷大，表示全反射，完全失配。在移动通信系统中，一般要求驻波比小于 1.5，但实际应用中，各运营商会要求更小些。过大的驻波比会减小基站的覆盖范围，并使系统内干扰加大，影响基站的服务性能。

特别是在室内分布的天馈系统中，一般驻波比都需要分段测试，每一段的驻波比可能都小于 1.5。但反射信号功率是累加的，因此对驻波比的要求会更严格。

相关知识　电压驻波比和回波损耗都是相同参数的不同测量方法，也就是连接器反射的信号数量，是影响连接器总信号效率的一个重要因素。

回波损耗是由线缆上间断性能量反射造成的信号损失。回波损耗类似于电压驻波比，在无线电行业中一般比较倾向于用电压驻波比，因为电压驻波比是一种对数测量方式，在表示很小的反射时是非常有用的。

2.4　天馈、塔桅系统的安装和维护

移动通信系统中，信号的覆盖质量与天线的安装和维护有密切联系。本节主要介绍天馈系统的安装及维护的基本方法和原则、塔桅维护的基本方法，以及天馈、塔桅系统的测试方法。

2.4.1　移动通信系统天线的选型

天线是整个移动通信系统的最末端的环节，也是至关重要的一环，天线的选择与设计直接影响移动通信系统的覆盖效果。在选择基站天线时，需要考虑其电气性能和机械性能。电气性能主要包括工作频段、增益、极化方式、波瓣宽度、预置倾角、下倾方式、下倾角调整范围、前后比、上旁瓣抑制、零点填充、驻波比、功率容量、阻抗及三阶互调等。机械性能主要包括尺寸、重量、天线输入接口、风载荷等。

为了将室外天线的覆盖区域限制在可控的范围内，室外天线的选取需要综合考虑天线增益、天线水平波束宽度、天线垂直波束宽度、天线安装方式和信号控制特性等因素。这些因素决定了天线能够覆盖的高度、宽度或楼层数。除了采用一体化美化天线，还可采用普通的板状天线+隐蔽外罩（美化天线）的形式，但需要注意外罩材料选择应符合要求，不能对天线辐射的性能产生较大影响。在实际应用中，还可以因地制宜地选择一些新型天线，如用于超高站的大倾角天线、用于话务密集区域的多波束天线，或根据场景美化要求进行天线的安装。

从覆盖目标的角度看，具体的天线选择和布放应综合考虑目标楼宇在垂直、水平、纵深 3 个方向上的覆盖要求。

（1）垂直方向

垂直方向上，对于 20 层以上的楼宇，应首选垂直面大张角天线，次选多个天线分层覆盖；20 层及以下的楼宇可以根据实际的安装条件选择定向板状天线、普通射灯天线、对数周期天线等。高层楼楼宇垂直覆盖方式如图 2-39 所示，其中图 2-39（a）为大张角天线，图 2-39（b）为多个普通天线中间部署，图 2-39（c）为多个普通天线上下部署。

（2）水平方向

水平方向上，天线布放数量应根据天线参数、输出功率、楼体宽度等综合考虑。天线水平波瓣宽

度 θ、天线到目标楼宇的距离 d，以及天线水平主瓣覆盖宽度 W 的关系为：$W=2\times d\times \tan(\theta/2)$。

可见在水平波瓣角一定的情况下，主瓣覆盖宽度和天线到目标楼宇的距离成正比，但是由于空间传播存在损耗，如果距离过远，则会导致接收功率不足从而不能形成有效覆盖，因此，要合理控制天线到目标楼宇的距离，既不能过近导致主瓣张开不足，也不能过远导致信号过度损耗。当覆盖目标为单栋楼宇时，可根据公式计算水平波瓣宽度以选择合适型号的天线，如果超出单个天线的覆盖范围，则需要拆分成多个天线进行覆盖。楼宇水平覆盖如图 2-40 所示。天线水平主瓣覆盖宽度典型值如表 2-1 所示。

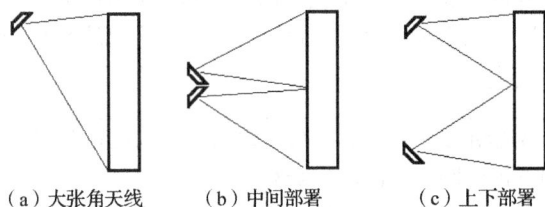

（a）大张角天线　　　（b）中间部署　　　（c）上下部署

图 2-39　高层楼宇垂直覆盖方式　　　　　图 2-40　楼宇水平覆盖

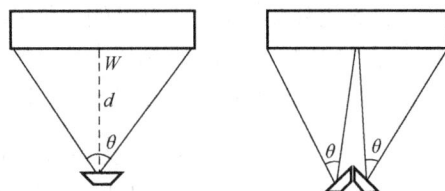

表 2-1　天线水平主瓣覆盖宽度典型值

距离/m	50			70			100		
水平波瓣角/°	33	65	90	33	65	90	33	65	90
主瓣覆盖宽度/m	30	64	100	41	89	140	59	127	200

（3）纵深方向

天线纵深方向的覆盖能力主要取决于天线的增益，增益越高，主瓣方向能量越集中，对抗传播损耗的能力越强，覆盖深度越大。但是由于天线是无源器件，只是通过将输入功率集中到特定方向上实现其增益，本身并不能增加辐射总能量，因此，天线增益和波瓣角间存在着相互制约的关系：$G(\text{dBi})=10\lg[32000/(2\theta_{3\text{dB,V}}\times 2\theta_{3\text{dB,H}})]$，其中 G 为天线增益，$\theta_{3\text{dB,V}}$ 为垂直波瓣角，$\theta_{3\text{dB,H}}$ 为水平波瓣角。因此，需要根据具体覆盖区域的情况，在天线增益、波瓣角等参数间平衡取值，满足覆盖效果的同时尽可能降低建设成本与施工难度。

不同的应用环境有不同的环境特点和覆盖要求，下面以市区基站的天线选型为例进行简单说明。市区基站应用环境的特点：基站分布较密，要求单基站覆盖范围小，希望尽量减少越区覆盖的现象，减少基站之间的干扰，提高频率复用率。

天线选用原则如下。①极化方式选择：由于市区站址选择受限，天线安装空间受限，建议选用双极化天线。②方向图的选择：在市区主要考虑减小对邻区的干扰，因此一般选用定向天线。③半功率波瓣宽度选择：为更好地控制小区的覆盖范围，抑制干扰，市区天线水平半功率波瓣宽度范围为 60°～65°。在天线增益及水平半功率角度选定后，垂直半功率角也就确定了。④天线增益的选择：由于市区基站一般不要求大范围的覆盖，因此建议选用中等增益的天线。同时天线的体积和重量较小，有利于安装和降低成本。根据目前已有的天线型号，建议视基站疏密程度及城区建筑物结构等选用 15dBi 左右增益的天线。⑤预置下倾角及零点填充的选择：一般来说，市区天线都要设置一定的下倾角，可以选择具有固定电下倾角（建议选 3°～6°）的天线。由于市区基站覆盖范围较小，零点填充特性可以不做要求。⑥下倾方式选择：由于市区的天线倾角调整相对频繁，且有的天线需要设置较大的倾角，而机械下倾天线不利于干扰控制，所以在可能的情况下，建议选用预置下倾天线、电调天线或机械下倾天线加电调下倾天线。⑦下倾角调整范围选择：出于干扰控制的原因，需要将天线的下倾角调得较大，一般来说，电调天线在下倾角的调整范围方面是不会有问题的。但是如果选择机械下倾的天线，则建议选择下倾角调控范围更大的天线，最大下倾角要求不大于 14°。⑧在市区，为了减小越区干扰，有时需要设置很大的下倾角，而当下倾角的设置超过了垂直面半功率波瓣宽度的一半时，需要考虑上旁瓣的影响。所以建议在市区选择第一上旁瓣抑制的赋形天线，但是这种天线通常无固定电下倾角。

推荐：半功率波瓣宽度 65°、中等增益、带固定电下倾角或可调电下倾加机械下倾的双极化天线。

2.4.2　移动通信系统中天馈设备的安装

天馈设备的安装是基站设备安装中工程量最大的部分之一，涉及天线的安装、跳线的连接、主馈线的布放、避雷系统的安装等。

为充分利用资源，实现资源共享，一般采用天线共塔的形式安装天线，这就涉及天线的正确安装问题，即如何安装才能尽可能减少天线之间的相互影响。工程中一般用隔离度指标来衡量影响程度，通常要求各天线端口隔离度至少大于 30dB。为满足该要求，常使天线垂直隔离或水平隔离。实践证明，在天线间距相同时，垂直安装比水平安装能获得更大的隔离度。

1. 抱杆的安装

不同类型的天线、不同的安装环境对天线支架的设计要求不同，安装方法也不同。实际上，只有铁塔平台的天线安装涉及抱杆的安装和调整，屋顶天线的安装则不涉及抱杆调整。

（1）抱杆安装注意事项

天线支架安装平面和天线抱杆应与水平面严格垂直；天线支架与铁塔平台之间的固定应牢固、安全，但不固定死，有利于网络优化时调节天线；天线支架伸出平台时，应考虑支架的承重和抗风性能；如有必要，对天线支架做一些吊装措施，避免天线支架日久变形；天线支架伸出铁塔平台时，应确保天线在避雷针保护区域内，同时要注意与铁塔的隔离，避雷针保护区域为避雷针顶点下倾 45° 角范围内（见图 2-41）；天线支架的安装方向应确保不影响定向天线的收发性能和方向调整。

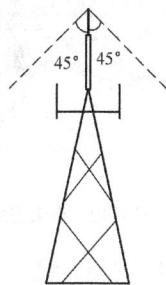

图 2-41　避雷针有效保护范围

（2）抱杆安装的检查

在天馈系统安装前，应检查天线抱杆的安装是否符合要求。抱杆安装要参考的参数由网络规划确定，包括天线挂高、方位角和俯仰角。

天线挂高：城区天线挂高应比周围建筑物的平均高度高 10m～15m。郊区及乡村应超出 15m 以上。

天线方位角：同一扇区的主分集两天线指向要相同。

天线俯仰角：通常在 0°～10°。

根据以上参数即可确认抱杆的安装位置满足天线的安装要求，所有天线抱杆应安装稳固、接地良好，抱杆应垂直于地面（误差小于 2°）。

2. 天线的安装

在移动通信系统中，室外站使用的天线主要是定向板状天线，下面简单介绍几种天线安装过程中需要注意的事项。

（1）定向天线的安装

不同生产厂家、不同型号的天线安装方式也有所不同。常用的定向板状天线的安装过程包括组装天线、跳线连接、安装天线、防水制作等，具体过程如下所述。

① 组装天线。将天线的上支架和下支架分别装配到天线上，上、下支架用于将天线固定在抱杆上的 U 形槽夹板上；如果现场抱杆长度不匹配，又想在组装时固定天线的俯仰角，可按天线背面角度标签所示长度调整上支架，使天线处于合适的角度后拧紧上支架上的所有螺母，如图 2-42 所示。

② 跳线连接。跳线又称为天线尾线。尾线的物理特性：阻抗为 50Ω；长度建议不大于 2m，塔上应用的尾线不大于 3m；最小弯曲半径为 0.2m。尾线必须是专用的室外线。拧掉天线上电缆接头的保护帽，将跳线接头对准天线接头再旋上并拧紧，如图 2-43 所示。

③ 防水制作。接头的防水要严格按要求进行制作。若用胶带防水，按胶带防水的步骤进行制作；

若用冷缩管，则按该产品的要求进行制作。

接头防水一般以"3+3+3"的方式进行，即由内到外依次为绝缘胶带、胶泥、宽胶带，每种材料缠绕3层。为防止胶泥渗入、腐蚀接头和铜管，需先以重叠1/3的方式缠绕3层绝缘胶带。再缠绕防水绝缘胶带（俗称"胶泥"），使用时展开胶带，剥去离形纸，并拉伸胶带至宽度减小到原来的1/2～3/4，使胶带保持一定的拉伸强度，以重叠1/2的方式进行缠绕，缠绕最后几圈时不要把胶带拉得过紧，缠好后宜用手在被缠绕处挤压胶带，使层间贴附紧密、无气隙，以便充分黏结。为防止胶带在实际环境中受到磨损，在胶带的外层配套使用PVC绝缘宽胶带，以重叠2/3的方式进行缠绕，松紧应适当（若太松或太紧，可能会因为热胀冷缩而出现漏胶、渗水情况）。宽胶带在垂直方向上使用时，最外层必须从下向上缠绕，防止雨水渗入，缠绕最外一层胶带时，松紧要适中，缠绕完毕胶带不能起皱，两边超过接头部分至少10cm。最后在宽胶带外缘1cm处用扎带将所缠绕的胶带两端扎紧，因在室外使用，扎带保留2mm～3mm剪平，防止因热胀冷缩而松脱。在设备或天线底部，也可以采用冷缩套管防水。图2-44（a）所示为胶带缠绕天线接头防水；图2-44（b）所示为冷缩套管防水处理，防水处理完成后形成的形状必须呈纺锤状，且上口离天线或设备底部不大于6mm。

图2-42　支架安装　　　　图2-43　跳线连接

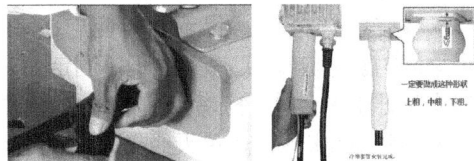

（a）胶带缠绕防水　　（b）冷缩套管防水

图2-44　天线接头防水制作

④ 安装天线。天线要用工具吊起安装，以免碰伤。天线安装要牢固，隔离度应符合设计要求。

折起顶部支架，拧上螺母；根据挂高将底部支架、顶部支架固定在抱杆上，先不要把螺丝拧紧，保证天线不会向下滑落即可，以便于调整天线方向及下倾角。定向天线安装在抱杆上时要注意安全防护，登高操作时作业人员要系好安全带、安全绳，戴好安全帽。定向天线的安装示意如图2-45所示。

⑤ 调整工参。根据工程设计图纸，用罗盘确定天线方位角，轻轻左右扭动以调节天线正面朝向，同时用罗盘测量天线的朝向，直至误差在工程设计要求范围内（±5°以内），调整好天线方位角后将天线支架在抱杆上的螺丝拧紧。

用倾角测试仪测量天线机械下倾角，调整到工程设计要求的角度（±1°以内）。轻轻转动天线的顶部，调节天线下倾角，测试仪测试定向天线时水平水准气泡显示居中即可。调整好后，将天线顶部调节支架紧固。天线工参的调整操作如图2-46所示。

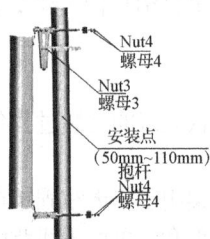

Nut4
螺母4
Nut3
螺母3
安装点
（50mm～110mm）
抱杆
Nut4
螺母4

图2-45　定向天线安装　　　　图2-46　天线工参的调整操作

定向天线安装时应注意：按照工程设计图纸确定天线的安装方向，在用罗盘确定天线方位角时要远离铁塔，避免铁塔影响测量的准确度，方位角误差不能超过±5°；用倾角测试仪调整天线的机械下倾角时，误差不能超过±1°；检查收发天线的空间分集距离，有效分集距离要大于4m。在塔侧安装定向天线时，为减少铁塔对天线方向图的影响，定向天线的中心至铁塔的距离应为$\lambda/4$或$3\lambda/4$，以获

得塔外的最大方向性。

⑥ 天线尾线的固定。天线尾线即室外跳线，尾线的固定至少要固定两点。尾线固定绑扎于桅杆或悬臂，3m 桅杆用扎带绑扎；6m 桅杆如有固定角铁，则用馈线夹固定，否则用桅杆卡固定。

尾线固定时不要直接与铁体接触，以防止桅杆或角铁上的毛刺损坏尾线；尾线要留有一定余量，以方便维护；尾线在与天线底部间的 3 个工作波长距离内要整齐，与天线底部垂直。也就是说，黑色扎带绑扎不能过紧，天线下方 10cm 保持笔直，U 形绑扎要有一定的活动余量，如图 2-47 所示。

另外，多天线共塔时，要尽量减少不同网络收发信天线之间的耦合作用和相互影响，设法增大天线间的隔离度，最好的办法之一是增大天线间的距离。天线共塔应优先采用垂直安装方式。

对于传统的单极化天线（垂直极化），根据天线之间（RX-TX、TX-TX）的隔离度（≥30dB）和空间分集技术的要求，天线之间要有一定的水平和垂直距离，一般垂直距离约为 50cm，水平距离约为 4.5m。这时必须增加基建投资，以扩大安装天线的平台。而对于双极化天线（±45° 极化），由于 ±45° 的极化正交性可以保证 +45° 和 -45° 两天线之间的隔离度满足互调对天线间隔离度的要求（≥30dB），因此双极化天线之间的空间间隔仅需 20cm～30cm。基站可以不必建铁塔，只需要架一根直径为 20cm 的抱杆，将双极化天线按相应覆盖方向固定在抱杆上。

（2）智能天线的安装

智能天线的安装过程与普通天线的基本一样，如图 2-48 所示，区别是在安装时需要连接 8 根传输线、1 根电源控制线。

图 2-47　天线跳线固定

图 2-48　智能天线的安装

（3）GPS 天线的安装

GPS 天线宜安装在避雷针 45° 的保护范围内，向上仰角为 10°，水平方向为 360° 内的遮挡不超过 25%（保证与 4 颗卫星直线连接）；GPS 天线抱杆与铁塔须保持至少 1m 距离，倾斜角度不超过 2°，抱杆焊接接地。GPS 天线不是区域内的最高点时，应与各天线间隔至少 3m，须固定牢固，其余安装要求与普通天线一样。

GPS 天线的安装及效果如图 2-49 所示。GPS 馈线进入室内后连接主设备时也要安装避雷器，用于避免 GPS 通信基站因系统天馈线引入感应雷过电流和过电压而遭到损坏。GPS 避雷器采用多级过压保护措施，具有通流容量大、残压低、反应快、性能稳定且可靠等特点，同时具有插入损耗（简称插损）小、匹配性能好的优点。避雷器的防雷指标：差模满足 8kA，共模满足 40kA。

GPS 避雷器根据其安装位置分为天线侧避雷器和设备侧避雷器，两者型号相同。当 GPS 天线塔上安装时，需要在天线侧安装天线侧避雷器，同时在设备侧安装设备侧避雷器；当 GPS 天线非塔上安装时，仅需要在设备侧安装设备侧避雷器。

安装时，避雷器的保护（Protect）端朝向被保护设备，即天线侧避雷器的 Protect 端朝向天线侧连接，设备侧避雷器的 Protect 端朝向设备侧连接。避雷器如图 2-49（c）所示。

如果存在多个 BBU 安装在同一个机房的情况，在实际网络建设中不需要对每个 BBU 都安装 GPS 天线，只需要通过 GPS 分路器（见图 2-50）来实现多个 BBU 集中安装共享 GPS 天线，GPS 分路器有一分二分路器和一分四分路器两种。在计算馈线实际长度时，需要考虑器件插损，一分二分路器插损为 3.5dB，一分四分路器插损为 6.6dB。

（a）安装示意　　　　　　　　（b）安装效果　　　　　　　　（c）避雷器

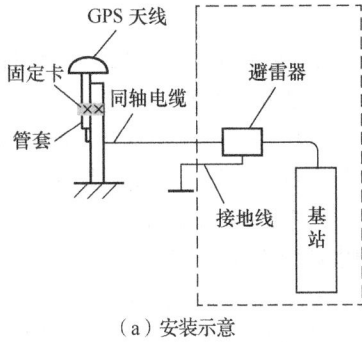

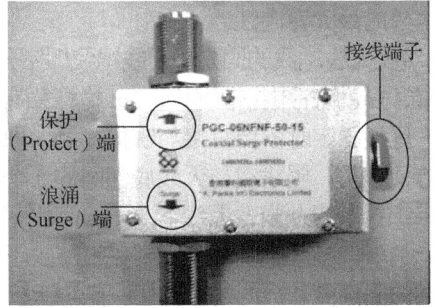

图 2-49　GPS 天线安装

当 GPS 天线远距离拉远时，为了满足 GPS 接收机的最小接收灵敏度要求，可使用 GPS 放大器（见图 2-51），目前选用的型号增益为 22dBi。RF IN 端朝向天线端连接，RF OUT 端朝向设备端连接。

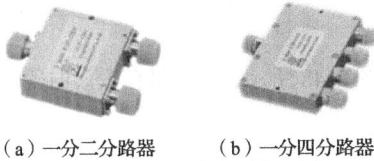

（a）一分二分路器　　（b）一分四分路器

图 2-50　GPS 分路器

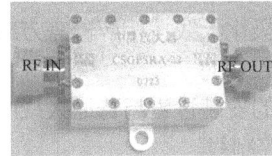

图 2-51　GPS 放大器

如果一个基站单独使用一套 GPS 天馈系统，当馈线的长度为 0～150m 时，使用 RG8U 馈线；当馈线的长度为 151m～270m 时，使用 RG8U 馈线+一个放大器。放大器安装在室内墙上或室内走线架上（需与走线架绝缘），可安装在避雷器前或后。根据实际路由情况，放大器与 GPS 天线之间的距离可在 50m～150m 范围内调整。

如果两个基站共用一套 GPS 天馈系统，当馈线的长度为 0～100m 时，使用 RG8U 馈线+一分二分路器；当馈线的长度为 101m～250m 时，使用 RG8U 馈线+一个放大器+一分二分路器。如果 3 个或 4 个基站共用一套天馈系统，当馈线的长度为 0～100m 时，使用 RG8U 馈线+一分四分路器；当馈线的长度为 101m～240m 时，使用 RG8U 馈线+一个放大器+一分四分路器。GPS 放大器和分路器的安装分别如图 2-52 和图 2-53 所示。

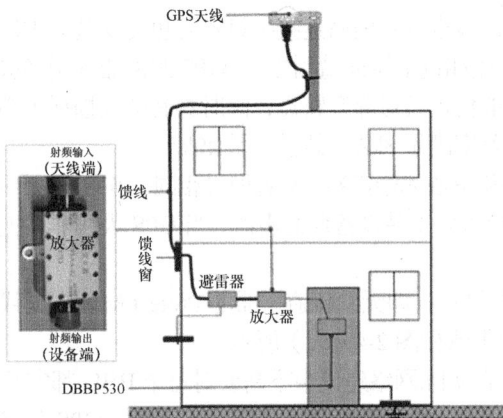

图 2-52　GPS 放大器的安装

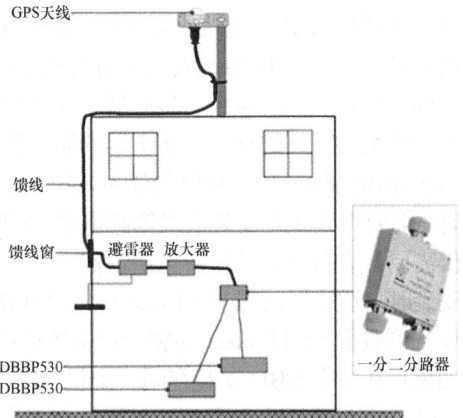

图 2-53　GPS 分路器的安装

分路器安装在室内，固定在室内走线架上（需与走线架绝缘），不需要安装保护地线。当基站到分路器的 GPS 时钟信号线长度不够时，在 GPS 时钟信号线的 "N" 形连接器端采用跟天线到馈线窗同样型号的馈线进行转接。如果采用一分二或一分四分路器，当分出的几路中有空闲端时，需要在空闲端安装匹配负载。

3. 馈线安装

安装馈线前，须确定馈线的路由。馈线路由根据工程设计图纸中的馈线走线来确定。确定馈线路由时应注意主馈线的长度须尽可能短。根据天线的安装位置和馈线路由现场测量天线跳线到机顶跳线的走线路由。

馈线安装前，基站机房中应已安装馈线窗。馈线窗安装在机房的外墙壁上，如图 2-54（b）所示。馈线窗的位置在室内、室外的走线架之间，常见的馈线窗有 4 孔和 9 孔两种，最多可以安装 27 根馈线。安装馈线窗时，应根据馈线窗大小和安装位置在墙上开孔，用冲击钻按照膨胀螺栓的孔径打孔，用膨胀螺栓固定馈线窗主板。在天气寒冷、风沙大的地区，还应在机房内部加装木质挡板，以便防沙、保温。

（1）截取馈线

馈线一般都成捆装运到安装现场。根据实际测量的各个扇区的主馈线长度，将馈线盘到滚装筒的圆面上，通过查看馈线的长度刻度来截取馈线（见图 2-55），在截取的馈线长度的基础上再增加 1m～2m 的余量进行切割。馈线切割要用专用工具，留余量；严禁小角度弯折，防止馈线外导体（铜管）变形。

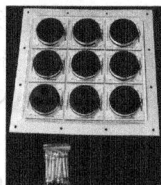

（a）安装前的馈线窗　（b）安装后的馈线窗
图 2-54　馈线窗安装　　　　　　　图 2-55　馈线长度

每切割完一根主馈线，必须在主馈线两端贴上相应的临时标签，如 ANT1、ANT2、ANT3 等，馈线安装完毕后再改贴正式标签。

将裁截好的馈线搬到楼顶平面，搬运过程中要保证馈线不受挤压，以免损伤馈线。

（2）馈线接头制作

馈线接头制作技术规范如下：认真阅读每个接头的制作说明；按说明书上的要求准备各种工具，最好使用制作接头的专用工具；严格按说明书上要求的步骤逐步检查；安装接头前必须将接头部分的馈线顺直约 1m，以保证接头与馈线导体贴合紧密；用钢锯切割馈线时必须将截面向下倾斜，以免锯屑滑入芯线铜管内；钢锯等刀具必须保持在最佳工作状况，一般制作 2～3 个接头要更换一次刀具；每次切割馈线都必须清除截面处的毛刺，以防损伤接头或导致接触不良；紧固工具最好用力矩扳手，力矩大小要满足说明书要求；接头防水要严格按要求进行制作，方法与定向天线安装中的防水处理相同。

馈线接头由插头体、O 形环、弹簧圈和接头体组成（见图 2-56），安装时需用到的材料还有涂脂和割锯定位导圈。其中，割锯定位导圈用于在现场不用馈线刀时辅助切割馈线。

① 组装式 7/8"馈线接头制作过程。

有馈线刀的制作方法：用刀具把距端口 40mm 处的馈线外皮剥掉，确认馈线刀的辅助刀片位于馈线刀的 STD/RC 处，将主刀片对准馈线外导体的一个波纹的波峰处，按刀具上标出的旋转方向旋转刀具，直到刀具的护盖把柄全部合拢，使馈线内外铜导体全部割断，同时辅助刀片会将馈线外部橡胶保护套割断，再次剥下护皮，此时剥去护皮的外铜导体约有 5.5 个波峰（具体需根据接头长度确定）；套上 O 形环，涂上涂脂，装上插头体，套上弹簧圈，将泡沫边缘压下，清理毛刺和碎屑，用扩孔器扩张外导体，或者将接头体套上插头体，保持接头体不动，通过扳动插头体扩张外导体；检查扩张表面，清理毛刺和碎屑，重新装上接头体，用扳手固定住接头体，将插头体拧进接头体，拧紧接头。图 2-57

中，图 2-57（a）所示用馈线刀切割馈线，图 2-57（b）所示为组装馈线接头，图 2-57（c）所示用钢锯切割馈线。

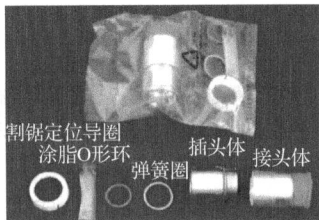

图 2-56　馈线接头的组成部件

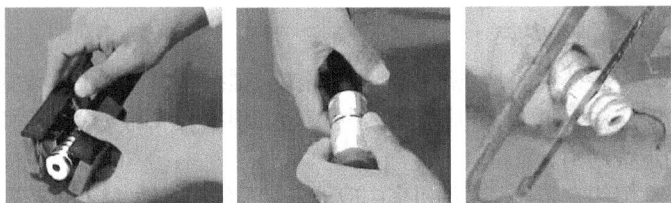

（a）用馈线刀切割馈线　　（b）组装馈线接头　　（c）用钢锯切割馈线

图 2-57　制作馈线接头

无馈线刀的制作方法：剥下 50mm 馈线外皮，确认剥下皮的外导体至少有 6.5 个波峰（具体需根据接头长度确定）。套上 O 形环，涂上涂脂，装上插头体，套上弹簧圈，套上割锯定位导圈，用钢锯沿割锯定位导圈锯断馈线，如图 2-57（c）所示。其他加工步骤与有馈线刀时的加工步骤相同。

② 组装式 1/2"馈线接头制作过程。

环切护套，去除约 25mm 护套；于波峰处截断并剥除 8mm 以上的外导体；截去 8mm 以外的多余内导体；在内导体顶端 0.5mm 处进行 45° 倒角；用毛刷清理碎屑，涂上涂脂，套上 O 形环；套入插头体，将馈线固定套卡在第一波谷处；向外推出插头体，使馈线固定套与插头体前端平齐，使馈线固定套卡紧馈线外导体；套上弹簧圈，套装接头体，用手拧紧，固定接头体，用（13±2）N·m 的力矩拧紧插头体。制作过程示意如图 2-58 所示。

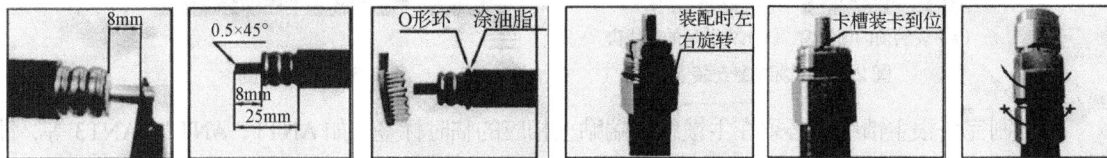

图 2-58　制作组装式 1/2"馈线接头过程示意

（3）固定馈线卡

馈线必须连续固定，在室外走线架上用专用馈线卡固定，在馈线拐弯处等不宜安装馈线卡的地方用黑色尼龙扎带绑扎；在室内走线架上则用白色尼龙扎带绑扎固定，两固定点间的水平距离不大于 0.8m，垂直距离不大于 1.2m。

馈线布放前，先沿铁塔或走线架每隔规定距离安装主馈线馈线卡。安装馈线卡时，间距应尽量均匀，方向须一致。如果在同一个走线架内安装两排馈线卡，应保持两排馈线卡整齐，如图 2-59 所示。

（4）布放馈线

馈线走线规范：必须整齐有序、简洁、尽量避

图 2-59　安装馈线卡

免拐弯；接地必须可靠；入室必须有回水弯；接地必须有严格的防水措施；馈线的弯曲角度应不小于 90°，最好大于 120°，且拐弯后要立即固定，拐弯要舒缓、流畅。施工时，馈线须用专用施工工具吊装，不能直接在地面上拖动。应防止馈线被金属或硬物碰撞，以免发生外导体变形或损坏表面橡胶。

馈线布放过程：检查主馈线两端的临时标签，确认没有混淆；对已做好的馈线接头用包装袋包住，用扎带扎紧；将从天线至馈线窗的主馈线初步理顺，再从主馈线天线端开始，边理顺边卡入馈线卡中，排列整齐后上紧馈线卡。主馈线要保持平直，切忌在两馈线卡间有隆起，不得在馈线两头同时固定馈线。

主馈线从楼顶沿墙入室时，应做室外爬墙走线架。主馈线在走线架上应使用馈线卡固定。馈线进

入机房时要保证馈线不会将雨水引入机房，必须做回水弯，如图 2-60 所示。回水弯的底部比入室端口的水平高度至少要低 10cm，回水弯的弧度要流畅。同组馈线的回水弯要互相固定。馈线入室必须要有密封圈防水，入室后必须有较好的固定。

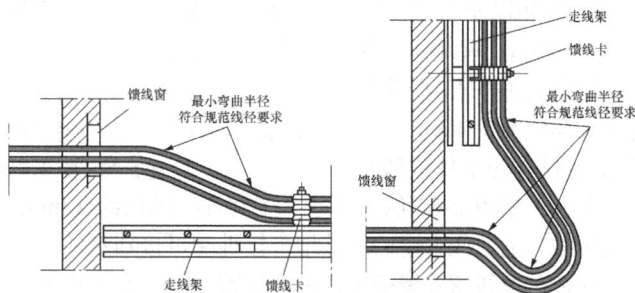

图 2-60　馈线入室

馈线通过馈线窗进入机房时，室内、室外都必须有走线架，拧松馈线窗上的密封紧固喉箍，把需要穿馈线的小孔的密封盖板拔掉，将馈线穿过馈线窗上的馈线孔进入室内。馈线从室外走线架进入室内走线架时，需室内和室外的两个人配合，以避免主馈线进入机房时伤及室内设备，避免馈线在安装过程中因用力不当而受损。馈线在避雷架处要有 0.3m 的平直，馈线拉到位后拧紧紧固喉箍。

根据走线架安装位置、机顶跳线长度、避雷器配置或避雷架安装位置、馈线最小弯曲半径及机房布线美观等要求，将进入室内的多余馈线截掉。裁截馈线时要保证馈线上的临时标签完整且仍在馈线上，以免造成馈线连接错乱。馈线裁截好后制作室内馈线接头。

（5）连接主馈线避雷器

对于无接地线的避雷器，可将避雷器直接安装到馈线上（见图 2-61（a）），要保证避雷器和走线架之间绝缘。对于安装有避雷架的避雷器，安装时要对每根馈线认真调整，保证避雷架和主馈线连接时接头丝扣咬合良好。图 2-61（b）所示为宽频避雷器。

（6）安装馈线接地卡

对 20m～60m 长的每根主馈线，至少应有 3 处要安装馈线接地卡。对于安装在楼顶的天馈系统，3 处馈线接地卡位置分别是馈线离开天线抱杆处、馈线离开楼顶平面处、馈线进入机房处。对于安装在铁塔的天线，3 处馈线接地卡位置分别是铁塔平台处、主馈线离开铁塔到室外走线架处、主馈线入室之前。当主馈线长度超过 60m 时，还应在主馈线中间增加馈线接地卡，一般为每 20m 增加一处；如果小于 20m，允许两点接地；如果小于 10m，允许一点接地。

馈线的接地应避免在拐弯处（最好在垂直部分），须顺走线方向；接地排和接地线连接处要事先清除油漆；接地线与防雷接地铜排连接处要使用"铜鼻子"，并用螺栓固定连接，同时进行防氧化处理；接地线与馈线的连接处一定要用防水胶泥和防水胶带按规范密封，进行防水处理；接地线不得从封洞板内穿过。另外，接地铜排材料建议采用紫铜；山区站接地电阻须小于 10Ω，平原站接地电阻须小于 5Ω；楼顶铁塔避雷和建筑物钢筋分别就近焊接。根据以上接地原则，选择合适的接地卡安装位置，按照接地线铜片的大小切开馈线外皮，将接地线铜片和卡簧夹紧馈线外导体，如图 2-62 所示。同时将接地卡的接地线引向地网连接点的方向，固定到可靠接地的走线架或接地铜排上。

（a）安装避雷器　（b）宽频避雷器　　　（a）安装卡簧　　（b）防水制作　（c）接地线连接
图 2-61　避雷器的安装　　　　　　图 2-62　安装接地卡（一）

另一种馈线接地卡安装方法：揭开覆盖在丁基密封带上的纸条，将接地卡紧紧裹在馈线上；拧紧两个螺丝，如图 2-63 所示。

接地引线与馈线之间的夹角以不大于 15°为宜，不得逆向、倒折连接接地线。接地卡安装后，必须进行防水处理。需要注意的是，防水胶带缠绕时两边需要超过接头部分至少 10cm。

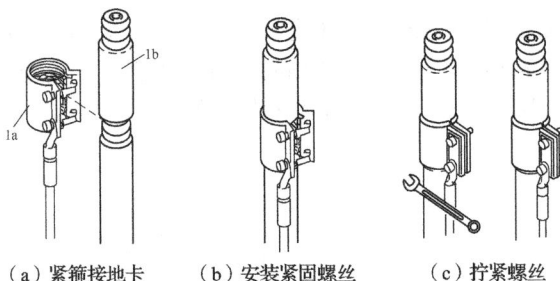

（a）紧箍接地卡　　　（b）安装紧固螺丝　　　（c）拧紧螺丝

图 2-63　安装接地卡（二）

接地卡的接地端应连接到塔的主体或楼顶室外已接上避雷网的走线架上，如图 2-62（c）所示。要将连接部位约 13mm 半径内的油漆和氧化物剔除干净，确保良好的电接触。主馈线入室前的接地卡接地端可接到室外接地铜排上，室外接地铜排主要用于防雷接地，一般安装在馈线窗外墙壁上，最佳位置为馈线窗的正下方，原则上以离馈线窗较近为宜。

2.4.3　移动通信系统天线工参的调整

移动通信系统中天线工参的调整直接关系到天线的覆盖范围和系统的抗干扰性能。

1. 天线高度的调整

天线高度直接与基站的覆盖范围有关。一般用仪器测得的信号覆盖范围受两个因素影响：一是天线发射的直射波所能达到的最远距离（由天线高度决定）；二是到达该地点的信号强度足以被仪器捕捉（由发射功率决定）。

移动通信是视距通信，天线发射的直射波所能达到的最远距离 S 与天线高度间的关系可表示为 $S=2R(H+h)$。其中，R 为地球半径，约为 6370km；H 为基站天线的中心点高度；h 为手机或测试仪表的天线高度。由此可见，基站无线信号所能到达的最远距离（即覆盖范围）主要由天线高度决定。

从绕射损耗的角度看，通常是希望天线越高越好，从高处发射，可以取得更好的覆盖效果。

在移动通信系统建设初期，站点较少，为了保证覆盖效果，基站天线一般架得较高。随着移动通信系统迅速发展，基站站点大量增多，在市区，站距已经达到大约 500m，甚至更小。在这种情况下，必须减小基站的覆盖范围，降低天线的高度，否则会严重影响网络质量。其影响主要表现在以下几个方面。

① 话务不均衡。基站天线过高，会造成该基站的覆盖范围过大，从而造成该基站的话务量很大，而与之相邻的基站由于覆盖范围较小且被该基站覆盖，话务量较小，不能发挥应有作用，导致话务不均衡。

② 系统内干扰。基站天线过高，会造成越站干扰（主要包括同频干扰及邻频干扰），易引起掉话、串话和有较大杂音等现象，从而导致整个移动通信网络的质量下降。

③ 孤岛效应（见图 2-64）。当手机占用"飞地"覆盖区的信号时，很容易因没有切换关系而引起掉话，孤岛效应属于基站覆盖性问题。

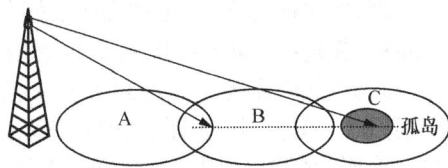

图 2-64　孤岛效应

相关知识

当基站覆盖在大型水面或多山地区等特殊地形时，水面或山峰的反射易使基站在原覆盖范围不变的基础上，在很远处出现"飞地"。而与之有切换关系的相邻基站却因地形的遮挡覆盖不到，这样就造成"飞地"与相邻基站之间没有切换关系，形成"孤岛"。

因此对于宏站来说，天线一般安装在高于覆盖区域建筑物平均高度 10m～15m 处。但对于在 4G、5G 网络中使用的大量小基站来说，挂高通常低于周边建筑物，基本就是可视通信覆盖周边楼宇以及附近室外道路。当站点周围有树木阻挡时，天线挂高应注意避开树冠枝叶茂密的位置，以避免散射和穿透损耗影响覆盖效果。从统计结果看，小基站挂高越低，发射天线越偏离树叶密集的高度，整体场强越高，信号覆盖越好。

2. 天线俯仰角的调整

天线俯仰角的调整是网络优化的另一个非常重要的措施。选择合适的俯仰角，可以使天线至本小区边界的射线与天线至受干扰小区边界的射线之间处于天线垂直方向图中增益衰减变化最大的部分，从而使受干扰小区的同频及邻频干扰减至最小。同时，选择合适的覆盖范围，使基站的实际覆盖范围与预期的设计范围相同，可以加强本小区的信号强度。

在目前的移动通信系统中，由于基站的站点增多，在设计市区基站的时候，一般要求其覆盖范围半径大约为 500m。而根据移动通信天线的特性，如果天线设有一定的俯仰角（或俯仰角偏小），基站的覆盖范围半径会远大于 500m，如此则会造成基站的实际覆盖范围比预期范围大，从而导致小区与小区之间交叉覆盖，相邻小区切换关系混乱，系统内频率干扰严重。另一方面，如果天线的俯仰角偏大，则会造成基站实际覆盖范围比预期范围偏小，导致小区之间出现信号盲区或弱区。若采用机械下倾天线，下倾角较大时还易导致天线方向图凹陷变形，从而造成严重的系统内干扰。因此，合理设置俯仰角是整个移动通信系统质量的基本保证。

一般情况下，俯仰角的大小计算公式为 $\alpha=\arctan(H/S)+\beta/2$，几何描述如图 2-65 所示。其中，$\alpha$ 为天线的俯仰角；H 为天线的高度；S 为小区的覆盖半径；β 为天线的垂直平面半功率角。α 是将天线的主瓣方向对准小区边缘时得出的，在实际的调整工作中，一般在由此得出的俯仰角角度的基础上再加上 $1°\sim2°$，可使信号更有效地覆盖在本小区之内。

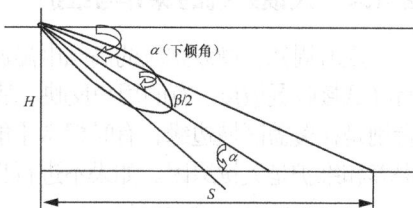

图 2-65　俯仰角几何描述

天线倾角设置需兼顾覆盖效果和泄漏控制，使天线垂直和水平主瓣均对准覆盖目标。对于超高层楼宇，如果无法通过一个天线实现全楼层覆盖，可采用高低分区立体覆盖方式。在同一位置安装不同倾角的天线，或在不同位置安装天线分别对准目标楼宇的不同高度进行整体覆盖。

天线自上而下覆盖时，一般是在相同高度的楼宇顶部安装天线覆盖对面的楼宇，为控制干扰，应设置下倾角大于或等于天线垂直波瓣宽度的一半，天线倾角和主瓣覆盖上下边界与下倾角、收发相对位置的关系如图 2-66 所示。图中 α 为下倾角，β 为天线的垂直平面半功率角，H_{max} 为天线上 3dB 点覆盖高度，H_{mid} 为天线中心点覆盖高度，H_{min} 为天线下 3dB 点覆盖高度，D 为楼宇间距离，H 为安装天线的楼高。

天线自上而下覆盖时，一般是在地面、灯杆或裙楼、低层露台等处安装天线以覆盖周围的楼宇。由于安装高度相对较低，信号控制较容易，但为保证覆盖效果，天线和目标楼宇间应为视通环境，天线垂直主瓣覆盖高度和倾角关系如图 2-67 所示。图中 α 为上倾角，β 为覆盖宽度。

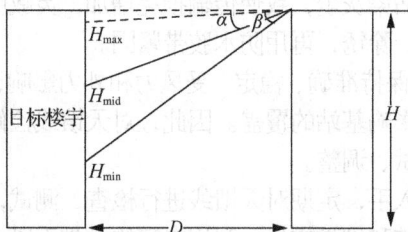

图 2-66　天线倾角和主瓣覆盖上下边界与下倾角、收发相对位置的关系

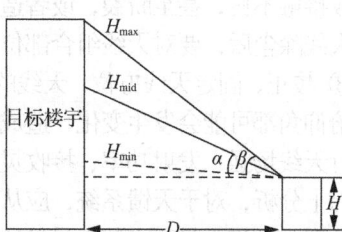

图 2-67　天线垂直主瓣覆盖高度和倾角关系

3. 天线方位角的调整

天线方位角的调整对保证移动通信系统的通信质量非常重要。一方面，准确的方位角能保证基站

的实际覆盖与预期的相同，保证整个网络的运行质量；另一方面，依据话务量或网络存在的具体情况对方位角进行适当的调整，可以更好地优化现有的移动通信系统。

在移动通信系统建设规划中，一般严格按设计规定对天线的方位角进行安装及调整，这也是天线安装的重要标准之一。如果方位角的设置与之存在偏差，那么基站的实际覆盖与设计就不相符，并且基站的覆盖范围也会不合理，从而导致一些意想不到的同频及邻频干扰。

在实际网络中，一方面，由于地形（如大楼、高山、水面等）的原因，往往会引起信号的折射或反射，进而可能导致实际覆盖与理想模型存在较大的出入，造成一些区域信号较强，一些区域信号较弱。这时可根据网络的实际情况，对对应天线的方位角进行适当的调整，以保证信号较弱区域的信号强度，达到网络优化的目的。另一方面，由于各小区实际的人口密度不同，导致各天线对应小区的话务不均衡，这时可通过调整天线的方位角，达到均衡话务量的目的。当然，一般情况下并不实际对天线的方位角进行调整，因为这样可能会造成一定程度的系统内干扰。但在某些特殊情况下，如当地举行紧急会议或大型公众活动等，导致某些小区话务量特别集中时，可临时对天线的方位角进行调整，以达到均衡话务、优化网络的目的。另外，郊区某些信号盲区或弱区亦可通过调整天线的方位角进行网络优化，这时应辅以场强测试车对周围信号进行测试，以保证网络的运行质量。

2.4.4 天馈系统的保养与维护

众所周知，微波频段的高频电磁波用较低的发射功率，经天线、馈线传导收发，如损耗过大，必将降低接收灵敏度。有的用户反映，基站刚开通时，手机接收灵敏度很高，不到两年灵敏度就降低了，特别是在覆盖区域边缘，有时根本不能通信，这是什么原因呢？经分析和实测，没有对天馈系统进行保养和维护是关键原因。如果不进行良好的保养和维护，灵敏度年平均降低15%左右。

1. 天馈系统的保养

天馈系统的保养主要有三个措施：除尘、紧固组合部位、校正固定天线方法。

① 除尘。高架在室外的天线、馈线由于长期受日晒、风吹、雨淋，粘上了各种灰尘、污垢，这些灰尘、污垢在晴天时的电阻很大，而到了阴雨或潮湿天气就会吸收水分，与天线连接形成一个导电系统，在灰尘与芯线、芯线与芯线之间形成电容回路，一部分高频信号被短路，导致天线接收灵敏度降低，产生天线驻波比告警。这样便影响了基站的覆盖范围，严重时会导致基站失效。所以，每年应在雨季来临之前，用中性洗涤剂给天馈线器件除尘。

重点提示 对处于环境较差（如油污较严重）区域的天线尤其应注意除尘保养。

② 紧固组合部位。受风吹及人为碰撞等外力影响，天线组合器件和馈线连接处往往会松动，可能会造成接触不良，甚至断裂，或者造成天馈线进水和沾染灰尘，致使传输损耗增加，灵敏度降低。所以，天线除尘后，要对天线组合部位先用细砂纸除污、除锈，再用防水胶带紧固。

③ 校正、固定天线方位。天线的方向和位置必须保持准确、稳定。受风力和外力影响，天线的方向和俯仰角都可能会发生变化，造成天线间的干扰，影响基站的覆盖。因此，对天馈线检修保养后，要进行天线场强、发射功率、接收灵敏度和驻波比测试、调整。

综上分析，对于天馈系统，应从设备的日常维护入手，定期对天馈线进行检查、测试，发现问题及时处理。维护人员和安装人员必须掌握天馈线的安装和维护方法，利用丰富的维护手段，快速、准确地诊断和排除故障，提高维护效率，确保网络运行质量。

2. 天馈系统的维护

从塔顶至机房，天馈系统的维护包含的内容广而细，且分布点多，所以对维护人员的素质要求也相对较高。天馈系统日常维护工作是否到位，将直接影响基站的正常运行，影响用户手机的正常使用。

（1）天线的维护

① 天馈系统的维护。首先是检查天线发射面正前方有无障碍物，天线发射面正前方一定距离内不允许有建筑物或其他障碍物。维护人员攀爬至平台后，对每一扇区的定向天线进行观测，如果前方 50m 范围内有遮挡物，则需拍摄现场照片并书面报告管理员，然后根据管理员或网络优化部门的通知进行调整，如图 2-68 所示。

② 天线数据测量。天线数据是网络优化部门进行调整的原始数据支撑，测量和记录时必须保证其准确性。天线方位角的允许偏差为 ±5°，天线俯仰角允许偏差为 ±1°。全向天线水平间距必须大于 4m，所有天线对地的最小距离必须大于 4m。

测量方位角时，维护人员要首先找好被测的天线，身体基本与天线在同一轴线上，然后将罗盘水平放置于手心进行测量。由于仪表存在自然误差，所以一般同一个天线测试 3 次，选中间值，以尽量减小误差，保证测量的准确性。

俯仰角的测量：维护人员携带俯仰角测试仪（又称坡度仪）上塔后，首先要系好安全带，做好保护措施。在测量时，应保持身体稳定，将坡度仪与天线背面紧贴，保持仪器与天线相互垂直，且与地面相互垂直，然后查看水准气泡微调到中间时对应的数据并记录，如图 2-69 所示。

检查数量：全部。检查方法：目测、坡度仪、罗盘。

图 2-68　天线发射面检查　　　　图 2-69　天线俯仰角测量

③ 天线的处理。天线应保持表面整体清洁、完好；天线抱箍螺栓无锈蚀、松动现象；平台支架 U 形抱箍连接可靠；设备与主馈线连接可靠。

维护内容：维护人员需对每一扇区的天线进行表面检查和清洁处理，如果发现有异常且无法修复的现象，须立即报告相关管理部门；需对天线支架与天线设备的连接进行可靠性检查和处理，以及对天线与主馈线间的连接进行可靠性检查与处理。

维护人员上塔后，首先对天线进行整体检查，查看是否有异常情况。如果发现异常，应现场整改；如果现场无法整改，需上报相关管理部门。然后对天线的抱箍进行检查，查看螺栓是否单帽、锈蚀，查看有无松动现象，查看支架抱箍连接的可靠性等。最后对天线下端与小跳线、主馈线连接的接头进行防渗水、防老化、防松动维护。

（2）馈线的维护

① 馈线长度测量。馈线长度测量是网络优化部门进行下阶段调整的数据支撑，比如新增扇区、全向改定向，或者当前使用的馈线发生故障需更换时直接从数据库中调出，免去再测量，以提高工作效率，同时也可以有效地避免馈线使用中的浪费。

维护步骤：两名维护人员合作，用皮尺对主馈线进行测量。

检查数量：全部。检测工具：皮尺。

② 馈线两端标识检查。馈线两端标识的检查是网络维护和优化的必要措施，可以保证扇区与馈线连接的标识正确，对于故障排除的及时性、判断故障馈线的正确性有很大的帮助。

维护检查步骤：维护人员从上至下或从下至上对馈线进行摸底检测（一般两人同时进行）。例如，一人从上至下查看与一扇区天线相连的馈线进入机房后是否对应接到一扇区的载频上，如果不符，应现场通知移动监控中心，将扇区闭锁，然后将馈线正确连接。馈线两端标识和标牌分别如图 2-70、图 2-71 所示。另外一人查看二扇区。

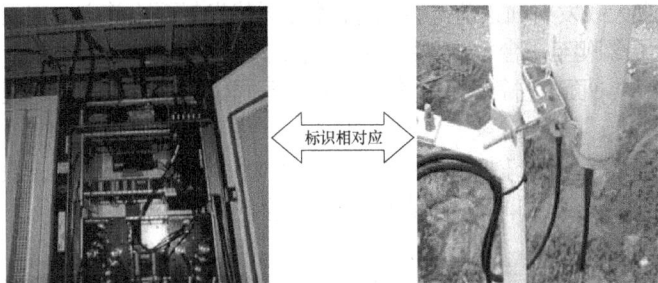

图 2-70　馈线两端标识

图 2-71　馈线标牌

对应扇区天线的馈线连接应与机房内的载频连接一致。

③ 馈线整理。同轴电缆是通过外层铜导管的内壁进行信号传播的，故不允许内壁发生凹陷或破损。同轴电缆外表面如果是螺旋形式，则不允许馈线外表皮破损。如果进水，水会顺着螺旋外壁流动到两端的接头，造成驻波比大等故障。所以维护人员在整理馈线时重点要放在查看馈线是否存在物理老化及各个拐点有无表皮破损或凹陷；另外还要查看馈线的布局是否合理、整齐，如果布局凌乱，需进行现场整理，力求馈线布局整齐、美观，如图 2-72 所示。

图 2-72　平台上整理后的馈线

维护人员应对馈线全程检查，如发现外导体破损，则需通知管理员关闭所在扇区并进行驻波比测量。如果无告警，则对外壁进行全封闭包扎；如果有告警或数据超标，则需马上报告管理员并进行更换。

④ 馈线回水弯检查。回水弯弯曲半径必须在标准范围内，并保证回水弯起到相应作用。

维护步骤：维护人员对封洞板前的馈线回水弯进行观测，如发现回水弯半径小于最小弯曲半径或回水弯弯曲方向和形状未能保证回水弯的作用，则需拍照并详细记录后通知管理员，根据管理员的通知进行相关整改。

检查数量：全部。检查方法：目测。

⑤ 馈线最小弯曲半径检查。工程建设中，由于种种因素通常需将多余馈线弯曲成圈绑扎，但如果弯曲半径过小，会对信号传输造成影响，所以馈线弯曲半径必须大于最小弯曲半径标准。

维护步骤：维护人员在平台和机房处对弯曲馈线进行测量，如发现弯曲半径小于规定标准，则应拍照并详细记录后报告管理员，根据管理员的通知进行整改。

一般要求馈线回水弯弯曲半径应不小于 20 倍馈线外径，软馈线回水弯的弯曲半径不小于 10 倍馈线外径。但各运营商针对具体情况有自己的规定，例如中国移动规定了用泡沫填充绝缘的馈线最小弯曲半径。不同种类馈线回水弯弯曲半径如表 2-2 所示。

相关知识

表 2-2　不同种类馈线回水弯弯曲半径

馈　线　种　类	最小弯曲半径（重复弯曲）/mm	最小弯曲半径（单次弯曲）/mm
1/2"	200	130
7/8"	420	250
15/8"	800	400

⑥ 馈线小跳线活动余量检查。馈线小跳线位于平台上，受风力因素影响较大，天线会随风有一定程度的晃动，从而拉扯小跳线。如果小跳线在安装时没有留一定的活动余量，经过一段时间的拉扯后，

可能会造成接头松动，故而产生故障告警。所以维护人员在检测小跳线时需用手轻轻拉动小跳线，如果不能动，必须重新绑定，确保有一定的活动余量。另外，天线下端的接头必须保证有 10cm 笔直部分。

⑦ 跳线及馈线接头检查。对于小跳线与馈线接头，主要检查外部胶泥、胶带包扎情况，看是否出现老化、漏胶、渗水现象，必要时可拆掉胶泥、胶带，用扳手进行检查；或用 Site Master 进行实测，根据驻波比的值进行判断。

在巡检时主要查看胶带有无老化、开裂现象，观察胶泥有无漏胶或渗水现象。如果发现异常，需把旧胶泥、胶带去除干净后再按规范要求进行包扎。

检查数量：全部。检查方法：目测。

⑧ 馈线卡检查。主馈线在塔体上布放时必须按照要求进行固定和绑扎。一般要求垂直方向每间隔 1.2m 固定一处，水平方向每隔 0.8m 固定一处，单管塔塔内可以间隔 2m 固定一处。在检查过程中，如果发现用其他方式固定（扎带、铁丝、绳子等），需进行相应的整改：馈线用三联卡固定在塔内的耳板上；室外走线架馈线用三联卡固定等。

检查数量：全部。检查方法：目测。

⑨ 扎带检查。馈线在平台的部分走线无法用馈线卡进行固定，只能用扎带进行固定及绑扎。对这些部分进行扎带检查、维护时，应全程检查，主要检查扎带在长时间的日晒雨淋中有没有老化发白或者开裂，如果存在以上问题，需现场进行更换。室外使用的扎带必须从回水弯根部截平，保留 2mm～3mm，以免温度变化时因热胀冷缩而松脱。

检查数量：全部。检查方法：目测。

⑩ 馈线接地复接检查。

维护步骤：维护人员攀爬塔体观测馈线接地线的连接位置和连接方式，如果发现多股馈线接地线连接到同一铜排孔洞，则需将多股馈线接地线重新与其他孔洞连接，并用锂基脂涂抹紧固螺栓。如果发现馈线接地线直接连接到塔体孔洞，则需拍摄照片并通知管理员，根据管理员的通知安装铜排或相关装置进行接地，如图 2-73 所示。

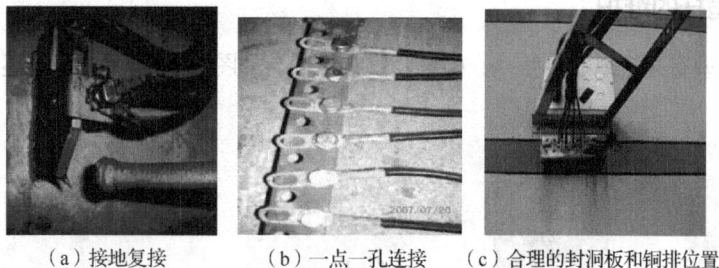

(a) 接地复接　　　　(b) 一点一孔连接　　(c) 合理的封洞板和铜排位置

图 2-73　馈线接地复接检查

维护人员还需对封洞板和馈线接地铜排的位置进行观测、判断，如果铜排和馈线在同一直线甚至高于封洞板，则需拍照、详细记录并通知管理员，根据管理员的通知进行整改。同时必须保证封洞板密封良好，防止雨水渗入或灰尘、小动物进入。

相关知识　馈线接地必须保证一点一孔连接，不能复接，以免雷击时形成雷电回流击毁设备。
封洞板必须安装在高于机房馈线接地铜排处 100 mm 以上的位置。

（3）天馈系统的测试

天馈系统的测试是基站天馈系统管理和维护的核心，有助于缩短系统的故障停机时间，提高现场维护人员的效率，并可减少系统的总运行成本。天线和馈线的常见故障如下所述。

天线故障原因主要有：雷电、水和风造成的破坏；来自紫外线辐射的破坏；结冰和长期的温度循环变化造成的破坏；大气污染造成的腐蚀；由于环境条件使天线防护罩的介质特性发生变化，从而导致的天线性能变化。馈线故障主要原因有：由于安装引起的故障，如接地卡过紧而导致的外导体变形；馈线介质渗水；绝缘层损坏而导致的外导体腐蚀；防水处理不当导致的腐蚀；与馈线的内导体或外导体连接不良；安装过紧或温度的循环变化导致的松弛。

此外，还有一些特殊环境下才会发生的故障，如重工业区的大气污染引起的腐蚀，或由于本地天气变化引起的大风或冰冻导致的故障。要解决这些问题，可能需要攀爬塔体进行调试和维修。

基站管理的一项重要和有力的手段是故障定位（Distance To Fault，DTF）。对于馈线系统而言，故障定位测试提供了回波损耗或电压驻波比对于距离的变化信息。通过故障定位测试可以找出各种类型的故障，包括接头损坏、馈线变形和整个天馈系统性能的下降。故障定位测试的另一个意义是从塔底至塔顶的馈线故障（包括其严重程度和沿馈线的相对位置）都可以很容易被确定，不但可以确定真正的设备故障，而且可以监测天馈系统性能的微小的变化情况。

对故障位置"特性"的定期监测和比较，是有效维护通信系统和有效管理基站的基础。每个部件在传输时都会产生反射，包括天线、跳线、互连接头，不正确的安装也会产生反射，这些反射在故障定位特性中表现为"拐点"或高驻波比区。而每个传输系统都有其唯一的驻波比或回波损耗和相对位置的图形，将每个传输系统的故障定位特性与其在基站交付使用时和日常维护时所获得的数据相比较，就可以发现问题所在，从而可以在其影响系统性能之前对其进行校正。图2-74所示为一个典型的传输系统及其相关的故障位置特性。

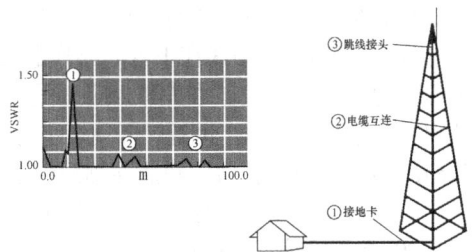

图2-74　故障定位测量

故障定位特性分析应是基站日常定期维护工作的一部分，而不应在天馈系统发生故障后才进行。定期的故障定位特性分析可以在天馈系统对整个移动通信系统造成影响之前确定其故障所在。

2.4.5　铁塔和桅杆的维护

塔桅的主要类型有角钢塔、单管塔、桅杆、景观塔等，如图2-75所示，铁塔还有楼顶塔和落地塔之分。

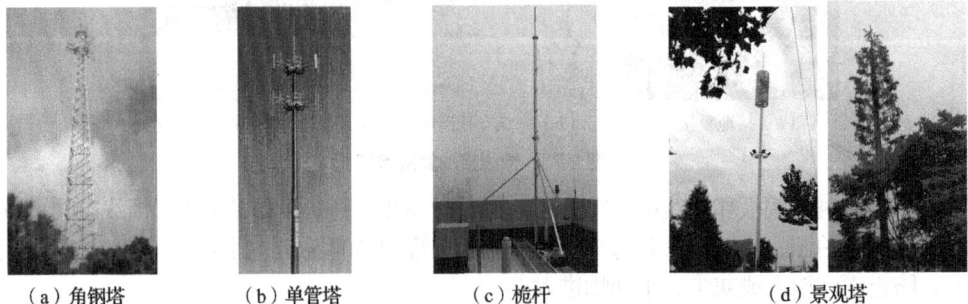

（a）角钢塔　　（b）单管塔　　（c）桅杆　　（d）景观塔

图2-75　铁塔与桅杆的主要类型

铁塔和桅杆的维护直接关系到塔桅本身的安全、天馈系统的安全和维护人员自身的安全，必须充分重视。塔桅维护实则是进行安全干预。在制订维护计划时，要充分考虑当地气候、地形情况，合理规避恶劣环境带来的维护阻力。现行维护周期一般为上、下半年各一次，实际可理解为台风季节前后各一次。

重点提示　铁塔与天馈系统维护常规理解为上半年维护、下半年巡检，在检测项目上维护多于巡检，有些维护人员就片面地理解为上半年要求高、下半年要求低。其实对于铁塔，台风后的维护要求要高于所谓上半年的维护。

1. 塔桅安全维护

铁塔设计时需充分考虑风压指数，进而设定塔高和基底弯矩。表 2-3 所示为浙江省各县市铁塔设计指标范围。

表 2-3 浙江省各县市铁塔设计指标范围

地　区	风压指数/kPa	塔高范围/m	基底弯矩/（kN·m）
杭州、金华、湖州、嘉兴、绍兴、衢州	0.5	27～57	310～2351
慈溪、宁波、奉化、宁海、余姚、温州、乐清、平阳、泰顺	0.75～0.8	25～55	496～3875
象山、镇海、北仑、舟山、台州、临海、温岭、玉环、黄岩、椒江、瑞安、苍南、三门、洞头	绝大部分按 0.9～1.1 计算，特殊地点另行商定	25～55	819～4614

相关知识 风压指数指风载荷的基准压力，一般按当地空旷、平坦地面上 10m 高处 10min 内平均的风速观测数据，经概率统计得出 50 年内遇到的最大值确定的风速，再考虑相应的空气密度，按公式确定。

（1）塔基维护检查

① 基础和支撑面检查处理。铁塔基础地桩要承受铁塔的上拔力和下压力作用。上拔力要靠基础地桩桩体本身与土壤间的摩擦力消除，下压力主要依靠大地与基础端面间的反作用抵消。

塔桅钢结构的基础轴线和标高、锚栓的规格应符合设计要求。塔脚锚栓位置、法兰支撑面的偏差等应符合设计文件规定，并与地脚螺栓法兰的可调节措施匹配。铁塔支撑面、支座和地脚螺栓的允许偏差如表 2-4 所示。

表 2-4 铁塔支撑面、支座和地脚螺栓的允许偏差

项　次	项　目	允许偏差
1	支撑表面（法兰上端面） 标高 水平度（法兰上端面）	±3.00mm ≤l/1500，且≤3.0mm
2	地脚螺栓法兰扭转偏差（任意截面）	±1.00mm
3	地脚螺栓法兰对角线偏差	≤l/2000，且≤7.0mm
4	相邻地脚螺栓偏差	≤b/2000，且≤5.0mm
5	地脚螺栓伸出法兰面的长度偏差	±10.00mm
6	地脚螺栓的螺纹长度偏差	±10.00mm

注：l 为地脚螺栓对角线距离，b 为塔脚跨距。

维护步骤：进场后，维护人员架设经纬仪，将经纬仪垂直方向校准后锁紧垂直固定螺栓，检验标高及地脚螺栓长度偏差，另一名维护人员用钢尺检查相邻螺栓偏差，特别关注螺杆的垂直度和基础模板的水平度（当塔基发生不均匀沉降时，可能发生基础构件的大面积位移）；一旦发现偏差，拍摄照片并及时通知管理部门进行现场复核，判断其走向及进行后续处理工作。

检查数量：全部塔基柱墩、法兰的标高与中心，每个法兰检查两个螺栓。检查方法：用经纬仪、水平仪、钢尺现场实测。

② 基础承台强度回弹。首先判断其基础承台是否已经涂抹砂浆层，如果是，则需将表面砂浆撬除，并用磨石将表面打磨平整，然后对方形承台进行回弹检测。

维护步骤：基础承台每一侧面选一个测区，每一个测区面积为 20cm×20cm；每一测区选取 16 个回弹值记入表内；对数据进行汇总，去除 3 个最大值、3 个最小值，求回弹平均值，并目测基础承台表面是否有裂痕和其他异常情况。

重点提示 根据基础设计要求，塔桅基础承台强度一般为 C25，换算成刚性回弹仪数据为 31。对于承台回弹数值，要求回弹平均值大于 31。

③ 塔桅基础保护帽浇注。基础保护帽的作用是对地脚螺栓进行防腐及防盗保护。维护部门在维护过程中曾多次发现地脚螺帽被盗事件，有的基站甚至出现过二次被盗情况，而且有些基站被盗的地脚螺帽数量多达 6 个。未浇注保护帽还会出现地脚螺栓生锈的情况，会影响铁塔的安全。

（2）塔体安装检查

① 构架式（方塔）钢塔主体安装情况检查处理。方塔构件允许偏差如表2-5所示。

表2-5 方塔构件允许偏差

项 次	项 目	允 许 偏 差
1	塔体垂直度： 整体垂直度 相邻两层垂直偏差	$\leq H/1500$，且$\leq 50+(H-75000)/4000$（当 H 大于 75000mm 时） $\leq h/750$
2	电梯井道垂直度： 整体垂直度 任意两点垂直偏差	$\leq H/1500$，且$\leq 30+(H-75000)/6000$（当 H 大于 75000mm 时） $\leq h/1000$
3	塔柱顶面水平度： 法兰顶面相应点水平高差 联结板孔距水平高差（每层断面相邻塔柱之间的水平高差）	≤ 2.0mm ≤ 1.5mm
4	塔体截面几何形状工差： 对角线误差 $D\leq 4.0$m 时 $D>4.0$m 时 相邻间距误差 $b\leq 4.0$m 时 $b>4.0$m 时 球形网架各层横断面不同度	≤ 2.0mm ≤ 3.0mm ≤ 1.5mm ≤ 2.5mm ≤ 5.0mm

注：h 为桅杆层间距离。

维护步骤：维护人员架设经纬仪、水平仪，另一名维护人员进入塔体进行测量、标记。维护人员根据标准进行计算、判断。测量前必须观察地形再进行仪器架设，必须保证两个 90° 方向都进行测量。

检查数量：垂直度双向、全部对角线、全部塔柱标高。检查方法：用钢尺、经纬仪、水平仪现场实测。

② 桅杆安装情况检查处理。

桅杆垂直度偏差检查处理：桅杆是利用杆身做自升设备的支撑物，对于杆身和其基础需进行裂纹等物理分析。桅杆中心整体垂直度偏差不应大于杆身高度的 1/1500。当桅杆总高度大于 75m 时，整体垂直度偏差不应大于(50+(H-75000)/4000)mm（其中 H 为桅杆总高度），桅杆层间垂直度偏差不应大于层间距离 h 的 1/750。

桅杆纤绳的水平偏差检查处理：桅杆纤绳地锚到桅杆中心的水平距离偏差不应大于 L/1500，当设计距离 L 大于 75m 时，偏差不应大于(50+(L-75000)/2500)mm；桅杆纤绳在水平面上投影的方向与设计规定方向的夹角偏差不得大于±3°。

桅杆纤绳预拉力检查处理：桅杆纤绳预拉力与设计预拉力的偏差不应大于设计预拉力的 10%，预拉力的测定应在清晨、2 级风以下进行。

维护步骤：维护人员用纤绳拉力测量仪进行测量。检查数量：全部。检查方法：用拉力测量仪实测。

拉线塔的拉线安装规范检查处理：根据铁塔安装规范，拉线塔拉线锚严禁打在女儿墙上，拉线采用的钢绞线不可有连接头，拉线尾部必须和主线用夹头固定在一起。拉线塔的上挡拉线对地夹角一般控制在 60° 内，最大不得超过 65°。拉线地锚浇注水泥墩保护。

楼顶拉线塔与拉线之间必须安装绝缘子，因为建筑物地网建设并不十分规范，铁塔在遭到雷击后，电流会随着拉线导入建筑物间的钢筋，从而造成对建筑物或人员的伤害。图 2-76（a）所示是未安装绝缘子的效果图，图 2-76（b）是安装后的效果图。

③ 塔体各个构件检查。在日常的维护过程中，需要检查塔体各个构件弯曲变形的情况，如果存在构件变形、异常情况，需要上报管理部门，并长期观察是否会对整个塔体造成影响。塔体构件弯曲变形的原因可以分为安装过程中造成的变形和产品质量存在问题导致长时间使用后产生的变形。对于具有安全隐患的变形构件应当及时更换。

④ 塔体各个紧固件连接情况检查处理。

紧固件连接检查：塔柱、横杆、斜杆及塔楼悬梁、桁架、塔楼悬臂梁的连接螺栓应 100% 穿孔，检查各个螺栓，不可以有松动。

塔体螺栓检查：普通螺栓连接应牢固、可靠，外露丝扣应达到 2 扣或 3 扣，单、双帽均需达到此要求。螺栓方向在同层节点中应一致（垂直螺栓穿向必须从下向上，水平方向必须从内向外，圆周方向必须统一为顺时针或逆时针方向）。紧固程度以用活动扳手较难再紧固为准。设计未做其他规定时，塔桅钢结构法兰或主杆节点用的高强螺栓为承压型高强螺栓。塔桅钢结构螺栓连接应有防松措施并拧紧，防松措施根据设计要求选用。设计未定具体措施时，塔柱法兰宜用双螺母防松，并将具体防松措施报设计及管理部门备案。螺栓单剪或双剪连接检查时，需保证螺栓抗剪连接节点板紧密贴合，其实际贴合面与设计贴合面面积之比不应小于 90%。

维护步骤：维护人员从下至上攀爬时，先观察同种高强螺栓等级，是否有以低等级代替高等级，是否有以小型号代替大型号，螺栓露扣是否达到标准，节点螺栓穿向是否规范等情况，用扳手抽样检查螺栓紧固程度；在攀爬至法兰处或节点处时，将保险带扣牢，将扭力测试扳手调节到相关套筒，对螺栓进行紧固程度抽样检查，如合格率小于 80%，应将抽样率提高直至全部合格；在攀爬至剪刀支撑处后，先扣牢保险带，再取出塞尺（见图 2-77），对螺栓连接节点板的间隙进行测量，0.3mm 塞尺不能插入即认为达到实际接触要求。

检查对象：螺栓连接点螺栓。检查方法：目测，用塞尺检查，用扭力测试扳手测试。

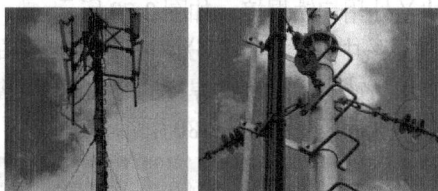

（a）未安装绝缘子　　（b）安装后效果
图 2-76　未安装与安装绝缘子的效果图

图 2-77　塞尺

重点提示
铁塔主要构件（塔基、法兰、天线支架等）连接处的螺栓应使用双帽且露出 2 扣或 3 扣，并做防松处理。

⑤ 法兰处检查处理。

拉线塔法兰的间隙检查：在铁塔安装过程中，为了满足铁塔的垂直度要求，有时会在法兰间添加一些垫片来调整铁塔，风吹时铁塔摆动幅度加大，法兰间的垫片容易脱落或者移位，导致接触面变小，遭到雷击会使得导电性能差，从而影响到铁塔的安全。

建议的整改措施：在法兰间隙填充专门的与法兰匹配的钢板垫片，然后在表面补刷原子灰漆。这样既能消除铁塔的安全隐患，又能使铁塔更美观，如图 2-78 所示。

单管塔法兰处检查：单管塔法兰实际接触面与设计接触面面积之比（可按法兰外缘长度计算）应不小于 75%。维护步骤：维护人员攀爬至法兰处后，先扣牢保

法兰间存在垫片

原子灰漆补刷后的法兰

（a）不规范的间隙处理　　（b）规范间隙处理
图 2-78　拉线塔法兰间隙处理

险带，再取出塞尺对法兰间隙进行测量，0.3mm塞尺不能插入即认为达到实际接触要求。法兰未达到实际接触的部分，若缝隙宽度大于0.8mm，则应用镀锌垫片垫实。垫入后，其边缘与法兰焊接，然后进行现场防腐处理。

检查数量：50%法兰。检查方法：目测，用钢尺现场实测，用塞尺检查。

（3）铁塔的镀锌检测、防腐和防锈处理

日常的维护过程中需要经常对铁塔镀锌层进行厚度检测和光滑度检查，一般从塔体底端开始，对塔体内外表面、平台和天线部分用锌层测厚仪进行抽样检查，根据检测结果来判断镀锌层是否符合要求。一般要求：镀锌件厚度≥5mm时，镀锌层厚度≥86μm；镀锌件厚度<5mm时，镀锌层厚度≥65μm。同时应仔细观察塔体构件的光滑度，发现毛刺等现象时，用随身携带的榔头敲平，对于多余结块部位，先检查其根部与塔体结合状况（如果结合部位不牢固，应采取措施将结块去除，防止发生高空坠物情况），然后再进行针对性处理。

2. 铁塔防雷安全维护

对于室外支撑天馈系统的塔桅，由于其特殊的地理位置，非常容易遭受雷击，以致损坏塔体和支撑的天馈系统及其连接的基站设备。塔桅主要通过接地实现防雷泄流，接地系统由地下地网、塔体接地和避雷针接地3部分组成。

对于铁塔的接地系统，每次维护的过程中都需要用接地电阻测试仪对地下地网的电阻进行测试，判断是否符合要求。需要经常测试的原因是一些人为因素会使地网遭到破坏。

检查对象：地网接地电阻。检查方法：用接地电阻测试仪测试。

① 单管塔接地系统检查。日常维护需检查塔体接地点是否符合规范，避雷针下引线连接是否可靠。若铁塔接地系统中的铜芯线被盗，致使塔体接地悬空，无法起到泄流保护作用，可直接将扁铁焊在塔体上。避雷针下引线接地情况下，针对避雷针下引线被盗情况，可在法兰间添加跳线代替铜芯线直接从避雷针底部连接到塔底，并在塔身最底下一节法兰处用扁铁焊接，如图2-79所示。

② 角钢塔接地系统检查。地下地网是防雷接地系统中最主要的部分之一，如果铁塔的下引线接地未能有效地和地网连接，就不能起到快速泄流的作用。铁塔常用扁铁焊接的方式实现可靠连接，扁铁间焊接需满焊，并且焊接长度应大于10cm。角钢塔的接地示例如图2-80所示。

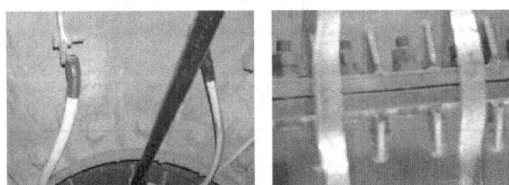

| （a）补装法兰跳线 | （b）扁铁焊接 | （a）不可靠接地（螺栓固定） | （b）可靠接地（焊接） |

图2-79 单管塔的接地   **图2-80 角钢塔的接地**

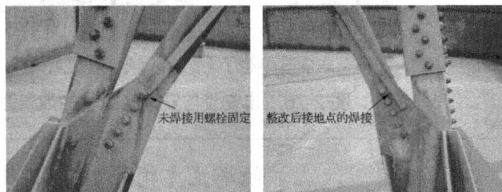

3. 维护空间安全检查

① 走梯和爬梯项目检查处理。走梯上、下段之间的栏杆要连续，爬梯上、下段之间的护圈只允许平台以上2m范围内空缺；所有栏杆、护圈应与走梯、爬梯结构及塔身主结构牢固连接。维护步骤：维护人员攀爬塔体，用卷尺测量栏杆间距。

检查数量：全部。检查方法：目测，用卷尺测量。

爬梯踏步杆向前100mm、向上150mm范围内不应有构件阻挡，爬梯不得向内有尖角突出。维护步骤：维护人员攀爬塔体，目测爬梯有无尖角，有则立即用榔头将其敲平。在攀爬过程中用钢尺或目测前方和上方是否有障碍物对攀爬造成阻挡。

检查数量：全部。检查方法：目测，用钢尺测量。

一般要求：走梯踏步杆要平整，双向倾斜误差≤2mm；走梯栏杆要竖直，倾斜误差≤5mm；踏步高不得大于 10mm。维护步骤：维护人员攀爬塔体，目测走梯踏步杆倾斜度，并用钢尺测量踏步高；维护人员用水平尺检查栏杆竖直度。

检查数量：全部。检查方法：目测，用卷尺测量。

② 平台项目检查处理。

平台水平度及标高测量处理：塔楼平面水平度偏差不应大于塔高的 1/1000，且不应大于 20mm；塔楼及工作平台的梁上表面实际标高与设计标高的偏差不应大于梁长的 1/7500，且不应大于 20mm；楼塔及工作平台楼板用 2m 钢尺检查，任意范围内凸凹不得大于 4mm。

维护步骤：维护人员架设水平仪进行测量并计算，另一名维护人员进入塔体平台用钢尺对楼板的水平凸凹程度进行测量判断。

检查数量：全部。检查方法：用水平仪、2m 钢尺实测。

塔楼及工作平台钢板与次梁的密合度检查处理：检查人员行走于板面的任何部位，松脚时不会因钢板弯曲反弹而发出声响。

维护步骤：维护人员进入塔体，攀爬至平台楼板，用人自身重量对楼板进行测量判断。

检查数量：每平方米范围内至少检查一处。检查方法：人行走、听声响。

③ 塔内照明系统。为了便于工作（馈线安装、防腐处理等），单管塔内装有照明系统。照明系统由变压器、三芯电线、灯头、灯泡和护套线组成。在日常的维护中需对塔内的故障灯头、灯泡进行更换。

4. 警示标牌检查处理

根据移动机房建设规范，基站铁塔必须挂有警爬标识、安全标识、塔桅合格证标识等，如图 2-81 所示。

维护步骤：维护人员在机房外侧对上述 3 个标识进行检查。如果警爬标识丢失，应及时报管理部门进行补充；如果安全标识丢失，应先用其他工具进行安全标识，报管理部门后进行补充安装；如果塔桅合格证标识丢失，应拍照反馈给管理部门进行补充。

图 2-81　铁塔警示标牌

5. 其他维护项目

① 美化天线和抱杆维护：美化天线和抱杆一般安装在高楼大厦的楼顶，大多数固定悬挂在墙体上，因此对此类塔桅的维护主要是检查固定点是否牢固可靠。

② 塔体鸟巢检查处理和基站卫生打扫：对于进入塔体建筑巢穴的鸟类一般不予去除，如已经阻碍攀爬和维护工作，则上报管理员进行讨论处理，以保障网络正常运行为大前提。

2.4.6　天馈、塔桅系统维护仪表

1. 天馈线分析仪

天线和馈线系统的测试是基站和分布系统维护的一个重要环节。通常，在新基站建设和交付使用时，以及基站运行维护和故障查找期间，需要对天馈系统进行测试。本小节主要介绍适用于基站安装和维护的常用的现场天馈线分析仪表和使用方法，以及一些可以使基站管理合理化的操作规程及步骤。

常用的天馈线分析仪有 SA（图 2-82 所示为 SA4000）、Site Master（见图 2-83）、艾特、安捷伦等，本小节以 Site Master S331L（检查 S331L）为例进行简单介绍。

图 2-82　BIRD 天馈线分析仪 SA4000　　　图 2-83　安立（Anritsu）天馈线分析仪 Site Master S331L

（1）仪表简介

天馈线分析仪的主要用途为在射频传输线、接头、转接器、天线、其他射频器件或系统中查找问题，如接头或转接器之间松动，有湿气、积水或进水，都可以在传输线锈蚀损坏前检测到，可通过故障定位功能准确地指出问题所在位置，从而节省材料，避免重新安装可能造成的巨额资金损失，而且从地面上就可以考察天线特性。

S331L 是一种手持式电缆和天线分析仪，具有体积小、操作简单等特点，便于技术人员在现场对天馈线进行测试，S331L 的前面板如图 2-84 所示。图中①为状态工具栏；②为系统功能工具栏（"经典模式"下没有）；③为射频输出/反射输入接口；④为内置 InstaCal/功率计接口；⑤为"Menu"键；⑥为旋钮；⑦为"Enter"键和方向键；⑧为"ESC"键；⑨为数字键盘；⑩为充电 LED（Light Emitting Diode，发光二极管）灯；⑪为"开关"键；⑫为电源 LED 灯；⑬为子菜单按钮；⑭为主菜单按钮；⑮为告警和状态区域；⑯为快捷按钮工具栏（"经典模式"不具备）；⑰为测试设置总览（触摸屏快捷按钮）。S331L 默认的语言为英语，但具有汉语菜单选项，需依次按"System setup"→"Language"，在弹出来的菜单中选择汉语。

S331L 的接口如图 2-85 所示。图中①为射频输出/反射输入接口（N 型，阴头），50Ω 阻抗，用于线缆和天线测试。测试前，连接一个稳相电缆到射频输出/反射输入接口并使用内部 InstaCal 或外部 OSL 执行一次校准。②为内置 InstaCal/功率计接口（N 型，阳头），50Ω 阻抗，既可用于线缆和天馈线分析仪的校准，也可用于功率计模式下的功率测试，但两种功能不能同时使用。③为 USB（Universal Serial Bus，通用串行总线）接口-A 型（2.0 版本），共 2 个，可用来连接通用串行总线存储器进行存储和复制测试结果、设置和屏幕截图，也可支持某些 USB 外围设备如 USB 鼠标和通用串行总线 USB 键盘。④为外部供电接口，用来给仪表供电并给电池充电，输入电压为 11VDC～14VDC，电流最大 3.0A。当使用 AC-DC 适配器时，须可靠接地，接地不良可能导致仪表不能工作或损坏。⑤为 USB 接口-Mini-B 型（2.0 版本），可以用来将 S331L 和 PC 直接连接，当 S331L 第一次和 PC 连接时，计算机操作系统会自动检测到 USB 设备。⑥为可拆卸的力矩倍增器，用于辅助连接射频线缆和内置 InstaCal/功率计接口。在进行天馈系统测试时，被测天馈线连接至射频输出接口（RF OUT）。

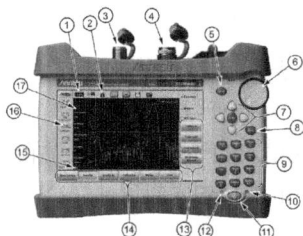

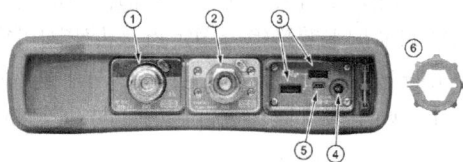

图 2-84　S331L 的前面板　　　　图 2-85　S331L 的接口

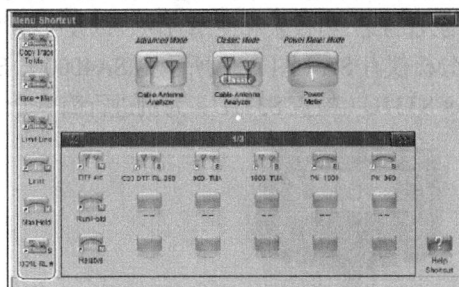

（2）使用方法

S331L 提供两种测试模式进行线缆和天线的测试，包括经典模式（Classic Mode）和高级模式（Advanced Mode）。按"Menu"键（见图 2-86），显示如图 2-87 所示。在此简单介绍经典模式测试。

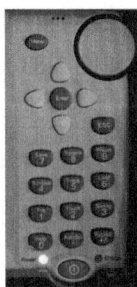

图 2-86　S331L 的按键　　　　图 2-87　Menu 键功能显示

单击"Classic Mode",进入经典模式下线缆和天线测试界面。

① 测量频域驻波比。

第 1 步:选择测量指标。选择测试项目:进入模式主菜单,按方向键选择要测试的项目为"频率-驻波",按"Enter"键确认,再按"ESC"键则返回主菜单。

第 2 步:设置参数。选择测量的频率范围:选择主菜单中的"频率/距离"选项(如果通过"模式"按钮选择"频率_驻波"进入,则无须按"频率/距离"按钮直接进入该界面),按"F1"键,用数字键盘输入扫描起始频率,如 GSM900MHz 频段为 890MHz,按"Enter"键确认;按"F2"键,用数字键盘输入扫描截止频率,如 960MHz,按"Enter"键确认;再按"ESC"键返回主菜单。

> **注意**　不同系统的工作频段不同,此处的 F1、F2 取值也不同。测试频段设置可根据系统工作频段进行,也可根据天馈系统的工作频段进行。

第 3 步:校准。进行任何测量前,必须进行校准。特别是环境、温度等发生较大变化时更需重新校准,校准前必须设置相应的频率参数。

按"校准"按钮激活校准菜单,选择"开始校准"后,在弹出的校准子菜单中,在校准方法中选择"InstaCal",并设置校准类型为"标准"。校准设置如图 2-88 所示。

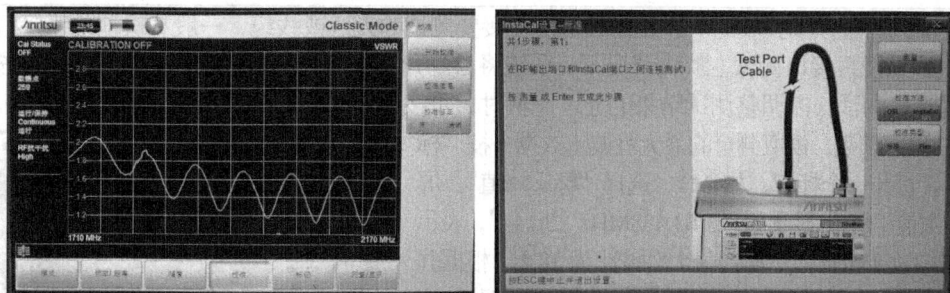

图 2-88　校准设置

根据图示将稳相电缆连接射频输出/反射输入接口和内置 InstaCal/功率计接口,然后选择"测量",即开始校准。

仪表自动进行"测量开路器"→"测量短路器"→"测量负载",当屏幕左上方显示由红色"CALIBRATION OFF"和白色"Cal Status - -"变为绿色"CALIBRATION ON"和"Cal Status OK(RFP1)"时表示校准结束,如图 2-89 所示。

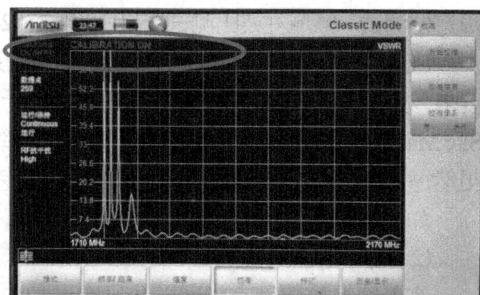

图 2-89　校准结束

> **相关知识**　Site Master 也可配置外部校准器件,有些使用开路器件、短路器件和负载分离的 T 形机械校准器(见图 2-90(a)),有些是自动校准器(InstaCal)(见图 2-90(b))。若使用 T 形机械校准器,则需根据提示先将开路器连接到 RF OUT 接口,按"Enter"键完成开路器校准;再连接短路器,按"Enter"键完成短路器校准;最后连接负载,按"Enter"键完成负载校准。InstaCal 则不同,连接后会依次自动完成开路器、短路器和负载的校准,但它不能在塔顶进行负载或插损的测量。S331L 配置内置 InstaCal。

当测试位置不适合且需要直接连接仪表时，可以连接延长线，校准应在延长线端口进行。在距离域中测试馈线长度时，长度从延长线末端开始计，如图2-90（c）所示。校准必须在频域进行。在S331L中，校准时连接RF OUT接口和内置InstaCal接口的稳相电缆可视为延长线。

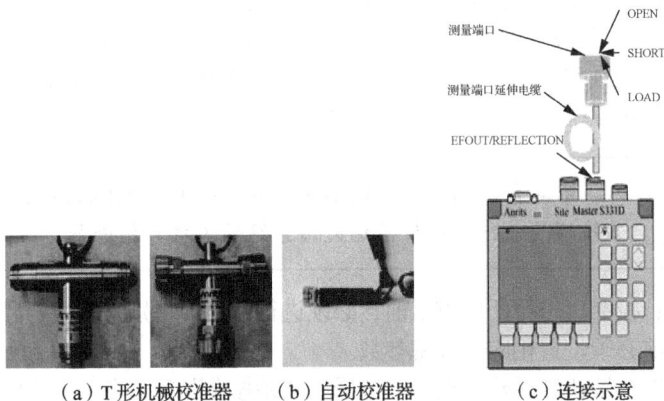

（a）T形机械校准器　　（b）自动校准器　　（c）连接示意

图2-90　Site Master校准器件及延长线连接

第4步：测量频域驻波比。通过稳相电缆连接要测试的天线或线缆，一般从机顶跳线接口测试，也可以从超柔馈线接口测试。默认情况下，系统将自动开始测试；如果系统没有自动测试，按"Run/Hold"键开始测试。需调整测试结果的显示比例时，可按"Auto Scl"键，自动调整显示比例。

第5步：读数。读取测量的最大驻波比数据：按"标记"按钮，打开一个标记，如M1，选择"标记峰值"。屏幕下方的数值"M1"显示如"1763.488MHz　38.44"，表示在频率1763.488MHz点上测得最大驻波比为38.44。根据驻波比指标要求，大于1.5就超过限值了，需查找引起驻波比超限的原因，进行故障定位测试，即要进入距离域进行故障定位测试。频域驻波比测试结果示例如图2-91所示。

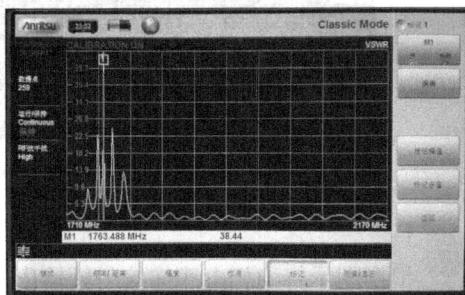

应当注意的是，不同的运营商会对不同的系统有不同的要求，如一般会要求室内分布系统驻波比小于1.3。为保证Site Master测试结果的准确性，对于较长的馈线需分段测试。一般室内分布系统每层为一段，每段测试一次，虽然每一次测得的驻波比都符合要求，但在传输中被损耗的信号功率是会累积的，所以要求会更严格。

图2-91　频域驻波比测试结果示例

如果需要保存测试结果，按"File"键后，按"Save"键，输入文件名，选择文件类型为"测量"即可。

② 故障定位测试。

在天馈系统建设完成后以及日常维护中，需对天馈系统进行驻波比测试。当在频域中测得驻波比大于1.5（或运营商规定标准值）时，需进行故障定位测试。

第1步：选择测量指标。按"模式"按钮，在主菜单中选择"DTF-驻波比"，确认。

第2步：设置参数（最大距离、电缆型号等）。此时显示为"距离"参数的选项，按"D2"键，输入D2的值（即最大距离，一般取到天线的距离，需要在估计馈线长度的基础上加上适当的余量），按"Enter"键确认，如图2-92所示。

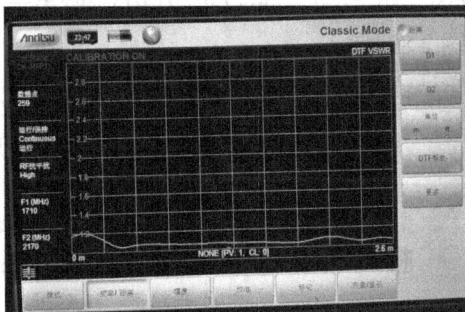

图2-92　距离参数设置

按右侧最下面的"更多"按钮，选择电缆列表键，如图 2-93（a）所示，选择电缆型号（系统会自动显示该电缆的其他参数），如图 2-93（b）所示。例如，安德鲁馈线常用的电缆有 3 种，FSJ4-50B 为超柔馈线（俗称跳线），LDF5-50A 为 7/8"馈线，LDF4-50A 为 1/2"馈线；中天射频的 HCA12-50J 为 1/2"馈线……

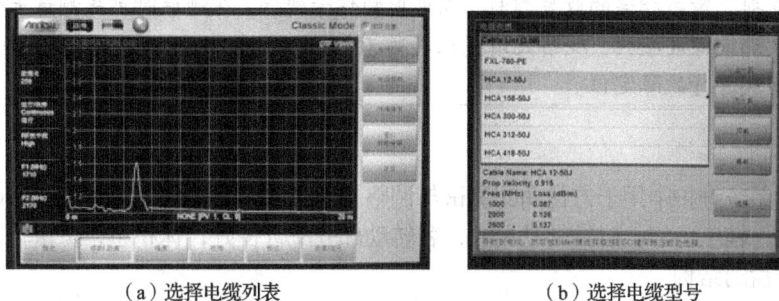

（a）选择电缆列表　　　　　　　　　　（b）选择电缆型号

图 2-93　电缆类型设置

如果之前在延长线末端校准，则 D1 为 0；D2 的值应设置为"馈线估计长度+余量"，使测试时仪表能测试全部馈线。

选择电缆型号的目的是在未知馈线损耗和传输速率的情况下，能正确进行故障定位测试。选择馈线型号后，相应型号馈线的损耗和传输速率默认值会在测试中应用。也就是说，测试时也可直接输入馈线损耗和传输速率，而无须选择馈线型号。

电缆型号的选择以整个天馈系统使用的主馈线为主，即馈线中最长的那段用的是哪种型号，就选择相应型号的馈线。

不同厂家的同种的馈线参数有所不同，馈线型号在馈线上有标注，宜选择与被测馈线相同型号的馈线参数。

目前只有两种情况以 1/2"跳线为主：一是小基站与天线距离小于 10m 时直接用 1/2"跳线；二是 GPS 天线可直接用 1/2"跳线连接到主设备。

第 3 步：校准。如果直接进行故障定位测试，需进入"频率-驻波"测试项目中调整频段进行校准后，再返回进行故障定位测试，步骤同前所述；如刚进行过频率-驻波测试，则校准过程可省略。

第 4 步：故障定位测试。连接被测天线或电缆，默认情况下，系统将自动开始测试；如果没有自动测试，按"Run/Hold"键开始测试。按"Auto Scl"键，自动调整显示比例；按"标记"按钮，打开一个标记，如 M1；选择"标记峰值"，屏幕下方的数值显示"M1"紧跟的即测试结果，如"4.496m　1.73"表示在离测试点 4.496m 的位置测得最大驻波比约为 1.73。应当注意的是，在距离域中测得的驻波比与在频域测得的驻波比的值不同，较准确的是频域驻波比。在距离域中测得的驻波比仅仅反映此处是驻波比最大值处，也就是主要测试目标为故障点与测试点的距离。距离域驻波比测试结果示例如图 2-94 所示。

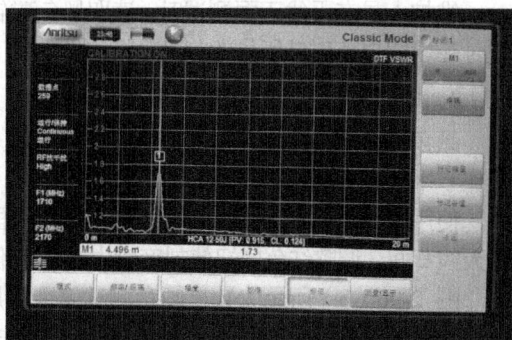

图 2-94　距离域驻波比测试结果示例

根据读取的距离检查天馈系统：根据读取的距离值 D，重新选择 D1、D2，例如 D1=(D-1)m，D2=(D+1)m，再次进行测试，以便进一步定位故障点。如果此处是接头，可能是接头未拧紧、接头制作太粗糙或进水；如果非接头处出现了一个峰值驻波比，则怀疑该处线缆可能有故障（如断裂）。

在第一次用 Site Master 进行测试之前，或当测量频率范围改变及温度和环境与上次测试有较大改变时，都需要用校准器件对测试接口进行校准，以保证测试值的准确性。测试时要注意测试接口或 3m 扩展电缆与基站室内跳线接头之间的连接。基站的室内跳线可直接与 Site Master 测试接口或 3m 扩展电缆相连。测试发射天馈线时要暂时关闭与发射天馈线相连的收发信机，以免射频信号泄漏。在测试时可先测试天馈线在频域的驻波比或回波损耗，观察天馈线在其所工作的频段内是否正常。若发现异常，则可进入距离域进行故障定位。

2. 罗盘

罗盘在天馈系统维护中用于方位角的测试与调整。DQL-11 型地质罗盘如图 2-95（a）所示，结构简单，操作方便，精度可靠，磁针转动灵活，各转动部分配合良好，体积小，重量轻，便于携带。

（1）地质罗盘的结构

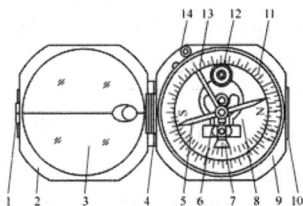

DQL-11 型地质罗盘的结构如图 2-95（b）所示。图中，1 为上挂钩；2 为上盖；3 为反光镜；4 为合页；5 为磁针；6 为长水准器；7 为指示盘；8 为方向盘；9 为下壳体；10 为下挂钩；11 为刻度环；12 为圆水准器；13 为拨杆；14 为开关。

（2）使用方法

维护人员手持罗盘，站在天线正前方，与铁塔、桅杆等（铁磁性材质构件）保持一定的距离，保证人、罗盘与天线呈一直线，并保持罗盘处于水平位置。上下翻转罗盘上的镜子，直到在镜子中看到天线，小幅度水平移动或水平转动罗盘，使天线轴线与镜子中的刻线重合，如图 2-95（c）所示。此时保持罗盘稳定，即可读数。

（a）DQL-11 型地质罗盘　　（b）DQL-11 型地质罗盘结构　　（c）使无线轴线与刻线重合

图 2-95　地质罗盘及其结构和使用方法

维护人员在天线正面测试时，读取黑色磁针所指的罗盘外圈刻度。维护人员也可在天线背面测试，此时应读取白色磁针所指的刻度。

3. 倾角测试仪

倾角测试仪又称为坡度仪或俯仰角测试仪，主要用于测量天线的机械下倾角，也会在设备安装时用作水平仪，如图 2-96 所示。

使用图 2-96（a）所示的倾角测试仪时，维护人员手持仪表，使仪表垂直于地面和天线，长侧边紧贴天线背面，调整红色旋钮使刻度盘中心的水准气泡置于中心位置，此时所示刻度即所测斜面的坡度。

图 2-96（b）所示为数显倾角测试仪，使用时打开电源，将仪表底部紧贴测试斜面，静置片刻即可在屏幕上读取测试结果。但由于仪表测试的是坡度，而机械下倾角是天线与抱杆间的夹角，因此用仪表测得的结果须用 90° 去减，才能得到所要测的倾角。

当然也可用地质罗盘测试俯仰角。地质罗盘刻度盘背面的拨杆相当于图 2-96（a）所示仪表的红色调整旋钮。将地质罗盘打开拉平后，侧边紧贴待测天线背面，并保持罗盘垂直于地面和天线，调整背面拨杆直到罗盘中长水准器气泡居中，指示盘所指罗盘底板刻度与图 2-96（a）所示仪表测得的结果相同。

4. 厚度测试仪

厚度测试仪，如图 2-97 所示，主要用于塔桅镀层厚度测试，不符合要求时需采取防锈、防腐措施。

图 2-96　倾角测试仪

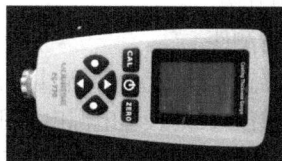

图 2-97　厚度测试仪

（1）仪表简介

厚度测试仪采用电磁感应和涡流效应两种原理，可无损地测量磁性金属基材（如钢、铁及其合金）上非磁性（涂）镀层的厚度（如油漆、塑胶、铜、铬、锌等），以及非磁性金属基材（如铜、铝、锌、锡等）上非导电（涂）镀层的厚度（如氧化膜、塑料、油漆等）。

在自动（AUTO）模式下，探头能自动检测基材属性并完成测量；在磁感应（MAG）模式下，只有当探头检测到磁性基材时，测量才能进行，否则无任何反应；同理，在涡流（EDDY）模式下，只有当探头检测到非磁性金属基材时，测量才能进行，否则无任何反应。当测量磁性基材上镀层厚度时，数据显示的同时，数据右上方将显示"铁"。当测量非磁性金属基材上镀层厚度时，数据显示的同时，数据右上方将显示"非"。

（2）按键与菜单基本操作

仪器采用标准菜单设计，可以按照说明书和菜单提示非常容易地完成所有设置，所有按键及组成部分如图 2-98 所示。图中，1 为当前工作组模式指示（DIR 和 GENn，n=1～4）；2 为高低限报警提示（↑/↓）；3 为探头模式指示：自动、磁感应、涡流；4 为测量数据显示；5 为实时统计值显示；6 为自动关机指示；7 为 USB 连接指示；8 为探头稳定性提示；9 为单位（μm、mm、mils）；10 为电池电量提示；11 为"校准"键；12 为"开关"键；13 为"零校准"键；14 为"向上"（或增加）键；15 为"向下"（或减少）键；16 为"左"键（菜单进入、选择、确认）；17 为"右"键（取消、退出、后退、背光切换）；18 为探头；19 为 V 形槽（用于凸面）；20 为标准箔；21 为基材（或基体）；22 为电池仓及其螺丝拆卸位；23 为基材属性指示（F——磁性基材；N——非磁性金属基材）；24 为 USB 接口。

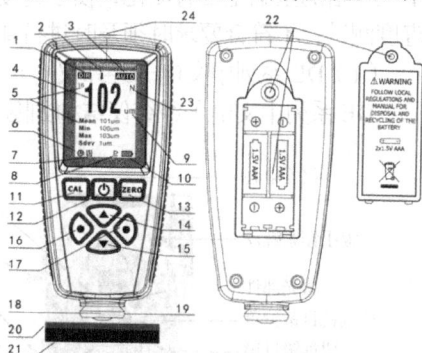

图 2-98　厚度测试仪按键及组成部分

①"左"键：测量模式下，按该键可进入菜单模式；操作菜单界面"左"按钮对应功能包括确认、选择、删除。

②"右"键：操作菜单界面"右"按钮对应功能包括取消、后退、退出；测量模式下，"右"键为切换背光开关。

③"向上"键：上翻菜单项，数值增加。

④"向下"键：下翻菜单项，数值减小。

⑤"零校准"键：校准模式下，按住该键可实现零校准；菜单模式下，按该键可退出菜单模式，返回测量模式；开机时按住该键，可进入复位模式，可使所有设置恢复出厂设置。

⑥"校准"键：测量模式下，按该键进入或退出校准模式。

切换探头模式：按"左"键进入菜单模式（根目录 Root）；按"向上"键或"向下"键，直到选

61

中"选项"（Options）选项，再按"左"键进入该目录；按"向上"键或"向下"键选中"探头模式"（Probe Mode）选项，再按"左"键进入该目录；按"向上"键或"向下"键选中某一项，再按"左"键选择探头模式，完成并返回上级目录。按"零校准"键可返回测量模式。

（3）使用方法

① 准备待测件。

② 将仪器置于开放空间，至少远离金属5cm，按住"开关"键直到开机。请注意观察电池电量提示。如果呈现▥▥，则表示电源电压正常；呈现▭表示低电，仪器在低电下测得的数据可能具有严重误差，所以须更换新的电池后再重新测量。

③ 决定测量前是否需要校准。

④ 开始测量。迅速将探头垂直接触并轻压于待测件，随着一声鸣响，测量完成并更新测量数据显示。然后迅速提起探头，离开待测件至少5cm，约1s后，便可进行下一次测量。

> **注意** 仪器出厂时默认工作在单次测量模式（SINGLE）、自动探头模式（AUTO）及直接组模式（DIR）。另外，显示Ｐ表示探头欠稳定，可稍等片刻让探头稳定下来，再进行下一次测量；如果显示一个明显的可疑值，可删除它。探头欠稳定或者探头提起后悬空等待时间不够时，测量可能无任何反应。

⑤ 关机。按"开关"键关机。如果没有任何按键和测量操作，约3min后仪器将自动关机。

5. 经纬仪

垂直度测试和垂直度调整是铁塔安全维护的重要手段，通过周期性的垂直度测试并对比测试数值，掌握该塔的基础是否有变化，便于为度过台风期和汛期提供防护和安全保障。用经纬仪可进行塔桅垂直度测试，不符合要求时须及时进行纠偏处理。

（1）DE系列中文电子经纬仪

DE系列中文电子经纬仪结构如图2-99所示。

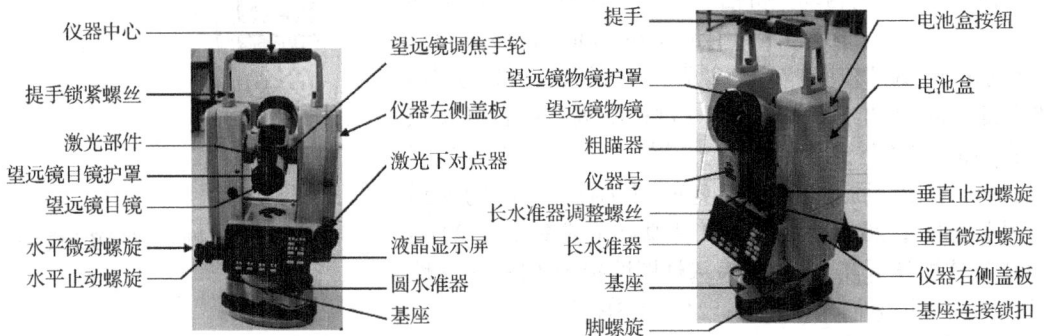

图2-99 DE系列中文电子经纬仪的结构

① 显示屏采用图形式液晶显示，可显示角度、汉字、日期及时间等信息。

开机后进入测角主界面，如图2-100所示。

测角主界面上共有10个按键，红色按键为"开关"键。测角模式下，其余按键及其组合说明如下。

图2-100 测角主界面

"左右"：水平角左/右计数方向的转换。

"锁定"：水平角读数锁定。

"坡度"：垂直角与百分比坡度的切换。

"置零"：水平角置为0°00′00″。

按¤键，当屏幕右下角显示⇧再按▲键：启动指向激光，重复一次关闭。

按¤键，当屏幕右下角显示⇧再按▼键：启动对点激光，重复一次关闭。

按¤键，当屏幕右下角显示⇧再按◆键：启动液晶背光照明，重复一次关闭。

按¤键，当屏幕右下角显示⇧再按"确定"键：进入菜单模式，再按一次"确定"键退出。

② 显示屏显示符号说明如下。

☖：自动关机标识。

⊟：电池电量标识。

⇧：特殊功能标识，按¤键出现，再按一次消失。

%：坡度。

b-OUT：垂直角补偿超限。

OUT：坡度超过 ±100%。

m：以米为单位。

°、′、″：角度单位。

（2）经纬仪使用方法

① 安装。将仪器的定向凸出标记与基座定向凹槽对齐，把仪器上的 3 个固定脚对应放入基座的孔中，将仪器装在基座上，顺时针转动基座锁定钮约 180°，将仪器与基座锁定，再用螺丝刀将基座锁定钮固定螺丝旋紧，如图 2-101 所示。

② 仪器的安置。将仪器的中心位置安置在被测目标一侧的中心线延长线上，地点为距离被测目标 1～3 倍目标高度（最佳位置为 2 倍）处，如图 2-102 所示。先安置三脚架：观测者根据自己的身高调整三脚架至适当高度，以方便观测操作。一般一脚朝向观测者自己，测量台与胸部齐平，三脚与中心垂线的夹角约为 30°。将垂球挂在三脚架的挂钩上，尽量水平地移动脚架，并让垂球粗略对准地面标识中心，然后将脚尖插入地面使其稳固。在检查并紧固脚架的各固定螺丝后，将仪器置于三脚架测量台上，并用中心连接螺丝连接固定。

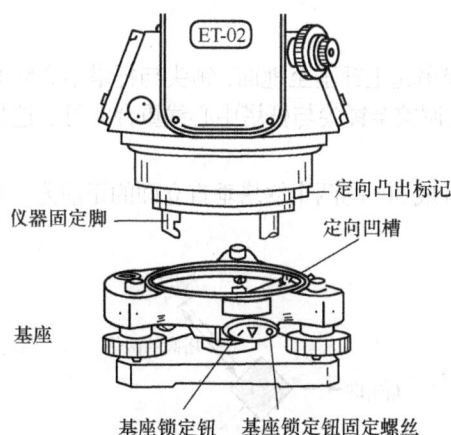

图 2-101　经纬仪的安装

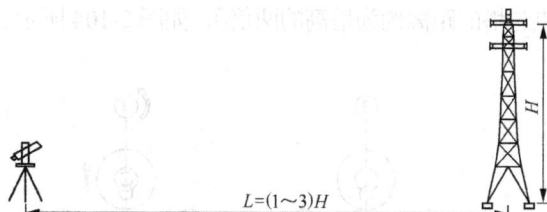

图 2-102　经纬仪测试点选择

③ 对中。用光学对中器或激光对中器使地面标识中心与对中器中心重合，确认仪器对中后，将中心螺丝旋紧，固定好仪器。对于塔桅垂直度测试，因为其测试点位置可选，测试时不需作对中操作。

注意　仪器对中后不要再碰三脚架，以免其位置发生移动。

使用激光对中器对中的方法与此类似，只是不再通过对中器目镜观察，而是使用激光器查看光斑位置与地面标识中心是否重合。

④ 整平。将仪器调至水平状态，一般分粗平和精平两步。

用圆水准器粗平仪器：调整仪器的 3 个脚螺旋，直到圆水准器气泡居中。如图 2-103 所示，调整观测者面前两个脚螺旋①和②时，旋转方向应相反；将气泡调到①和②两个脚螺旋的中垂线上，再调整脚螺旋③使气泡位于圆水准器中心，即完成仪器粗平。

用长水准器精平仪器：第 1 步，旋转仪器照准部，让长水准器与任意两个脚螺旋连线平行，调整这两个脚螺旋，使长水准器气泡居中。第 2 步，将照准部转动 90°，调整第 3 个脚螺旋使长水准器气泡居中。重复前面两步，使长水准器气泡在该两个位置上都居中。在第 1 步的位置将照准部转动 180°，如果气泡居中，并且照准部转动至任何方向气泡都居中，则长水准器安置正确且仪器已整平。

⑤ 望远镜目镜调整。取下望远镜护罩，将望远镜对准天空，通过望远镜观察，调整目镜旋钮，至分划板十字丝最清晰。

通过目镜观察时，眼睛应放松，以免产生视差和眼睛疲劳。

⑥ 照准。用激光器或粗瞄器的准星对准目标，调整望远镜调焦手轮，直至看清目标。

旋紧水平与垂直制动螺旋，微调两个微动螺旋，将十字丝中心精确照准目标，此时眼睛进行左、右、上、下观察，若目标与十字丝两个影像间有相对移位现象，则应该再微调望远镜调焦手轮，直至两影像清晰且相对静止。对较近的目标调焦时，顺时针转动调焦手轮，较远目标则逆时针旋转调焦手轮。

通过调整微动螺旋对目标进行最后精确照准时，应保持螺旋顺时针旋转。如果转动过头，最好返回再重新按顺时针方向旋转螺旋进行照准。

即使不测竖直角，也应尽量用十字丝中心位置照准目标。

（3）测试塔桅垂直度

① 重锤法。又称吊线法，在杆塔顶部中心位置用绝缘绳吊起重锤垂至地面，锤尖与杆塔中心线的偏离度即为倾斜值。校正时调整杆塔的三方拉线螺旋，反复调整至锤尖与杆塔中心线重合即可。这是比较粗略的测量方法。

② 角钢塔和三角塔的垂直度测试。选择两个测试点（互成 90° 的两个铁塔垂直立面的正前方，测试点与塔的距离约为塔高的两倍），如图 2-104 所示。

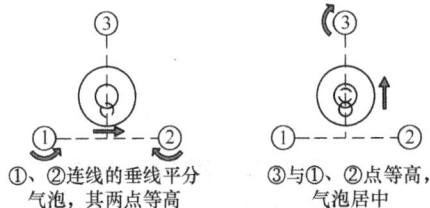

图 2-103　经纬仪的整平

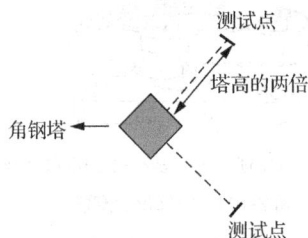

图 2-104　测试点的选择

在测试点打开经纬仪三脚架，确保测量台水平，放置经纬仪，整平，照准目标。

调整望远镜目镜使十字丝对准铁塔最底段水平横梁中心螺栓，然后将镜头向上移动，找到最上段水平横梁，让其停留在镜头的水平刻度上（也可以自上而下测）。再读望远镜目镜刻度盘里的"H 行"显示，读出水平刻度盘刻度，记录数据，用三角计算法、尺量法和估计判断法进行计算，得出偏差数据。

电子经纬仪测试基本操作过程如下：仪表照准上横梁，垂直制动；仪表调至横梁左侧边缘，置 0；水平微调至横梁右侧边缘，读取角度；计算出中心点位置，将仪表水平微调到中心点并置 0；仪表垂直微调至下横梁处，水平微调至左侧边缘，测出角度；再水平微调至右侧边缘，测出角度；计算出下横梁中心点；计算出中心点位置偏差即垂直偏差，如图 2-105 所示。

要求铁塔中心垂直度不大于塔高的 1/1500，各方位钢构件整体弯曲不大于塔高的 1/1500，塔身每段上下层平面中心线偏差不大于层高的 1/1500。

比较测试的数值与最大允许偏差，进行记录。

其他类型塔桅的垂直度测试方法详见【拓展内容 4　其他类型塔桅的垂直度测试】。

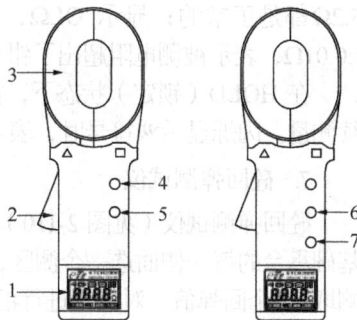

1. 照准上横梁
4. 找到上横梁中心点
2. 置0
3. 测角1
5. 测角2
6. 测角3
7. 找到下横梁中心点
8. 计算出垂直偏差

图 2-105　铁塔垂直偏差测试方法

拓展内容 4　其他类型塔桅的垂直度测试

6. 接地电阻测试仪

在进行基站维护时，接地电阻测试常采用摇表式测试仪，如 ZC-8 型接地电阻测试仪。在基站勘测中，会采用钳型接地电阻测试仪，如 ETCR2000 钳型接地电阻测试仪（简称钳型表）。

（1）用 ZC-8 型接地电阻测试仪测量接地电阻

第 1 步：拆开接地干线与接地体的连接点，或拆开接地干线上所有接地支线的连接点。

第 2 步：将两根接地棒分别插入地面 400mm 深，根据仪表接线要求，一根离接地体 40m 远，另一根离接地体 20m 远。

第 3 步：把测试仪置于接地体近旁平整的地方，然后进行接线，如图 2-106 所示。用一根连接线连接表上的接线桩 E 和接地装置的接地体 E′；用一根连接线连接表上的接线桩 C 和离接地体 40m 远的接地棒 C′；用一根连接线连接表上的接线桩 P 和离接地体 20m 远的接地棒 P′。

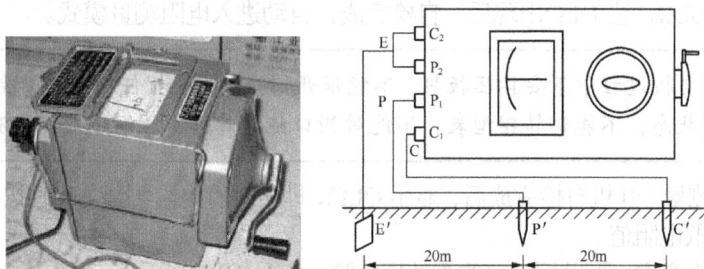

图 2-106　ZC-8 型接地电阻测试仪连接

第 4 步：根据被测接地体的接地电阻要求，调节粗调旋钮（上有 3 挡可调范围）。

第 5 步：以约 120r/min 的速度均匀地摇动测试仪手柄。当表针偏转时，随即调节微调拨盘，直至表针居中为止，微调拨盘调定后的读数乘粗调定位倍数即是被测接地体的接地电阻。例如微调读数为 0.6，粗调的电阻定位倍数是 10，则被测接地电阻是 6Ω。

第 6 步：为了保证所测接地电阻值可靠，改变方位进行复测，取几次测得值的平均值作为接地体的接地电阻。

（2）用 ETCR2000 钳型接地电阻测试仪测量接地电阻

ETCR2000 钳型接地电阻测试仪结构如图 2-107 所示，图中 1 为液晶显示屏；2 为扳机（控制钳口张合）；3 为钳口；4 为 "POWER"

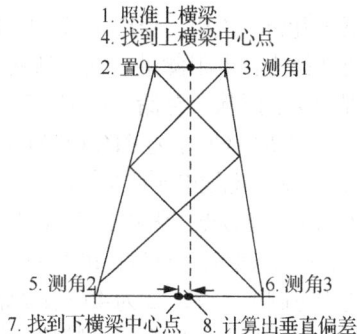

图 2-107　ETCR2000 结构

键（开机、关机、退出）；5 为"HOLD"键（锁定/解除显示）；6 为"MODE"键（功能模式切换键，可选择进行电阻测量、电流测量、数据查阅）；7 为"SET"键（组合功能键，与"MODE"键组合实现锁定、解除、存储、设定、查看、翻阅、清除数据功能）。

图 2-108 所示为 ETCR2000 钳型接地电阻测试仪显示屏，图中 1 为报警符号；2 为电池电压低符号；3 为存储数据已满符号；4 为数据查阅符号；5 为两位存储数据组编号数字；6 为电流单位；7 为电阻单位；8 为干扰信号符号；9 为数据锁定符号；10 为钳口张开符号；11 为电阻小于 0.01Ω符号；12 为十进制小数点；13 为 4 位液晶显示（Liquid Crystal Display，LCD）数字。

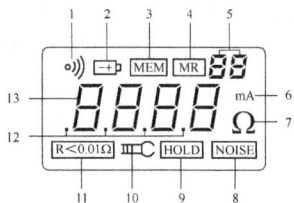

图 2-108 ETCR2000 显示屏

显示屏上有时会显示特殊符号，含义如下所述。

钳口张开符号：钳口处于张开状态时显示该符号。此时，可能是人为按压扳机，也可能是钳口已严重污染，不能再继续测量。

电池电压低符号：当电池电压低于 5.3V 时显示此符号。此时不能保证测量的准确度，应更换电池后再测量。

OLΩ符号：被测电阻超出了钳型表的上量限。

L0.01Ω符号：被测电阻超出了钳型表的下量限。

OL A 符号：被测电流超出了钳型表的上量限。

报警符号：当被测量值大于设定报警临界值时，该符号闪烁。

MEM 存储数据已满符号：内存数据已满 50 组，不能再继续存储数据。

MR 查阅数据符号：在查阅数据时显示，同时显示所存数据的编号。

NOISE 干扰信号符号：测量接地电阻时，若回路有较大干扰电流，会显示此符号，此时不能保证测量的准确度。

用 ETCR2000 测量接地电阻的操作如下所述。

第 1 步，开机。开机前，按压扳机一两次，确保钳口闭合良好；按"POWER"键，进入开机状态，首先自动测试液晶显示器，其符号全部显示；然后开始自检，自检过程中依次显示 CAL6、CAL5、CAL4……CAL0、OLΩ。当 OLΩ出现后，自检完成，自动进入电阻测量模式。

注意　自检过程中不要按压扳机，不能张开钳口，不能钳任何导线，要保持钳型表的自然静止状态，不能翻转钳型表，不能对钳口施加外力，否则不能保证测量的准确性。

第 2 步，电阻测量。开机自检完成后，显示 OLΩ，即可进行电阻测量。此时按压扳机，打开钳口，钳住待测回路，读取电阻值。

如果用户认为有必要，可以用随机的测试环检验，如图 2-109 所示。其显示值应与测试环上的标称值（5.1Ω）一致。测试环上的标称值是 20℃下的值。显示值与标称值相差 0.1Ω是正常的，如测试环的标称值为 5.1Ω时，显示 5.0Ω或 5.2Ω都是正常的；显示 OLΩ，表示被测电阻超出了钳型表的上量限；显示 L0.01Ω，表示被测电阻超出了钳型表的下量限。

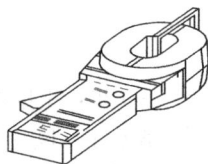

图 2-109 测试环检验

在 HOLD（锁定）状态下，需先按"HOLD"键退出 HOLD 状态，才能继续测量。闪烁显示符号时，表示被测电阻超出了电阻报警临界值。

7. 砼回弹测试仪

砼回弹测试仪（见图 2-110）用于塔桅混凝土基础承台强度测试，测试时在基础承台的每一侧面选一个测区，每一个测区面积为 20cm×20cm。对每一测区测取 16 个回弹值，对数据进行汇总，除去 3 个最大值、3 个最小值后求回弹平均值。根据基础承台设计要求，塔桅基础承台强度一般为 C25，换算成刚性回弹数据为 31。即对于承

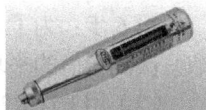

图 2-110 砼回弹测试仪

台回弹数值，一般要求回弹平均值大于 31。

砼回弹测试仪的使用方法如下所述。

第 1 步，将弹击杆顶住混凝土的表面，轻压仪器，使卡锁按钮松开，放松时弹击杆伸出，挂钩挂上弹击锤。

第 2 步，使仪器的轴线始终垂直于混凝土的表面并缓慢、均匀施压，等弹击锤脱钩并冲击弹击杆后，弹击锤回弹，带动指针向后移动至某一位置，指针块上的示值刻线在刻度尺上示出的数值即回弹值。

第 3 步，使仪器机芯继续顶住混凝土表面，进行读数并记录回弹值。如果条件不利于读数，可按下卡锁按钮，锁住机芯，将仪器移至其他处读数。

第 4 步，逐渐对仪器减压，使弹击杆自仪器内伸出，待下一次使用。

小结

基站天线的辐射特性直接影响无线链路的性能，基站天线的主要电性能指标有方向性（方向图、波瓣宽度、前后比）、增益、极化、带宽、输入阻抗、端口隔离度、功率容量及无源互调指标等。在工程施工时，还需要按设计要求调整方位角、俯仰角、挂高等参数。

天线下倾可以改善系统的抗干扰性能，改善基站附近室内覆盖性能，主要有两种方式：机械下倾通过调节机械装置实现；电下倾通过调节天线各振子单元的相位实现垂直方向图主瓣指向向下倾斜。

馈线是连接天线和收发信机的导线。天线与馈线匹配时，馈线上只有入射波，没有反射波；当天线与馈线不匹配时，会形成驻波，常用指标为驻波比，基本要求≤1.5。不同的运营商对不同区域覆盖的要求有所不同。

天线选型要根据其应用环境充分考虑其电性能和机械性能。天馈线的安装既要保证天线的覆盖性能，又要保证系统运行安全，具体体现在天线工参调整、防水制作、接地卡安装等方面。

天馈系统的维护和保养需要日常化。天馈系统的维护常和塔桅的维护及工程随工组合在一起，维护时主要进行覆盖性能、安全等相关项目的测量与检查。

基站天馈线现场测试主要是针对天馈系统驻波比等性能指标进行的。当驻波比超过限值时，需进行故障定位测量，常用仪表是 Site Master 等。

在天馈和塔桅系统维护中需要用到很多仪表，如罗盘、倾角测试仪、经纬仪、接地电阻测试仪、砼回弹测试仪、镀层厚度测试仪、天馈线分析仪等。

习题

一、填空题

1. 无线电波是一种＿＿＿＿形式，电场和＿＿＿＿在空间交替变换向前传播，它们在空间方向是相互垂直的，并且都垂直于＿＿＿＿方向。

2. 水平极化和＿＿＿＿极化可组合成双极化天线。但实际常用＿＿＿＿组合双极化天线。

3. 微波频段的主要传播方式为＿＿＿＿和＿＿＿＿，其传播特性可归纳为＿＿＿＿＿＿、多径传播和＿＿＿＿＿＿＿。

4. 天线二维方向图常用于＿＿＿＿，＿＿＿＿方向图常用于网络优化。

5. 天线前后瓣最大电平之差称为＿＿＿＿，其值越大，天线的＿＿＿＿性能越好。

6. 用半波对称振子为参考的天线增益的单位是＿＿＿＿，用＿＿＿＿为参考的天线增益单位是 dBi。某带反射板的半波振子天线，其水平半功率波瓣宽度为＿＿＿＿，以半波振子为参考，其增益为＿＿＿＿。

7. 在移动通信系统中，天线的工作带宽定义为_____。

8. 最佳的天线输入阻抗为_____，当输入阻抗与馈线的特性阻抗_____时，认为其是_____的。

9. 利用反射板可把_____聚焦到一个方向，形成_____天线。

10. 安装天线时必须调整工程参数_____、_____和_____到设计值。

二、判断题

1. 利用机械下倾时，方向图中产生的凹陷可解决同频干扰问题。 （　　）

2. 机械下倾调整时可进行实时监控。 （　　）

3. 各向同性天线和全向天线在水平及垂直面上都呈现 360° 均匀覆盖。 （　　）

4. 天线增益表明天线具有放大作用。 （　　）

5. 天线避雷保护角小于 45°。 （　　）

6. 天线可通过调整方位角和俯仰角改变其覆盖性能。 （　　）

7. GPS 天线抱杆与铁塔须保持至少 1m 距离。 （　　）

8. 馈线入室前必须有回水弯，馈线接地可以复接。 （　　）

9. 塔基砼回弹值必须大于 31。 （　　）

10. 基站接地电阻值必须小于 10Ω。 （　　）

三、选择题

1. 天线方位角的允许误差为（　　）。
   A. ±5° 　　　　B. ±1° 　　　　C. ±10°

2. 反映天线对后向信号抑制能力的指标为（　　）。
   A. 反射损耗 　　B. 波瓣宽度 　　C. 前后比

3. 无线电波的极化方向为（　　）。
   A. 电场方向 　　B. 磁场方向 　　C. 行进方向

4. 天线组阵时，（　　）性能会获得改善。
   A. 特性阻抗 　　B. 增益 　　　C. 带宽

5. 工业和信息化部规定，移动通信天馈系统的驻波比应小于（　　）。
   A. 1.5 　　　　B. 2.0 　　　　C. 1.3

6. 驻波比无穷大，表示天馈系统（　　）。
   A. 完全匹配 　　B. 完全失配 　　C. 不能确定匹配程度

7. 在天线采用单极化方式时，最佳的是（　　）。
   A. 水平极化 　　B. 垂直极化 　　C. +45° 或-45° 极化

8. 馈线接头处的小跳线有活动余量，接头附近（　　）保持笔直。
   A. 5cm 　　　　B. 10cm 　　　　C. 20cm

9. 馈线接地装置主要用来防雷和泄流，接地线的馈线端要（　　）接地排端，走线要朝下。
   A. 高于 　　　　B. 低于 　　　　C. 等高于

10. 智能天线特有的性能参数为（　　）。
    A. 增益 　　　B. 赋形增益 　　C. 功率容量

四、简答题

1. 用于反映天线方向性的指标有哪些？这些参数影响的是天线覆盖中的什么性能？

2. 简述在基站系统中如何选择天线的极化方式。

3. 什么是"塔下黑"？如何解决？

4. 什么是"无源互调"？无源互调由什么原因引起？
5. 为什么要采用天线下倾技术？天线下倾如何实现？
6. 天线机械下倾和电下倾在实现时有什么差别？
7. 简述天线、馈线安装的过程。
8. 简述用 S331L 进行馈线故障定位测试的方法。
9. 天线、馈线、塔桅维护的主要内容有哪些？
10. 在天馈塔、桅维系统护中，常用的仪表有哪些？如何使用？

03 第3章 基站主设备

【主要内容】基站机房中的核心设备就是基站收发信机。本章主要介绍华为、中兴等基站主设备的基本结构和操作、维护的基本方法。

【重点难点】各类主设备的基本结构和操作、维护的基本方法。

【学习任务】掌握常用基站主设备的结构；掌握基站主设备的基本维护方法。

3.1 基站主设备布局结构

基站主设备在不同的系统中有不同的呈现，在不同的区域覆盖中需求不同，结构也不同。本节简单介绍基站主设备的布局结构。

基站子系统（BSS）包括基站控制器（BSC）和基站收发信机（BTS）。BSC与BTS间的Abis接口不是标准接口，不同厂家生产的BSC和BTS设备不能兼容，即BSC和BTS必须采用同一厂家的。在3G通信系统中，BTS即NodeB；4G通信系统中取消RNC后，形成eNodeB；5G中则升级成了gNodeB。

基站主设备的发信部分接收来自交换侧的数字基带信号，基带信号处理后，进行射频调制、功放、合路，经双工器由天线发射信号；收信部分将从天线接收信号，经双工器送至高放进行低噪声放大，再由分路单元进行接收分集信号处理后送入载频模块混频、解调，基带信号处理后送往核心机房。

基站主设备除了整体设备，还有BBU+RRU分体结构，BBU为室内基带单元；RRU为远端射频单元（射频拉远）。BBU+RRU是将基站的基带部分和射频部分分离，通过光纤等媒介，将远端射频模块在天线就近处安放。BBU负责基站的控制，提供与BSC间的传输接口和基带信号的处理功能；RRU负责射频信号处理和射频合路、双工处理。移动通信系统中，BBU和RRU间采用光纤连接，RRU可尽量靠近目的覆盖区安装，减少馈线损耗；BBU可灵活连接多个RRU，便于灵活组网；BBU的基带容量充分共享，可以适应话务分布不均匀的场景，并且可以提高系统稳定性；小型BBU、RRU都可以实现挂墙安装，方便室内覆盖工程应用。

基站布局结构经历了3个主要阶段：大区制、蜂窝小区制和宏微协同异构制。根据发射功率和覆盖范围，基站分为：宏基站、微基站、皮基站、飞基站，后3种为小基站。皮基站和飞基站比微基站更小，通常合称为"皮飞站"。5G中，高频段资源不再使用宏基站，以小基站为主体进行超密集组网成为主流。4种站型的发射功率和覆盖范围如表3-1所示。

表 3-1 4 种站型的发射功率和覆盖范围

类型			单载波发射功率	覆盖能力
名称	英文名	简称/别称	（20MHz 带宽）	（覆盖半径）
宏基站	Macro Site	宏站	10W 以上	200m 以上
微基站	Micro Site	微站	500mW～10W	50m～200m
皮基站	Pico Site	微微站/皮站 企业级小基站	100mW～500mW	20m～50m
飞基站	Femto Site	毫微微站/飞站 家庭级小基站	100mW 以下	10m～20m

1. 宏基站

宏基站简称宏站，指具有较多的配置，提供较大的系统容量的基站，发射功率较大，主要用于室外广覆盖。

2. 微基站

微基站（简称微站）的配置较少，提供的系统容量较小，主要用于局部覆盖和室内覆盖。微站设备的功率和覆盖范围一般情况下较宏站略小，主要用于较大范围的补盲或补热，主要安装形式为楼顶、挂墙、灯杆及抱杆安装等。常规的微站设备形态可分为一体化微站和分布式微站，还有一类特殊的微站——有着宏站的功率、微站的尺寸，如华为 Easy Macro、中兴的 iMacro 等，称其为小型化宏站。

（1）一体化微站

该类产品的 BBU、RRU、天线合一，一般通过挂墙或抱杆方式安装覆盖局部弱覆盖区域，RRU 不支持合并小区，主要适用于小范围补盲或补热。一体化微站是微站的主要形式，可以较好地进行点状区域补盲，适合小型、局部区域覆盖增强，如道路、集团单位、沿街底商、单栋居民楼等。设备轻巧，便于安装，在宏站难以进行有效覆盖时，可作为弱覆盖区域覆盖问题快速解决的手段；从覆盖目标建筑物的高度和干扰外泄控制方面考虑确定站点的部署高度；但不支持小区合并，一台设备就是一个站点（一个小区）；规划、建设时需考虑传输、市电引入、安装方式等问题。

（2）分布式微站

该类产品的 BBU 与 RRU 分离、RRU 与天线一体，其中，天线为内置或外置，RRU 通过挂墙或抱杆方式安装覆盖局部弱覆盖区域，支持多 RRU 合并小区，主要适用于较大范围补盲或补热，要求具备机房放置 BBU。如中兴的 ZXSDR BS8972S、Pad RRU，华为 Book RRU 等。分布式微站相比一体化微站，支持小区合并，且功率较大，部署时，可将 BBU 部署在信源设备机房，现场只需考虑 RRU 的电源和光缆接入；分布式微站一般优先部署在室外，多层小区等可使用分布式微站进行整体和局部覆盖；需从覆盖目标楼宇的高度和干扰外泄控制方面考虑确定站点的部署高度；调整方位角、下倾角，并考虑和现网小区进行合并，可以较好地控制干扰。

（3）小型化宏站

为降低宏站选址和建设难度，加快站点建设，主流设备厂家纷纷推出一体化、小型化宏站设备，由于其通常采用灯杆方式安装，因此又称为"灯杆站"，主要有华为的 Easy Macro、中兴的 iMacro 等。小型化宏站优先在室外场景使用。由于功率大、伪装像路灯的特点，在道路和小区优先使用，支持电调下倾角，可节省成本，提高射频优化效率；利用抱杆可实现机械下倾；需从覆盖目标楼宇的高度和干扰外泄控制方面考虑确定站点的部署高度；调整方位角、下倾角，并考虑和现网小区合并，可以较好地控制干扰。

3. 皮基站

传统基站，从 BBU 到核心网，走的是像分组传送网（PTN）这样的专门的承载网络。但是，皮基站（以下简称皮站）除了 PTN，甚至可以通过吉比特无源光网络（Gigabit Passive Optical Network，GPON）

或其他互联网与核心网相连，如图 3-1 所示。皮站也可以接入运营商的网管（网络管理）系统，支持每一级的状态监控，有问题更容易排查，易于维护。皮站按照设备形态可分为分布式皮站和一体化皮站。

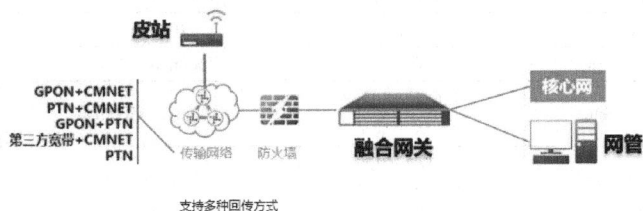

图 3-1　皮站与核心网连接

（1）分布式皮站

皮站设备主要用于传统室内分布建设困难、目标覆盖面积在几百或几千平方米以上的大型商场、写字楼等，或应用于高数据流量、高用户均价值贡献度（Average Revenue Per User，ARPU）值用户聚集、潮汐效应显著的区域，如机场、会展中心等，主要有华为 LampSite（见图 3-2）、中兴 Qcell 等。分布式皮站由基带单元 BBU、远端汇聚单元（Remote Radio Unit Hub，RHUB）、远端射频单元（pico Remote Radio Unit，pRRU）构成。其中，BBU 可与其他基站共用也可单独部署；pRRU 内置天线，体积轻巧，支持四频多模，即插即用。基于有源以太网电（Power over Ethernet，PoE）技术，pRRU 通过网线连接 RHUB，RHUB 再通过光纤连接 BBU。如果只用于 4G LTE 制式，连接如图 3-3 所示；如果需要支持 4G LTE 和 2G GSM 两种制式，需要加上接入合路单元（DAS Control Unit，DCU），如图 3-4 所示。皮站的 BBU 和宏站的是类似的，只多了一个 RHUB。然后 RRU 变成了更小的 pRRU，pRRU 里面有天线。

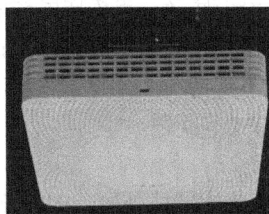

图 3-2　华为 LampSite

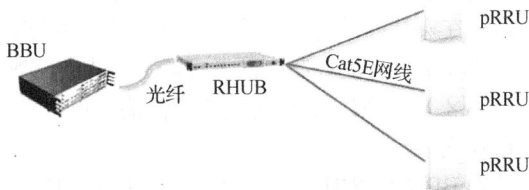

图 3-3　皮站在 4G LTE 中的连接

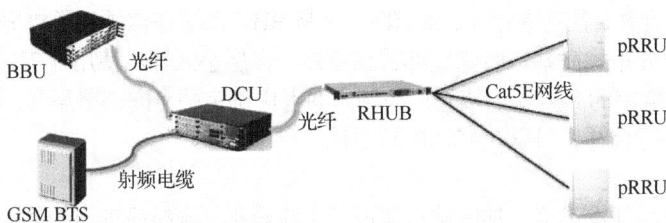

图 3-4　皮站在 4G LTE 与 2G GSM 中的连接

因为有 GSM，所以需要 DCU。DCU 主要把 GSM 射频信号转化为数字信号，并将 GSM 数字信号和 TD-LTE 系统基带信号进行合并，然后通过通用公告无线接口（Common Public Radio Interface，CPRI）送给 RHUB。

RHUB 其实就是一个类似于 HUB（集线器）的集线器单元，如图 3-5 所示。RHUB 到 pRRU，用网线连接。如果是 4G LTE 皮站，用的网线高级一些，是 Cat5E 网线，速率可以达到 2.5Gbit/s。如果是 5G 皮站，用的是 Cat6A 网线，理论速率可达到 10Gbit/s。

pRRU 是可以不需要市电供电的，它可以通过网线 PoE 的方式供电（但网线长不能超过 80m）。

这样的话，安装时不需要专门布设电线，方便很多。一根网线接口，上面是 RHUB 端口，下面是 pRRU 接口，pRRU 网线接口如图 3-6 所示。

图 3-5　RHUB

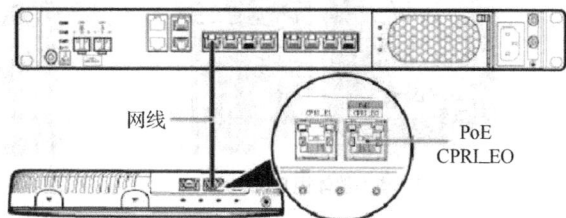

图 3-6　pRRU 网线接口

分布式皮站主要适用于交通枢纽（机场、火车站、汽车站）、大型场馆（体育馆）、商场超市等开阔区域场景；单个 pRRU 的发射功率与一体化皮站类似，在空旷区域覆盖半径约为 20m～30m，可根据建筑物格局进行线状和并排布放，以满足边缘覆盖要求；需合理进行容量预估，根据覆盖目标的用户数，结合市场发展数据，合理划分小区，并适当考虑后续扩容时 pRRU 与小区的归属关系。

（2）一体化皮站

一体化皮站主要用于室内需要覆盖的目标面积在几百平方米以内、用户数较多的地点，如沿街商铺、营业厅、开阔单间等，该类型设备的 BBU、RRU 及天馈系统集成为一体，一般情况下需要宽带接入，无须 Ir 接口，交换供电，通常挂墙或吊顶安装，主要有华为 BTS3203、中兴 ZXSDR BS8102 等。一体化皮站一般支持蜂窝网络与 WLAN 双模，现网中，可实现"一次部署，双模接入"。

4. 飞基站

飞基站简称飞站，飞站设备主要用于传统室内分布系统建设比较困难、总体覆盖面积较大、用户数多，但单个空间较小的场景，如写字楼、住宅等，按照设备形态也可分为分布式飞站和一体化飞站。飞站设备通常具有即插即用、自动配置、自动优化等功能，且功率低、覆盖范围小。

5. 小基站主要应用场景

在立体组网架构下，小基站是完善网络深度覆盖和容量均衡的重要手段，可有效解决传输资源获取难、室内分布系统部署难、站址获取困难、天线架设复杂等问题。

在宏站组网的基础上，部署多个微蜂窝小区，可对局部弱覆盖区域加强深度覆盖，或对局部流量热点进行容量提升。通过宏站、微站结合的异构组网方式可提升覆盖的深度、厚度，同时有效控制干扰。一般连续覆盖层以宏站为主，微站为辅，该层为网络的覆盖基本层；补盲层针对宏站覆盖边缘和覆盖盲区，通过部署微站等方案实现深度覆盖；补热层针对业务热点区域，通过微站实现热点区容量提升，实现覆盖和容量的均衡；深度覆盖层以微站为主，宏站、室内分布系统协同配合，全面加强深度覆盖。

3.2　华为基站主设备

华为基站主设备在结构上仅有 3 类模块，但可组合出 5G、4G、3G、2G 合一的多形态基站，提供全 IP、多载波能力，并能向 LTE 平滑演进，所以得到了越来越多的运营商的青睐，应用场景越来越多。本节简单介绍华为基站主设备在各系统中的应用及设备结构、维护的基本知识。

3.2.1　概述

华为基站主设备从结构上可分为整体柜和分体结构。2G、3G、4G 采用 BBU3900 系列，5G 采用 BBU5900 系列。图 3-7 所示为整体柜 BTS3900（可以堆叠安装）；由于 RRU 可拉远到天线安装处，分体结构 DBS3900（BBU+RRU）设备的应用越来越多，如图 3-8 所示。

图3-7　华为整体柜BTS3900

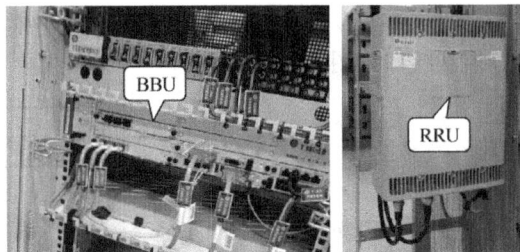

图3-8　华为分体结构DBS3900（BBU+RRU）

华为基站主设备整体柜BTS3900设备配置基带处理单元BBU和射频单元（Radio Frequency Unit，RFU）；DBS3900为BBU+RRU结构，配置的BBU为盒式结构，所有对外接口均位于盒体的前面板上，应用于不同系统的设备配置不同的模块。基站主设备还应配置电源、防雷等模块。5900系列设备同样可配置RFU、RRU，并可进行混合配置，还可以配置有源天线单元（AAU）。

重点提示

不同厂家生产的设备的功能相同，但设备的结构不同。

同厂家生产的设备在不同系统中应用时，配置的射频模块、主控传输模块和信号处理模块不同，加载的软件也不同。

相关知识

BBU在GSM中应用时配置GSM主控传输单元（GSM Transmission&Timing& Management Unit，GTMU）功能单板，在CDMA系统中应用时配置CDMA主控传输单元（CDMA Main Processing&Transmission Unit，CMPT）、HERT平台（华为无线下一代基站的平台）增强信道处理模块（HERT Enhance Channel Processing Module，HECM）、HERT平台信道处理模块（HERT Channel Processing Module，HCPM）等功能单板，在TD-SCDMA系统中应用时配置WCDMA主控传输单元（WCDMA Main Processing&Transmission Unit，WMPT）、通用基带处理单元（Universal BaseBand Processing Unit，UBBP）等功能单板，在WCDMA系统中应用时配置WMPT、WCDMA基带处理单元（WCDMA Baseband Processing Unit，WBBP）等功能单板，在LTE系统中应用时配置通用主控传输单元（Universal Main Processing & Transmission Unit，UMPT）、LTE通用基带处理单元（LTE BaseBand Processing Unit，LBBP）等单板，在5G NR系统中应用时配置UMPT、UBBP、多模扩展射频卡（Multi Extend Radio Frequency Card，MERC）等单板。另外，BBU还需配置通用电源环境接口单元（Universal Power and Environment Interface Unit，UPEU）、风扇（FAN）模块，BBU中还可以根据需要选配通用E1/T1防雷保护单元（Universal E1/T1 Lightning Protection Unit，UELP）、通用FE/GE防雷保护单元（Universal FE/GE Lightning Protection Unit，UFLP）、传输扩展单元（Universal Transmission Processing Unit，UTRP）、通用环境接口单元（Universal Environment Interface Unit，UEIU）、通用星卡时钟单元（Universal Satellite Card and Clock Unit，USCU）等模块。

---

1. BBU

BBU是一个小型化的盒式设备，采用模块化设计，按逻辑功能可划分为控制子系统、传输子系统和基带子系统。另外，时钟模块、电源模块、风扇模块和CPRI接口处理模块为整个BBU提供运行支持。

相关知识

CPRI协议是无线设备控制器（Radio Equipment Control，REC）和无线设备（Radio Equipment，RE）之间的接口标准，主要由Ericsson AB、Huawei Technologies Co. Ltd、NEC Corporation、Nortel Networks SA和Siemens AG等几家公司共同参与制定。

其中，控制子系统集中管理整个 DBS3900，负责操作维护管理和信令处理。操作维护管理包括配置管理、故障管理、性能管理、安全管理等；LTE 系统中的信令处理负责 E-UTRAN 的信令处理，包括空口信令、S1 接口信令和 X2 接口信令。

传输子系统提供 DBS3900 与 MME/SGW 之间的物理接口，负责信息交互，并提供 BBU 与操作维护系统连接的维护通道。

基带子系统由上行处理模块和下行处理模块组成，负责空口用户面协议栈处理，LTE 系统中包括上下行调度和上下行数据处理。上行处理模块按照上行调度结果的指示完成各上行信道的接收、解调、译码和组包，以及对上行信道的各种测量，并将上行接收的数据包通过传输子系统发往 MME/SGW。下行处理模块按照下行调度结果的指示完成各下行信道的数据组包、编码调制、多天线处理、组帧和发射处理，它接收来自传输子系统的业务数据信号，并将处理后的信号送至 CPRI 接口处理模块。

时钟模块支持 GPS 时钟、IEEE 1588v2 时钟、同步以太网时钟和 Clock over IP 时钟。

相关知识 Clock over IP 是华为私有时钟协议，与 IEEE 1588v2 时钟协议类似。不过，若使用 IEEE 1588v2 时钟，则要求相关传输设备都要支持 IEEE 1588v2 时钟协议，而使用 Clock over IP 时钟没有此要求。

电源模块将+24VDC/-48VDC 转换为单板需要的电源,并提供外部监控信号接口和8路干节点信号接口。

风扇模块控制风扇的转速及风扇模块温度的检测，为BBU 散热。CPRI 接口处理模块接收RRU 发送的上行基带数据，并向 RRU 发送下行基带数据，实现 BBU 与 RRU 的通信。BBU上共有 11 个槽位，槽位编号如图3-9所示。

Slot 16	Slot 0	Slot 4	Slot 18
	Slot 1	Slot 5	
	Slot 2	Slot 6	Slot 19
	Slot 3	Slot 7	

图 3-9　BBU 槽位编号

2. RRU

RRU 为远端射频单元，主要包括高速接口模块、信号处理单元、功放单元、双工器单元、扩展接口和电源模块，主要完成基带信号和射频信号的调制/解调、数据处理、功率放大、驻波检测等功能。

RRU 的具体功能：接收 BBU 发送的下行基带数据，并向 BBU 发送上行基带数据，实现与 BBU 的通信；通过天馈线接收射频信号，将接收信号下变频至中频信号，并进行放大处理、模数转换；发射通道完成下行信号滤波、数模转换（Digital-to-Analog Conversion，DAC）、射频信号上变频至发射频段；提供射频通道接收信号和发射信号复用功能，可使接收信号与发射信号共用一个天线通道，并对接收信号和发射信号提供滤波功能；提供内置偏置器（Bias Tee，BT）功能，通过内置 BT，RRU可直接将射频信号和通断箭控（On-Off Keying，OOK）电调信号耦合后从射频接口 A 输出，还可为（塔顶放大器）提供馈电。RRU 功能结构如图 3-10 所示。可通过光纤将本地容量拉远，通过 RRU 实现远端覆盖，其应用示例如图 3-11 所示。

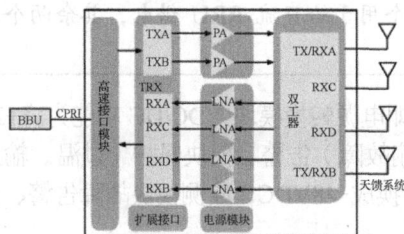

图 3-10　RRU 功能结构

图 3-11　RRU 应用示例

3.2.2　华为 3900 系列主设备

华为 3900 系列主设备被广泛应用于 2G、3G、4G 移动通信系统。

1. 设备简介

（1）整体柜基本配置

BTS3900 整体柜应用时可选配信号防雷单元（Signal Lightning Protection Unit，SLPU），如图 3-12 所示。SLPU 是外部通用防雷单元，可配置 UELP、UFLP，支持 UELP、UFLP 混配，最多可配置 4 个防雷保护单元。下面简单介绍整体柜中的配置模块。

① 直流配电单元（Direct Current Distribution Unit，DCDU）。如图 3-13 所示，DCDU-01 模块（10 路）为直流配电单元，提供 10 路-48VDC 输出。DCDU-01 模块的功能为接入-48VDC 电源，为机柜内其他单板、模块提供 10 路-48VDC 电源，具有差模 10kA、共模 15kA 的防雷能力，提供防雷失效干节点。

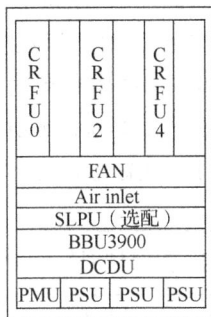

图 3-12　华为设备在 CDMA 系统中应用示例

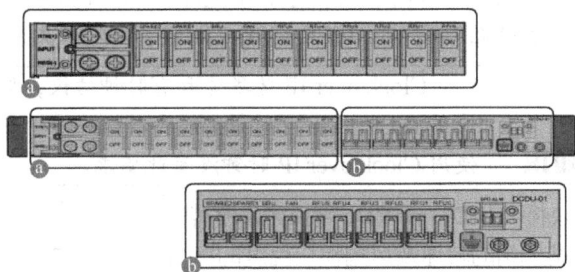

图 3-13　DCDU-01 模块面板

DCDU-01 模块接口：电源输入接口 NEG(-)用于 DCDU-01 模块低电平输入接线，RTN(+)用于 DCDU-01 模块高电平输入接线；电源输出接口 SPARE1、SPARE2 为预留接口；FAN 接口给 FAN 模块供电，BBU 接口给 BBU 模块供电，RFU0～RFU5 接口给射频模块供电，各接口有相应的开关控制其供电；告警输出接口 SPD ALM 用于干节点告警输出。

> **相关知识**
>
> DCDU 在实际工程应用中根据需求不同，所选型号有所不同，不同型号的 DCDU 的主要区别在于输出的电流大小不一样、数目不一样。在不同的 BBU 配置中，可以配置不同的型号的 DCDU，如 DCDU-03，可以提供 1 路-48VDC 输入、9 路-48VDC 电源输出，7 路 12A 的空气开关分别控制 BBU 和直流 RRU 供电，2 路 6A 输出给传输设备供电；内置直流防雷保护单元，提供防雷保护功能；提供防雷告警信号，及时上报防雷告警信息。再如 DCDU-11B，支持单路电流为 160A 的-48VDC 电源输入，10 路 25A 的-48VDC 电源输出，为 FAN 模块、DBBP530、RRU 等设备供电。DCDU-11B 配置在机柜中时，LOAD0～LOAD5 用于给 RRU 供电；LOAD6～LOAD9 用于给 DBBP530、FAN 模块以及选配模块供电。一个系统中最多可配 3 个 DCDU-11B，其中一个用于给直流 RRU 供电，其余两个用于给 DBBP530 和 FAN 模块供电。

② 供电单元（Power Supply Unit，PSU）。PSU 模块即电源转换模块，DC/DC 功能为将+24VDC 转换成-48VDC，监测模块故障（输出过压、无输出、风扇故障）告警、模块保护（过温、输入过欠压保护）告警以及掉电告警。AC/DC 功能为将 220VAC 转换成-48VDC，监测模块故障告警、模块保护告警以及掉电告警，监测蓄电池充放电信息。

③ 电源和环境监控单元（Power and Environment Monitoring Unit，PMU）。PMU 模块（见图 3-14）配置在机柜的配电单元中。PMU 模块的功能为通过 RS-232/RS-422 串口与主机进行通信，提供完善的电源系统管理以及蓄电池充放电管理功能，提供水浸、烟感、门禁和备用开关量检测上报功能，以及环境温湿度、电池温度和备用模拟量上报功能，提供配电检测和上报告警功能，同时提供干节点告警上报功能。

PMU 模块中的 RS-232/RS-422 接口用于与上级主机通信；电源测试接口（-48V、0V）用于通过普通万用表测量电源电压；COM 接口用于连接外部信号转接板；背板接口用于连接背板；蓄电池控制开关（ON、OFF）用于控制蓄电池上下电，操作时按住"ON"键 5s～10s 接通蓄电池，按住"OFF"键 5s～10s 可断开蓄电池；RUN（绿色）指示灯常亮表示其处于运行状态；ALM（红色）指示灯闪烁表示其处于告警状态。

④ FAN（风扇）模块。FAN 模块（见图 3-15）可对机柜进风口和风扇盒内的温度进行监控，控制风扇转速，实现机柜的通风、散热。一个 FAN 模块内有 4 个独立的风扇。FAN 模块主要包括为机柜提供强制通风散热、支持温度检测的功能。FAN 模块支持温控调速和主控调速两种模式，当环境温度较低时，能够控制风扇停转。其指示灯含义如表 3-2 所示。

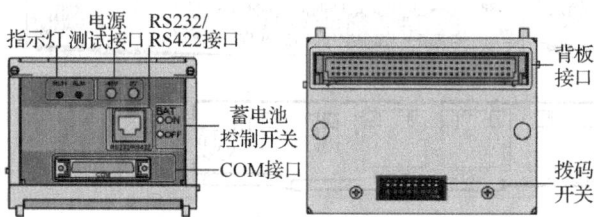

图 3-14　PMU 模块面板

图 3-15　FAN 模块面板

表 3-2　FAN 模块指示灯含义

指　示　灯	颜　色	含　义
RUN	绿色	0.125s 亮，0.125s 灭：模块与 BBU 未建立通信，模块运行正常。 1s 亮，1s 灭：模块与 BBU 已建立通信，模块运行正常。 常灭：无电源输入或模块故障
ALM	红色	1s 亮，1s 灭：模块有告警。 常灭：模块无告警

FAN 模块提供-48V 电源接口用于-48VDC 电源接入；SENSOR 温度传感器接口用于连接外部温度传感器；通信接口 COM OUT 用于级联下级 FAN 模块，COM IN 用于与上级单板通信。

（2）BBU 基本配置

BBU 主要实现传输、控制、基带信号处理等功能，在此简单介绍 BBU 配置中的一些公共模块。

① 通用 BBU 框背板（Universal BBU Subrack Backplane，BSBC）。BSBC 单板为 BBU 背板，BBU3900 共有 8 个单板槽位、2 个电源槽位、1 个风扇槽位。BSBC 提供背板接口，用于单板间的通信及电源供给。

② 通用 BBU 风扇单元（Universal BBU Fan Unit，UBFA），即 FAN 模块（见图 3-16），是 BBU 风扇模块，可与主机通信，完成温控调速、在位信息和告警上报等功能。FAN 模块支持热插拔，包括风扇控制单板、风扇。FANc 模块支持电子标签读写功能。FAN 模块只有 1 个指示灯，含义如表 3-3 所示。

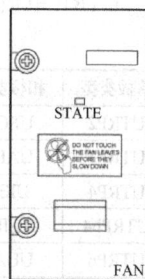

图 3-16　UBFA 面板

表 3-3　FAN 模块指示灯含义

指　示　灯	颜　色	含　义
STATE	红绿双色	绿灯 0.125s 亮，0.125s 灭：单板未连上，无告警。 绿灯 1s 亮，1s 灭：单板运行正常。 红灯 1s 亮，1s 灭：单板有告警。 常灭：无电源输入

③ UTRP 单板。UTRP 单板是选配单板，用来进行传输扩充，其结构多为底板+扣板，通过扣接

不同的扣板，实现不同的基站物理组网接入方式。UTRP 单板主要提供 E1/T1 传输接口，支持异步转移模式（Asynchronous Transfer Mode，ATM）、时分复用（Time-Division Multiplexed，TDM）、IP；提供电传输接口（简称电口）、光传输接口（简称光口）；支持冷备份功能。UTRP 面板如图 3-17 所示，包括支持 8 路 E1/T1、2 路光口、1 路 STM-1、4 路电口的 UTRP，以及支持 4 路电口和 2 路光口的 UTRPc。支持 E1/T1 接口的 UTRP 面板指示灯含义如表 3-4 所示。

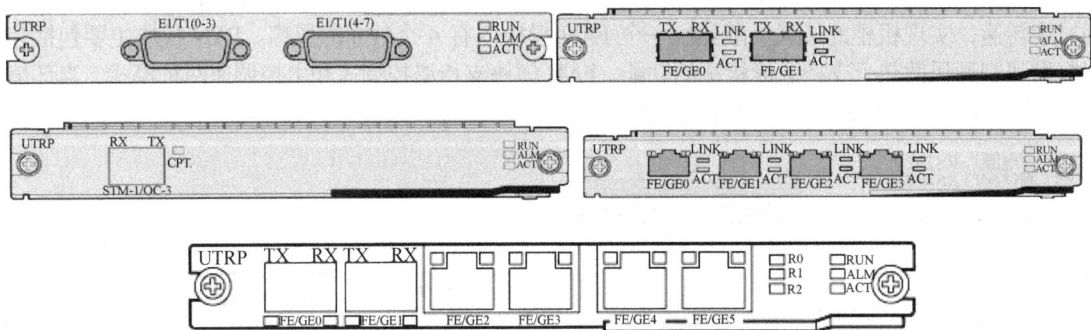

图 3-17　UTRP 面板

表 3–4　支持 E1/T1 接口的 UTRP 面板指示灯含义

指 示 灯	颜　色	含　义
RUN	绿色	常亮：有电源输入，单板存在故障。 常灭：无电源输入或单板处于故障状态。 0.125s 亮，0.125s 灭：单板处于加载软件状态或数据配置状态，单板未运行。 1s 亮，1s 灭：单板运行正常
ALM	红色	常亮：单板产生需要更换单板的告警。 1s 亮，1s 灭：有告警，不确定是否需要更换单板。 常灭：无告警
ACT	绿色	常亮：主用状态。 常灭：备用状态，单板没有激活或单板没有提供服务

UTRP 单板类型比较多，均为全双工类型，具体如表 3-5 所示。

表 3–5　UTRP 单板类型

单板类型	扣板类型	支持的无线制式	传 输 制 式	端口数量	端 口 容 量
UTRP2	UEOC	UMTS	FE/GE 光传输	2	10Mbit/s、100Mbit/s、1000Mbit/s
UTRP3	UAEC	UMTS	ATM over E1/T1	2	8 路
UTRP4	UIEC	UMTS	IP over E1/T1	2	8 路
UTRPb4	无扣板	GSM	TDM over E1/T1	2	8 路
UTRP6	UUAS	UMTS	STM-1/OC-3	1	1 路
UTRP9	UQEC	UMTS	FE/GE 电传输	4	10Mbit/s、100Mbit/s、1000Mbit/s
UTRPa	无扣板	UMTS	ATM over E1/T1 或 IP over E1/T1	2	8 路
UTRPc	无扣板	GSM/UMTS 多模共传输	FE/GE 电传输	4	10Mbit/s、100Mbit/s、1000Mbit/s
			GE/GE 光传输	2	100Mbit/s、1000Mbit/s

用于提供 8 路 E1/T1 的 UTRP 拨码开关如图 3-18 所示。拨码开关 SW1、SW2 用 2 个 4 位开关控制 8 路 E1 接收信号线的接地情况，平衡时默认状态为 OFF，不平衡时全部设成 ON。当接收链路的 8 路 E1 出现误码时，将对应的 8 位拨码开关设成 ON 可消除链路误码。拨码开关 SW3 用于选择传输线路的阻抗模式：选择 120ΩE1 双绞线时，SW3 拨码开关的 1、2 为 ON，3、4 为 OFF；选择 75ΩE1 同轴电缆时，SW3 拨码开关全部为 ON。

④ UPEU 单板。UPEU 单板（见图 3-19）是 BBU3900 的电源单板，是必配单元，用于实现将-48VDC/+24VDC 输入电源转换为+12VDC 电源，给 BBU 各单板、模块供电；还能为 BBU 提供环境监控信号，完成故障、在位监控、版本等信息上报输入功能，提供 2 路 RS-485 信号接口和 8 路开关量信号接口，开关量输入只支持干节点和 OC（Open Collector）输入。UPEU 单板有 3 种类型，分别是 UPEUa、UPEUc、UPEUd，三者均支持"1+1"备份。其中，UPEUa 的输出功率为 300W，UPEUc 的输出功率为 360W，2 块 UPEU 单板在非备份模式下的总输出功率为 650W；UPEUd 的输出功率为 650W。3 种类型的 UPEU 单板不可在同一 BBU 内混插。UPEU 单板一般配置在 Slot 18 和 Slot 19 槽位。

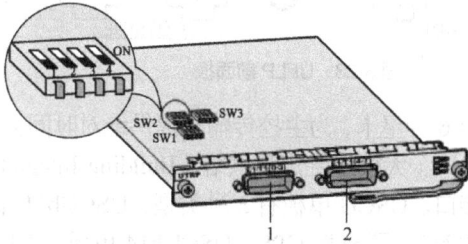

图 3-18 UTRP 拨码开关

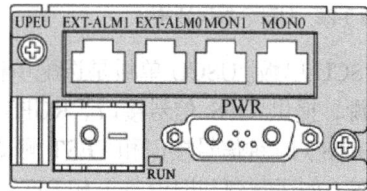

图 3-19 UPEU 单板

相关知识

UPEU 单板还有一种类型是 UPEUb，主要用于将+24VDC 输入电源转换为+12VDC 电源，国内用得比较少。

各单板的面板外观相同，区别仅在"PWR"接口下方以丝印标注的输入电压不同。

UPEU 单板接口包括：MON0/1 用于将外部采集的环境监控信号以 RS-485 通信协议规定的方式与 CMPT 单板进行通信，包括监控信号的输入、输出；EXT-ALM0/1 用于将外部采集的环境监控信号以干节点通信协议规定的形式传给 CMPT 单板；PWR 用于-48V 电源输入。

UPEU 单板面板中有一个绿色的 RUN 指示灯，正常状态为常亮，表示单板运行正常；常灭时表示无电源输入或单板故障。

⑤ UEIU 单板。UEIU 单板（见图 3-20）为 BBU 环境接口单板，支持 8 路开关量告警输入和 2 路 RS-485 环境监控信号接入，开关量输入只支持干节点和 OC 输入，并可以将环境监控设备信息和告警信息上报给主控板。UEIU 单板为选配单板，当环境接口不够用时可配置该单板。其中，MON0/1 接口用于将外部采集的环境监控信号以 RS-485 通信协议规定的方式与主控板进行通信，包括监控信号的输入、输出；EXT-ALM0/1 接口用于将外部采集的环境监控信号以干节点通信协议规定的形式传给主控传输板。

⑥ UELP 单板。UELP 单板（见图 3-21）为 BBU E1/T1 防雷保护单元，每块单板实现 4 路 E1/T1 信号的防雷。其中，INSIDE 接口用于连接 BBU E1 转接线，进行 4 路 E1/T1 到主控传输板的输入、输出；OUTSIDE 接口用于通过 BBU E1/T1 线连接到外部设备，进行 4 路 E1/T1 的输入、输出。

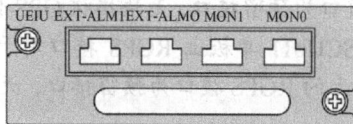

图 3-20 UEIU 单板

图 3-21 UELP 单板

UELP 单板上有一个拨码开关（见图 3-22），用于选择 E1/T1 接口匹配阻抗。用拨码开关进行 E1/T1 非平衡模式的接地设置：75ΩE1 同轴电缆不平衡（RX 外皮接地）时 SW1 全 ON；75ΩE1 同轴电缆平衡（RX 外皮不接地）时 SW1 全 OFF；双绞线时 SW1 全 OFF。

⑦ UFLP 单板。UFLP（见图 3-23）是通用 FE/GE 防雷保护单元，每块 UFLP 单板支持 2 路以太网信号的防雷处理。其提供 FE 接口，INSIDE 的 2 个接口用于连接 BBU3900 的主控传输板；OUTSIDE

的 2 个接口用于连接外部设备。接线时，INSIDE 的 FE0 接口和 OUTSIDE 的 FE0 接口对应，INSIDE 的 FE1 接口和 OUTSIDE 的 FE1 接口对应。

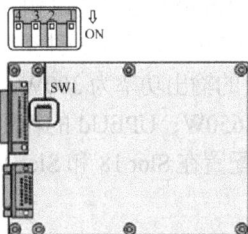

图 3-22   UELP 拨码开关

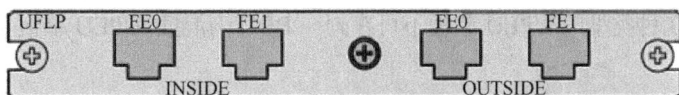

图 3-23   UFLP 前面板

⑧ USCU 单板。USCU 单板是选配单板，兼容 6 种星卡，为主控传输板提供绝对时间信息和 1PPS 参考时钟源，提供 GPS 信号接口、RGPS 信号接口、大楼综合定时供给（Building-Integrated Timing Supply，BITS）时钟信号接口和 TEST 测试时钟接口。USCU 单板有 3 种类型：USCUb11 单板提供与外界 RGPS（如运营商利旧设备）和 BITS 设备的接口，不支持 GPS；USCUb14 单板含 UBLOX 单星卡，不支持 RGPS；USCUb22 单板支持 NavioRS 星卡，单板内不含星卡，星卡需采购和现场安装，不支持 RGPS。USCU 面板如图 3-24 所示，其面板指示灯含义说明如表 3-6 所示。一个 BBU3900 中最多配置 2 块 USCU 单板，可根据需求选配。

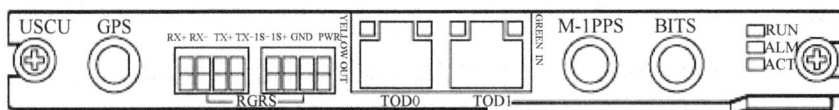

图 3-24   USCU 面板

表 3-6   USCU 面板指示灯含义

指 示 灯	颜 色	含 义
RUN	绿色	常亮：有电源输入，单板存在故障。 常灭：无电源输入或单板处于故障状态。 0.125s 亮，0.125s 灭：单板处于加载软件或数据配置状态，或单板未运行。 1s 亮，1s 灭：单板运行正常
ALM	红色	常亮：需要更换单板告警。 1s 亮，1s 灭：有告警，不能确定是否需要更换单板。 常灭：无告警
ACT	绿色	常亮：主用状态。 常灭：备用状态，或单板没有激活，或单板没有提供服务

GPS 接口为 SMA 连接器，USCUb14 单板、USCUb22 单板上的 GPS 接口用于接收 GPS 信号；USCUb11 单板上的 GPS 接口为预留接口，无法接收 GPS 信号。

RGPS 接口为 PCB 焊接型接线端子，USCUb11 单板上 RGPS 接口用于接收 RGPS 信号；USCUb14 单板、USCUb22 单板上的 RGPS 接口为预留接口，无法接收 RGPS 信号。

TOD0 接口为 RJ-45 连接器，用于接收或发送 1PPS+TOD 信号。

TOD1 接口为 RJ-45 连接器，用于接收或发送 1PPS+TOD 信号，接收华为传输设备 M1000 的 TOD 信号。

BITS 接口为 SMA 连接器，用于接收 BITS 时钟信号，支持 2.048MHz 和 10MHz 时钟参考源自适应输入。

M-1PPS 接口为 SMA 连接器，用于接收 M1000 的 1PPS 信号。

2. 在 4G 中的应用

LTE 系统中的基站主设备称为 eNodeB，对应的华为分布式基站主设备为 DBS3900。DBS3900 作为 LTE 系统的 eNodeB 管理空中接口，主要具有接入控制、移动性控制、用户资源分配等无线资源管理功能，可为 LTE 系统用户提供无线接入服务。多个 DBS3900 可组成 E-UTRAN 系统。

（1）eNodeB 设备

LTE 系统的 DBS3900 采用模块化架构，如图 3-25 所示，BBU 与 RRU 之间采用 CPRI 接口，通过光纤连接。LTE 系统组网采用分布式架构，传统的组网方式（BBU 配合射频模块的模式）在 LTE 系统基站中不再采用。

① BBU 模块配置。

BBU 模块主要包括 UMPT、LTE 主控传输单元（LTE Main Processing&Transmission Unit，LMPT）、LBBP、UBBP、UTRP、FAN、UPEU、UEIU 和 USCU 等。LTE 系统基站的 BBU 模块槽位分布如图 3-26 所示，典型配置如图 3-27 所示。

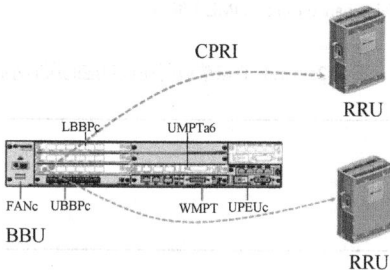

图 3-25 DBS3900 模块化架构

FAN	USCUb/LBBP/UBBPd_L	USCUb/LBBP/UBBPd_L	UPEU/UEIU
	USCUb/LBBP/UBBPd_L	USCUb/LBBP/UBBPd_L	
	LBBP/UBBPd_L	UMPT/LMPT	UPEU
	LBBP/UBBPd_L	UMPT/LMPT	

图 3-26 BBU 模块槽位配置

UMPT 为主控传输板，其面板如图 3-28 所示。UMPT 的主要功能：完成基站的配置管理、设备管理、性能监视、信令处理等功能；为 BBU 内的其他单板提供信令处理和资源管理功能；提供 USB 接口、传输接口、维护接口，完成信号传输、软件自动升级以及在本体维护终端（Local Maintenance Terminal，LMT）或 iManager U2000 MBB 网络管理系统（简称 U2000）上维护 BBU 的功能。

图 3-27 BBU 典型配置

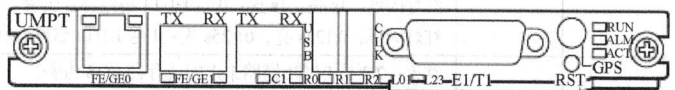

图 3-28 UMPT 面板

UMPT 提供的接口包括一个 E1/T1 接口（提供 4 路 E1/T1 信号，预留以供传输、取 E1 时钟场景使用）、一个 CI 互联光口（100M/1000Mbit/s 自适应模式，用于 BBU 互联）、一个 FE/GE0 业务电口（10M/100M/1000Mbit/s 自适应模式）、一个 FE/GE1 业务光口（100M/1000Mbit/s 自适应模式）、一个 USB 接口（USB 开站、USB 转 FE 电口转换线即 LMT 近端调试）、一个 GPS 接口（提供高精度时钟/时间同步信号）。RST 为 UMPT 复位开关。

> **重点提示**
>
> USB 接口具有 USB 加密特性，这可保证其安全性，且用户可通过命令关闭 USB 接口。USB 接口与调试网口复用时，必须开放 OM 接口才能访问基站，且通过 OM 接口访问基站有登录的权限控制。

UMPT 面板上有 3 个状态指示灯，分别是 RUN、ALM 和 ACT。日常维护时可根据指示灯的颜色及亮灭来判断单板的运行状态。另外，UMPT 还有一些指示灯用于指示 FE/GE 电口、FE/GE 光口、互联接口、E1/T1 接口等的链路状态。FE/GE 电口、FE/GE 光口的链路状态指示灯的名称在面板上没有丝印，它们位于每个接口的两侧。UMPT 面板指示灯含义说明如表 3-7 所示。

表 3-7 UMPT 面板指示灯含义

指 示 灯	颜 色	含 义
RUN	绿色	常亮：有电源输入，单板存在故障。 常灭：无电源输入或单板处于故障状态。 0.125s 亮，0.125s 灭：单板处于加载状态或数据配置状态，单板未运行。 1s 亮，1s 灭：单板运行正常
ALM	红色	常亮：需要更换单板的告警。 1s 亮，1s 灭：有告警，不能确定是否需要更换单板。 常灭：无告警
ACT	绿色	常亮：主用状态。 常灭：备用状态，或单板没有激活，或单板没有提供服务。 0.125s 亮，0.125s 灭：操作维护链路（Operation and Maintenance Link，OML）断开。 1s 亮，1s 灭：测试状态。 以 4s 为周期，前 2s 内 0.125s 亮，0.125s 灭，重复 8 次，后灭 2s：未激活该单板所在框对应的所有小区，或 S1 链路异常
TX/RX	绿色 (LINK) 橙色 (ACT)	常亮：连接状态正常。 常灭：连接状态不正常。 闪烁：有数据传输。 常灭：无数据传输
CI	红绿双色	绿灯亮：互联链路正常。 红灯亮：光模块收发异常，可能原因为光模块故障或光纤折断。 红灯闪烁，0.125s 亮，0.125s 灭：连线错误。分两种情况：一是 UCIU+UMPT 连接方式下，用 UCIU 的 S0 接口连接 UMPT 的 CI 接口，相应接口的指示灯闪烁；二是环形连接，相应接口的指示灯闪烁。 常灭：光模块不在位
L01	红绿双色	常灭：0/1 号 E1/T1 链路未连接或存在信号丢失（Loss of Signal，LOS）告警。 绿灯常亮：0/1 号 E1/T1 链路连接正常。 绿灯闪烁，1s 亮，1s 灭：0 号 E1/T1 链路连接正常，1 号 E1/T1 链路未连接或存在 LOS 告警。 绿灯闪烁，0.125s 亮，0.125s 灭：1 号 E1/T1 链路连接正常，0 号 E1/T1 链路未连接或存在 LOS 告警。 红灯常亮：0/1 号 E1/T1 链路均存在告警。 红灯闪烁，1s 亮，1s 灭：0 号 E1/T1 链路存在告警。 红灯闪烁，0.125s 亮，0.125s 灭：1 号 E1/T1 链路存在告警
L23	红绿双色	常灭：2/3 号 E1/T1 链路未连接或存在 LOS 告警。 绿灯常亮：2/3 号 E1/T1 链路连接正常。 绿灯闪烁，1s 亮，1s 灭：2 号 E1/T1 链路连接正常，3 号 E1/T1 链路未连接或存在 LOS 告警。 绿灯闪烁，0.125s 亮，0.125s 灭：3 号 E1/T1 链路连接正常，2 号 E1/T1 链路未连接或存在 LOS 告警。 红灯常亮：2/3 号 E1/T1 链路均存在告警。 红灯闪烁，1s 亮，1s 灭：2 号 E1/T1 链路存在告警。 红灯闪烁，0.125s 亮，0.125s 灭：3 号 E1/T1 链路存在告警
R0/1/2	红绿双色	常灭：单板没有工作在相应制式（R0 对应 GSM 制式，R1 对应 UMTS 制式，R2 对应 LTE 制式）。 绿灯常亮：单板工作在相应制式。 红灯常亮：预留

重点提示　　ACT 灯"1s 亮，1s 灭"这种状态在 UMPTa1 单板和工作在 UMTS 制式下的 UMPTb1/b2 单板上才有；ACT 灯"以 4s 为周期，前 2s 内 0.125s 亮，0.125s 灭，重复 8 次，后 2s 灭"这种状态在 UMPTa2/a6 单板和工作在 LTE 制式下的 UMPTb1/b2 单板上才有。

　　UMPTa 单板上有 2 个拨码开关，分别为 SW1 和 SW2，在单板上的位置如图 3-29 所示。拨码开关 SW1 用于 E1/T1 模式选择；SW2 用于 E1/T1 接收接地选择。每个拨码开关上都有 4 个拨码位，SW1 的设置中，3、4 为预留，当 E1 阻抗为 75Ω 时，1、2 为 ON；E1 阻抗为 120Ω 时，1 为 OFF，2 为 ON；T1 阻抗为 100Ω 时，1 为 ON，2 为 OFF。SW2 设置为平衡模式时，1、2、3、4 均为 OFF；非平衡模式时均为 ON。

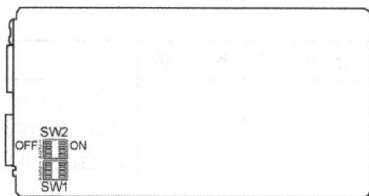

图 3-29　UMPTa 系列拨码开关位置

　　LBBP 单板是基于 LTE 系统的基带处理单元，主要用于提供与射频模块的 CPRI 接口和完成上下行数据的基带处理功能。其根据单板类型的不同支持不同的制式：LBBPc 单板支持 LTE FDD/TDD，LBBPd1 单板支持 LTE FDD，LBBPd2 单板支持 LTE FDD/TDD，LBBPd3 单板支持 LTE FDD，LBBPd4 单板支持 LTE TDD。

　　在不同的场景下，各种类型的单块单板支持的小区数、带宽以及天线配置不尽相同，在实际工程场景中需根据运营商要求设计配置，具体说明如表 3-8 所示。

表 3–8　LTE（TDD）场景下 LBBP 单板配置

单　　板	支持的小区数	支持的小区带宽/（Mbit/s）	支持的天线配置
LBBPc	3	5/10/20	1×20MHz：4T4R。
			3×10 MHz：2T2R。
			3×20 MHz：2T2R。
			3×10 MHz：4T4R
LBBPd2	3	5/10/15/20	3×20 MHz：2T2R。
			3×20 MHz：4T4R
LBBPd4	3	10/20	3×20 MHz：8T8R

　　LBBP 单板有最大吞吐量的限制：LBBPc 下行 300Mbit/s，上行 100Mbit/s；LBBPd1 下行 450Mbit/s，上行 225Mbit/s；LBBPd2 下行 600Mbit/s，上行 225Mbit/s；LBBPd3 下行 600Mbit/s，上行 300Mbit/s；LBBPd4 下行 600Mbit/s，上行 225Mbit/s。

　　LBBPc 类型的单板面板和其他 4 种（LBBPd1/2/3/4）的面板有所不同，每种类型的单板在面板的左下方会有属性标签，如图 3-30 所示，图 3-30（a）为 LBBPc，图 3-30（b）为 LBBPd1。

（a）LBBPc　　　　　　　　　　　　　　　（b）LBBPd1

图 3-30　不同类型的 LBBP 单板的面板

　　LBBP 单板有 6 个接口，分别是 CPRI0/1/2/3/4/5，采用小型可插拔（Small Form-Factor Pluggable，SFP）母型连接器，作为 BBU 与射频模块互联的数据传输接口，支持光、电传输信号的输入、输出。其中 LBBPc 类型的单板支持 CPRI 光口速率为 1.25Gbit/s、2.5Gbit/s、4.9Gbit/s；LBBPd 类型的单板支持 CPRI 光口速率为 1.25Gbit/s、2.5Gbit/s、4.9Gbit/s、6.144Gbit/s、9.8Gbit/s。LBBPc 和 LBBPd 2 种类型的单板均支持星形、链形、环形的组网方式。

　　LBBP 单板有 3 个状态指示灯，还有 6 个 SFP 接口链路指示灯和 1 个四通道 SFP（Quad Small form-Factor Pluggable，QSFP）接口链路指示灯，分别位于 SFP 接口上方和 QSFP 接口上方，指示灯含义说明如表 3-9 所示。

表 3-9　LBBP 单板指示灯含义

指 示 灯	颜　色	含　义
RUN	绿色	常亮：有电源输入，单板存在故障。 常灭：无电源输入或单板处于故障状态。 0.125s 亮，0.125s 灭：单板处于加载状态或数据配置状态，或单板未运行。 1s 亮，1s 灭：单板运行正常
ALM	红色	常亮：单板产生需要更换单板的告警。 1s 亮，1s 灭：有告警，不能确定是否需要更换单板。 常灭：无告警
ACT	绿色	常亮：主用状态。 常灭：备用状态，或单板没有激活，或单板没有提供服务。 0.125s 亮，0.125s 灭：操作维护路径（Operation and Maintenance Link，OML）断链。 1s 亮，1s 灭：单板供电不足（只有 LBBPd 单板存在这种状态）
CPRIx	红绿双色	绿灯常亮：CPRI 链路正常。 红灯常亮：光模块收发异常，可能原因为光模块故障或光纤折断。 红灯 0.125s 亮，0.125s 灭：CPRI 链路上的射频模块存在硬件故障。 红灯 1s 亮，1s 灭：CPRI 失锁，可能原因为双模时钟互锁失败或 CPRI 接口速率不匹配。 常灭：光模块不在位，或 CPRI 电缆未连接

② RRU。

RRU 根据支持的制式和技术指标不一样而有很多型号，常见的型号有 RRU3232、RRU3251、RRU3252、RRU3253、RRU3256 及 RRU3259 等。RRU 有单通道、双通道和八通道 3 种类型，此处以支持 LTE（TDD）制式的 RRU 为例进行简单介绍。表 3-10 所示是 TD-LTE RRU3253/3251 技术指标。

表 3-10　TD-LTE RRU3253/3251 技术指标

型　号	支持频段/MHz	载波数	通道数	Ir 光口速率/（Gbit/s）	额定输出功率/（W/Path）	RGPS	级联级数	体积/L	质量/kg
RRU3253	2575～2615	2×20MHz	8	9.8	16	支持	—	21	21
RRU3251			2	9.8	40	—	6	18	18

RRU3251（390mm×210mm×135mm）只有 2 种通道，面板及接口包括底部接口、配线腔接口和指示灯区域，如图 3-31 所示。RRU3253（545mm×300mm×130mm）提供 8 种通道，面板及接口包括底部接口、配线腔接口和指示灯区域，如图 3-32 所示。RRU 上有 6 个指示灯，用来指示 RRU 的运行状态，其含义说明如表 3-11 所示。

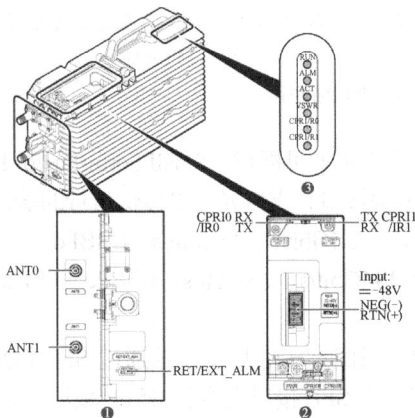

图 3-31　RRU3251 面板及接口

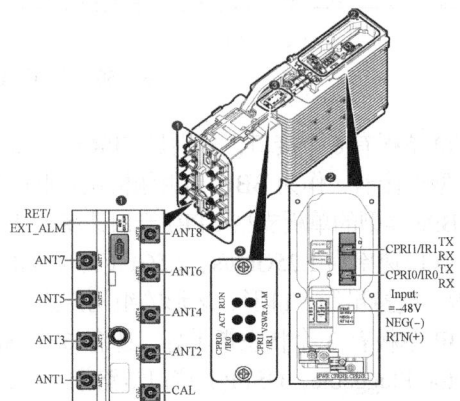

图 3-32　RRU3253 面板及接口

表 3-11 RRU3251/3253 指示灯含义

指 示 灯	颜 色	含 义
RUN	绿色	常亮：有电源输入，单板存在故障。 常灭：无电源输入或单板处于故障状态。 0.125s 亮，0.125s 灭：单板处于加载状态或数据配置状态，或单板未运行。 1s 亮，1s 灭：单板运行正常
ALM	红色	常亮：单板产生需要更换单板的告警。 常灭：无告警。 1s 亮，1s 灭：有告警，不能确定是否需要更换单板，可能是相关单板或接口等故障引起的告警
ACT	绿色	常亮：工作正常（发射通道打开或软件在未运行状态下进行加载时）。 1s 亮，1s 灭：单板运行（发射通道关闭）
VSWR	红色	常灭：无 VSWR 告警。 常亮：有 VSWR 告警
CPRI0/IR0； CPRI1/IR1	红绿 双色	绿灯常亮：CPRI 链路正常。 红灯常亮：光模块收发异常，可能原因为光模块故障、光纤折断。 常灭：光模块不在位或光模块电源下电。 红灯 1s 亮，1s 灭：CPRI 失锁，可能原因为双模时钟互锁问题或 CPRI 接口速率不匹配等，处理建议为检查系统配置

（2）eNodeB 配套设备

① DBS3900 配套机柜。

在实际的组网中，BBU 设备通常需要配置相关的配套产品来安装、固定，常用的配套产品主要有电源柜和电池柜。APM 系列机柜是华为无线产品室外应用的电源柜，图 3-33 所示为 APM30H，其可为分布式基站和分体式基站提供室外应用的交流配电和直流配电功能，同时提供一定的用户设备安装空间。APM30H 共有 7U 安装空间，内置结构简单，功能强大，可安置室外基站需要的各设备单元。

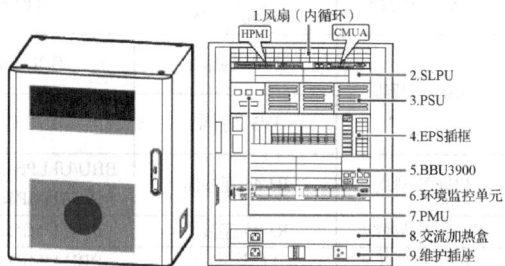

图 3-33 APM30H 机柜外观和内置

相关知识

U 是一种表示服务器外部尺寸的单位，是 unit 的简写，详细尺寸由作为业界团体的美国电子工业协会（Electronic Industry Association of America, EIA）所决定。

之所以规定服务器的尺寸，是为了使服务器以合适的尺寸安装到机架上。机架上有固定螺孔。

规定的尺寸是服务器的宽约为 48.26cm（19in）、高为 4.445cm 的倍数。1U 就是 4.445cm。

IBBS200D/T 是华为无线产品室外应用的电池柜，提供蓄电池安装空间，为分布式基站和分体式基站提供长时备电的功能，两者差异在于机柜内各功能模块配置不同。如图 3-34 所示，如图 3-34（a）所示 IBBS200D 中 1 为风扇，图 3-34（b）所示 IBBS200T 中 1 为空调；2 为集中监控单元（Centralized Monitoring Unit Type-A, CMUA），可实现机柜温度控制、开关量检测和电子标签识别功能；3 为门磁传感器；4 为蓄电池。

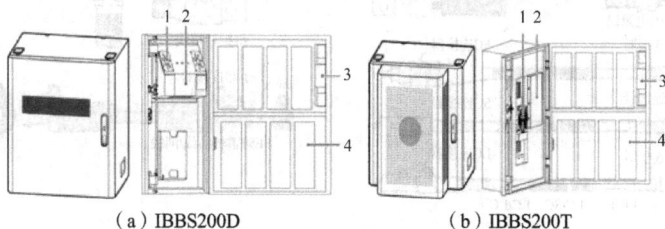

（a）IBBS200D   （b）IBBS200T

图 3-34 IBBS200D/IBBS200T 机柜外观和内置

② 电缆转接器。

若现场供电距离较远，RRU 自带电源线无法支持长距离的电源输送，则需要用线径较粗的线缆从远处取电。由于连接 RRU 的电源电缆线径是固定的，因此需要运用电缆转接器来实现不同线径的电缆的转接。通过 OCB-01M 可实现 RRU 电源电缆的转接。OCB-01M 的两端分别采用两种规格的 PG 头，一端接口为 PG29，兼容直径在 13mm～19mm 范围内的电缆；另一端接口为 PG19，兼容直径在 8.5mm～15mm 范围内的电缆，形状如图 3-35（a）所示，图 3-35（b）所示为其内部结构。

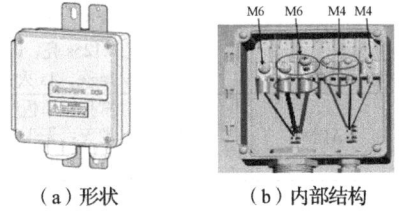

（a）形状　　　（b）内部结构

图 3-35　电缆转接器 OCB-01M

③ BBU、RRU 的相关线缆及连接器。

BBU 各部件之间的连接需要用到各种线缆（见图 3-36），各线缆连接器及位置说明如表 3-12 所示。

表 3-12　BBU 侧线缆连接器及位置说明

线 缆 名 称	线 缆 一 端		线 缆 另 一 端	
	连 接 器	连接位置 （设备/模块/端口）	连 接 器	连接位置 （设备/模块/端口）
BBU 保护地线	OT 端子 （6mm², M4）	BBU/接地端子	OT 端子 （6mm², M4）	机柜接地端子
机柜保护地线	OT 端子 （25mm², M8）	机柜/接地端子	OT 端子 （25mm², M8）	外部接地排
BBU 电源线	3V3 连接器	BBU/UPEU/PWR	OT 端子 （6mm², M4）	DCDU/LOAD6
	3V3 连接器	BBU/UPEU/PWR	快速安装型母型 （压接型）连接器	EPS/LOAD1
FE/GE 网线	RJ-45 连接器	BBU/UFLPb/OUTSIDE 的 FE0 BBU/UMPTa6/（FE/GE0）	RJ-45 连接器	外部传输设备
FE 防雷转换线	RJ-45 连接器	BBU/UMPTa6/（FE/GE0）	RJ-45 连接器	SLPU/UFLPb/INSIDE 的 FE0
FE/GE 光纤	LC 连接器	BBU/UMPTa6/（FE/GE1）	FC/SC/LC 连接器	外部传输设备
Ir 光纤	DLC 连接器	BBU/LBBP/CPRI	DLC 连接器	RRU/CPRI-W
BBU 告警线	RJ-45 连接器	BBU/UPEUc（UEIU）/ EXT-ALM	RJ-45 连接器	外部告警设备
GPS 时钟信号线	SMA 公型连接器	BBU/UMPTa6/GPS	N 型母型连接器	GPS 防雷器
维护转换线	USB 连接器	BBU/UMPTa6/USB	网口连接器	网线

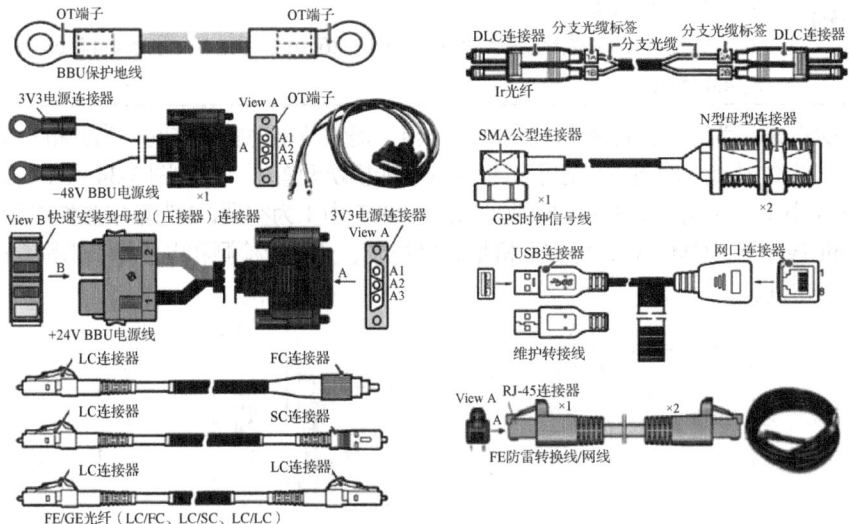

图 3-36　BBU 侧各类线缆

RRU 侧线缆连接器及位置说明如表 3-13 所示，其中保护地线、CPRI 光纤等和 BBU 侧的线缆一致，此处不再重复，与 BBU 侧不同的线缆如图 3-37 所示。

表 3–13　RRU 侧线缆连接器及位置说明

线缆名称	线缆一端		线缆另一端	
	连 接 器	连接位置（设备/模块/端口）	连 接 器	连接位置（设备/模块/端口）
RRU 保护地线	OT 端子（16mm², M6）	RRU/接地端子	OT 端子（16mm², M8）	保护地排/接地端子
RRU 电源线	快速安装型母型（压接型）连接器	RRU/NEG(-)、RTN(+)	快速安装型母型（压接型）连接器	EPS/RRU0～RRU5
			OT 端子（8.2mm², M4）	DCDU/LOAD0～LOAD6 PDU/LOAD4～LOAD9
CPRI 光纤	DLC 连接器	RRU 的 CPRI0/IR0	DLC 连接器	BBU/LBBP/CPRI
		RRU 的 CPRI1/IR1		RRU 的 CPRI0/IR0
RRU 射频跳线	N 型连接器	RRU 的 ANT0-ANT3	N 型连接器	天馈系统
RRU 告警线	DB9 防水公型连接器	RRU 的 RET/EXT-ALM	冷压端子	外部告警设备
RRU AISG 多芯线	DB9 防水公型连接器	RRU 的 RET/EXT-ALM	AISG 标准母型连接器	RCU 或 AISG 延长线/AISG 标准公型连接器
RRU AISG 延长线	AISG 标准公型连接器	AISG 多芯线/AISG 标准母型连接器	AISG 标准母型连接器	RCU/AISG 标准公型连接器

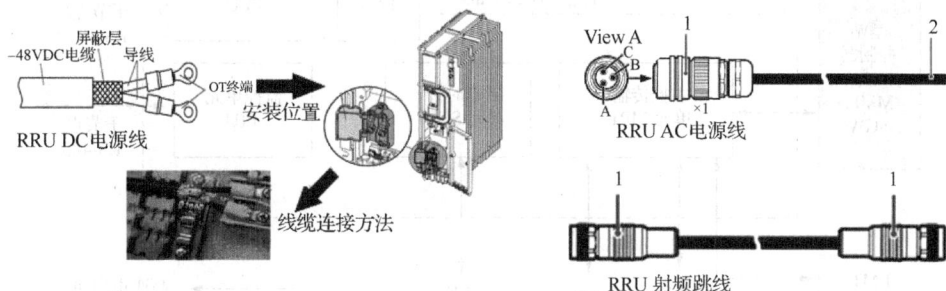

图 3-37　RRU 侧各类线缆

3. 在 2G/3G 中的应用

华为 BTS3900 可配置成 2G、3G 应用，包括 CDMA、WCDMA、TD-SCDMA、GSM 等系统的应用，详见【拓展内容 5　华为设备在 2G、3G 中的应用】。

拓展内容 5　华为设备在 2G、3G 中的应用

3.2.3　华为 5900 系列主设备

华为 5G 系统主要使用 5900 系列基站主设备，类型包括：用于室内宏站的 BTS5900、BTS5900L；用于室外宏站的 BTS5900A；用于分布式基站的 DBS5900 等。

BTS5900 可实现不同的射频模块配置，满足不同的用户空间要求，射频模块同时支持 RFU 和 RRU。当 BTS5900 混合配置 RFU+RRU 时，BTS5900（Ver.a）机柜以单机柜、并柜、堆叠等方式，可以应用于多种不同场景。BTS5900 混合配置 RFU+RRU 时，需配置 DCDU-12B 或 EPU02D-02 给 RRU 供电。BBU5900 的两块电源板不能从同一个 DCDU-12B 上取电，第二块电源板需要从其他供电模块上取电。

1. 华为 BBU5900

BBU5900 主要功能包括：提供与传输设备、射频模块、USB[a] 设备、外部时钟源、本地维护终端

或 iManager U2020 MBB 网络管理系统（简称 U2020）连接的外部接口，实现信号传输、基站软件自动升级、接收时钟信号以及在 LMT 或 U2020 上维护 BBU 的功能；集中管理整个基站系统，完成上下行数据的处理、信令处理、资源管理和操作维护的功能。

重点提示　USB[a]设备指 USB 加载口具有 USB 加密特性，这可以保证其安全性，且用户可以通过命令关闭 USB 加载口，USB 调试口仅做调试用，无法进行配置和基站信息导出。

BBU 由基带子系统、整机子系统、传输子系统、互联子系统、主控子系统、监控子系统和时钟子系统组成，各个子系统又由不同的单元模块组成。基带子系统为基带处理单元；整机子系统包括背板、风扇、电源模块；传输子系统为主控传输单元；互联子系统为主控传输单元；主控子系统为主控传输单元；监控子系统包括电源模块、监控单元；时钟子系统包括主控传输单元、时钟星卡单元。BBU5900 工作原理如图 3-38 所示。BBU5900 单板配置原则如表 3-14 所示，单板槽位配置如图 3-39 所示。

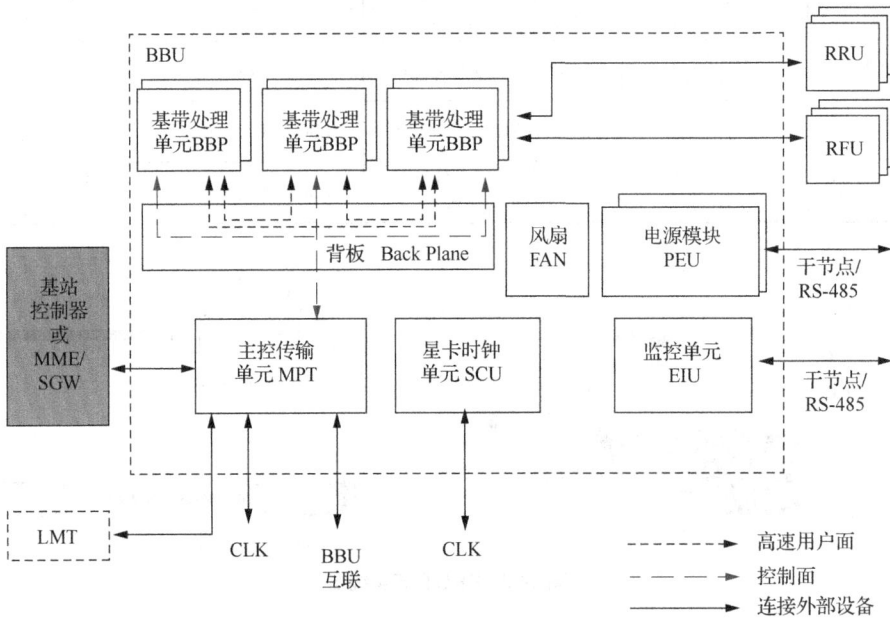

图 3-38　BBU5900 工作原理

表 3-14　BBU5900 单板配置原则

优先级	单板种类	单 板 类 型	是否必配	最大配置数量	槽位配置优先级（优先级自左向右降低）					
1	主控板	UMPTe_NR	是	2	Slot7	Slot6	—	—	—	—
2	基带板	UBBPfw1_NR	是	3	Slot0	Slot2	Slot4	—	—	—
3	时钟板	USCUb14 USCUb11	否	1	Slot4	Slot2	Slot0	Slot1	Slot3	Slot5

Slot16	Slot0 MERC/USCU/UBBP	Slot1 MERC/USCU/UBBP	Slot18 UPEU/UEIU
FAN	Slot2 MERC/USCU/UBBP	Slot3 MERC/USCU/UBBP	
	Slot4 USCU/UBBP	Slot5 MERC/USCU/UBBP	Slot19 UPEU
	Slot6 UMPT	Slot7 UMPT	

图 3-39　BBU5900 单板槽位配置

DBS5900 LampSite 站型槽位配置如表 3-15 所示。

表 3–15　LampSite 站型槽位配置

槽 位 编 号	配置单板或模板
Slot0、Slot1、Slot2、Slot3、Slot5	MERC、USCU、UBBP
Slot4	USCU、UBBP
Slot6、Slot7	UMPT
Slot16	FAN
Slot18	UPEU、UEIU
Slot19	UPEU

（1）通用主控传输单元（UMPT）

UMPT 单板的功能包括：完成基站的配置管理、设备管理、性能监视、信令处理等功能；为 BBU 内其他单板提供信令处理和资源管理的功能；提供 USB 接口、传输接口、维护接口，完成信号传输、软件自动升级、在 LMT 或 U2020 上维护 BBU 的功能。UMPT 面板如图 3-40 所示，工作原理如图 3-41 所示。

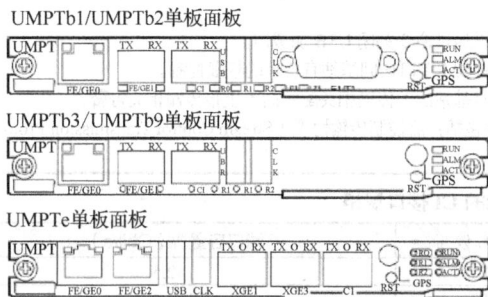

图 3-40　UMPT 面板

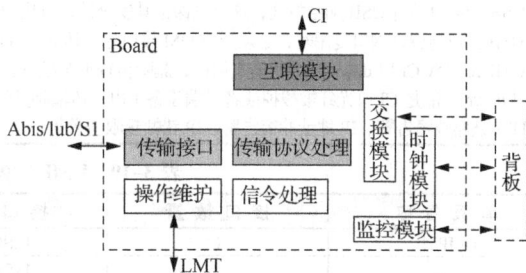

图 3-41　UMPT 工作原理

UMPT 单板支持的无线制式如表 3-16 所示。UMPT 单板传输接口规格如表 3-17 所示。

表 3–16　UMPT 单板支持的无线制式

单 板 名 称	单 制 式	多 制 式
UMPTb1/UMPTb2/UMPTb9	GSM/UMTS/LTE(FDD)/LTE(NB-IoT)/LTE(TDD)	多模共主控
UMPTb3	GSM/UMTS/LTE(FDD)/LTE(NB-IoT)/LTE(TDD)	多模共主控
UMPTe1/UMPTe2	GSM/UMTS/LTE(FDD)/LTE(NB-IoT)/LTE(TDD)/NR(TDD)	多模共主控

表 3–17　UMPT 单板传输接口规格

单板名称/支持星卡类型	传 输 制 式	端口数量	端 口 容 量	工 作 方 式
UMPTb1(无星卡) UMPTb2(GPS 星卡)	ATM over E1/T1[a] 或 IP over E1/T1	1	4 路	—
	FE/GE 电传输	1	10Mbit/s、100Mbit/s、1000Mbit/s	全双工或半双工
	FE/GE 光传输	1	100Mbit/s、1000Mbit/s	全双工
UMPTb3(无星卡) UMPTb9(GPS 星卡)	FE/GE 电传输	1	10Mbit/s、100Mbit/s、1000Mbit/s	全双工或半双工
	FE/GE 光传输	1	100Mbit/s、1000Mbit/s	全双工
UMPTe1(无星卡) UMPTe2(GPS 星卡)	FE/GE 电传输	2	10Mbit/s、100Mbit/s、1000Mbit/s	全双工或半双工
	FE/GE/10GE 光传输	2	100Mbit/s、1000Mbit/s、10000Mbit/s	全双工

a：仅 UMTS 制式可以支持 ATM over E1/T1

NR 场景下所有 UMPTe 支持的最大无线资源控制（Radio Resource Control，RRC）连接用户数与最大上行同步用户数均为 3600。

UMPT 面板接口如表 3-18 所示。UMPT 单板的 CI 接口规格如表 3-19 所示。

表 3–18　UMPT 面板接口

面板标识	连接器类型	说　明
E1/T1	DB26 母型连接器	E1/T1 信号传输接口
UMPTa、UMPTb：FE/GE0。UMPTe：FE/GE0，FE/GE2	RJ-45 连接器	FE/GE 电信号传输接口 [a]，由于 UMPTe 的 FE/GE 电口具备防雷功能，在室外机柜采用以太网电传输场景下，无须配置 SLPU 防雷盒
UMPTa、UMPTb：FE/GE10 UMPTe：xGE1，xGE3	SFP 母型连接器	FE/GE/10GE 光信号传输接口 [b]
GPS	SMA 连接器	UMPTb1、UMPTe1 的 GPS 接口预留，UMPTb2、UMPTe2 的 GPS 接口用于传输天线接收的射频信息给 GPS 星卡
USB[c]	USB 连接器	可以插 U 盘对基站进行软件升级，可同时与调试网口 [d] 复用
CLK	USB 连接器	接收 TOD 信号，时钟测试接口，用于输出时钟信号
CI[e]	SFP 母型连接器	用于 BBU 互联或与 USU 互联
RST	—	复位开关

a、b：UMPT 单板的 FE/GE 电接口和 FE/GE 光接口可以同时使用。

c：USB 加载口具有 USB 加密特性，这可以保证其安全性，且用户可以通过命令关闭 USB 加载口。

d：USB 接口与调试网口复用时，必须开放 OM 接口才能访问，且通过 OM 接口访问基站有登录的权限控制。

e：UMPTe 单板 CI 口 down 时进行模式切换，删除传输承载配置，此时基站因未传输相关配置而不上报传输相关告警。CI 口 down 可能是 CI 口光纤被拔掉或者对端设备下电。传输相关告警包括：流控制传输协议（Stream Control Transmission Protocol，SCTP）链路故障告警、IP 地址冲突告警、IP 错帧超限告警等

表 3–19　UMPT 单板的 CI 接口规格

单板名称	接口数量	接口协议	端口容量[a]/（Gbit/s）
UMPTb	1	1xSCPRI	1×2.5
UMPTe	1	1xSCPRI	1×2.5
		1x10GE	1×10

a：端口容量为物理带宽能力

（2）通用基带处理单元（UBBP）

UBBP 单板的主要功能：提供与射频模块通信的 CPRI 接口；完成上下行数据的基带处理；支持制式间基带资源重用，实现多制式并发。UBBP 面板如图 3-42 所示。

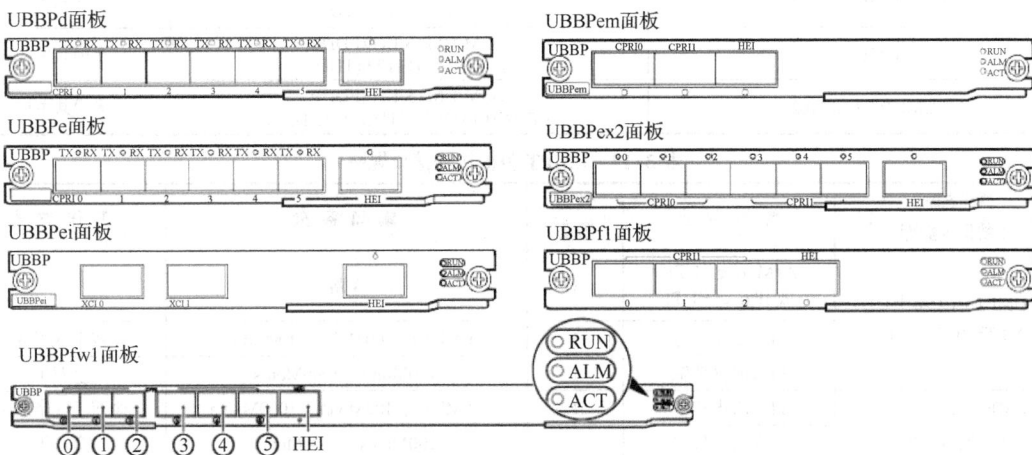

图 3-42　UBBP 面板

UBBP 单板支持的无线制式如表 3-20 所示，UBBP 单板提供的最大用户数如表 3-21 所示。

表 3-20 UBBP 单板支持的无线制式

单 板 名 称	单 制 式	多 制 式
UBBPd1	GSM/UMTS	GU 共基带
UBBPd2	GSM/UMTS	GU 共基带
UBBPd3	GSM/UMTS/LTE(FDD)/LTE(NB-IoT)	GU 共基带/GL 共基带/LM 共基带
UBBPd4	GSM/UMTS/LTE(FDD)/LTE(NB-IoT)/LTE(TDD)	GU 共基带/GL 共基带/LM 共基带
UBBPd5	GSM/UMTS/LTE(FDD)/LTE(NB-IoT)	GU 共基带/GL 共基带/LM 共基带
UBBPd6	GSM/UMTS/LTE(FDD)/LTE(NB-IoT)/LTE(TDD)	GU 共基带/GL 共基带/UL 共基带/LM 共基带/UM 共基带/GUL 共基带/ULM 共基带
UBBPd9	LTE(TDD)	—
UBBPe1	UMTS/LTE(FDD)/LTE(NB-IoT)	LM 共基带
UBBPe2	UMTS/LTE(FDD)/LTE(NB-IoT)	LM 共基带
UBBPe3	UMTS/LTE(FDD)/LTE(NB-IoT)	UL 共基带/LM 共基带/UM 共基带/ULM 共基带
UBBPe4/ UBBPe6	GSM/UMTS/LTE(FDD)/LTE(NB-IoT)/LTE(TDD)	UL 共基带/LM 共基带/UM 共基带/ULM 共基带/TM 共基带
UBBPe5	UMTS/LTE(FDD)/LTE(NB-IoT)	UL 共基带/LM 共基带/UM 共基带/ULM 共基带
UBBPex2	LTE(FDD)	—
UBBPei	UMTS/LTE(FDD)/LTE(TDD)	UL 共基带
UBBPem	LTE(TDD)	—
UBBPfl	LTE(TDD)	—
UBBPfw1	LTE(TDD)/NR(TDD)	—

表 3-21 UBBP 单板提供的最大用户数

单 板 名 称	小 区 配 置	基带板最大 RRC 连接用户数	基带板最大上行同步用户数
UBBPfw1	NR(TDD)-Sub6G:6×40MHz/60MHz/80MHz/100MHz 8T8R	1200	1200
	NR(TDD)-Sub6G:3×40MHz/60MHz/80MHz/100MHz 32T32R	1200	1200
	NR(TDD)-Sub6G:3×40MHz/60MHz/80MHz/100MHz 64T64R	1200	1200
	NR(TDD)-Sub6G+SUL:3×40MHz/60MHz/80MHz/100MHz 32T32R+3×20MHz 2R	1200	1200
	NR(TDD)-Sub6G+SUL:3×40MHz/60MHz/80MHz/100MHz 32T32R+3×20MHz 4R	1200	1200
	NR(TDD)-Sub6G+SUL:3×40MHz/60MHz/80MHz/100MHz 64T64R+3×20MHz 2R	1200	1200
	NR(TDD)-Sub6G+SUL:3×40MHz/60MHz/80MHz/100MHz 64T64R+3×20MHz 4R	1200	1200

基带板提供的吞吐量如表 3-22 所示。共基带通过一块基带板同时实现多个制式的基带业务处理功能，仅共主控基站支持共基带。UBBP 单板接口如表 3-23 所示，单板 CPRI 接口规格如表 3-24 所示。

表 3-22 UBBP 单板提供的吞吐量

单 板 名 称	小 区 配 置	基带板下行最大吞吐量 (DL:UL=4:1)/ (Gbit/s)	基带板上行最大吞吐量 (DL:UL=4:1)/ (Gbit/s)
UBBPfw1	NR(TDD)-Sub6G:6×40MHz 8T8R	3.0	0.36
	NR(TDD)-Sub6G:6×60MHz 8T8R	4.5	0.54
	NR(TDD)-Sub6G:6×80MHz 8T8R	6.0	0.72
	NR(TDD)-Sub6G:6×100MHz 8T8R	7.5	0.90
	NR(TDD)-Sub6G:3×40MHz 32T32R	4.0	0.36
	NR(TDD)-Sub6G:3×60MHz 32T32R	6.0	0.54
	NR(TDD)-Sub6G:3×80MHz 32T32R	8.0	0.72
	NR(TDD)-Sub6G:3×100MHz 32T32R	10.0	0.90
	NR(TDD)-Sub6G:3×40MHz 64T64R	4.0	0.36
	NR(TDD)-Sub6G:3×60MHz 64T64R	6.0	0.54
	NR(TDD)-Sub6G:3×80MHz 64T64R	8.0	0.72
	NR(TDD)-Sub6G:3×100MHz 64T64R	10.0	0.90

表 3–23　UBBP 单板接口

单 板 名 称	面 板 标 识	连接器类型	接口数量	说　　　明
UBBPd/UBBPe	CPRI0～CPRI5	SFP 母型连接器	6	BBU 与射频模块互联的数据传输接口，支持光、电传输信号的输入、输出
UBBPem	CPRI0、CPRI1	QSFP 连接器	2	BBU 与射频设备互联的数据传输接口，支持光传输信号的输入、输出
UBBPei	XCI	QSFP 连接器	2	BBU 与射频设备互联的数据传输接口，支持光传输信号的输入、输出
UBBPd/UBBPe/UBBPei/UBBPem	HEI	QSFP 连接器	1	基带互联或与 USU 互联，实现基带之间或与 USU 之间的数据通信
UBBPf1	CPRI0～CPRI2	QSFP 连接器	3	BBU 与射频设备互联的数据传输接口，支持光传输信号的输入、输出
UBBPfw1	CPRI0～CPRI2	SFP 母型连接器	3	BBU 与射频设备互联的数据传输接口，支持光传输信号的输入、输出
	CPRI3～CPRI5	QSFP 连接器	3	
	HEI	QSFP 连接器	1	基带互联接口，实现基带间数据通信

表 3–24　UBBP 单板 CPRI 接口规格

单板名称	接口数量	接口类型	协议类型	CPRI 接口速率/（Gbit/s）	组 网 方 式
UBBPd/UBBPe	6	SFP	CPRI	1.25/2.5/4.9/6.144/9.8/10.13	星形、链形、环形
UBBPei	2	SFP	CPRI	39.2/40.55[a]	聚合形
UBBPem	2	SFP	CPRI	40.55/97.32[a]	星形、聚合链、环形
UBBPf1	3	QSFP	CPRI	40.55/97.32[a]	星形、聚合链、环形
UBBPfw1 模式 1	3	SFP	CPRI	2.457/4.915/6.144/9.830	星形、链形、聚合链
	3	QSFP	CPRI	4x10.1376/4x24.33024	
UBBPfw1 模式 2	3	SFP	CPRI	2.457/4.915/6.144/9.830/10.1376/24.33024	星形、负荷分担
			eCPRI	10.3125/25.78125	
	3	SFP[b]	CPRI	2.457/4.915/6.144/9.830/10.1376/24.33024	
			eCPRI	10.3125/25.78125	

a：UBBPei 单板的单个 XCI 接口和 UBBPem/UBBPf1 单板的单个 CPRI 接口支持 4 路 CPRI 链路，此处的数据指 4 路 CPRI 接口速率的总和。
b：通过 QSA28（QSFP28 to SFP28 Adpter）支持

（3）多模扩展射频卡（MERC）

MERC 单板主要功能包括：支持多运营商、多路基站射频信号的馈入，将射频信号转为数字信号；将接入信号的数字模拟转换处理，在数字域、模拟域进行通道增益及功率控制；对信号在数字域进行载波处理。MERC 支持频段包括：MERCa01(2100MHz)、MERCa02(1900MHz)、MERCa03(1800MHz)、MERCa05(850MHz)、MERCa07(2600MHz)、MERCa08(900MHz)、MERCa20(800MHz)、MERCa28(700MHz)、MERCa40(2300MHz)、MERCa66(AWS)。MERC 面板如图 3-43 所示，接口如表 3-25 所示。

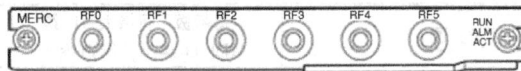

图 3-43　MERC 面板

表 3–25　MERC 面板接口

面 板 标 识	连接器类型	说　　　明
RF0	SMA-F	射频信源馈入端口，RF0 和 RF1 可以支持 2T2R 的信源馈入
RF1	SMA-F	
RF2	SMA-F	射频信源馈入端口，RF2 和 RF3 可以支持 2T2R 的信源馈入
RF3	SMA-F	
RF4	SMA-F	射频信源馈入端口，RF4 和 RF5 可以支持 2T2R 的信源馈入
RF5	SMA-F	

（4）通用星卡时钟单元（USCU）

USCU 在 5G 应用中主要是 USCUb11、USCUb14。USCUb11 单板提供与外界 RGPS（如客户利旧设备）和 BITS 设备的接口，不支持 GPS；USCUb14 单板含 UBLOX 单星卡，不支持 RGPS。USCUb11、USCUb14 面板外观基本一样，通过面板左下方的属性标签区分。USCUb11 支持 LTE/NR 制式；USCUb14 支持 GSM/UMTS/LTE/NR 制式。

USCU 的面板接口说明如下。GPS 接口，是 SMA 连接器，其在 USCUb14 中用于接收 GPS 信号；在 USCUb11 中为预留接口，无法接收 GPS 信号。RGPS 接口，是 PCB 焊接型接线端子，其在 USCUb11 中用于接收 RGPS 信号；在 USCUb14 中为预留接口，无法接收 RGPS 信号。TOD0，是 RJ-45 连接器，用于接收或发送 1PPS+TOD 信号；TOD1，也是 RJ-45 连接器，用于接收或发送 1PPS+TOD 信号，接收 M1000 的 TOD 信号。BITS 接口，是 SMA 连接器，用于接收 BITS 时钟信号，支持 2.048M 和 10M 时钟参考源自适应输入。M-1PPS 接口，是 SMA 连接器，用于接收 M1000 的 1PPS 信号。

（5）通用电源环境接口单元 UPEUe

UPEUe 用于将 -48VDC 输入电源转换为 +12VDC 电源，提供 2 路 RS 485 信号接口和 8 路开关量信号接口，开关量输入只支持干节点和 OC 输入。UPEUe 单板支持的组合场景包括：1 UPEUe 支持 1000W；2 UPEUe 均流模式支持 2000W；2 UPEUe "1+1" 冗余备份模式支持 1100W。UPEUe 面板如图 3-44 所示。

UPEUe 面板接口包括："-48V；30A" 接口，是 HDEPC 连接器，用于 -48VDC 电源输入（前者为额定电压，后者表示额定电流）；EXT-ALM0 接口，是 RJ-45 连接器，0～3 号开关量信号输入端口；EXT-ALM1 接口，是 RJ-45 连接器，4～7 号开关量信号输入接口；MON0/1 接口，是 RJ-45 连接器，RS-485 信号端口。

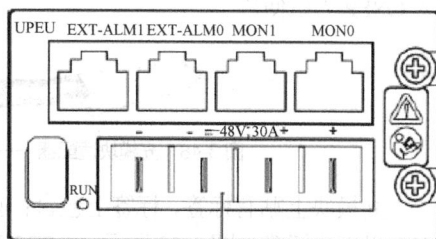

图 3-44 UPEUe 面板

（6）FANf

FANf 是 BBU 的风扇模块，为 BBU 内其他单板提供散热功能，控制风扇转速和监控风扇温度，并向主控板上报风扇状态、风扇温度监测信息和风扇在位信号，支持电子标签读写功能。FANf 面板如图 3-45 所示。

（7）光模块

光模块用于连接光口与光纤，传输光信号。如果单板或射频模块仅支持 1.25Gbit/s CPRI 接口速率，则不能与 10Gbit/s 光模块配套使用，如 GTMU、RRU3908 V1 等。同一根光纤两端的光模块必须类型相同，不同类型的光模块混用可能会产生相关告警、引发误码或断链等性能风险。仅通过华为无线认证的光模块能够与华为无线设备配套使用，此类光模块必须满足以下标准和要求：在符合产品环境应用规格的场景下，满足产品特性、规格需求；符合 IEC 60825-1 标准的激光安全等级要求；符合 IEC 60950-1 标准的通用安全要求。

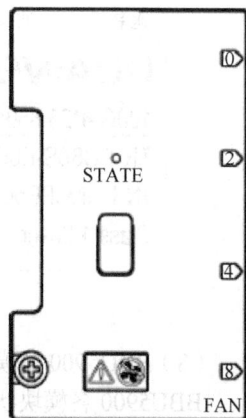

图 3-45 FANf 面板

SFP 光模块如图 3-46 所示，其中 a 为双纤双向光模块；b 为单纤双向光模块。

QSFP 光模块如图 3-47 所示，其中图 3-47（a）中 a 为 100Gbit/s SR4 光模块；图 3-47（b）中 a 为 100Gbit/s BIDI 光模块；b 为双纤双向光模块；c 为单纤双向光模块。

QSFP 光模块仅适用于 BBU、AAU5271、AAU5281、AAU5612 和 RMU（仅 40G 光模块适配 RMU），不适用于 RRU 和其他 AAU。SFP 光模块不适用于 AAU5271、AAU5281、AAU5612。

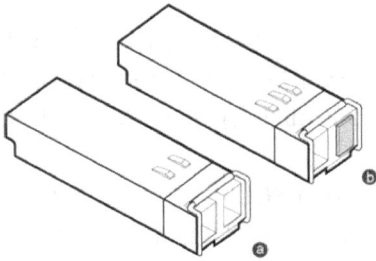

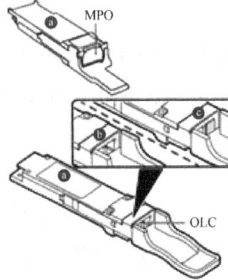

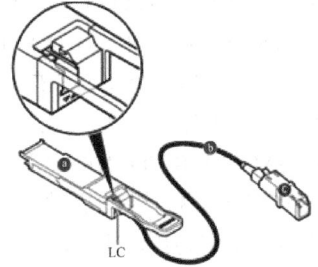

图 3-46　SFP 光模块

（a）QSFP 光模块示意 1　　　　（b）QSFP 光模块示意 2

图 3-47　QSFP 光模块

光模块适配器如图 3-48 和图 3-49 所示，图 3-48 为 QSA28；图 3-49 为 QDA。QSA28/QDA 用于在 SFP 光模板和 QSFP 光口之间进行经济、高效的连接，在 QSA28/QDA 中插入 SFP 光模块，即可插入 QSFP 光口使用。

图 3-48　光模块适配器——QSA28　　　　图 3-49　光模块适配器——QDA

光模块上贴有标签，标签上包含：速率、波长、传输模式等信息，SFP 光模块标签如图 3-50 所示。QSFP 光模块标签如图 3-51 所示。

不同光模块支持的拉远距离不同，需根据实际应用场景选配。光模块分为单模光模块和多模光模块，若光模块拉环颜色为蓝色或标签上传输模式标识为"SM"，则该光模块为单模光模块；若光模块拉环颜色是黑色、灰色或标签上传输模式标识为"MM"，则该光模块为多模光模块。

图 3-50　SFP 光模块标签

图 3-51　QSFP 光模块标签

（8）BBU5900 各模块状态指示灯

BBU5900 各模块状态指示灯位置如图 3-52 所示，图中各指示灯含义如表 3-26 所示。

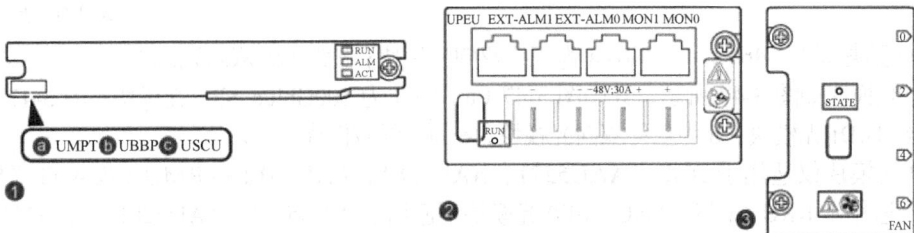

图 3-52　BBU5900 各模块状态指示灯位置

表 3-26 BBU5900 各模块指示灯含义

图例	面板标识	颜色	状 态 说 明
图①	RUN	绿色	常亮：有电源输入，单板存在故障。 常灭：无电源输入或单板处于故障状态。 1s 亮，1s 灭：正常运行。 0.125s 亮，0.125s 灭：单板正在加载软件或数据配置，单板未运行
	ALM	红色	常亮：有告警，需要更换单板。 常灭：无告警。 1s 亮，1s 灭：有告警，不能确定是否需要更换单板
	ACT	绿色	（1）常亮，有以下两种情况 主控板：主用状态。 其他非主控板：单板处于激活状态，正在提供服务。 （2）常灭，有以下两种情况 主控板：备用状态。 其他非主控板：单板没有激活或单板没有提供服务。 0.125s 亮，0.125s 灭，有以下两种情况 主控板：OML 断链。 其他非主控板：不涉及。 （3）1s 亮，1s 灭 有以下两种情况支持 UMTS 单模的 UMPT、含 UMTS 制式的多模共主控 UMPT：测试状态，例如，用 U 盘 ª 进行射频模块驻波测试。 其他单板：不涉及。 以 4s 为周期，前 2s 内，0.125s 亮，0.125s 灭，重复 8 次后，常灭 2s，有以下两种情况 支持 LTE 制式的单模 UMPT、含 LTE 制式的多模共主控 UMPT：未激活该单板对应的所有小区； S1 链路异常。 其他单板：不涉及
图②	RUN	绿色	常亮：正常工作。 常灭：无电源输入或单板故障
图③	STATE	红绿 双色	绿灯 0.125s 亮，0.125s 灭：模块尚未注册，无告警。 绿灯 1s 亮，1s 灭：模块正常运行。 红灯 1s 亮，1s 灭：模块有告警。 常灭：无电源输入

a：USB 加载口具有 USB 加密特性，可以保证其安全性，且用户可通过命令关闭 USB 加载口

BBU5900 UMPT 上 FE/GE 接口指示灯位置如图 3-53 所示，接口指示灯含义如表 3-27 所示。

图 3-53 UMPT 上 FE/GE 接口指示灯位置

表 3-27 UMPT 上 FE/GE 接口指示灯含义

图 例	面板标识	颜 色	状 态 说 明
图①	LINK	绿色	常亮：连接成功。 常灭：没有连接
	ACT	橙色	闪烁：有数据收发。 常灭：无数据收发
图① 图②	TX RX	红绿 双色	绿灯常亮：以太网链路正常。 红灯常亮：光模块收发异常。 红灯 1s 亮，1s 灭：以太网协商异常。 常灭：光模块不在位或光模块电源下电

UMPT 上 E1/T1 接口指示灯位置如图 3-54 所示，接口指示灯含义如表 3-28 所示。

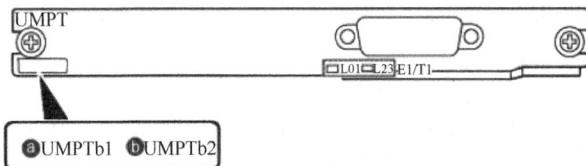

图 3-54　UMPT 上 E1/T1 接口指示灯位置

表 3-28　UMPT 上 E1/T1 接口指示灯含义

面 板 标 识	颜　色	状 态 说 明
Lxy（x、y 代表丝印上的数字）	红绿双色	常灭：x 号、y 号 E1/T1 链路未连接或存在 LOS 告警。 绿灯常亮：x 号、y 号 E1/T1 链路连接正常。 绿灯 1s 亮，1s 灭：x 号 E1/T1 链路连接正常，y 号 E1/T1 链路未连接或存在 LOS 告警。 绿灯 0.125s 亮，0.125s 灭：y 号 E1/T1 链路连接正常，x 号 E1/T1 链路未连接或存在 LOS 告警。 红灯常亮：x 号、y 号 E1/T1 链路均存在告警。 红灯 1s 亮，1s 灭：x 号 E1/T1 链路存在告警。 红灯 0.125s 亮，0.125s 灭：y 号 E1/T1 链路存在告警

UBBP 上 CPRI 接口指示灯位置如图 3-55 所示，接口指示灯含义如表 3-29 所示。

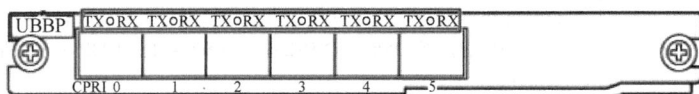

图 3-55　UBBP 上 CPRI 接口指示灯位置

表 3-29　UBBP 上 CPRI 接口指示灯含义

面 板 标 识	颜　色	状 态 说 明
TX RX	红绿双色	绿灯常亮：CPRI 链路正常。 红灯常亮：光模块收发异常。可能原因：光模块故障；光纤折断。 红灯 0.125s 亮，0.125s 灭：CPRI 链路上的射频模块存在硬件故障。 红灯 1s 亮，1s 灭：CPRI 失锁。可能原因：双模时钟互锁失败；CPRI 接口速率不匹配；主控板上使用 U 盘进行驻波测试时，CPRI 链路上的射频模块存在驻波告警（仅针对工作在 UMTS 制式下的基带板）。 常灭：光模块不在位或 CPRI 电缆未连接

UBBP 上 XCI 接口指示灯位置如图 3-56 所示，接口指示灯含义如表 3-30 所示。

图 3-56　UBBP 上 XCI 接口指示灯位置

表 3-30　UBBP 上 XCI 接口指示灯含义

面 板 标 识	颜　色	状 态 说 明
XCI0 XCI1	红绿双色	绿灯常亮：互联链路正常。 红灯常亮：光模块收发异常。 红灯 0.125s 亮，0.125s 灭：互联链路失锁。 红灯 1s 亮，1s 灭：光模块不在位

UBBP 上互联接口指示灯位置如图 3-57 所示，接口指示灯含义如表 3-31 所示。

图 3-57　UBBP 上互联接口指示灯位置

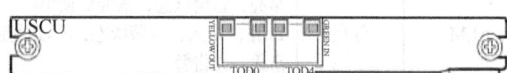

表 3-31　UBBP 上互联接口指示灯含义

图例	面板标识	颜　色	状 态 说 明
图①	HEI	红绿双色	绿灯常亮：互联链路正常。 红灯常亮：光模块收发异常。可能原因为光模块故障；光纤折断。 红灯 1s 亮，1s 灭：互联链路失锁。（可能原因为互联的两个 BBU 之间时钟互锁失败；QSFP 接口速率不匹配。） 常灭：光模块不在位
图②	CI	红绿双色	绿灯常亮：互联链路正常

UBBP 上制式指示灯位置如图 3-58 所示，指示灯含义如表 3-32 所示。

表 3-32　UBBP 上制式指示灯含义

面板标识	颜　色	状 态 说 明
R0	红绿双色	常灭：单板没有工作在 GSM 制式。 绿灯常亮：单板工作在 GSM 制式。 绿灯 1s 亮，1s 灭：预留。 绿灯 0.125s 亮，0.125s 灭：预留
R1	红绿双色	常灭：单板没有工作在 UMTS 制式。 绿灯常亮：单板工作在 UMTS 制式
R2	红绿双色	常灭：单板没有工作在 LTE 制式。 绿灯常亮：单板工作在 LTE 制式

USCU 上 TOD 接口指示灯位于 USCU 单板上 TOD 接口两侧，如图 3-59 所示，指示灯含义如表 3-33 所示。

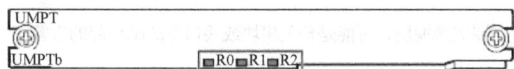

图 3-58　UBBP 上制式指示灯位置　　　　图 3-59　USCU 上 TOD 接口指示灯位置

表 3-33　USCU 上 TOD 接口指示灯含义

面 板 标 识	颜　色	状 态 说 明
TODn（n 表示接口丝印上的数字）	绿色	常亮：接口配置为输入
	黄色	常亮：接口配置为输出

2. AAU

华为 5G NR 基站主设备射频模块包括 RFU、RRU 和 AAU，其中 RFU 和 RRU 的配置与 3G、4G 中的类似，在此简单介绍 AAU 的结构、接口、线缆和指示灯含义。

AAU 是天线和射频单元集成一体化的模块，如图 3-60 所示。AAU 主要功能模块包括天线单元 AU（Antenna Unit）、射频单元 RU（Radio Unit）、电源模块和 L1（物理层）处理单元。AU 采用 8×12 阵列，支持 96 个双极化振子，用于无线电波的发射与接收。RU 接收通道用于对射频信号进行下变频、放大处理、模数转换及数字中频处理；发射通道用于完成下行信号滤波、数模转换、上变频处理、模拟信号放大处理；完成上下行射频通道相位校正；提供防护及滤波功能。电源模块用于为 AU 和 RU

提供工作电压。L1 处理单元用于完成物理层上下行信号处理；完成通道加权；提供 eCPRI 接口，实现 eCPRI 信号的汇聚与分发。AAU 逻辑结构如图 3-61 所示。下面以 AAU5613 为例进行简单介绍。

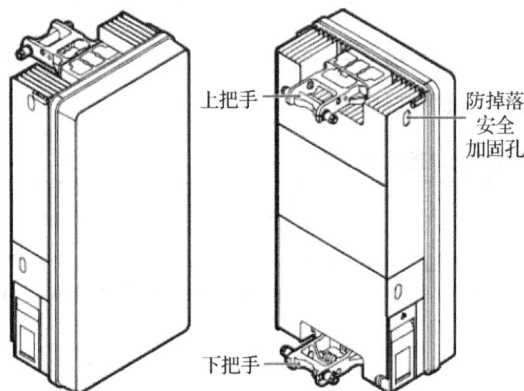

图 3-60　AAU

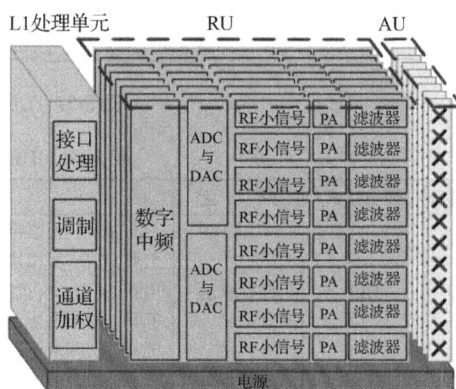

图 3-61　AAU 逻辑结构

AAU 接口与指示灯位置如图 3-62 所示。

AAU 接口包括：CPRI0/1 接口是光口，速率为 10.3125Gbit/s 或 25.78125Gbit/s，安装光纤时需要在光口上插入光模块；Input 接口是-48V 直流电源接口；AUX 接口是天线信息感知单元（Antenna Information Sensor Unit，AISU）模块接口，承载天线接口标准组（Antenna Interface Standards Group，AISG）信号。

AAU 指示灯含义如表 3-34 所示。

表 3-34　AAU 指示灯含义

面 板 标 识	颜　色	状 态 说 明
RUN	绿色	常亮：有电源输入，模块故障。 常灭：无电源输入或模块故障。 1s 亮，1s 灭：模块正常运行。 0.125s 亮，0.125s 灭：模块正在加载软件或模块未运行
ALM	红色	常亮：告警状态，需要更换单板。 1s 亮，1s 灭：告警状态，不能确定是否需要更换模块，可能是相关模块或接口等故障引起的告警。 常灭：无告警
ACT	绿色	常亮：工作正常（发射通道打开或软件在未运行状态下进行加载）。 1s 亮，1s 灭：模块运行（发射通道关闭）
CPRI0/1	红绿双色	绿灯常亮：CPRI 链路正常。 红灯常亮：光模块收发异常（可能原因为光模块故障、光纤折断等）。 红灯 1s 亮，1s 灭：CPRI 链路失锁（可能原因为双模时钟互锁、CPRI 接口速率不匹配等），处理建议为检查系统配置。 常灭：光模块不在位或光模块电源下电

AAU 通过电调系统调整下倾角。Massive MIMO 通过修改射频通道的相位权值调整天线波束倾角。Massive MIMO 为 64T64R 的模块，每列天线对应 4 个独立射频通道。通过对 4 个射频通道相位权值 K_1、K_2、K_3、K_4 进行调整，实现天线波束倾角调整，Massive MIMO 电调控制原理如图 3-63 所示。

电调控制配置方法：执行 MML 命令 "MOD NRDUCELLTRPBEAM"。可以通过"倾角"配置下倾角；通过"覆盖场景"配置广播波束的倾角、水平波束宽和垂直波束宽等参数，进行广播波束赋型。广播波束赋形是指通过对广播波束进行加权，从而改变广播波束的覆盖范围。可对典型的覆盖场景配置不同权值，并将其写入天线权值文件。软件可根据"倾角/覆盖场景"的值生成对应的 K_1、K_2、K_3、K_4 的值，完成天线下倾角及其他参数的调整。

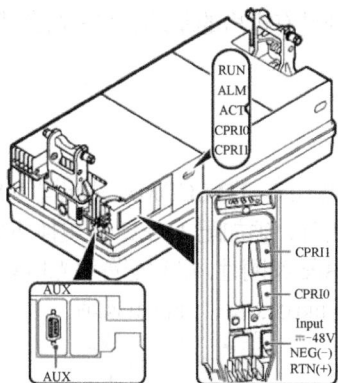

图 3-62　AAU 接口及指示灯位置

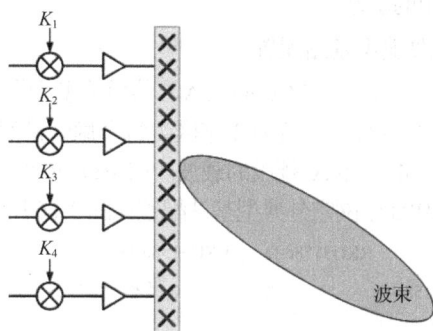

图 3-63　Massive MIMO 电调控制原理

AAU 线缆如表 3-35 所示。AAU 电源线如图 3-64 所示，AAU5613 必须使用以下供电方案：①EPU02S+1 组电源线，EPU02S 向 AAU 提供 40A 熔断器（Fuse）配电；②DCDU-12B+2 组电源线+ODM3D 模块；③AAU 电源线最大支持 100m 的拉远距离。

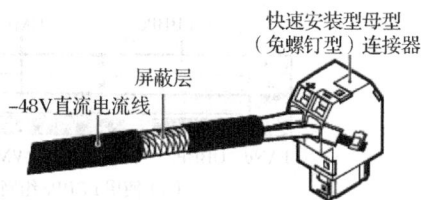

图 3-64　AAU 电源线

表 3-35　AAU 线缆

线缆名称	线缆一端		线缆另一端	
	连接端	连接位置	连接端	连接位置
AAU 保护地线	OT 端子（M6）	AAU 主接地端子	OT 端子（M8）	外部接地排
AAU 电源线	快速安装型母型（免螺钉型）连接器，即 EPC9 连接器	POWER-IN 端口	视供电设备而定	供电设备
CPRI 光纤	DLC 连接器	CPRI0/1 接口	DLC 连接器	BBU 中的 CPRI（SFP）接口

3.2.4　华为基站主设备的组网

BTS 与 BSC 之间支持星形、链形、树形和环形组网方式，如图 3-65 所示。E1/T1 传输方式可用于 BBU 和 BSC 或传输设备的互联，光纤方式和网线方式可用于 BBU 和路由设备的互联。

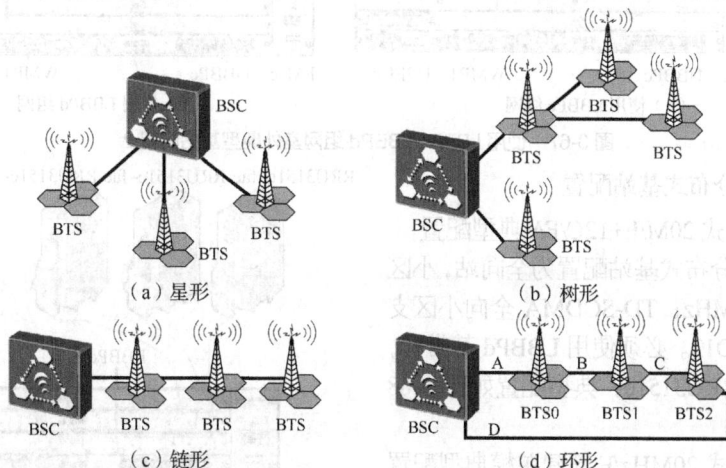

（a）星形　（b）树形　（c）链形　（d）环形

图 3-65　BTS 与 BSC 组网方式

在此以 DBS3900 组网为例进行简单介绍。基站按照安装地点划分，可分为室外基站和室内分布式基站。根据 BBU 的安装位置又有两种典型的室外基站，一种是有机房的基站，另一种是露天的利用一体化机柜的基站。

1. 室外典型基站配置

（1）室外 3×（20M/F+4C/FA）共模典型配置

TD-LTE 室外站配置为 3 扇区，每个扇区带宽为 F 频段 20MHz；TD-SCDMA 站配置为 S4/4/4，每个扇区支持 4 个 F/A 频段的载波。LBBPc 单板数量超过 2 块时，须加配 UPEUc，更换 FANc，使用 LBBPc/LBBPd 组网室外典型基站配置如图 3-66 所示。使用 LBBPc 组网时，必须配置双光口双光纤连接。

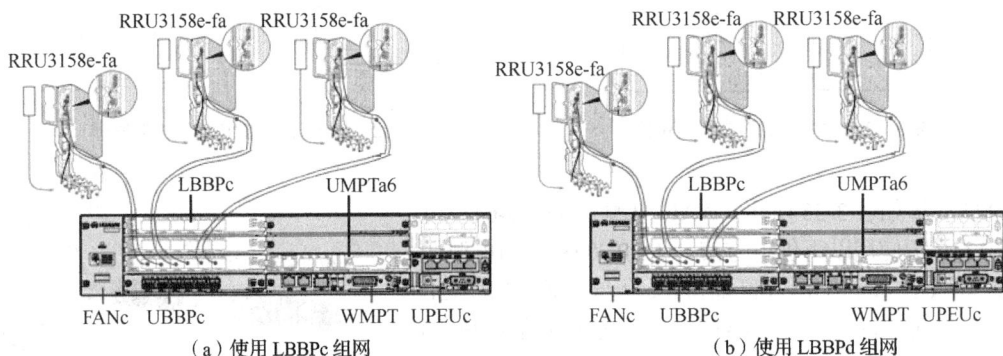

（a）使用 LBBPc 组网　　　　　　　　（b）使用 LBBPd 组网

图 3-66　使用 LBBPc/LBBPd 组网室外典型基站配置 1

（2）室外 3×20M/D 新建典型配置

TD-LTE 室外站配置为 3 扇区，每个扇区带宽为 D 频段 20MHz。使用 LBBPc 组网时，Slot 0/1/2 基带板各出双光纤独立连接，如图 3-67（a）所示。使用 LBBPd 组网时，Slot 4/5 基带板使用 3 组双光纤汇聚连接，如图 3-67（b）所示。

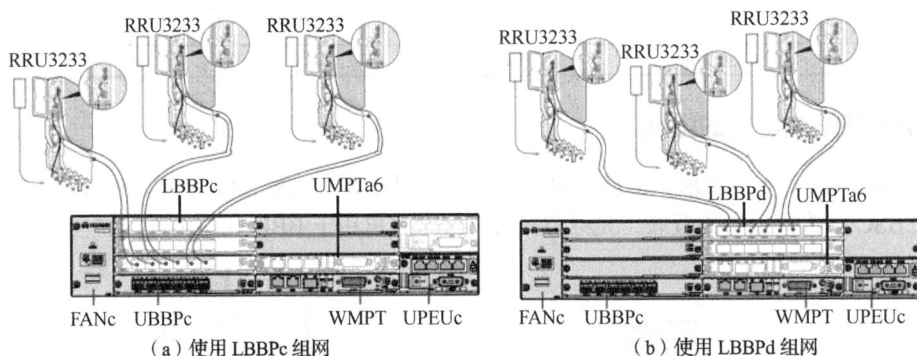

（a）使用 LBBPc 组网　　　　　　　　（b）使用 LBBPd 组网

图 3-67　使用 LBBPc/LBBPd 组网室外典型基站配置 2

2. 室内典型分布式基站配置

（1）室内分布式 20M/E+12C/FA 典型配置

TD-LTE 室内分布式基站配置为全向站，小区带宽为 E 频段 20MHz；TD-SCDMA 全向小区支持 12 个载波，即 O12。必须使用 LBBPd 基带板，LBBPc 不支持 DRRU3151e，典型配置如图 3-68 所示。

（2）室内分布式 20MHz/E 新建单模典型配置

基带板数量超过 4 块或 LBBPd 单板数量超过个块时，须加配 UPEUc，更换 FANc。使用 LBBPc

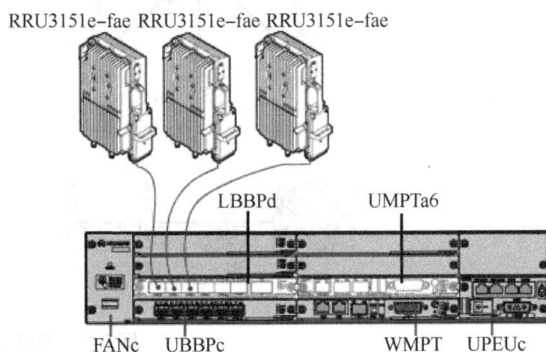

图 3-68　室内分布式基站典型配置 1

组网时，Slot 0/1/2 基带板各出 1 个光口连接，如图 3-69 所示；使用 LBBPd 组网时，Slot 2 槽位基带板出光口汇聚。

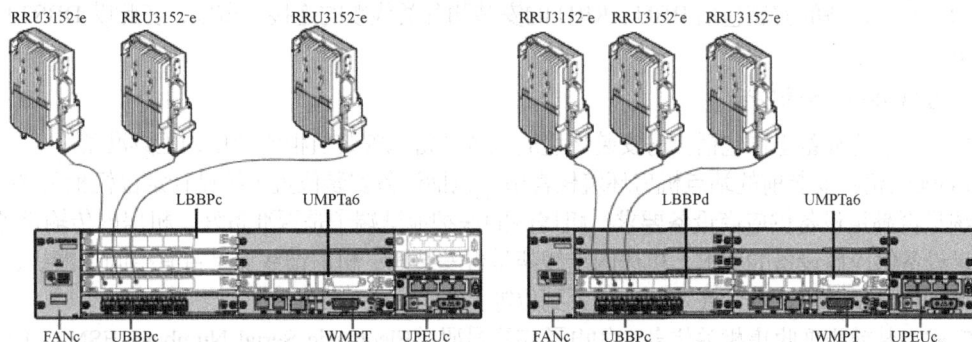

图 3-69　室内分布式基站典型配置 2

（3）室内分布式 20M/E 新建单模 RRU 级联典型配置

新建单模 RRU 级联典型配置场景最大支持 4 级级联。RRU 级联方式如图 3-70 所示。

对于新建的 DBS3900 室外站点，当现场只能提供 220V 交流电源输入或 +24V 直流电源输入，并需要新增备电设备时，可以采用 BBU+RRU+APM30 一体化配置。BBU 和传输设备安装在 APM30 内，APM30 为 BBU 提供室外防护；RRU 安装在铁塔上，靠近天线，这样可以减少馈线损耗，增大系统覆盖容量。同时，该配置方式可满足配电、备电、提供大容量设备空间等多种需求，可根据不同需求灵活选择配套设备。APM30 支持为 BBU 和 RRU 提供 -48V 直流电源，同时可以提供蓄电池管理、监控、防雷等功能；可内置 12A·h 或 24A·h 蓄电池，为分布式基站提供短时间备电。当备电要求更高时，还可配置 BBC 蓄电池柜，如配置 2 个 BBC 蓄电池柜，可实现 276A·h、8h 的直流电源备电。APM30 可提供最大 7U 的传输设备安装空间，当需要更大的设备空间时，还可配置传输柜（Transmission Cabinet，TMC），增加 11U 设备空间。无须备电只需设备空间时，BBU 也可直接安装于 TMC 传输柜内。

BBU+RRU+APM30 一体化应用的 3 种典型场景如图 3-71 所示。

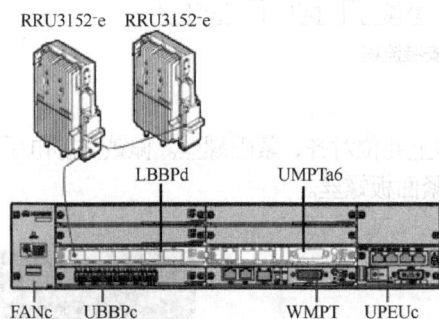

图 3-70　室内分布式基站典型配置 3

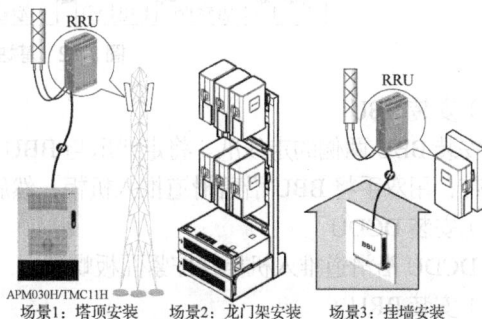

图 3-71　BBU+RRU+APM30 一体化应用的典型场景

相关知识

室内分布式基站根据供电方式不同，又可以分为两大类，一类是直流供电基站，另一类是交流供电基站。基站使用直流供电时，可以利用 DCDU、ETP48100-B1 或 OMBVer.C 供电。进行设备安装时需要注意，BBU 和 DCDU-12B 优先内置于客户综合柜。无 3U 空间时，配发 ILC29 机柜落地安装或 IMB03 机框挂墙安装；DCDU 输入电源线长度≤10m；ETP48100-B1 或 OMBVer.C 可将交流电转为直流点，ETP48100-B1 可支持 1×BBU+2×DC DRRU3161-fae 供电，OMBVer.C 可支持 1×BBU+3×DC DRRU3161-fae 供电；利用 AC DRRU3161-fae 就近交流取电时，推荐电源线长度≤10m，当集中给 RRU 供直流电时，建议 DC DRRU3161-fae 拉远距离≤80m。

3.2.5 华为基站主设备的安装与维护

华为基站主设备的安装包括 BBU、RRU 的安装和各类线缆的连接、布放，在此以 DBS3900 为例进行简单介绍。

1. DBS3900 设备的安装

机柜安装前的准备工作包括机房安装环境的核查准备和安装机柜所使用的工具准备。

DBS3900 机柜安装前的站点机房环境核查事项包括设备安装位置（按设计定位机柜）、机房内的电源系统是否满足设备供应商设备要求、机房内的保护地排端子是否准备好、机房内传输设备的 E1 是否满足设备供应商设备的要求、机房内走线架是否安装好、机房馈线窗是否有空间走馈线、室外馈线窗的保护地排是否到位及天线安装件是否到位等。

在完成安装前需要收集相关信息，如电子序列号码（Electronic Serial Number，ESN）。ESN 是用来标识网元的唯一标识。在开始安装前需要预先记录 ESN，以便基站调测时使用。一般情况下，ESN 粘贴在 BBU 的 FAN 模块上。如果没有，可在 BBU 挂耳上寻找，需人工抄录 ESN 和站点信息。如果 BBU 的 FAN 模块上挂有标签，则 ESN 会同时贴于标签和 BBU 挂耳上，将标签取下，可在标签上印有 "Site" 的页面记录站点信息。对于现场有多个 BBU 的站点，需要将 ESN 逐一记录，并上报给基站调测人员。

在安装设备时常用的一些工具包括斜口钳、剪线钳、剥线钳、电源线压线钳、水晶头压线钳、冲击钻、橡胶锤、十字/T20 梅花力矩螺丝刀、10mm 力矩扳手、SMA 连接器力矩扳手、套筒扳手、工具刀、防护手套、防静电手套、长卷尺、水平尺、记号笔、梯子、万用表、网线测试仪及吸尘器。另外还需要安全防护用品（安全带、安全帽）、专业仪器仪表（Site Master、光功率计等）等。

做好相应的准备工作后，可以开始安装基站设备，安装流程如图 3-72 所示。

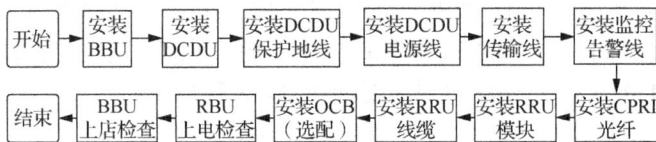

图 3-72　基站设备安装流程

（1）安装 BBU

先安装 BBU 两侧的走线爪。将走线爪与 BBU 盒体上孔位对齐，紧固螺丝。佩戴防静电手套或防静电腕带，用双手将 BBU 沿着滑道推入机柜，然后拧紧面板螺丝。

（2）安装 DCDU

将 DCDU 沿滑道推入机柜并拧紧面板螺丝。

（3）安装 RRU

RRU 安装过程包括安装 AC/DC 电源模块（可选）、安装 RRU、安装 RRU 线缆、RRU 硬件安装检查和 RRU 上电。具体安装步骤：参考设计图纸标记出主扣件的安装位置；将辅扣件一端的卡槽卡在主扣件的一个双头螺母上，将主、辅扣件套在抱杆上，再将辅扣件另一端的卡槽卡在主扣件的另一个双头螺母上；用力矩扳手拧紧螺母使主、辅扣件牢牢地卡在杆体上，再将 RRU 安装在主扣件上，当听见"咔嚓"的声响时，表明 RRU 已安装到位。

RRU 的安装形式包括机柜安装、挂墙安装和龙门架安装（见图 3-73）。

（4）布放线缆

DBS3900 中线缆的种类很多，大体上分为保护地线（俗称黄绿线）、电

图 3-73　龙门架安装 RRU

源线、光纤、射频跳线及告警线等。

①安装保护地线。

安装 BBU 保护地线时，首先需要制作 BBU 保护地线，可根据实际走线路径截取长度适宜的电缆，并在两端安装 OT 端子。BBU 保护地线的一端连接到 BBU 上的接地端子，另一端连接到机架的接地螺钉上。

安装 DCDU 保护地线的步骤和安装 BBU 保护地线的一样。

RRU 保护地线线缆横截面积为 16mm^2 或 25mm^2，两端的 OT 端子分别为 M6 和 M8。安装 RRU 保护地线时，首先根据实际走线路径截取长度适宜的线缆，并在两端安装 OT 端子，再将 RRU 保护地线的 OT 端子（M6）连接到 RRU 底部接地端子，将 OT 端子（M8）连到外部接地排。安装保护地线时应注意 OT 端子的安装方向。

②安装电源线。

安装 BBU 电源线前，首先制作 BBU 电源线的快速安装型母型（压接型）连接器，BBU 电源线一端的 3V3 连接器出厂前已经制作好，需要现场制作另一端的快速安装型母型（压接型）连接器。安装 BBU 电源线时，将其一端的 3V3 连接器连接到 BBU 上 UPEU 单板的-48V 接口，并拧紧连接器上的螺丝；将其另一端的快速安装型母型（压接型）连接器连接到 DCDU-11B 的 LOAD6 或 LOAD7 接口。然后按规范布放线缆，并用线扣绑扎固定即可。

> **重点提示**　当在 BBU 上安装两块 UPEU 电源板时，每块电源板需连接一根 BBU 电源线。两根 BBU 电源线一端的 3V3 连接器连接到 BBU 上 UPEU 单板的-48V 接口，另一端的快速安装型母型（压接型）连接器连接到 DCDU-11B 的 LOAD6 和 LOAD7 接口。

安装 DCDU-11B 电源线前，首先制作 DCDU-11B 电源线，根据实际走线路径截取长度适宜的电缆，并安装 OT 端子。安装 DCDU-11B 电源线时，一端的 OT 端子连接到 DCDU-11B 上 NEG(-)和 RTN(+)接线端子，另一端的 OT 端子连接到外部供电设备，然后按规范布放线缆，并用线扣绑扎固定即可。

安装 RRU 电源线前，需要给 RRU 电源线一端安装快速安装型母型（压接型）连接器。RRU 电源线一端的快速安装型母型（压接型）连接器连接到 DCDU-11B 上 LOAD0 接口，RRU 从应急电源（Emergency Power Supply，EPS）中取电时，RRU 电源线用于连接 EPS 和 RRU，EPS 提供输入电源给RRU。

> **重点提示**　一个 DCDU-11B 最多可以给 6 个 RRU 供电，RRU 电源线可以连接到 DCDU-11B 上 LOAD0～LOAD5 的任意一个接口。RRU 电源线从 DCDU-11B 经过馈线窗连接到 RRU 上，需要在机房外侧靠近馈线窗处安装接地卡，并将接地卡上的保护地线连接到外部接地排。

将 RRU 电源线一端的快速安装型母型（压接型）连接器连接到 RRU 的电源接口；将 RRU 电源线另一端的快速安装型母型（压接型）连接器连接到 EPS 的 RRU0 接口；按照线缆布放要求布放线缆，并用线扣绑扎固定；在安装的线缆上粘贴标签。

> **重点提示**　快速安装型母型（压接型）连接器蓝色线缆对应 EPS 左侧接口，黑色/棕色线缆对应 EPS 右侧接口。一个 EPS 最多可以给 6 个 RRU 供电，RRU 电源线可以连接 EPS 上 RRU0～RRU5 任意一个接口。

③安装光纤。

光纤在 DBS3900 设备中用于传输链路及 BBU 和 RRU 间的连接，BBU 使用 FE/GE 光纤，RRU 使用 CPRI 光纤。

光纤分为单模光纤和多模光纤。多模光纤的纤芯粗、传输速率低、传输距离短，整体的传输性能差，但成本低，一般用于建筑物内或地理位置相邻的环境中；单模光纤的纤芯相对较细、传输频带宽、容量大、传输距离长，但需激光源，成本较高，通常在建筑物之间或地域分散的环境中使用。与光纤配套的光模块分为单模光模块和多模光模块，可以通过光模块上的 SM 和 MM 标识进行区分。另外，若光模块拉环颜色为蓝色，则该光模块为单模光模块；若光模块拉环颜色是黑色或灰色，则该光模块为多模光模块。

要安装传输链路光纤，首先需要安装光模块，待安装光模块应与将要对应安装的接口速率匹配，按照指定端口插入光模块和光纤，沿右侧的走线空间布放线缆，用线扣绑扎固定；再按规范布放线缆，用线扣绑扎固定即可。

要安装 BBU 侧 CPRI 光纤，首先需要将光模块插入 GTMU/WBBP/LBBP 等基带信息处理单板的 CPRI 接口，再将相同类型的光模块插入射频模块上的 CPRI_W、CPRI0、CPRI0、IR0 接口；将光模块拉环翻折上去，安装 CPRI 光纤，拔去光纤连接器上的防尘帽，将 CPRI 光纤上标识为 2A 和 2B 的一端的 DLC 连接器插入 GTMU、WBBP、LBBP 等单板上的光模块中，标识为 1A 和 1B 的一端的 DLC 连接器插入射频模块上的光模块中。

> **重点提示**　用 CPRI 光纤连接 BBU 和射频模块时，BBU 侧分支光缆的长度为 0.34m，射频模块侧分支光缆的长度为 0.03m。如果采用两端均为 LC 连接器的光纤，则 BBU 单板上的 TX 接口必须对接射频模块上的 TX 接口，BBU 单板上的 RX 接口必须对接射频上的 RX 接口。将 CPRI 光纤沿机柜左侧布线，经机柜左侧底部出线孔出机柜。

安装 RRU 侧光纤时，先将光模块上的拉环下翻，将光模块分别插入 RRU 上的 CPRI 接口和 BBU 上的 CPRI 接口；再将光模块的拉环上翻，将光纤上标签为 1A 和 1B 的一端连接到 RRU 侧的光模块中，将光纤上标签为 2A 和 2B 的一端连接到 BBU 侧光模块中；然后按规范布放线缆，并用线扣绑扎固定；最后在安装的线缆上粘贴标签。

④ 安装 RRU 射频跳线。

将射频跳线一端的 N 型连接器连接到 RRU 的 ANT0_E 和 ANT1_E 接口，再将射频跳线的另一端连接到外部天馈系统，并对 RRU 的各个 ANT 接口进行防水处理；然后对多余的 ANT 接口用防尘帽进行保护，并对防尘帽做防水处理（须确认防尘帽未被取下）；再按照线缆布放要求布放线缆，用线扣绑扎固定，并在线缆上粘贴标签；最后在安装的线缆上粘贴色环。

⑤ 安装 RRU 告警线。

先将 RRU 告警线的 DB9 型连接器连接到 RRU 的 EXT_ALM 接口，RRU 告警线的另一端用 8 个冷压端子连接到外部告警设备；然后按照线缆布放要求布放线缆，并用线扣绑扎固定；最后在安装的线缆上粘贴标签。

⑥ RRU 配线腔。

RRU 线缆（见图 3-74）比较多，图 3-75 所示是 RRU 线缆连接关系，图中，①为保护地线，②为 RRU 射频跳线，③为 RRU 告警线，④为 CPRI 光纤，⑤为 RRU 电源线。

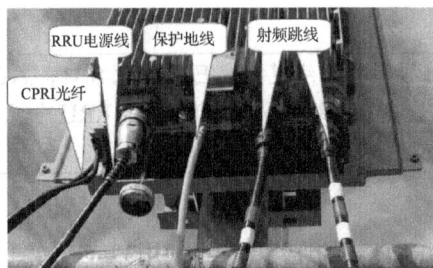

图 3-74　RRU 的常规线缆实物图

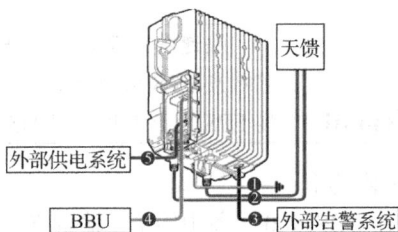

图 3-75　RRU 线缆连接关系

2. 基站主设备的常规维护

（1）BTS3900 上电和下电

维护 BTS3900 时，需要对其进行上电和下电操作。上电时，需要根据特定的操作步骤和要求进行；下电时，根据现场情况，可采取常规下电或紧急下电。

① BTS3900 上电。这里以 BTS3900 机柜为例介绍上电的步骤以及机柜内部器件供电异常时的处理方法。

前提条件：机柜输入电源线已经安装完毕且连接正确；BTS3900 的电源输入要求已满足；DCDU-01 模块上的电源控制开关全部置于 OFF；给 BTS3900 供电的外部电源已断开。

背景信息：DCDU-01 模块上的电源控制开关对应的接口或模块为 SPARE1/2（预留）、BBU 模块、FAN 模块、RFU5/4/3/2/1/0RFU 的槽位从左到右依次为 0～5 槽位）。

上电操作步骤如下所述。

第 1 步，开启外部电源输入设备开关，为 BTS3900 机柜上电。如果为 BTS3900（220V）机柜，则转第 2 步；如果为 BTS3900（-48V）机柜，则转第 3 步。

第 2 步，检查 PSU 模块是否正常工作。

第 3 步，测量 BTS3900 的 DCDU-01 模块输入电压是否正常。如果 DCDU-01 模块的输入电压不在-38.4VDC～-57VDC 范围内，机柜内部供电异常，则转第 4 步；如果 DCDU-01 模块的输入电压在-38.4VDC～-57VDC 范围内，机柜上电检查完毕，则转第 7 步。

第 4 步，关闭为 BTS3900 供电的外部电源开关，切断 BTS3900 的输入电源。

第 5 步，检测 DCDU-01 模块的电源线的安装、布放情况。

第 6 步，转第 3 步再次检查，直至 DCDU-01 模块的输出电压正常。

第 7 步，打开 DCDU-01 模块上的电源控制开关，给机柜各单板或模块上电，首先给 BBU 和 FAN 模块上电，最后给射频模块（如 CRFU）上电。

全部上电 8min～10min，注意观察 RUN 指示灯状态。

② BTS3900 下电。BTS3900 下电有常规下电和紧急下电两种情况。在设备搬迁、可预知的区域性停电等情况下，需要对 BTS3900 进行常规下电；机房发生火灾、水浸等意外时，需要对设备进行紧急下电。

常规下电操作步骤如下所述。

第 1 步，修改管理状态，闭塞机柜内所有射频模块。

重点提示　闭塞操作可在远端或近端完成，建议在远端完成；GSM 不支持闭塞射频模块，只能闭塞射频模块上的载波。

第 2 步，将 DCDU-01 模块上的所有电源控制开关设置为 OFF。

第 3 步，关闭外部电源总开关。在 BTS3900 机柜配置外置蓄电池或 PS4890 内置蓄电池的情况下，关闭电池电源开关。

紧急下电操作步骤如下所述。

重点提示　紧急下电可能导致设备或单板损坏，非紧急情况下请勿使用。

第 1 步，关闭外部电源总开关。在 BTS3900 机柜配置外置蓄电池或 PS4890 内置蓄电池的情况下，关闭电池电源开关。

第2步，如果时间允许，将DCDU-01模块上所有直流配电开关设置为OFF。

（2）更换模块

前提条件：已准备好工具和材料（力矩扳手、防静电腕带或手套、十字螺丝刀、防静电盒/防静电袋、无尘棉布、机柜门钥匙）；已确认待更换单板的数量、类型（频段、供电方式）、软件版本等；已被获准进入站点，并带好钥匙。

重点提示　如需更换射频模块，则会导致其承载的业务中断；射频模块较重，更换中需小心操作。

模块更换所需时间包括线缆拆装、螺钉拆卸或固定、软件加载所需的时间。

更换模块的操作步骤如下所述。

第1步，与管理员确认要更换的模块及其位置。更换射频模块将导致其承载的业务中断，需管理员确定需要更换的射频模块位置，并在LMT维护台中执行MML命令"SET GTRXADMSTAT"闭塞射频模块（更换射频模块或单独更换射频跳线时，都需要闭塞射频模块），并确认射频模块发射通道已关闭。

第2步，佩戴防静电腕带或防静电手套。

第3步，将DCDU-01模块上需更换的模块对应的电源控制开关拨至OFF，为模块下电。支持热插拔的模块除外。

第4步，将故障模块上的各类线缆（包括电源线、光纤、射频跳线等）做好标识后从对应接口拔下。

第5步，拧松模块四角的固定螺丝，拆下模块，放入防静电盒中。

第6步，取出新模块，将模块放入对应滑道，并沿滑道推入，直到有明显阻力时停止。拧紧模块面板四角的螺丝，使其与机框紧固。

第7步，根据标识将各类线缆连接至模块相应接口。

第8步，确认DCDU-01模块供电正常时，将其上对应的电源控制开关设置为ON，为模块上电。

第9步，根据指示灯状态，判断新模块是否正常工作。

第10步，通知管理员更换已完成，请管理员执行如下操作。如果更换的模块为射频模块，加载并激活射频模块软件版本；执行MML命令，查询新射频模块的软件版本是否正确；如果软件版本不正确，执行MML命令，重新激活射频模块的软件版本；执行MML命令"SET GTRXADMSTAT"解闭塞射频模块；确认模块没有告警；手动同步并保存数据。

第11步，取下防静电腕带或防静电手套，收好工具。

后续处理：将更换下来的模块放入防静电袋，再放入垫有泡沫的纸板盒中（可使用新单板的包装盒）；填写故障卡，记录更换下的模块信息。

3. 单站数据配置（以TD-LTE为例）

LTE系统无线设备数据配置主体为eNodeB，其配置数据包含3方面内容：一是设备数据配置，即配置eNodeB使用单板、RRU设备信息，所属的EPC运营商信息；二是传输数据配置，即配置eNodeB传输S1/X2/OMCH对接接口信息；三是无线全局数据配置，即配置eNodeB空口扇区、小区信息。

TD-LTE单站数据配置流程：准备规则与协商数据→配置全局设备数据→配置单站传输数据→配置无线层数据→数据验证。全局设备数据配置流程：基站全局数据配置→BBU机框单板数据配置→RRU射频模块数据配置→GPS时钟模块数据配置→修改基站维护状态。单站传输数据配置流程：底层IP传输数据配置→S1-C接口对接数据配置→S1-U接口对接数据配置→操作维护对接数据。无线层数据配置流程：扇区"Sector"数据配置→小区"Cell"数据配置→激活小区服务。

单站数据配置需要用到单站离线MML命令脚本制作工具——Offline-MML工具，用于在离线登录现网设备的情况下在本地计算机上模拟运行MML命令执行模块，可制作、保存eNodeB配置数据脚本，登录/配置界面如图3-76所示。Offline-MML工具通常仅用于MML命令脚本制作、参数查询。

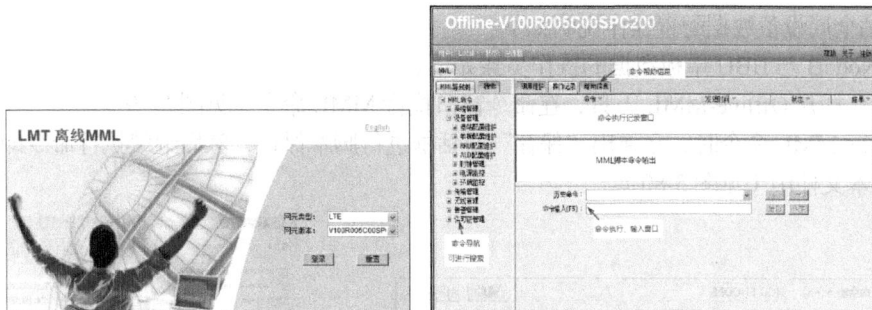

图 3-76　LMT 离线 MML 登录/配置界面

（1）DBS3900 全局设备数据配置

① 1×1 基础站型硬件配置。要配置基站全局设备数据，首先需要知道基站相关信息，如基站基础信息、单板配置等。1×1 基础站型硬件配置示例如图 3-77 所示，设备连接示例如图 3-78 所示。

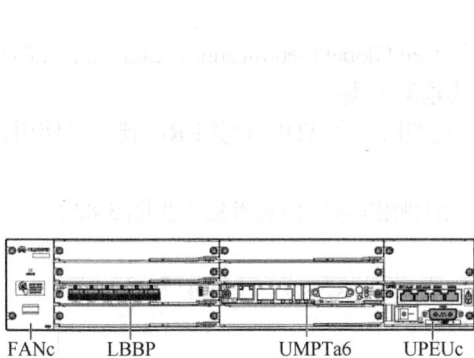

图 3-77　BBU3900 机框配置

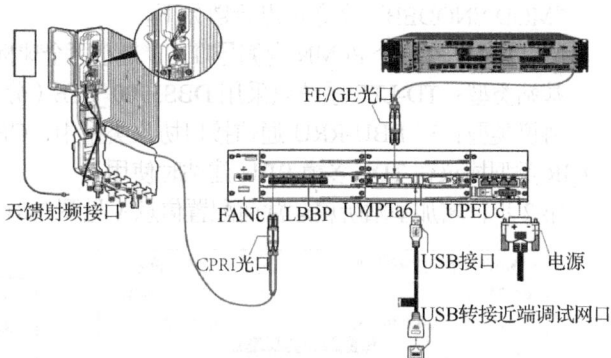

图 3-78　BBU、RRU 设备连接

② 单站全局设备数据配置相关命令说明如表 3-36 所示。

表 3-36　单站全局设备数据配置相关命令

命令+对象	MML 命令用途	命令使用注意事项
MOD ENODEB	配置 eNodeB 基本站型信息	基站标识在同一 PLMN 中唯一。 基站类型为 DBS3900_LTE。 BBU-RRU 接口协议类型包括 CPRI 类型协议（TDL 单模 RRU 使用）、TD_IR 类型协议（TDS-TDL 多模 RRU 使用）
ADD CNOPERATOR	增加基站所属运营商信息	国内 TD-LTE 站点通常归属于一个运营商，也可实现多运营商共用无线基站共享接入
ADD CNOPERATORTA	增加跟踪区域信息	跟踪区域相当于 2G/3G 中分组交换（Packet Switching，PS）的路由区
ADD BRD	添加 BBU 单板	主要单板类型：UMPT/LBBP/UPEU/FAN。 LBBPc 支持 FDD 与 TDD 两种工作方式，TD-LTE 基站选择 TDD
ADD RRUCHAIN	增加 RRU 链环，确定 BBU 与 RRU 的组网方式	可选组网方式：链形/环形/负荷分担
ADD RRU	增加 RRU 信息	可选 RRU 类型：MRRU/LRRU。MRRU 支持多制式，LRRU 只支持 TDL 制式
ADD GPS	增加 GPS 信息	现场 TDL 单站必配，TDS-TDL 共框站点可从 TDS 系统 WMPT 单板获取
SET MNTMODE	设置基站工程模式	用于标记站点告警，可配置项目：普通/新建/扩容/升级/调测（默认出厂状态）

③ 单站全局设备数据配置操作说明如下。

配置 eNodeB 与 BBU 单板数据的操作步骤如下。

第 1 步，打开 Offline-MML 工具，在命令窗口执行 MML 命令（见图 3-79）。

首次执行 MML 命令时，会弹出"保存"对话框进行脚本保存，然后继续执行命令即会自动追加保存在此脚本文件中（见图 3-80）。

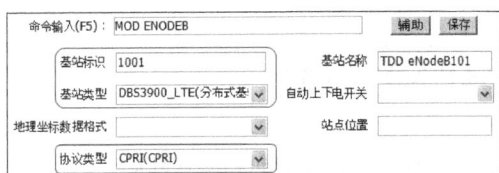

图 3-79 "MOD ENODEB"命令

图 3-80 MML 命令脚本"保存"对话框

"MOD ENODEB"命令重点参数如下。

基站标识：在一个 PLMN 内编号唯一，是小区全球标识（Cell Global Identification，CGI）的一部分。

基站类型：TD-LTE 系统只采用 DBS3900_LTE（分布式基站）类型。

协议类型：在 BBU-RRU 通信接口协议类型中，CPRI 类型协议在 TDL 单模 RRU 建站时使用，TD_IR 类型协议在 TDL 多模 RRU 建站时使用。

第 2 步，增加基站所属运营商配置信息（见图 3-81），增加跟踪区域信息参数（见图 3-82）。

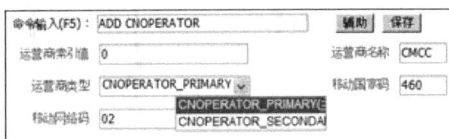

图 3-81 增加运营商配置信息

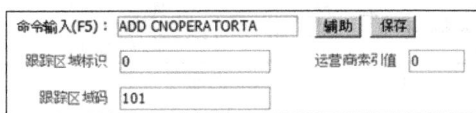

图 3-82 增加跟踪区域信息参数

"ADD CNOPERATOR/ADD CNOPERATORTA"命令重点参数如下。运营商索引值：范围 0～3，最多可配置 4 个运营商信息。运营商类型：与基站共享模式配合使用，当基站共享模式为独立运营商模式时只能添加一个运营商且必须为主运营商；当基站共享模式为载频共享模式时添加主运营商后最多可添加 3 个从运营商，后续配置模块中通过运营商索引值、跟踪区域标识来索引绑定站点信息所配置的全局信息数据。移动国家码、移动网络码、跟踪区域码，需要与核心网 MME 配置协商一致。

通过执行"MOD ENODEBSHARINGMODE"命令可修改基站共享模式。

第 3 步，根据设备规划组网拓扑图中的 BBU 硬件配置执行 MML 命令增加 BBU 单板，先增加 LBBP 单板命令（见图 3-83），再增加 UMPT 单板命令（见图 3-84）。

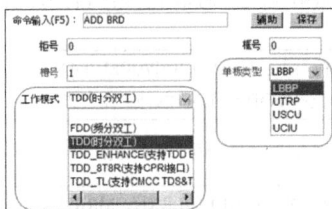

图 3-83 增加 LBBP 单板命令

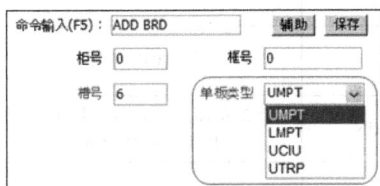

图 3-84 增加 UMPT 单板命令

"ADD BRD"命令重点参数如下。LBBP 单板工作模式：TDD 为时分双工模式。TDD_ENHANCE：支持 TDD BF（BeamForming，多波束赋形）。TDD_8T8R：支持 TD-LTE 单模 8T8R，支持 BF，其 BBU 和 RRU 之间的接口协议为 CPRI 类型协议。TDD_TL：支持 TD-LTE 和 TDS-CDMA 双模或者 TD-LTE

单模，包括 8T8R BF 以及 2T2R MIMO，其 BBU 和 RRU 之间采用中国移动通信集团公司（China Mobile Communications Corporation，CMCC）TD-LTE IR 协议规范。

增加 UMPT 单板命令执行成功后会要求单板重启动加载，维护链路会中断。

配置 RRU 设备数据的操作步骤如下所述。

第 1 步，增加 RRU 链环数据（见图 3-85）。

"ADD RRUCHAIN" 命令重点参数如下。组网方式：CHAIN（链形）、RING（环形）或 LOADBALANCE（负荷分担）。接入方式：LOCALPORT（本端端口）表示 LBBP 通过本单板 CPRI 与 RRU 连接；对端端口表示 LBBP 通过背板汇聚到其他槽位基带板与 RRU 连接。链/环头槽号、链/环头光口号：链/环头 CPRI 端口所在单板的槽号或端口号。CPRI 线速率：用户设定速率，设置的 CPRI 线速率与当前运行的速率不一致时，会产生 CPRI 相关告警。

第 2 步，增加 RRU 设备数据（见图 3-86）。

图 3-85　增加 RRU 链环数据

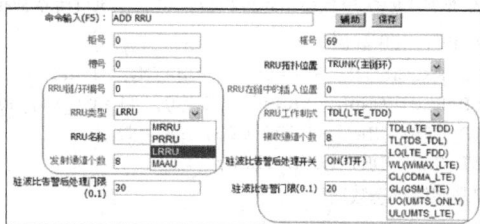

图 3-86　增加 RRU 设备数据

"ADD RRU" 命令重点参数如下。RRU 类型：TD-LTE 系统的网络只用 MRRU 和 LRRU，MRRU 根据不同的硬件版本可以支持多种工作制式，LRRU 支持 LTE_FDD 和 LTE_TDD 两种工作制式。RRU 工作制式：TDL 单站选择 TDL（LTE_TDD），多模 MRRU 可选择 TL（TDS_TDL）工作制式。例如，DRRU3233 类型为 LRRU，工作制式为 TDL（LTE_TDD）。

配置 GPS、修改基站维护态的操作步骤如下所述。

第 1 步，先增加 GPS 设备信息（见图 3-87），再设置参考时钟源工作模式（见图 3-88）。

图 3-87　增加 GPS 设备信息

图 3-88　设置参考时钟源工作模式

"ADD GPS/SET CLKMODE" 命令重点参数如下。GPS 工作模式：支持多种卫星同步系统信号接入。优先级：取值范围为 1～4，1 表示优先级最高，现场通常设置 GPS 优先级最高，UMPTa6 单板自带晶振时钟的优先级默认为 4，优先级别最低，可用于测试。时钟工作模式：包括 AUTO（自动）、MANUAL（手动）和 FREE（自振），手动模式表示用户手动指定某一路参考时钟源，自动模式表示系统根据参考时钟源的优先级和可用状态自动选择参考时钟源，自振模式表示系统工作于自由振荡状态，不跟踪任何参考时钟源。例如，设置时钟工作模式采用自振，其命令为 "SET CLKMODE: MODE=FREE"。

第 2 步，设置基站维护态（见图 3-89）。

"SET MNTMODE" 命令重点参数如下。工程状态：网元处于特殊状态时，告警上报方式将会改变。主控板重

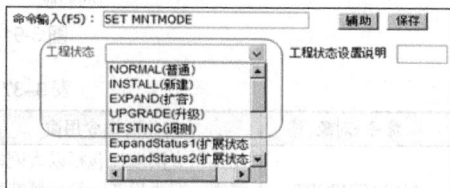

图 3-89　设置基站维护态

启不会导致工程状态的改变，自动延续复位前的网元特殊状态。设备出厂默认将设备状态设置为TESTING（调测）。

④ 单站 TD-LTE eNodeB 全局设备数据配置脚本示例如下。

```
//全局配置参数
MOD ENODEB: ENODEBID=1001, NAME="TDD eNodeB101", ENBTYPE=DBS3900_LTE, PROTOCOL=CPRI;
ADD CNOPERATOR: CnOperatorId=0, CnOperatorName="CMCC", CnOperatorType=CNOPERATOR_PRIMARY, Mcc="460", Mnc="02";
ADD CNOPERATORTA: TrackingAreaId=0, CnOperatorId=0, Tac=101;
//BBU 机框单板数据
ADD BRD: SRN=0, SN=3, BT=LBBP, WM=TDD;
ADD BRD: SRN=0, SN=16, BT=FAN;
ADD BRD: SRN=0, SN=19, BT=UPEU;
ADD BRD: SRN=0, SN=6, BT=UMPT;
//*增加 UMPT 单板会引起单板复位重启，执行脚本数据时会中断
//RRU、GPS 数据
ADD RRUCHAIN: RCN=0, TT=CHAIN, AT=LOCALPORT, HCN=0, HSRN=0, HSN=3, HPN=0, CR=AUTO;
ADD RRU: CN=0, SRN=69, SN=0, TP=TRUNK, RCN=0, PS=0, RT=LRRU, RS=TDL, RXNUM=8, TXNUM=8;
ADD GPS: SN=6, MODE=GPS, PRI=4;
SET CLKMODE: MODE=FREE;
//基站维护态数据
SET MNTMODE: MNTMode=INSTALL, MMSetRemark="站点101";
```

（2）DBS3900 单站传输数据配置

eNodeB 网络传输接口包括 Uu、S1-C、S1-U、X2 等，如图 3-90 所示。单站传输接口只考虑维护链路与 S1 的接口，包括 S1-C（信令）、S1-U（业务数据）。DBS3900 单站传输组网拓扑如图 3-91 所示。

单站传输数据配置包括配置底层 IP 传输数据、配置 S1-C 接口对接数据、配置 S1-U 接口对接数据和配置操作维护对接数据，命令说明如表 3-37 所示。

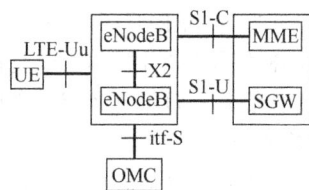

图 3-90　eNodeB 网络传输接口

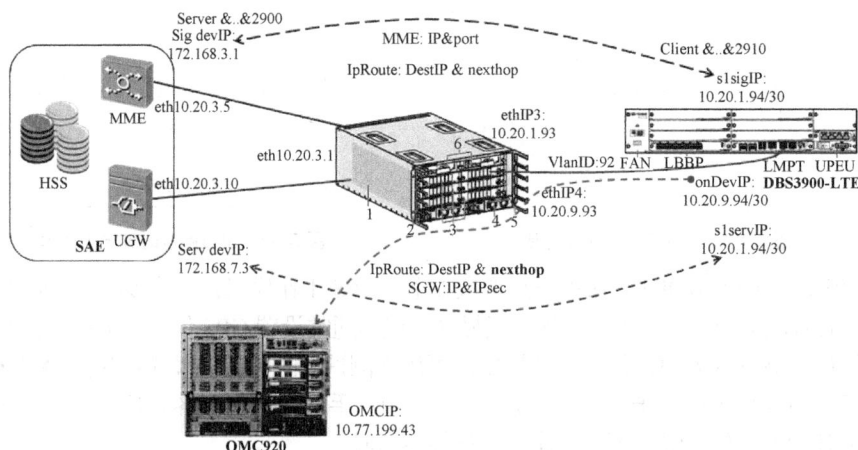

图 3-91　DBS3900 单站传输组网拓扑

表 3-37　单站传输数据配置命令说明

命令+对象	MML 命令用途	命令使用注意事项
ADD ETHPORT	增加以太网端口包括以太网端口速率、双工模式、端口属性参数配置	TD-LTE 基站端口配置属性需要与 PTN 协商，推荐配置固定 1Gbit/s、全双工模式的端口。 新增 UMPT 单板时默认并未配置

续表

命令+对象	MML 命令用途	命令使用注意事项
ADD RSCGRP	增加传输资源组	基于链路层对上层逻辑链路进行带宽限制
ADD DEVIP	端口增加设备 IP 地址	每个端口最多可增加 8 个设备 IP 地址。 现网规划单站使用 IP 地址不能重复
ADD IPRT	增加静态路由信息	单站必配路由有 3 条：S1-C 接口到 MME、S1-U 接口到统一网关（Unified GateWay，UGW）、OMCH 到网管系统。如果采用 IPCLK 时钟，需额外增加路由信息，多站配置 X2 接口也需新增站点间路由信息。 目的 IP 地址与掩码取值相应必须为网络地址
ADD VLANMAP	根据下一跳增加 VLAN 标识	现网通常规划多个 LTE 站点使用一个虚拟局域网（Virtual Local Area Network，VLAN）标识
ADD S1SIGIP	增加基站 S1 接口信令 IP 地址	采用 End-point 自建立配置方式时应用
ADD MME	增加对端 MME 信息	配置 S1/X2 接口的端口信息，系统根据端口信息自动创建
ADD S1SERVIP	增加基站 S1 接口服务 IP 地址	S1/X2 接口控制面承载（SCTP 链路）和用户面承载（IP Path）
ADD SGW	增加对端 SGW/UGW 信息	Link 配置方式采用手动参考协议栈模式进行配置
ADD OMCH	增加基站远程维护通道	最多增加主、备 2 条，绑定路由后，无须单独增加路由信息

① 配置底层 IP 地址传输数据，操作步骤如下所述。

第 1 步，增加物理端口设置（见图 3-92）。

"ADD ETHPORT"命令重点参数如下。端口属性：UMPT 单板 0 号端口为 FE/GE 电口，1 号端口为 FE/GE 光口（现场使用光口）；速率、双工模式：需要与传输协商一致，现场使用 1000Mbit/s、FULL（全双工）。

设备出厂默认端口速率/双工模式为自协商。

第 2 步，增加传输资源组（见图 3-93）。

图 3-92　增加物理端口设置

图 3-93　增加传输资源组

"ADD RSCGRP"命令重点参数如下。传输资源组的带宽和速率信息，基于链路层计算，TDL 单站现场规划为 80Mbit/s 传输带宽要求。发送/接收带宽：传输资源组的媒体接入控制（Media Access Control，MAC）层上下行最大带宽，该参数值用作上下行传输准入带宽和发送流量成型带宽。承诺信息速率（Committal Information Rate，CIR）/峰值信息速率（Peak Information Rate，PIR）受带宽（Band Width，BW）影响，参数高于传输网络最大带宽，容易引起业务丢包，影响业务质量；参数低于传输网络最大带宽，会造成传输带宽浪费，影响接入业务数和吞吐量。

第 3 步，以太网端口业务、维护通道 IP 地址配置（见图 3-94、图 3-95）。

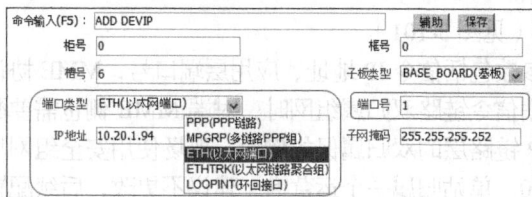

图 3-94　增加以太网端口业务 IP 地址

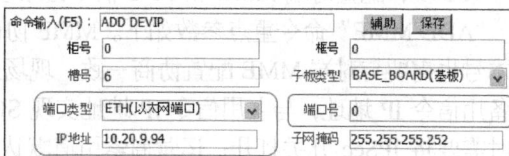

图 3-95　增加以太网端口维护通道 IP 地址

"ADD DEVIP"命令重点参数如下。端口类型：在未采用 Trunk 连接方式的场景下选择 ETH（以太网端口）即可，目前 TD-LTE 现网均未使用 Trunk 连接方式。IP 地址：同一端口最多配置 8 个设备 IP 地址。IP 地址资源紧张的情况下，单站采用一个 IP 地址即可，既用于业务链路通信，也用于维护链路互通。端口 IP 地址与子网掩码可确定基站端口连接传输设备的子网范围大小，多个基站可以配置在同一子网内。

第 4 步，配置业务路由信息（见图 3-96、图 3-97）。

图 3-96　增加基站到 MME 的路由 　　　　图 3-97　增加基站到 SGW/UGW 的路由

"ADD IPRT"命令重点参数如下。目的 IP 地址：是主机地址时，子网掩码连接为 32 位掩码；如果需要添加网段路由，配置子网掩码应小于 32 位，目的 IP 地址必须是该网段网络地址。例如，目的 IP 地址为 172.168.0.0，16 位子网掩码为 255.255.0.0。如果设置目的 IP 地址为 172.168.7.3，子网掩码为 255.255.0.0，系统会提示出错，原因为目的 IP 地址不是一个网络地址。基站远程维护通道的路由信息，可以在增加 OMCH 配置时一起添加。

第 5 步，配置基站业务、维护 VLAN 标识（见图 3-98、图 3-99）。

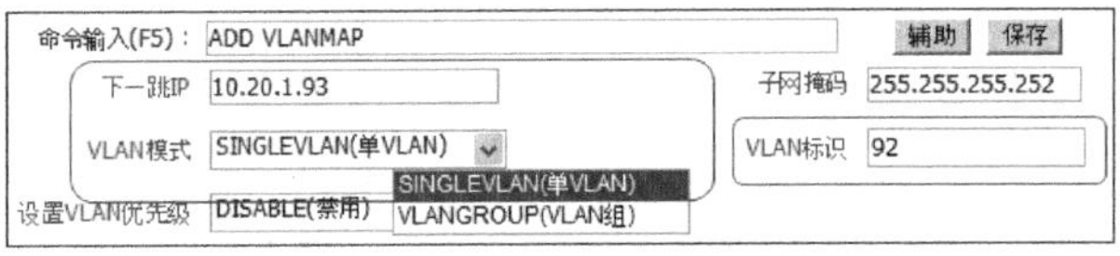

图 3-98　增加基站业务 VLAN 标识 　　　　图 3-99　增加基站维护 VLAN 标识

"ADD VLANMAP"命令重点参数如下。VLAN 标识：现网站点业务对接、维护通道采用同一 IP 地址时，VLAN 标识通常也只规划一个。为节省 VLAN 资源，甚至同一 PLMN 中的多个基站使用同一个 VLAN 标识。目前，网络业务服务质量（Quality of Service，QoS）需求不明显，未区分不同优先级业务类型，VLAN 模式使用单 VLAN 即可，不需要涉及 VLAN 组的配置，也不涉及 VLAN 优先级配置。

② 通过 End-point 自建立方式配置 S1 接口对接数据的具体操作如下。

S1 接口对接数据配置方式有两种，一种是 End-point 自建立方式，另一种是 Link 方式。这里首先介绍 End-point 方式，End-point 自建立方式较 Link 方式简单，配置重点为基站本端信令 IP 地址、本端端口号。基站侧端口号上报给 MME 后会自动探测添加，不需要与核心网进行人为协商。

第 1 步，配置基站本端 S1-C 信令链路参数（见图 3-100）。

"ADD S1SIGIP"命令重点参数如下。现场采用信令链路双归属组网时，可配置备用信令 IP 地址，与主用信令 IP 地址实现 SCTP 链路层的双归属保护倒换；现场使用安全组网场景时需要将 Internet 协议安全（Internet Protocol Security，IPSec）开关打开；运营商索引值，默认为 0，单站归属一个运营商，建议不更改，后续配置无线全局数据时存在索引关系。

第 2 步，配置对端 MME 侧 S1-C 信令链路参数（见图 3-101）。

"ADD MME"命令重点参数如下。MME 协商参数包括信令 IP 地址、应用层端口号，MME 协议版本号也需要与对端 MME 配置协商一致；现场采用信令链路双归属组网时，对端 MME 侧也需要配置备用信令 IP 地址，与主用信令 IP 地址实现 SCTP 链路层的双归属保护倒换；现场使用安全组网场景时需要将 IPSec 开关打开；运营商索引值默认为 0，单站归属一个运营商，建议不更改，后续配置无线全局数据时存在索引关系。

图 3-100　增加基站本端 S1-C 信令链路

图 3-101　增加对端 MME 侧 S1-C 信令链路

第 3 步，配置基站本端与对端 MME 的 S1-U 业务链路参数（见图 3-102 和图 3-103）。

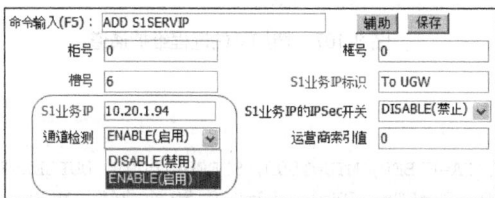

图 3-102　增加基站本端 S1-U 业务链路

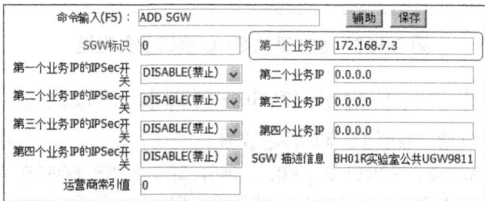

图 3-103　增加对端 SGW/UGW 侧 S1-U 业务链路

"ADD S1SERVIP/ADD SGW"命令重点参数如下。配置 S1-U 链路重点为基站本端与对端 MME 的 S1 业务 IP 地址，建议打开通道检测开关，实现 S1-U 业务链路的状态监控；运营商索引值默认为 0，单站归属一个运营商，建议不更改，后续配置无线全局数据时存在索引关系。

③ Link 方式配置 S1 接口对接数据，具体操作如下所述。

采用 Link 方式进行配置时，需要手工添加传输层承载链路，相关参数更为详细，重点协商参数包括两端 IP 地址与端口号。

第 1 步，配置 SCTP 链路数据（见图 3-104）。

第 2 步，配置基站 S1-C 接口信令链路数据（见图 3-105）。

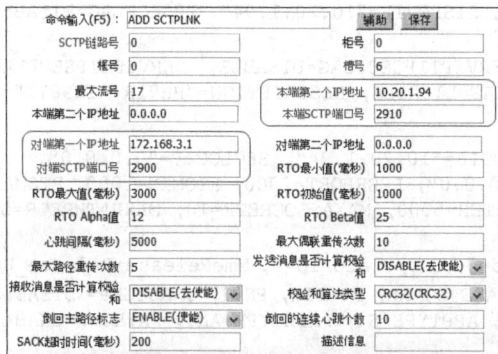

图 3-104　增加基站 S1-C 信令承载 SCTP 链路

图 3-105　增加基站 S1-C 接口信令链路

"ADD S1INTERFACE"命令重点参数如下。S1 接口信令承载链路需要索引底层 SCTP 链路以及全局数据中的运营商信息；MME 对端协议版本号需要与核心网设备协商一致。

④ 配置 S1-U 接口 IPPATH 链路数据（见图 3-106）。

"ADD IPPATH"命令重点参数如下。S1 接口数据承载链路 IPPATH 配置重点协商 IP 地址，目前应用场景通常未区分业务优先级，传输 IPPATH 配置一条即可，具体操作如下。

配置远程维护通道数据（见图 3-107）时，"ADD OMCH"命令重点参数如下。增加 OMCH 远程维护通道到网管系统，"绑定路由"选择"YES（是）"时，增加远程维护通道路由，不需要再单独执行"ADD IPRT"命令添加维护通道的路由信息；绑定路由信息中"目的 IP 地址"与"目的子网掩码"的相应结果必须为网络地址。

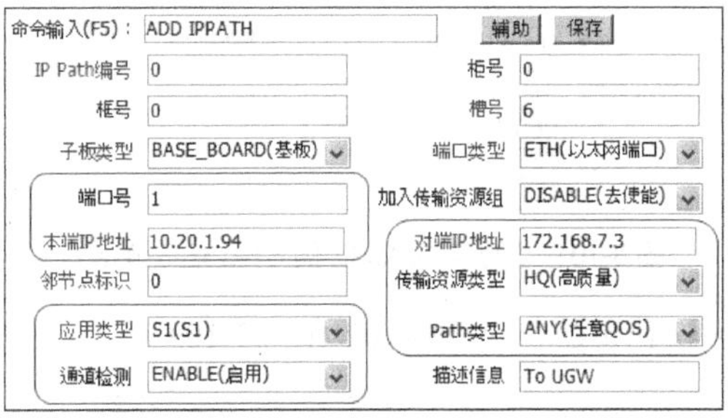

图 3-106 增加基站 S1-U 接口业务链路

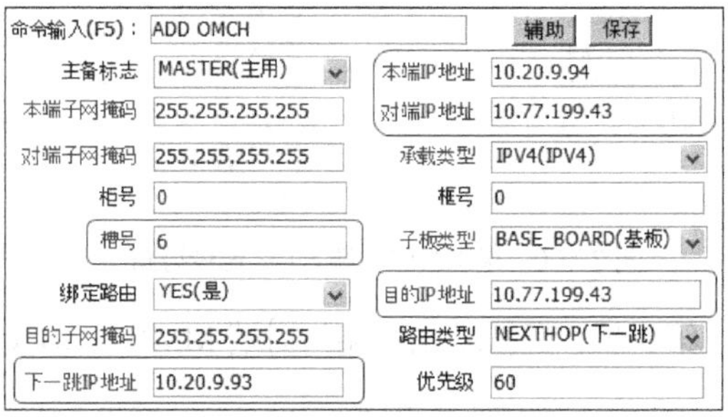

图 3-107 增加基站远程维护通道

⑤ 单站传输接口数据配置脚本示例如下。

```
//增加底层 IP 地址传输数据
ADD ETHPORT: SRN=0, SN=6, SBT=BASE_BOARD, PN=1, PA=FIBER, MTU=1500, SPEED=1000M, DUPLEX=FULL;
ADD DEVIP: CN=0, SRN=0, SN=6, SBT=BASE_BOARD, PT=ETH, PN=1, IP="10.20.1.94", MASK=
"255.255.255.252";
ADD IPRT: SRN=0, SN=6, SBT=BASE_BOARD, DSTIP="172.168.3.1", DSTMASK="255.255.255.255",
RTTYPE=NEXTHOP, NEXTHOP="10.20.1.93", PREF=60, DESCRI="To MME";
ADD IPRT: SRN=0, SN=6, SBT=BASE_BOARD, DSTIP="172.168.7.3", DSTMASK="255.255.255.255",
RTTYPE=NEXTHOP, NEXTHOP="10.20.1.93", PREF=60, DESCRI="To UGW";
ADD VLANMAP: NEXTHOPIP="10.20.1.93", MASK="255.255.255.255", VLANMODE=SINGLEVLAN,
VLANID=92, SETPRIO=DISABLE;
```

S1 接口数据配置时，End-point 自建立方式与 Link 方式二选一，脚本示例如下。

```
//End-point 自建立方式配置 S1 接口数据
ADD S1SIGIP: SN=6, S1SIGIPID="To MME", LOCIP="10.20.1.94", LOCIPSECFLAG=DISABLE,
SECLOCIP="0.0.0.0", SECLOCIPSECFLAG=DISABLE, LOCPORT=2910, SWITCHBACKFLAG=ENABLE;
ADD MME: MMEID=0, FIRSTSIGIP="172.168.3.1", FIRSTIPSECFLAG=DISABLE, SECSIGIP="0.0.0.0",
SECIPSECFLAG=DISABLE, LOCPORT=2900, DESCRIPTION="BH01R USN9810", MMERELEASE=Release_R8;
ADD S1SERVIP: SRN=0, SN=6, S1SERVIPID="To UGW", S1SERVIP="10.20.1.94", IPSECFLAG=DISABLE,
PATHCHK=ENABLE;
ADD SGW: SGWID=0, SERVIP1="172.168.7.3", SERVIP1IPSECFLAG=DISABLE, SERVIP2IPSECFLAG=
DISABLE, SERVIP3IPSECFLAG=DISABLE, SERVIP4IPSECFLAG=DISABLE, DESCRIPTION="BH01R UGW9811";
//Link 方式配置 S1 接口数据
ADD SCTPLNK: SCTPNO=0, SN=6, MAXSTREAM=17, LOCIP="10.20.1.94", SECLOCIP="0.0.0.0",
LOCPORT=2910, PEERIP="172.168.3.1", SECPEERIP="0.0.0.0", PEERPORT=2900, RTOMIN=1000, RTOMAX=
3000, RTOINIT=1000, RTOALPHA=12, RTOBETA=25, HBINTER=5000, MAXASSOCRETR=10, MAXPATHRETR=5,
AUTOSWITCH=ENABLE, SWITCHBACKHBNUM=10, TSACK=200;
ADD S1INTERFACE: S1InterfaceId=0, S1SctpLinkId=0, CnOperatorId=0, MmeRelease=Release_R8;
ADD IPPATH: PATHID=0, CN=0, SRN=0, SN=6, SBT=BASE_BOARD, PT=ETH, PN=1, JNRSCGRP= DISABLE,
LOCALIP="10.20.1.94", PEERIP="172.168.7.3", ANI=0, APPTYPE=S1, PATHTYPE=ANY, PATHCHK=ENABLE,
DESCRI="To UGW";
//增加基站远程操作维护通道数据
ADD DEVIP: CN=0, SRN=0, SN=6, SBT=BASE_BOARD, PT=ETH, PN=1, IP="10.20.9.94", MASK=
"255.255.255.252";
ADD VLANMAP: NEXTHOPIP="10.20.9.93", MASK="255.255.255.255", VLANMODE=SINGLEVLAN,
VLANID=92, SETPRIO=DISABLE;
ADD OMCH: IP="10.20.9.94", MASK="255.255.255.255", PEERIP="10.77.199.43", PEERMASK=
"255.255.255.255", BEAR=IPV4, SN=6, SBT=BASE_BOARD, BRT=YES, DSTIP="10.77.199.43", DSTMASK=
"255.255.255.255", RT=NEXTHOP, NEXTHOP="10.20.9.93";
```

（3）DBS3900 无线数据配置

① 无线层规划数据。实际工程中，无线层基础规划数据由网规、网络优化人员提供。图 3-108 所示为 TD-LTE eNodeB 无线层规划数据。

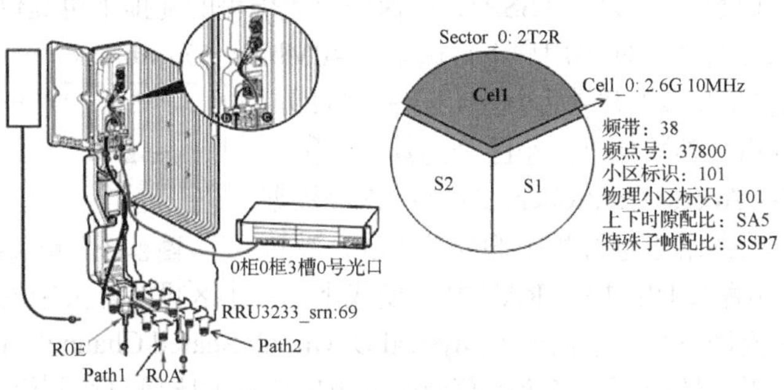

图 3-108 eNodeB 无线层规划数据

② 单站无线数据配置 MML 命令说明如表 3-38 所示。

表 3–38 单站无线数据配置命令

命令+对象	MML 命令用途	命令使用注意事项
ADD SECTOR	增加扇区信息数据	指定扇区覆盖所用射频器件，设置天线收发模式、MIMO 模式。TD-LTE 系统支持普通 MIMO（1T1R、2T2R、4T4R、8T8R）；2T2R 场景可支持 UE 互助 MIMO
ADD CELL	增加无线小区数据	配置小区频点、带宽：TD-LTE 小区带宽只有 10MHz（50 个 RB）与 20MHz（100 个 RB）两种有效。 小区标识 CellID+eNodeB 标识+PLMN（Mcc、Mnc）=EUTRAN 全球唯一小区标识（EUTRAN Cell Global Identifier，ECGI）
ADD CELLOP	添加小区与运营商对应关系信息	绑定本地小区与跟踪区域信息，在开启无线共享模式的情况下，可通过绑定不同运营商对应的跟踪区域信息，分配不同运营商可使用的无线资源 RB（Resource Block，资源块）的个数
ACT CELL	激活小区使其生效	使用 DSP CELL 查询激活的结果

③ 单站无线数据配置步骤如下所述。

第 1 步，配置基站扇区数据（见图 3-109）。

"ADD SECTOR" 命令重点参数如下。TD-LTE 制式下，扇区支持 1T1R、2T2R、4T4R、8T8R 这 4 种天线模式，其中 2T2R 可以支持"双拼"，双拼只能用于同一 LBBP 单板上的一级链上的 2 个 RRU。在使用普通 MIMO 扇区的情况下，扇区的天线端口分别在 2 个 RRU 上，称为双拼扇区。在 8 个发送通道和 8 个接收通道的 RRU 上建立 2T2R 的扇区，需要保证使用的通道成对，即此时扇区使用的天线端口必须为 R0A(Path1)与 R0E(Path5)、R0B(Path2)与 R0F(Path6)、R0C(Path3)与 R0G(Path7)、R0D(Path4)与 R0H(Path8)的组合。不使用的射频通道可使用"MOD TXBRANCH/RXBRANCH"命令关闭。

第 2 步，配置基站小区数据。

首先配置基站小区信息数据（见图 3-110）。

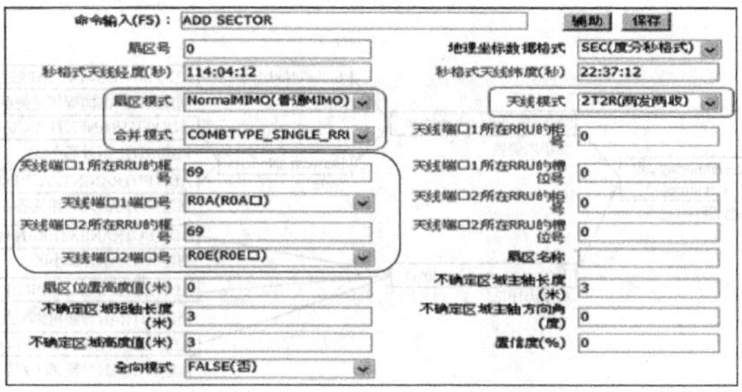

图 3-109 单站无线扇区数据配置

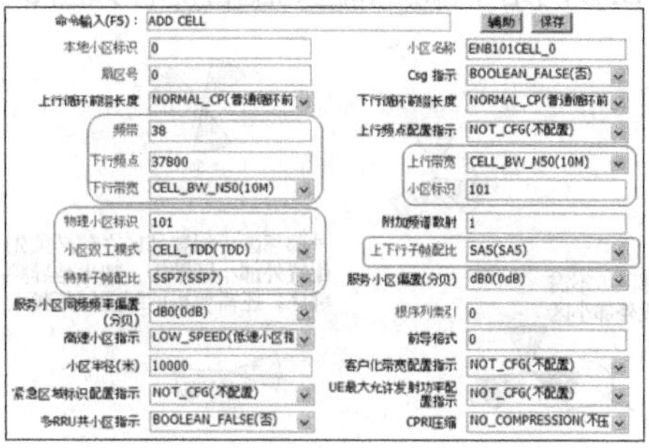

图 3-110 单站无线小区数据配置

"ADD CELL"命令重点参数如下。

TD-LTE制式下，载波带宽只有10MHz与20MHz两种配置有效。本地小区标识用于MME标识引用，物理小区标识用于空口UE接入识别。在CELL_TDD模式下，上下行子帧配比使用SA5，下行获得速率最高，特殊子帧配比一般使用SSP7，在保证有效覆盖的前提下可提供合理的上行接入资源；配置10MHz带宽载波，2T2R预期单用户下行速率为40Mbit/s～50Mbit/s。

然后配置小区运营商信息数据并激活小区（见图3-111）。"ADD CELLOP"命令重点参数如下。小区为运营商保留：通过UE的接入控制器（Access Controller，AC）接入等级划分决定是否将本小区作为终端重选过程中的候补小区，默认关闭；运营商上行RB分配比例：指在RAN共享模式下，且小区算法开关中的RAN共享模式开关打

图3-111　单站无线小区运营商数据配置

开时，一个运营商所占物理下行共享信道（Physical Downlink Shared Channel，PDSCH）传输RB资源的百分比。当数据量足够的情况下，各个运营商所占RB资源的比例将达到设定的值，所有运营商占比之和不能超过100%。

现网站点未使用SharingRAN方案，不开启基站共享模式。

④ 单站无线数据配置脚本示例如下。

```
//增加基站无线扇区数据
ADD SECTOR: SECN=0, GCDF=SEC, ANTLONGITUDESECFORMAT="114:04:12", ANTLATITUDESECFORMAT=
"22:37:12", SECM=NormalMIMO, ANTM=2T2R, COMBM=COMBTYPE_SINGLE_RRU, CN1=0, SRN1=69, SN1=0,
PN1=R0A, CN2=0, SRN2=69, SN2=0, PN2=R0E, ALTITUDE=0;
//增加基站无线小区数据
ADD CELL: LocalCellId=0, CellName="ENB101CELL_0", SectorId=0, FreqBand=38, UlEarfcnCfgInd=
NOT_CFG, DlEarfcn=37800, UlBandWidth=CELL_BW_N50, DlBandWidth=CELL_BW_N50, CellId=101,
PhyCellId=101, FddTddInd=CELL_TDD, SubframeAssignment=SA5, SpecialSubframePatterns=SSP7,
RootSequenceIdx=0, CustomizedBandWidthCfgInd=NOT_CFG, EmergencyAreaIdCfgInd=NOT_CFG,
UePowerMaxCfgInd=NOT_CFG, MultiRruCellFlag=BOOLEAN_FALSE;
ADD CELLOP: LocalCellId=0, TrackingAreaId=0;
//激活小区
ACT CELL: LocalCellId=0;
```

（4）邻区数据配置

移动通信系统中，邻区为具有相邻关系的小区，即两个覆盖有重叠且设置有切换关系的小区，一个小区可以有多个邻区，如图3-112所示。源小区和邻区（相邻小区）是相对的概念，当指定一个特定小区为源小区时，与之相邻的小区称为该小区的邻区。同一系统内，邻区分为同频邻区、异频邻区；而不同系统间的邻区称为异系统邻区。同一个基站内的邻区称为站内邻区，除站内邻区以外的邻区均称为外部邻区。

简而言之，邻区设置就是使手机等终端在移动状态下可以在多个定义了邻区关系的小区之间进行业务的平滑交替，不会中断；或者使手机等终端在空闲状态下，实现无缝重选。只有添加了邻区，手机等终端才能在不同网络（如LTE、GSM、UMTS等）之间切换或重选。

LTE网络中添加邻区的配置流程如图3-113所示。邻区数据配置MML命令说明如表3-39所示。

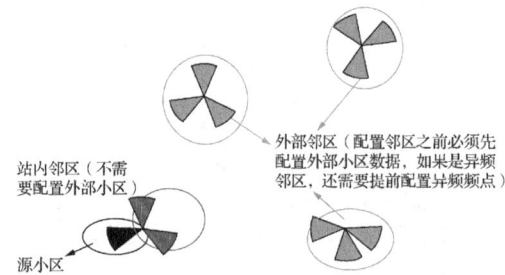

图3-112　邻区概念

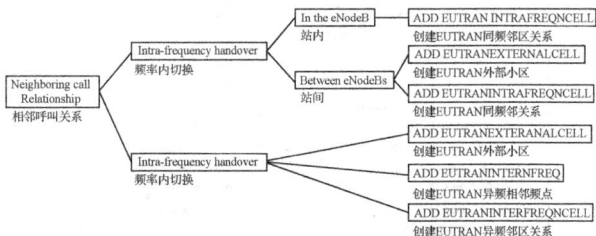

图3-113　添加邻区配置流程图

表 3-39　邻区数据配置 MML 命令

命令+对象	MML 命令用途	命令使用注意事项
ADD E-UTRANEXTERNALCELL	创建 E-UTRAN 外部小区	最大允许配置 E-UTRAN 外部小区的个数为 2304
ADD E-UTRANINTRAFREQNCELL	创建 E-UTRAN 同频邻区关系	当同频邻区和源小区异站时，对应的 E-UTRAN 外部小区必须先配置。 E-UTRAN 同频邻区依赖的外部小区的下行频点必须与本地小区的下行频点相同。 每个小区最大允许配置具有 E-UTRAN 同频邻区关系的小区个数为 64。 同频邻区所依赖的外部小区的物理小区标识不能与源小区的相同
ADD E-UTRANINTERFREQNCELL	创建 E-UTRAN 异频邻区关系	每个小区最大允许配置具有 E-UTRAN 异频邻区关系的小区个数为 64。 当异频邻区和源小区异站时，对应的 E-UTRAN 外部小区必须先配置。 E-UTRAN 异频邻区依赖的外部小区的频点不能与源小区的频点相同。 E-UTRAN 异频邻区依赖的外部小区的频点信息必须先配置在 E-UTRAN 异频频点信息中

邻区数据配置步骤如下所述。

第 1 步，创建 E-UTRAN 外部小区（见图 3-114）。添加外部邻区之前要配置外部小区，添加站内邻区则不必配置外部小区。基站标识（eNodeB ID）、小区标识（Cell ID）、物理小区标识（Physical Cell ID，PCI）是对端 eNodeB 的参数。

第 2 步，创建 E-UTRAN 同频邻区关系（见图 3-115）。本地小区标识表示源小区的本地小区 ID，基站标识和小区标识为需要增加的邻区的 ENODEBID 和 CELLID。

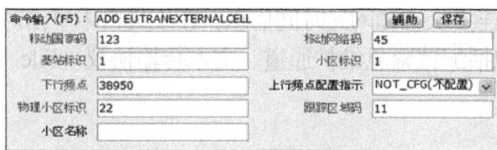

图 3-114　创建 E-UTRAN 外部小区

图 3-115　创建 E-UTRAN 同频邻区关系

第 3 步，创建 E-UTRAN 异频相邻频点（见图 3-116）。下行频点是对端 eNodeB 的值，其应该与本端 eNodeB 的下行频点不同。

第 4 步，创建 E-UTRAN 异频邻区关系（见图 3-117）。基站标识、小区标识是对端 eNodeB 的参数。

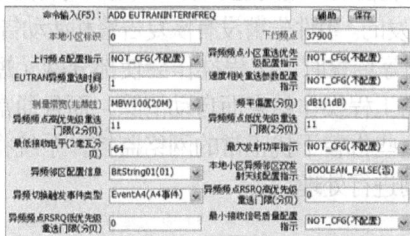

图 3-116　创建 E-UTRAN 异频相邻频点

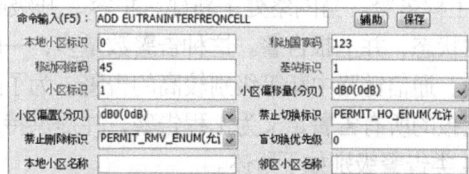

图 3-117　创建 E-UTRAN 异频邻区关系

4. DBS3900 操作维护

（1）DBS3900 维护方式

日常维护 DBS3900 有两种方式，一种是本地维护，另一种是远端维护。其中，本地维护使用的是 eNodeB LMT，远端维护使用的是 OMC920（或 U2000）。远端维护即通过代理方式登录，一般通过 OMC 服务器作为代理登录。这里将简单介绍 TD-LTE 系统的本地维护方式，如图 3-118 所示。

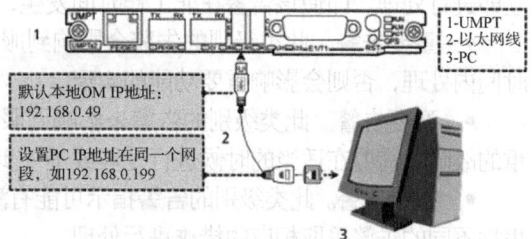

默认本地OM IP地址：192.168.0.49

设置PC IP地址在同一个网段，如192.168.0.199

1-UMPT
2-以太网线
3-PC

图 3-118　本地维护

eNodeB LMT 主要用于辅助开站、近端定位和排除故障。使用 LMT 对 eNodeB 进行操作维护的场景有 3 种：一是 eNodeB 开站，在 eNodeB 与 OMC920 传输未到位时可使用 LMT 在近端辅助开站；二是 eNodeB 与 OMC920 之间通信中断时，可使用 LMT 近端定位和排除故障；三是 eNodeB 产生告警，需要在近端进行更换单板等操作时，可使用 LMT 辅助近端定位和排除故障。

eNodeB 出厂的默认 IP 地址为 192.168.0.49。UMPT 单板有一个转换接口用于近端调试，通过 USB 接口转 RJ-45 接口的连接器，eNodeB 可直接连接计算机进行本地操作维护。

重点提示 在使用 LMT 之前，必须在使用 LMT 的计算机上安装 Java 平台标准版本或更高版本的 Java 运行环境（Java Runtime Environment，JRE）插件 jre-6u11-windows-i586。JRE 插件可以从 Java 官网或华为官网下载。如果计算机上没有安装插件，系统会在登录时提示需安装。如果安装的插件不是最新版本，系统也会在登录时提示需升级。建议在安装最新版本插件前先卸载当前版本插件。如果插件升级到最新版本后仍然无法登录 LMT，可重启浏览器后重新登录。

登录 eNodeB 的操作步骤如下所述。

第 1 步，打开 IE 浏览器，输入本地 OMIP 地址，默认 IP 地址是 192.168.0.49，然后按"Enter"键。

第 2 步，设置用户名、密码以及验证码，设置用户类型为"本地用户"，单击"登录"按钮，设置密码权限。LMT 默认使用超文本传输安全协议（Hypertext Transfer Protocol Secure，HTTPS）安全连接方式。如果在浏览器中输入"HTTP"，浏览器会自动跳转成以 HTTPS 方式打开 LMT。登录成功后，在 LMT 的操作界面中，状态栏显示登录用户类型、用户名、连接状态和网元时间信息；在工具栏中单击对应的按钮可以对基站进行相对应的维护操作；菜单栏中包括配置紧急维护通道、文本传输协议（File Transfer Protocol，FTP）工具、修改密码等。

（2）DBS3900 告警管理

通过告警管理，可以实时地或按照要求看到需要监控的网元的状态。

① 告警种类如下所述。

• 故障告警。由于硬件设备故障或某些重要功能异常而产生的告警，如某单板故障、链路故障等。通常故障告警的严重性比事件告警高。

• 事件告警。设备运行时的一个瞬间状态，只表明系统在某时刻发生了某一预定义的特定事件。如通路拥塞，并不一定代表发生故障。某些事件告警是定时重发的。事件告警没有恢复告警和活动告警之分。

• 工程告警。当网络处于新建、扩容、升级或调测等场景时，工程操作会使部分网元短时间内处于异常状态，并上报告警。这种告警数量多，一般会随工程操作结束而自动清除，而且通常都是复位、倒换、通信链路中断等级别较高的告警。为了避免这些告警干扰正常的网络监控，系统将网元工程期间上报的所有告警定义为工程告警，并提供特别机制进行处理。

② 4 类告警级别如下所述。

• 紧急告警。此类级别的告警会影响到系统提供的服务，例如某设备或资源完全不可用，必须立即进行处理。即使该告警在非工作时间发生，也需立即采取措施。

• 重要告警。此类级别的告警会影响到服务质量，如某设备或资源服务质量下降，需要在工作时间内处理，否则会影响重要功能的实现。

• 次要告警。此类级别的告警未影响到服务质量，如清除过期历史记录告警。但为了避免更严重的故障，需要在适当的时候进行处理或进一步观察。

• 提示告警。此类级别的告警指示可能有潜在的错误影响到提供的服务，如 OMU 启动告警。可根据不同的告警采取相应的措施进行处理。

③ 告警查询方法如下所述。

用 Web LMT 查询告警的操作步骤：在 LMT 主界面中单击"告警/事件"按钮进入"告警"界面，在

"浏览活动告警/事件"选项卡标签下有"普通告警""事件""工程告警"选项卡标签，如图 3-119 所示。

● 查询告警日志。采用菜单方式查询时，单击"告警/事件"选项卡标签中的"查询告警/事件日志"选项卡标签，即可设置查询告警日志条件。如果需要重新设置查询条件，单击"重置"按钮即可。单击"查询"按钮，即可在"查询结果"区域中显示查询结果。如果需要了解某条告警的详细信息，双击此告警记录，可在弹出的"告警详细信息"对话框中查看详细信息。如果需要保存某条告警，右击该告警记录，选择快捷菜单中的"保存选中记录"命令即可。如果需要保存查询结果，单击"保存全部"按钮即可。

也可采用 MML 命令方式查询，执行命令 LST ALMLOG，即可查询告警日志。

● 查询和修改告警配置。查询告警配置时，单击"告警/事件"选项卡标签中的"查询告警/事件配置"选项卡标签，然后单击"查询"按钮打开"查询结果"界面，即可查询到；要修改告警配置，可以单击"告警配置修改"按钮，或在"查询结果"页面中右击，选择"告警配置修改"命令，如图 3-120 所示。

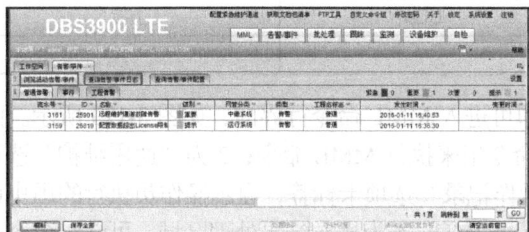

图 3-119　查询 eNodeB 告警（Web LMT）

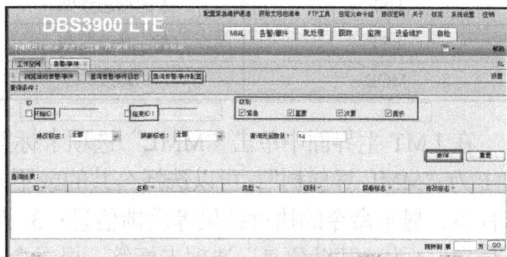

图 3-120　查询与修改告警配置（Web LMT）

（3）设备管理

设备管理可对具体的单板设备进行操作，一般有两种方式，一种是图形用户界面（Graphical User Interface，GUI）方式，另一种是命令方式。

① GUI 方式查询单板状态（见图 3-121）。在拓扑图上右击 eNodeB，选择"设备维护"命令后双击模块面板，显示虚拟单板窗口，根据颜色可以获知单板的状态。

② 命令方式查询单板状态（见图 3-122）。在拓扑图上右击 eNodeB，选择"MML 命令"，在打开的界面中输入 MML 命令"DSP BRD"并设置参数，再单击"Execute"（执行）按钮或按"F9"键执行命令，弹出"Command Maintenance"（命令维护）窗口，显示查询结果。

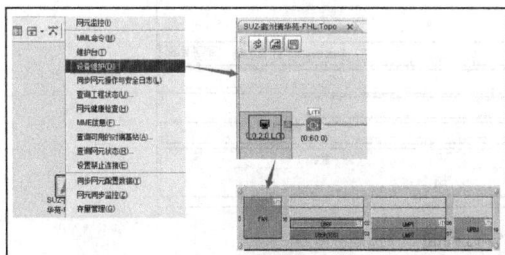

图 3-121　查询单板状态（GUI 方式）

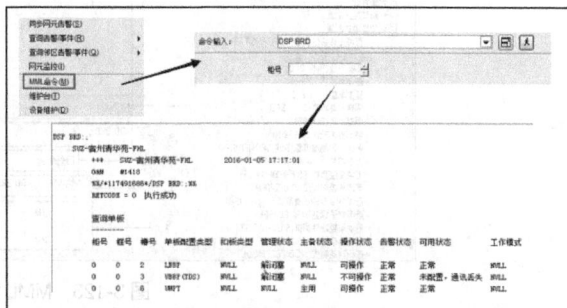

图 3-122　查询单板状态（MML 命令方式）

③ MML 命令。MML 命令是日常操作维护中经常使用到的工具，可以通过输入 MML 命令的方式对基站设备执行查询、修改、增加等维护操作。

基站的 MML 命令可用于实现整个基站的操作维护功能，这些功能分为公共业务功能和各制式独有部分功能，主要包括系统管理、设备管理、告警管理、载波资源管理、传输管理等。

MML 命令的格式为"命令字:参数名称=参数值"，命令字是必需的，但参数名称和参数值不是必需的，根据具体 MML 命令而定。例如"SET ALMSHLD: AID=25600, SHLDFLG=UNSHIELDED"，为包含命令字和参数的 MML 命令。例如"LST VER:"，为仅包含命令字的 MML 命令。

MML 命令字采用"动作+对象"的格式，主要的命令动作如表 3-40 所示。

表3-40　MML 命令

命 令 动 作	说　　明	命 令 动 作	说　　明
ACT	激活	RMV	删除
ADD	增加	RST	复位
BKP	备份	SET	设置
BLK	闭塞	STP	停止（关闭）
CLB	校准	STR	启动（打开）
DLD	下载	SCN	扫描
DSP	查询动态数据	UBL	解闭塞
LST	查询静态数据	ULD	上传
MOD	修改		

在 LMT 主界面中单击"MML"选项卡标签，即可进入 MML 命令行界面，如图 3-123 所示。图中 1 为"MML 导航树"，可以选择公共的或不同的命令组来执行 MML 命令；2 为"通用维护"选项卡标签，显示命令的执行结果等反馈信息；3 为"操作记录"选项卡标签，显示操作员执行的历史命令信息；4 为"帮助信息"选项卡标签，显示命令的帮助信息；5 为操作结果处理区域，可以对命令返回报文进行"保存操作结果""自动滚动""清除报告"操作；6 为手动命令输入区域，显示手动输入的命令及其参数值；7 为"历史命令"下拉列表框，其下拉列表中为当前操作员本次登录系统后所执行的命令；8 为"命令输入"文本框，显示系统提供的所有 MML 命令，可以选择其一或直接手动输入作为当前执行命令，勾选"使用代理 MML"复选框，代理基站能通过紧急维护通道向目标基站进行 MML 操作，从而实现对目标基站的维护；9 为命令参数区域，用于为命令参数赋值，并显示"命令输入"文本框中当前命令包含的所有参数，红色代表必选参数，如图中的"槽号"，黑色代表可选参数，如图中的"框号"。

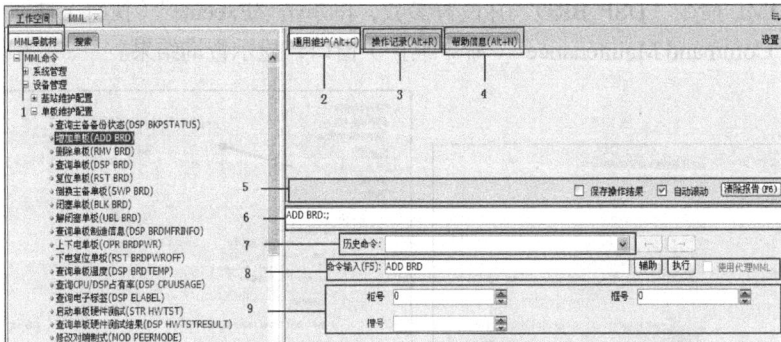

图 3-123　MML 命令行界面

执行 MML 命令有 4 种方式：在"命令输入"文本框中输入 MML 命令；在"历史命令"下拉列表中选择 MML 命令；在"MML 导航树"中选择 MML 命令；在手动命令输入区域中手动输入或粘贴 MML 命令脚本。操作步骤如下所述。

在"命令输入"文本框中输入 MML 命令。命令输入时可以在下拉列表中选择命令；按"Enter"键或单击"辅助"按钮，命令参数区域将显示该命令包含的参数；在命令参数区域输入参数值；按"F9"

键或单击"执行"按钮执行这条命令；"通用维护"界面返回执行结果。

在"历史命令"下拉列表中选择 MML 命令。选择一条历史命令（按"F7"键、"F8"键或单击下拉列表框后面的"←""→"按钮，可选择前一条或后一条历史命令），命令参数区域将显示该命令包含的参数；在命令参数区域可以修改参数值；按"F9"键或单击"执行"按钮执行这条命令；"通用维护"界面返回执行结果。

在"MML 导航树"中选择 MML 命令。在"MML 导航树"中选择 MML 命令并双击后，可在命令参数区域输入参数值；按"F9"键或单击"执行"按钮执行这条命令；"通用维护"页界面返回执行结果。

在手动命令输入区域中手动输入或粘贴 MML 命令脚本。在手动命令输入区域手动输入 MML 命令，或者粘贴带有完整参数取值的 MML 命令脚本；按"F9"键或单击"执行"按钮执行这些命令；"通用维护"界面返回执行结果。

> **重点提示**　在 MML 命令行界面中，红色参数为必选参数，黑色参数为可选参数。将鼠标指针放在命令参数区域，可以获得参数的相关提示信息。执行带时间参数的 MML 命令时，命令默认时间参数为基站上的时间，请注意手动修改。当命令执行失败时，在"通用维护"界面中会以红色显示。

批处理 MML 命令。除了输入 MML 命令方式，还可以批处理 MML 命令。批处理文件（也称数据脚本文件）是一种使用 MML 命令制作的纯文本文件，它保存用于某特定任务的一组 MML 命令脚本。批处理 MML 命令时，将按照批处理文件中的 MML 命令脚本出现的先后顺序自动执行。

批处理的操作步骤：在 LMT 主界面中单击"批处理"按钮，把批处理文件中带有完整参数值的一组 MML 命令脚本复制到命令输入区域，或手动输入一组 MML 命令到命令输入区域，或单击"打开"按钮打开已编辑好的 MML 批处理文件（选择的文件大小不能超过 4MB；单击"新建"按钮将会清空命令输入区域，如果此时命令输入区域有内容，会提示是否需要保存；单击"保存"按钮可把命令输入区域的内容保存成文本文件）。单击"设置"按钮，在弹出的"设置"对话框中可以对批处理执行过程进行设置。"发送间隔"选项用于设置前后两条 MML 命令的执行间隔时间；"保存执行失败的命令"选项用于把执行过程中执行失败的 MML 命令保存到指定文本文件；"保存命令执行结果"选项用于把执行成功或失败的结果保存到指定位置。在"执行模式"选项组中选择执行模式（执行模式有"全部执行""单步执行""断点执行""范围执行""出错时提示"），单击"执行"按钮，系统开始执行 MML 命令。

④ 闭塞/解闭塞单板。闭塞单板将导致该单板上的单板资源逻辑不可用。可闭塞的单板包括基带处理器（Base Band Processor，BBP）、RRU、RFU。闭塞 BBP、RRU、RFU 后，如果导致 RRU、RFU 不能建链或不能运行在最高线速率，可能需要手动发起协商，参考命令为"STR CPRILBRNEG"。

重启单板，如果单板不可用，常用的方法就是重启单板，如果还不行，就需要在近端进行热插拔。需要注意的是，重启 UMPT 单板会导致整个基站重启。另外，UPEU 单板不能进行重启操作。

⑤ RRU 的维护操作。也有 GUI 和 MML 两种方式，可以查询单板版本、复位单板、查询单板状态等。

⑥ 驻波比告警处理。在日常维护中经常会有驻波比告警处理需求，除用测试工具（如 Site Master）进行近端测试外，也可以通过在后台使用命令的方式测得驻波比的值。启动 VSWR 测试（STR VSWRTEST），该功能为高精度驻波比测试，测试结果只显示机顶口的驻波比。要获知驻波更多的细节，执行命令"DSP VSWR"即可查询天线当前 VSWR。当查询多个天线端口时，查询结果仅包括机顶口的驻波比；当查询指定 RRU 的指定天线端口时，查询结果包括天线口的机顶口驻波比、其他最大驻波比及测试点与机顶口的距离，最多包括 6 个最大驻波比及测试点与机顶口的距离。

（4）无线小区管理

无线小区管理可在 U2000 中进行，也可在 Web LMT 中进行。LTE 系统无线小区如图 3-124 所示。

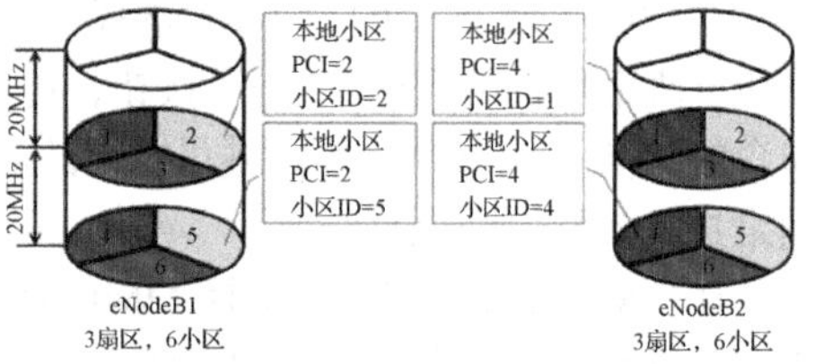

一般一个基站分 3 个扇区，每个扇区载波数加起来就是小区数，譬如一个基站站型是 S222，也就是说这个基站有 3 个扇区，有 3×2=6 个小区。本地小区 ID（0～11）是单 eNodeB 中唯一标识一个小区的 ID，不用于 LTE 协议。PCI（0～503），即物理小区 ID，用于 LTE 空口物理协议。

图 3-124　无线小区图解

小区 ID（8bits），单 eNodeB 中唯一标识一个小区的 ID，用于 RRC 层协议。E-CGI 为 E-UTRAN 小区全局 ID，E-CGI=PLMN ID(6bits) + eNodeB ID(20bits)+CellID(8bits)。

日常维护中可以使用命令"LST CELL"来查询已配置的小区信息，命令"DSP CELL"可查询现网状态下的小区状态。

日常维护中可能有需要对小区进行物理操作的情况，譬如更换天线等可能造成辐射影响的情况，或者新建小区未完成验收及未得到上线许可的情况，需要对小区进行激活/去激活（见图 3-125）或闭塞/解闭塞（见图 3-126），进而打开或关闭小区载频发射功率。

闭塞根据优先级分为高、中、低 3 类。高优先级闭塞小区时，将会立即去激活小区。中优先级闭塞小区时，在设定的小区优先级闭塞时长内，如果没有用户，则立即去激活小区，否则将在小区优先级闭塞时长超时后激活小区。低优先级闭塞小区时，将会在小区无用户后激活小区。命令"BLK CELL (CELL_ HIGH_BLOCK)"的作用与"DEA CELL"的一样。

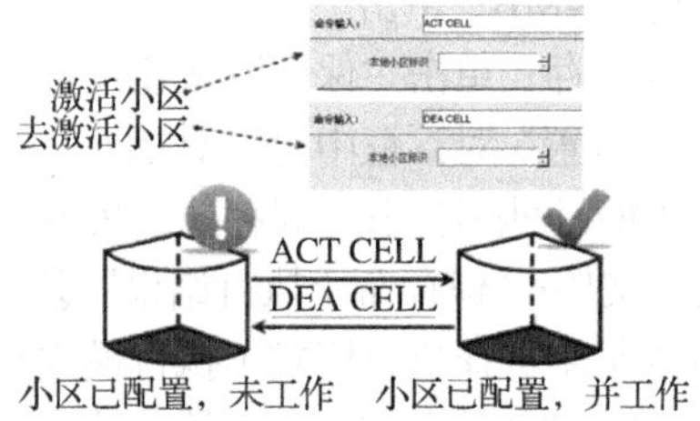

图 3-125　激活/去激活小区

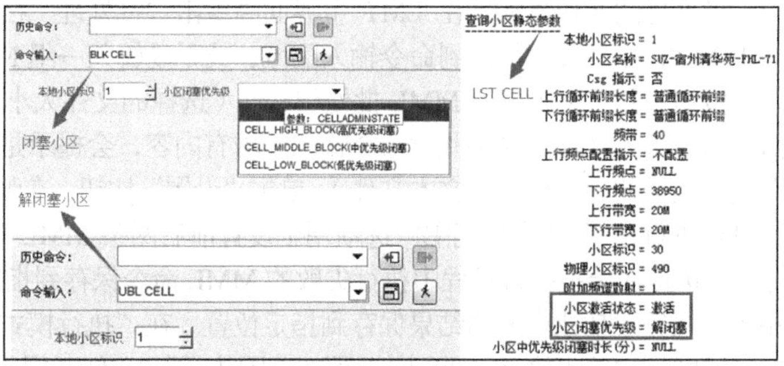

图 3-126　闭塞/解闭塞小区

（5）信令跟踪

并不是所有的故障通过浏览告警信息或者简单的命令操作就能发现和处理好，有时需借助信令跟踪功能来进行故障的分析。信令跟踪功能可以部分取代信令分析仪，对接口、信令链路、内部消息进行跟踪，跟踪结果可以用于设备调测、故障定位等。Web LMT 信令跟踪有 3 类：接口跟踪，S1、X2、Uu 接口（最多同时支持 5 个）；链路跟踪，SCTP；IP、IFTS、IEEE 1588v2 时钟跟踪。

另外，还可以利用 eNodeB 提供的多种日志来帮助定位故障。eNodeB 日志用于保存系统运行的详细状态，包括操作日志、安全日志、运行日志等。

eNodeB 操作日志是用户对 eNodeB 进行操作时的操作信息，主要用于分析设备故障与各项操作之间的联系。eNodeB 安全日志记录网元或网管系统与安全事件相关的信息，例如登录、注销等，用于安全事件的审计和追踪。eNodeB 运行日志为 eNodeB 主机实时记录的系统运行信息，用于辅助定位故障、巡检和监控设备运行情况。

（6）实时性能监测

对偶尔出现的故障，需要对可能存在的故障点进行实时性能监测。实时性能监测的相关概念包括实时性能监测功能、实时性能监测内部过程等。主要包括监测小区性能（监测小区的公共测量值、公共信道用户数等性能状况）、监测扇区性能（监测扇区的上行宽频扫描性能状况）、监测 RRU 性能（RRU 输出功率、RRU 温度监测等）、监测传输性能（对传输流量和 MAC 性能进行监测）、监测频谱（监测频谱使用状态，通过分析采样数据的频谱和功率分布，对无线环境中的频域干扰与时域干扰进行监测）。

（7）软件管理

软件的管理和数据的备份是日常维护中的另一项重要工作。设备的软件版本也需经常升级。eNodeB 主控板有主、备工作区，主、备是相对的概念，激活的软件版本工作在主工作区。利用命令"LST VER"可查询运行的软件版本信息，利用命令"LST SOFTWARE"可查询网元上保存的软件版本信息。

通过 Web LMT 可以升级软件，首先需要配置 FTP 服务器，用来上传和下载文件。软件升级过程如下。

① 下载 FTP 服务器软件（可选，仅当本机没有 FTP 服务器时执行该步）：在 LMT 主界面中单击"软件管理"按钮，打开"软件管理"界面；在导航树中双击"FTPServer 配置"选项，打开"FTPServer 配置"界面；单击"下载 FTP 工具"按钮；单击"保存"按钮保存 FTP 服务器软件（SFTPServer.exe）到本机。

② 设置 FTP 服务器：双击"SFTPServer.exe"启动 FTP 服务器，FTP 服务器图标在任务栏右边通知区域显示；右击 FTP 服务器图标，选择"FTP Server configure"命令，弹出"FTPServerconfiguration"对话框；设置用户名（Username）、密码（Password）以及 FTP 服务器的 Workingdirectory，默认用户名是 admin，密码是 admin。将 Workingdirectory 设置为软件和配置文件所保存的路径；单击"OK"按钮。

③ 在 LMT 主界面中保存 FTP 服务器配置：在 LMT 主界面中单击"软件管理"按钮，弹出"软件管理"界面；在"FTPServer 配置"界面中，设置 FTP 服务器的 Ipaddress；根据②中的设置，输入 Username 以及 Password，默认设置为 admin、admin；单击"保存"按钮保存 FTP 服务器配置。

然后下载软件并激活即可。

在涉及维护工作时，由于操作的对象都是现网设备，为了避免因操作失误导致无法挽回的损失，在一些重大操作前有必要对现网设备进行备份。一般采用 MML 命令的方式备份基站当前的配置数据文件，使用的命令为"BKP CFGFILE"。用户可以在系统运行的某个时刻把当前配置数据备份出来，将来可以使用这个备份文件将系统恢复到这个时刻的配置状态。eNodeB 配置文件会同时保存在 U2000 服务器和 eNodeB 上。

重点提示 "BKP CFGFILE"命令会根据操作的终端类型自动生成对应的文件名。以备份 XML 格式配置文件为例，使用 LMT 进行备份时会备份成 LMT.XML 文件，使用 U2000 进行备份时会备份成 M2000.XML 文件。该命令和下载备份配置数据命令"DLD CFGFILE"操作的是同一份文件，当网元上已存在一份下载的配置文件时，执行该命令，会覆盖原有下载的配置文件。

---

5. eNodeB 故障分析与处理

BTS3900 现场常见问题处理方法对 DBS3900 设备大部分适用，比如驻波告警、LAPD 告警、单板通信告警、单通/双不通/内部收发通道告警、E1 近端/远端告警。稍微有点区别的是对应单板名称不一样，故障定位思路及操作方法基本一致。

对于告警处理，现场一般采取复位、下电插拔、交换模块（邻近槽位互换）3 种方法。这些方法简单有效，尤其对数据配置未下发（复位）、安装不到位（交换模块）、电缆连接不可靠（下电插拔）时判断告警来源行之有效。如果不进行复位、下电插拔、交换模块（邻近槽位互换）操作就直接更换模块（新模块），不容易发现包括软件故障、系统故障等在内的深层次问题。

在故障定位前需要做的准备工作：在 OMC 告警维护台查看告警信息，弄清楚究竟是什么告警；提取基站日志和告警文件；根据 OMC 帮助文件查询告警处理建议，建议中一般会包含复位、下电插拔和交换模块等方法，可以在 OMC 侧先做能做的操作，例如复位单板、检查配置等；前往现场，需协调好现场人员、车辆、备件等资源，协调好 OMC 侧配合人员；带好需要的工具（螺丝刀、扳手、美工刀等基本工具以及相关的特殊仪器仪表，如 Site Master、功率计、测试手机等）、有效门禁卡、站点钥匙、入站许可等；制订处理方案。

在 LTE 系统建设和网络运行过程中，基站故障种类和数量增多。常见的故障有天馈系统故障、链路故障和小区建立失败故障等。

（1）天馈系统故障分析及处理

LTE 天馈系统主要由天线、馈线、CPRI 光纤、GPS 天线、GPS 馈线等组成。

① TD-LTE 天馈系统故障一般分为以下几类。

• 射频通道故障：主要包含从 RRU 天线接口到天线的所有故障，包括 RRU 硬件天线接口故障、馈线问题、塔放故障、馈线避雷器故障、合路器故障、分路器故障及天线硬件故障等。

• BBU-RRU CPRI 光纤故障：主要包含从 BBP 单板到 RRU 光口的所有故障，包括 BBP 单板接口故障、CPRI 光纤问题、RRU CPRI 接口故障等。

• GPS 故障：主要包含从 UMPT 单板到 GPS 天线的所有故障，包括 UMPT 单板 GPS 接口故障、GPS 馈线问题、馈线避雷器故障、GPS 天线接口问题等。

② 天馈系统故障一般的处理流程。分析告警及相关日志文件，初步定位故障点，检查、修正线缆和接头；查看告警是否消除，若告警依然存在，替换相关硬件再次查看告警是否消除；若还是存在告警，检查配置数据，然后确认告警消除。

③ 故障信息收集。对于故障信息的收集，一般要求收集故障现象，时间、位置，发生的频率、范围和影响，故障发生前设备的运行状态，故障发生时的操作和相应结果，故障发生后的测量结果和相关影响，故障发生时的告警和衍生告警及故障发生时的指示灯状态等信息。

收集故障信息的方法：向上报故障的人员咨询故障现象、时间、位置和发生的频率；向设备维护人员咨询故障发生前设备的运行状态、故障现象、操作、故障发生后设备的测量结果；观察指示灯和 LMT 上的告警管理系统，收集系统软硬件的运行状态。

④ 射频通道故障分析。射频通道故障对系统的影响主要有小区退服、掉话或者短话、无法接入或接入成功率低、手机信号不稳定（时有时无）及通话质量下降等。

针对射频通道故障，常见的告警类型有以下几种。

• 射频单元驻波告警。射频单元发射通道天系统接口驻波超过了设置的驻波告警门限。

• 射频单元硬件故障告警。射频单元内部的硬件发生故障。

• 射频单元接收通道 RTWP（Received Total Wideband Power，接收总带宽功率）/RSSI（Received Signal Strength Indicator，接收信号强度指示）过低告警。多通道的 RRU 的校准通道出现故障，导致无法完成通道的校准功能。

• 射频单元间接收通道 RTWP/RSSI 不平衡告警。同一小区的射频单元间的接收通道的 RTWP/RSSI 统计值相差超过 10dB。

• 射频单元发射通道增益异常告警。射频单元发射通道的实际增益与标准增益相差超过 2.5dB。

• 射频单元交流掉电告警。内置 AC-DC 模块的射频单元的外部交流电源输入中断。

• 制式间射频单元参数配置冲突告警。多模配置下，同一个射频单元在不同制式间配置的工作制式或其他射频单元参数配置不一致。

射频通道故障产生的原因：馈线安装异常或接头工艺差（接头未拧紧、进水、损坏等）；天线接口连接的馈线存在挤压、弯折，或馈线损坏；射频单元硬件故障；天馈系统组件（合路器或耦合器）损坏（室分系统特有故障）；射频单元频段类型与天馈系统组件（如天线、馈线、跳线、合/分路器、滤波器、塔放等）频段类型不匹配；射频单元的主集或分集接收通道故障；DBS3900 数据配置故障；射频单元的主集或分集天线单独存在外部干扰；射频单元掉电。

处理射频通道故障的时候，需要对可能造成射频通道故障的原因逐一排查、处理，直至告警消除，故障解决。

⑤ CPRI 接口故障分析。CPRI 接口在 BBU3900 内的 BBP 单板上和 RRU 上。CPRI 接口故障会直接影响 CPRI 链路的通信性能，造成小区退服或者服务质量劣化，甚至会造成 RRU 硬件故障或频繁重启等。

CPRI 接口故障常见的告警如下所述。

- BBU CPRI/IR 光模块故障告警。BBU 连接下级射频单元的端口上的光模块故障。
- BBU CPRI/IR 光模块不在位告警。BBU 连接下级射频单元的端口上的光模块不在位。
- BBU 光模块收发异常告警。BBU 与下级射频单元之间的光纤链路（物理层）的光信号接收异常。
- BBU CPRI/IR 光口性能恶化告警。BBU 连接下级射频单元的端口上的光模块的性能恶化。
- BU CPRI/IR 接口异常告警。BBU 与下级射频单元间的链路（链路层）数据收发异常。
- 射频单元维护链路异常告警。BBU 与射频单元间的维护链路出现异常。
- 射频单元光模块不在位告警。射频单元与对端设备（上级/下级射频单元或 BBU）接口上的光模块不在位。
- 射频单元光模块类型不匹配告警。射频单元与对端设备（上级/下级射频单元或 BBU）接口上安装的光模块的类型与射频单元支持的光模块类型不匹配。
- 射频单元光接口性能恶化告警。射频单元光模块的接收或发送性能恶化。
- 射频单元 CPRI/IR 接口异常告警。射频单元与对端设备（上级/下级射频单元或 BBU）间的接口链路（链路层）数据收发异常。
- 射频单元光模块收发异常告警。射频单元与对端设备（上级/下级射频单元或 BBU）之间的光纤链路（物理层）的光信号收发异常。

针对 CPRI 接口故障的一般处理流程：采集告警信息，查看指示灯状态，检查、修正 CPRI 接口光纤和光模块；查看告警是否消除，若告警依然存在，进行替换硬件处理；如果还是存在告警，检查相关数据配置，最后确保告警消除。

根据告警的类型，告警产生的原因一般有：光纤链路故障、插入损耗过大或光纤不洁净，光纤损坏；RRU 未上电，RRU 故障，RRU 光纤接口处进水，光模块故障，光模块速率、单模/多模与对端设备不匹配；BBP 光口故障，BBP 硬件故障；光模块未安装或未插紧，光模块老化；RRU 配置类型错误或版本故障（升级或扩容后易发生）。

处理 CPRI 接口故障的时候，需要对可能造成射频通道故障的原因逐一排查处理，直至告警消除，故障解决。

⑥ GPS 故障分析。GPS 为 TD-LTE 系统所需时钟提供精确的时钟源。GPS 一般由 GPS 天线、避雷器、馈线、放大器、分路器等组成。任何器件故障都可能导致 GPS 故障，进而可能导致基站不能与参考时钟源同步、系统时钟进入保持状态。这在短期内不影响业务，但基站长时间获取不到参考时钟，会导致基站系统时钟不可用，此时基站业务处理会出现各种异常，如小区切换失败、掉话等，严重时可能导致基站不能提供业务。

GPS 故障常见的告警如下所述。

- 星卡天线故障告警。星卡与天馈之间的电缆断开，或者电缆中的馈电流过小或过大。
- 星卡锁星不足告警。基站锁定卫星数量不足。
- 时钟参考源异常告警。外部时钟参考源信号丢失，外部时钟参考源信号质量不可用，参考源的相位与本地晶振相位偏差太大，参考源的频率与本地晶振频率偏差太大导致时钟同步失败。

- 星卡维护链路异常告警。星卡串口维护链路中断。

处理 GPS 故障告警，一般先查看告警信息，初步定位故障，确认与告警相关的硬件；然后检查 GPS 天线情况，确认故障是由其他干扰造成的。产生 GPS 故障告警时可使用万用表检查 GPS 馈线和接头，进而定位故障发生位置，具体操作如下所述。

- 检查 GPS 跳线接头处是否进水，肉眼不可见时，用万用表测量跳线，查验是否存在短路现象。若短路，则表明 GPS 馈线接头进水或损坏。
- 用万用表测量 GPS 天线侧 GPS 跳线芯皮电压，正常值为 5V 左右，不正常则表示下方有故障，继续下步操作。
- 用万用表测量避雷器是否正常，避雷器接口处芯皮电压正常值为 5V 左右，正常则故障在避雷器到天线间的 GPS 馈线处，不正常则继续下步操作。
- 用万用表测量星卡接头处芯皮电压，正常情况下，星卡接头处的芯皮电压值为 5V 左右，正常则故障在避雷器处，不正常则 MPT 单板损坏或星卡损坏。
- 更换硬件（优先更换 GPS 天线，其次更换主控板）。
- 检查数据配置情况，确认故障是否由数据配置错误导致。

GPS 故障产生的一般原因：馈线接头工艺差，接头处松动，进水；馈线开路或短路；GPS 天线安装位置不合理，周围有干扰、遮挡，导致锁星不足等；GPS 天线故障；主控板、放大器或星卡故障；BBU 到 GPS 避雷器的信号线开路或短路；避雷器失效；数据配置错误等。

（2）链路故障分析及处理

TD-LTE 系统链路故障按故障接口类型分为 S1 接口 SCTPLNK 故障和 X2 接口 SCTPLNK 故障。按协议栈分类可分为 SCTPLNK 故障和 IPPATH 故障。

① S1 接口 SCTPLNK 故障分析。SCTPLNK 故障一般的告警为 SCTP 链路故障告警（ALM-25888）、SCTP 链路拥塞告警等。执行命令"DSP SCTPLNK"，命令操作状态为"不可用"或者"拥塞"时可认为 SCTPLNK 故障。根据故障现象不同，SCTPLNK 故障可以分为 SCTP 链路不通或单通、SCTP 链路闪断等。

S1 接口 SCTPLNK 故障常见的原因：IP 层传输不通；SCTPLNK 本端或对端 IP 地址配置错误；SCTPLNK 本端或对端端口号配置错误；eNodeB 全局参数未配置或配置错误；信令业务的 QoS 与传输网络的不一致；基站侧配置的 MME 协议版本错误；最大传输单元（Maximum Transmission Unit，MTU）值设置问题；其他原因。

S1 接口 SCTPLNK 故障处理步骤：首先检查传输情况；然后检查 SCTP 配置；之后检查基站全局数据、S1INTERFACE 配置，查看信令业务的 QoS，进行 SCTP 信令跟踪，通过分析信令找出问题；最后联系传输人员，检查 MTU 值设置是否过小。具体操作如下所述。

- 检查传输情况：使用"Ping"命令 Ping 对端 MME 地址，看是否可以 Ping 通。如果 Ping 不通，则检查路由和传输网络是否正常。
- 检查 SCTP 配置：使用"LST SCTPLNK"命令查看参数是否与 MME 保持一致，如本端/对端 IP 地址、本端/对端端口号等。
- 检查基站全局数据配置：使用命令"LST CNOPERATOR"检查 MNC、MCC 配置；使用命令"LST CNOPERATORTA"检查 TA 配置。
- 检查基站 S1INTERFACE 配置：使用命令"DSP S1INTERFACE"查询 MME 协议版本号是否配置正确。
- 查看信令业务的 QoS：执行"LST DIFPRI"命令查看信令类业务的区分服务端码点（Differentiated Services Code Point，DSCP）是否与传输网络一致。

- 跟踪 SCTP 信令消息：分析消息是否交互正常。

② X2 接口 SCTPLNK 故障分析。X2 接口 SCTPLNK 故障的告警名称跟 S1 接口 SCTPLNK 故障告警名称一样，同为 SCTPLNK 控制面故障。常见的原因：IP 层传输不通；两基站小区不可用或者未激活；SCTPLNK 本端或对端 IP 地址配置错误；SCTPLNK 本端或对端端口号配置错误；信令业务的 QoS 与传输网络的不一致；基站侧配置的 eNodeB 协议版本错误；MTU 值设置问题等。

另外，如果 X2 采用链路自建立方式，具体 SCTPLNK 故障产生的原因还可能如下。采用 X2 over M2000 自建立方式时，网元与网管系统数据不同步，或 X2 自建立方式错误；采用 X2 over S1 自建立方式时，S1 链路故障，X2 自建立方式错误。

同样，针对 X2 接口 SCTPLNK 故障的处理过程类似于 S1 接口 SCTPLNK 故障处理的过程。一般处理步骤：检查 S1 接口、小区状态，检查基站间网络层状态，检查基站 X2 接口自建立方式（X2 自建立方式下），检查 SCTP 配置，查看信令业务的 QoS，检查基站 X2INTERFACE 配置，进行 SCTP 信令跟踪，最后联系传输人员检查 MTU 值设置是否过小。具体操作如下所述。

- 检查基站 X2 接口自建立方式：执行命令"LST GLOBALPROCSWITCH"查询 X2 自建立方式配置是否正确。
- 检查基站 X2INTERFACE 配置：执行命令"DSP X2INTERFACE"命令查询 eNodeB 协议版本号配置是否正确。

③ S1/X2 接口 IPPATH 故障分析。IPPATH 故障直接影响业务链路的建立，常见的告警为 IPPATH 故障告警。对 S1 接口的表现：S1 接口正常，小区状态正常，但是 UE 无法附着网络；UE 可以正常附着网络，但不能建立某些服务等级指示（Qos Class Identifier，QCI）的承载。

IPPATH 故障的常见原因：IP 层传输不通；IPPATH 中本端/对端 IP 地址、应用类型配置错误；IPPATH 传输类型或 DSCP 值设置错误；开启 IPPATH 的通道检测后，对端 IP 地址禁 Ping；其他原因。

针对这些可能导致 IPPATH 故障的原因，一般的处理操作如下。

- 执行"Ping"命令，检查对端的 IP 地址是否可达。
- 执行"LST IPPATH"命令查询 IPPATH 的本端、对端 IP 地址是否与对端协商的一致。
- 检查 IPPATH 的 QoS 类型，如果为固定 QoS，查看 DSCP 值。
- 与对端沟通，确认对端设备 IP 地址支持 Ping 检测。

（3）小区建立失败故障分析及处理

小区建立失败故障会导致整个小区中的全部用户无法使用业务，具体故障表现为告警台产生"ALM-29240"小区不可用告警。图 3-127 所示为小区不可用告警示例。

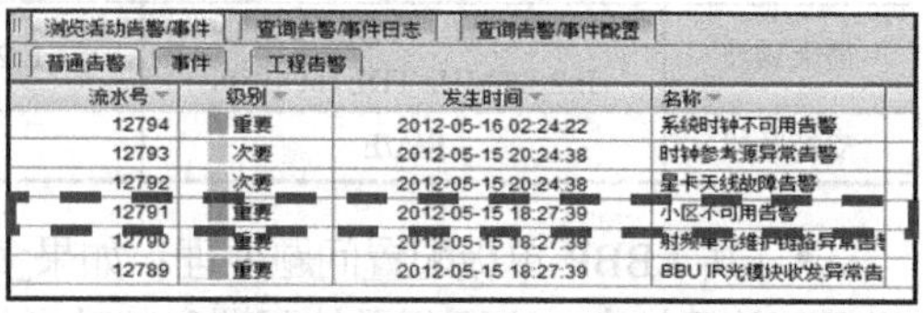

图 3-127 小区不可用告警

造成小区不可用故障的原因很多，小区正常运行涉及的资源中任意一项出现问题，都有可能导致小区不可用。小区正常运行涉及的资源有物理资源和逻辑资源。物理资源包括 S1 接口物理传输资源（GE 光纤、光模块等）、硬件资源（BBU、RRU、天线、IR 光纤、光模块、GPS、馈线等）；逻辑资源包括数据配置（S1 接口、扇区、小区数据配置等），许可证（License）资源，BBU、RRU 软件版本资源。

小区不可用故障的可能原因如下所述。

- 配置数据错误：小区相关的某项资源在 MML 配置上与硬件资源或者相关联的软件配置不匹配，导致建立小区失败。
- 规格类限制问题：某硬件规格或者软件规格（如 License）的限制导致小区不可用。
- TDS&TDL 共模配置问题：TDS&TDL 侧 CPRI 压缩模式不一致、上下行子帧和特殊子帧配比错误、TDS 基站的 license 不支持双模 RRU 等。

- 射频相关资源问题：与射频相关的软件配置或硬件资源故障导致小区不可用。
- 传输资源故障：由于传输原因导致的小区不可用，在激活小区或者用命令"DSP CELL"查询小区动态信息时，MML 反馈结果为"小区使用的 S1 链路异常"。
- 硬件故障：主控板、基带板、射频模块或其他硬件（比如机框等）出现故障时影响小区的建立。

针对小区不可用故障的可能原因，一般的故障处理流程如图 3-128 所示。

① 配置数据问题分析。产生配置数据问题可能的原因包括小区功率配置错误（常见原因）、小区带宽配置错误（常见原因）、小区频点配置错误、共 LBBP 单板配置问题、小区 BF 算法开关配置错误、小区天线模式配置错误、时钟工作模式配置错误及小区运营商信息配置错误（多运营商共享基站模式）等。

- 小区功率配置问题处理：执行"DSP RRU"命令查询当前 RRU 支持的发射通道最大发射功率，小区功率配置问题的产生是由于 RRU 的功率规格可能受到 RRU 硬件规格和 RRU 功率锁的限制；若有该问题，执行 MML 命令"MOD PDSCHCFG"调整小区发射功率。

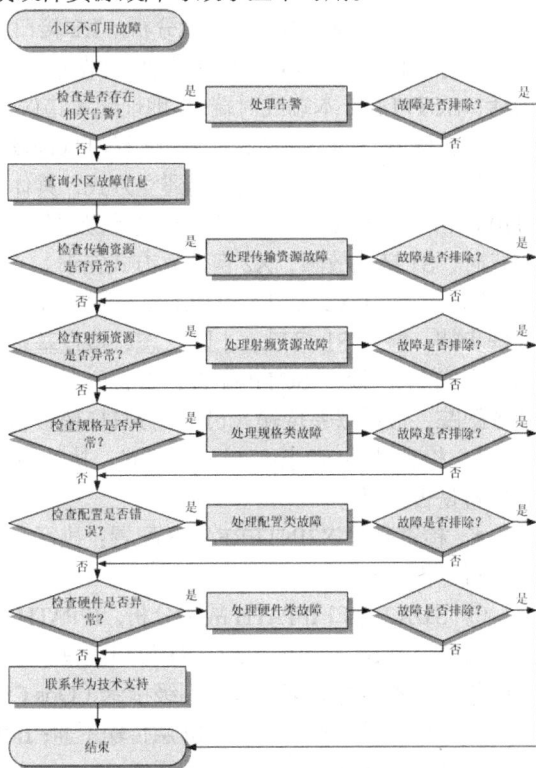

图 3-128　小区不可用故障处理流程

- 小区频点、带宽配置问题处理：通过产品手册获取现有 RRU 支持频段和带宽，表 3-41 所示为 RRU 指标；若有该问题，维护终端执行"MOD CELL"命令进行修改。

表 3-41　RRU 指标

项目	DRRU	DRRU	DRRU	DRRU
	3151e-fae	3152-e	3158e-fa	3233
最大载波	FA:2×20MHz TDL+6C TDS E:2×20MHz TDL+6C TDS	E:2×20MHz	FA:2×20MHz TDL+6C TDS	D:1×20MHz
支持频段	F/A/E	E	FA	D

- 共 LBBP 单板配置问题处理：如果多小区共用一块 LBBP 单板，应保证小区前导格式、上下行循环前缀长度、上下行子帧配置和特殊子帧配比配置一致。执行"LST CELL"命令查询两小区参数配置，通过"MOD CELL"命令进行修改。
- 小区天线模式配置问题处理：执行 MML 命令"LST SECTOR"查看小区天线模式，确认当前配置的小区带宽和天线模式是否超出前期网络规划需求；若超出，则执行 MML 命令"MOD SECTOR"修改扇区天线模式。
- 时钟工作模式配置问题处理：执行命令"LST CLKSYNCMODE"查询基站时钟同步模式是否为时间同步；执行命令"SET CLKSYNCMODE"进行修改。
- 小区 BF 算法开关配置问题处理：非 BF 版本小区不允许在小区激活态下打开 BF 算法开关，执行命令"MOD CELLALGOSWITCH"关闭 BF 算法开关。
- 小区运营商信息配置问题处理：执行命令"LST CELLOP""LST CNOPERATORTA""LST CNOPERATOR""LST ENODEB SHARING MODE"分别查看当前小区使用的 PLMN 和核心网的

PLMN 是否满足当前基站共享模式要求；若不满足，执行 MML 命令"MOD CNOPERATOR""MOD CNOPERATORTA"进行修改。

② 规格类限制问题。产生规格类限制问题可能的原因包括 License 的限制、CPRI 光口速率限制等。

• License 的限制问题处理：执行 MML 命令"CHK DATA2LIC"确认配置值大于分配值的 License 项目，根据硬件实际规模和规划，判断是否需要购买相应的 License；若有该问题，执行 MML 命令"INS LICENSE"安装新的 License。

• CPRI 光口速率限制问题处理：首先根据组网方式和扇区规格计算 RRUCHAIN 上的需求带宽是否超过了光模块所能提供的带宽，CPRI 接口总带宽 = 小区带宽×级联小区数，小区带宽 = LTE 1T1R I/Q 数据带宽×天线数。具体 LTE 1T1R I/Q 数据带宽如表 3-42 所示。

表 3-42　LTE 1T1R I/Q 数据带宽

小区载频带宽/MHz	默认采样频率/MHz	LTE 1T1R I/Q 数据带宽/（Mbit/s）
10	15.36	460.8
20	30.72	921.6

I/Q 数据带宽 = 光口线速率×(15/16)×(4/5)。I/Q 数据带宽与光口线速率对应关系如表 3-43 所示。

表 3-43　I/Q 数据带宽与光口线速率对应表

光口线速率/（Gbit/s）	I/Q 数据带宽/（Gbit/s）
2.4576	1.8432
4.9152	3.6864
6.144	4.608
9.8304	7.3728

在 I/Q 数据带宽计算公式中，15/16 为 CPRI 协议中业务面数据带宽占 CPRI 带宽的比例；4/5 为 8B/10B 编码效率因子。

针对 CPRI 光口速率限制问题的处理方法一般为更换更高规格的光模块、开启 CPRI 压缩（由 License 控制）、调整 RRU 拓扑结构、调整扇区天线发送模式等。

③ TDS&TDL 共模配置问题。产生 TDS&TDL 共模配置问题可能的原因包括 TDS&TDL 侧 CPRI 压缩模式不一致，TDS&TDL 上下行子帧、特殊子帧配比错误，TDS 基站的 License 不支持双模 RRU。

• CPRI 压缩模式不一致问题处理：首先检查 TDL 侧和 TDS 侧的"CPRI 压缩"参数设置是否一致，如果不一致，需要修改一致。TDL 侧使用命令"MOD CELL"设置，TDS 侧使用命令"MOD NODEB"设置。

• 上下行子帧、特殊子帧配比错误处理：TDS 和 TDL 在邻频共存时，为了避免系统间的干扰，需要两者上下行同步，即两个系统上下行时隙对齐。TDS&TDL 双模子帧配比对应关系如表 3-44 所示。如果配比不符合要求，则执行 MML 命令"MOD CELL"修改上下行子帧配比和特殊子帧配比，如图 3-129 所示。

表 3-44　TDS&TDL 双模子帧配比对应关系

TDS 上下行时隙比	TDL 上下行子帧比	TDL 特殊子帧配比	TDL 时间同步提前量/μs
2:4	1:3(SA2)	3:9:2(SSP5)	692.97
3:3	2:2(SA1)	10:2:2(SSP7)	1017.2
	2:2(SA1)	3:9:2(SSP5)	1017.2

• TDS 基站 License 不支持双模 RRU 处理：在 TDS 基站 NodeB 的 LMT 上执行命令"DSP LICENSE"查询当前 License 是否支持双模 RRU，如果双模 RRU 授权数量为 0，则说明当前 License 不支持双模 RRU，需要重新申请 License 文件，将新申请的 License 文件上传到 OMC，设置 NodeB 可用的资源和功能即可。

（4）传输故障分析及处理

LTE 系统传输网络采用 IP 组网，典型的传输组网如图 3-130 所示。

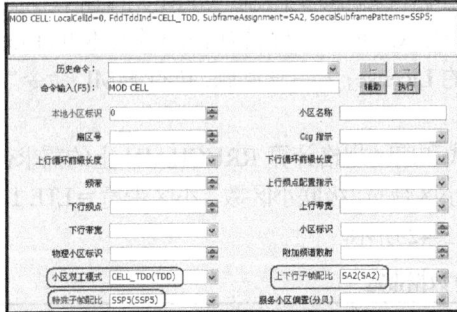

图 3-129　修改上下行子帧配比和特殊子帧配比

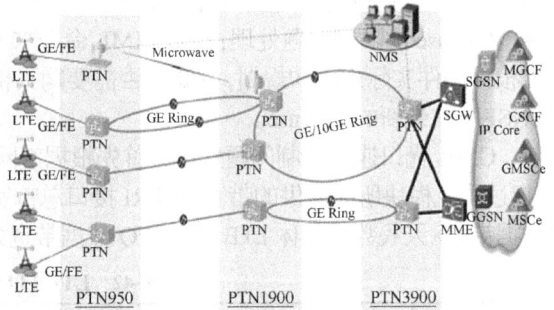

图 3-130　典型的传输组网

传输故障会导致很多衍生告警产生，配置在这条传输线上的所有链路都会中断并上报告警。"告警管理"提供"屏蔽衍生告警"的功能，只有操作级、管理级、分配相应权限的自定义级人员才有权限设置告警屏蔽等级。不过，屏蔽衍生告警将导致部分告警不上报，有丢失告警的风险，一般不建议开启此功能。

传输故障的排查大致步骤：通过浏览告警信息发现传输故障发生的时间、位置；分析告警信息，初步确认传输故障的类型和原因，基站掉电引起的传输中断与普通传输中断在告警上有所不同；对传输网络各环节分别进行逐级排查，确认故障点，查询故障状态，查询对端 IP 地址，Ping 对端 IP 地址，检查是否能够 Ping 通；不能 Ping 通对端时，用"TRACERT"命令检查故障点；根据问题的定位和原因"对症下药"，排除故障。

eNodeB IP 结构如图 3-131 所示，图中，LOCAL IP 为本地 OM IP 地址，和"ETH"端口绑定，通常每个站点都一样，默认值为 192.168.0.49。OMCH 为远程 OM 的逻辑通道 IP 地址，不和任何一个固定的物理端口绑定，属于 eNodeB。ETH 为某指定物理 FE/GE 端口 IP 地址。如果 FE/GE 端口联合成一个以太网聚合，ETHTRK 可用于定义一个聚合组 IP 地址。LOOPINT 是用于传输组网的一个逻辑 IP 地址，通常用于 IPSec 组网场景。

处理传输问题操作步骤：查询故障接口 S1/X2（见图 3-132）链路状态；查询路由状态；进行 Ping 测试，验证是否能连接或验证连接质量；利用"TRACERT"命令定位故障点。

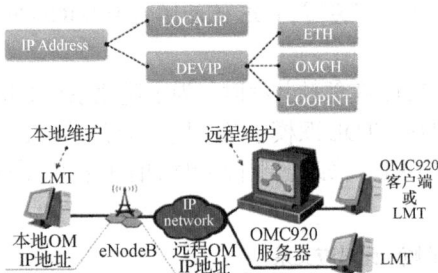

图 3-131　eNodeB IP 结构

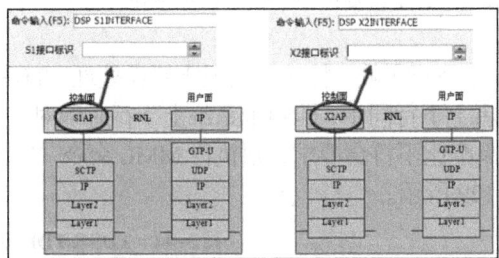

图 3-132　查询 S1/X2 接口

如果 Ping 目的 IP 地址的命令执行成功，"TRACERT"命令执行失败，检查并删除与输出端口规划的 IP 地址同一网段的所有冗余 IP 地址。

3.3　中兴基站主设备

中兴基站主设备容量大、功耗低、扩展能力强、支持多模和 LTE 平滑演进，在多种商用系统中有广泛应用。本节以中兴基站主设备在 TD-LTE 系统和 5G NR 系统中的应用为例，简单介绍中兴主设备的基本结构及基本操作维护方法。

3.3.1 在 LTE 系统中的应用

E-UTRAN 只有一种节点网元 eNodeB，具有 TD-SCDMA 系统中 NodeB 的功能和 RNC 的大部分功能，包括物理层功能、MAC/RLC（Radio Link Control，无线链路层控制协议）/PDCP（Packet Data Convergence Protocol，分组数据汇聚协议）功能、RRC 功能、资源调度和无线资源管理功能、无线接入控制移动性管理功能。

LTE eNodeB 实现的功能包括控制面和用户面两个层面。控制面功能（可简单理解为信令消息功能）：S1/X2 接口管理；小区管理，包括小区建立、重配、删除；UE 管理，包括 UE 建立、重配、删除、UE 接纳控制；系统信息广播、UE 寻呼；移动性管理，包括 UE 在不同小区间切换。用户面功能（可简单理解为用户业务数据功能）包括语音业务功能、数据业务功能、图像业务功能。

中兴 eNodeB 硬件系统按照基带、射频分离的分布式基站的架构设计，即 BBU+RRU 结构，既可以采用射频模块拉远的方式部署，也可以将射频模块、基带部分放置在同一个机柜内，以宏站的方式部署。BBU 与 RRU 通过 OBRI（Open Baseband Radio Interface，开放基带射频接口）/CPRI/IR 接口连接。

1. BBU

BBU 设备采用统一的中兴通信 SDR（Software Defined Radio，软件无线电）基站平台，主要产品型号有 B8200、B8300。BBU 提供与其他系统、网元的接口，实现 RRC/PDCP/RLC/MAC/PHY（Physical Layer，物理层）层协议，可实现无线接入控制、移动性管理等功能。BBU 的关键技术指标如表 3-45 所示。

表 3-45 BBU 关键技术指标

关键技术指标	ZXSDR B8200/B8300
尺寸	88.4mm×482.6mm×197mm（高×宽×深）2U 19" 133.3mm×482.6mm×197mm（高×宽×深）3U 19"
满配质量	<9kg
最大配置功耗	25℃下：550W
供电方式，允许电压变化范围	-48VDC：-57V~-40V； 220/110/100VAC：90VAC~290VAC，40Hz~60Hz
电源功率	支持两个 PM，一个 PM 的最大输出功率为 300W
工作温度	-10℃~+55℃
工作湿度	5%~95%
气压范围	70kPa~106kPa
安装方式	19"机架安装、挂墙安装、龙门架安装
S1 接口最大偶联数目	16
X2 接口最大偶联数目	32
支持同步模式	GPS、IEEE 1588v2

（1）BBU 系统内、外部接口

① 通信接口。

GE：CC 与 BPL 之间的接口（传输信令流与媒体流）、S1/X2 接口、对外调试（Debug）接口。

IPMI：uTCA 标准定义的一套内部外设管理接口。

UART：CC 与 SA、PM 之间采用的接口。

OBRI/CPRI/IR 接口：支持 2.45Gbit/s、4.9152Gbit/s 速率。

E1/T1：仅支持 IPoE，不支持 ATM。

② 时钟及同步。外接时钟源支持 GPS、BITS，锁定线路时钟支持 IEEE 1588v2；背板时钟采用

MLVDS（61.44MHz、FR/FN）。

③ 环境监控。干节点输入/输出；外部监控设备 RS-485、RS-232 控制接口；风扇调速，转速上报。

（2）BBU 单板配置

LTE 系统中 BBU 的单板配置如表 3-46 所示，其中 SA、SE、PM、FA 等单板与 TD-SCDMA 系统中应用的相同。

表 3-46　BBU 单板配置

单 板 名 称	支 持 数 量	描　　述
时钟控制板 CC	1～2	实现 BBU 主控与时钟功能
基带处理板 BP（BPL）	B8300：1～9 B8200：1～5	实现基带处理。单块基带板支持 1 个 8 天线小区，或 2 个 4 天线小区，或 3 个 2 天线小区（20MHz）
通用时钟接口板 UCI	0～2	与 RGB 通过光纤相连，实现 GPS 拉远输入
站点告警板 SA	1	实现站点告警监控和环境监控
站点告警扩展板 SE	0～1	实现 SA 单板功能扩展
电源模块 PM	1～2	实现 BBU DC 电源输入，并给 BBU 单板供电
风扇模块 FA	1	实现 BBU 风扇散热功能

① 时钟控制板（Control and Clock Board，CC）。其功能如下：实现主控功能、完成 RRC 协议处理、支持主备功能；为 GE 提供信令流和媒体流交换平面；内（外）置 GPS、BITS、E1（T1）线路恢复时钟，1588 协议时钟；提供系统时钟和射频基准时钟 10Mbit/s、61.44MHz、FR/FN；支持 S1/X2 接口，提供 16 路 E1/T1、1 路 10M/100M/1000Mbit/s ETH（光、电各一个，互斥使用）；支持级联（10M/100M/1000Mbit/s）；提供全 IP 传输架构；实现 IPMI 机框管理（MCMC 功能）。

CC 面板如图 3-133 所示，面板接口 ETH0 是用于 BBU 与 EPC、BBU 之间连接的以太网电口，10/100M/1000Mbit/s 自适应；ETH1 接口是用于 BBU 级联、调试或本地维护的以太网接口，10/100M/1000Mbit/s 自适应；TX/RX 接口是用于 BBU 与 EPC、BBU 之间连接的以太网光口，100M/1000Mbit/s，与 ETH 互斥；EXT 接口为外部通信接口，连接外置接收机，主要为 1PPS+TOD 接口、RS-485 接口；REF 接口用于外接 GPS 天线。CC 面板指示灯在正常情况下的含义如表 3-47 所示。

表 3-47　CC 面板指示灯在正常情况下的含义

指 示 灯	颜 色	正 常 状 态
运行指示灯 RUN	绿色	1Hz 闪烁
告警指示灯 ALM	红色	常灭
拔插指示灯 HS	蓝色	常灭
0～3 路 E1/T1 状态指示灯 E0S、4～7 路 E1/T1 状态指示灯 E1S、8～11 路 E1/T1 状态指示灯 E2S、12～15 路 E1/T1 状态指示灯 E3S	绿色	第 1s 闪一下表示 0 路正常，不亮则不可用。第 3s 闪一下表示 1 路正常，不亮则不可用。第 5s 闪一下表示 2 路正常，不亮则不可用。第 7s 闪一下表示 3 路正常，不亮则不可用
主备状态指示灯 MS	绿色	主板亮，备板灭
GPS 天线或状态指示灯 REF	绿色	常亮
S1/X2 口链路状态指示灯 ETH0	绿色	常亮
LMT 网口链路状态指示灯 ETH1	绿色	常亮

② 基带处理板（Baseband Processing Board，BPL）。其功能如下：实现和 RRU 的基带/射频接口；实现用户面处理和物理层处理，包括 PDCP、RLC、MAC、PHY 等的处理；IPMI 的管理接口。一块 BPL 可支持 1 个 8 天线 20MHz 小区。BPL 面板如图 3-134 所示，面板上有 TX0 RX0～TX2 RX2 接口，提供 3 路 2.4576G/4.9152Gbit/s 光接口，用于连接 RRU；RST 为复位键，用于复位单板。BPL 面板指示灯在正常情况下的含义如表 3-48 所示。

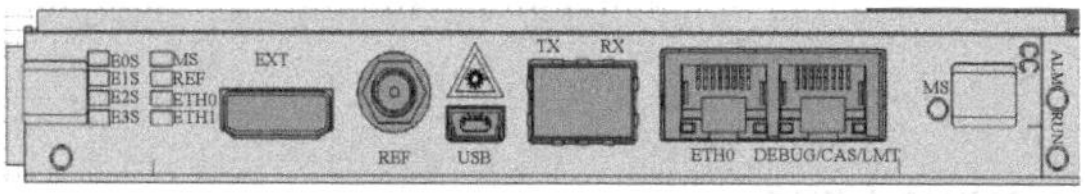

图 3-133 CC 面板

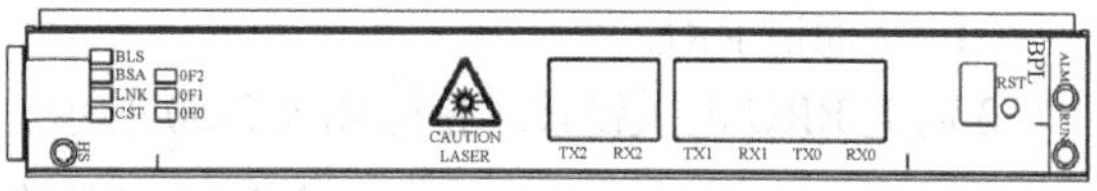

图 3-134 BPL 面板

表 3-48 BPL 面板指示灯在正常情况下的含义

指 示 灯	颜 色	正 常 状 态
运行指示灯 RUN	绿色	1Hz 闪烁
告警指示灯 ALM	红色	常灭
拔插指示灯 HS	绿色	常灭
背板链路状态指示灯 BLS	绿色	第 1s 闪一下表示 FS0 正常，第 1s 不亮，FS0 不可用。 第 4s 闪二下表示 FS1 正常，第 5s 不亮，FS1 不可用。 循环显示，循环 1 次时用 6s。 每秒最多闪 4 次，0.125s 亮，0.125s 灭
单板告警指示灯 BSA	绿色	常亮
和 CC 的网口状态指示灯 LINK	绿色	常亮
CPU 状态指示灯 CST	绿色	常亮
光口 1/2/3 链路状态指示灯 OF0/1/2	绿色	常亮

③ 通用时钟接口板（Universal Clock Interface Board，UCI）。其功能如下：提供 RGPS 输入接口，提供多路 1PPS（1Pulse Per Second，秒脉冲）和 TOD（Time of Day，时间信息）输出。UCI 面板如图 3-135 所示，TX/RX 接口用于 RGPS 光口信号输入；REF 接口用于 GPS 射频信号输入，LVCOMS 标准；EXT 接口提供 1 路 1PPS 和 TOD 信号输入/输出，RS-485 标准；DLINK0/1 接口提供 2 路 1PPS 和 TOD 输出，RS-485 标准。UCI 面板指示灯在正常情况下的含义如表 3-49 所示。

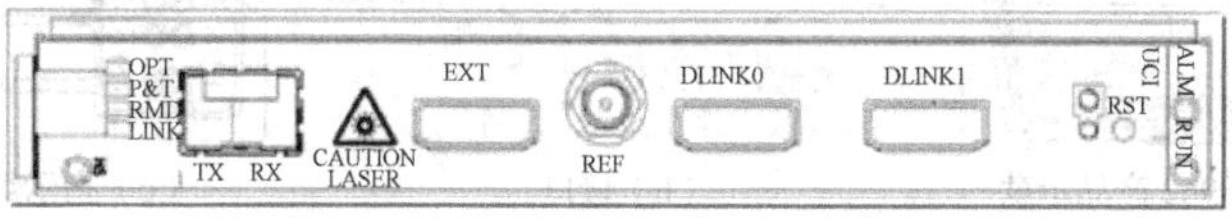

图 3-135 UCI 面板

表 3-49 UCI 面板指示灯在正常情况下的含义

指 示 灯	颜 色	正 常 状 态
运行指示灯 RUN	绿色	1Hz 闪烁
告警指示灯 ALM	红色	常灭
和 CC 的网口状态指示灯 LINK	绿色	常亮
光口链路状态指示灯 OPT	绿色	常亮
1PPS 和 TOD 状态指示灯 P&T	绿色	常亮
接收机模式指示灯 RMD	绿色	常亮表示接收机为 GPS。 1Hz 闪烁表示接收机为 CNSS。 0.5s 闪烁表示接收机为 GLONASS

2. RRU

中兴 TD-LTE RRU 产品现有 R8962 L23A、R8962 L26A、R8924DT、R8928D、R8928E 这 5 款。TD-LTE RRU 设备是利用数字预失真技术、高效率功放技术、SDR 技术研制的新型的紧凑型 RRU。其系统架构主要分为 6 个部分——电源 RPDC、双工滤波器 LDDLF、收发信板 TRF1、功放 PA20F1、接口防护板 PIB、接口转换板 RIE。

（1）2 通道 RRU

2 通道 RRU 的关键技术指标如表 3-50 所示。

表 3-50 2 通道 RRU 关键技术指标

关键技术指标	R8962 L23A/R8962 L26A
频率带宽	2300MHz～2400MHz/2545MHz～2620MHz
柜顶输出功率	20W×2
带宽配置	5MHz、10MHz、15MHz、20MHz
光口最大传输距离	≥10km，不支持级联
光口数量	2×2.4576Gbit/s
供电要求	-48VDC：-57V～-40V 220VAC：154V～286V，40Hz～60Hz，外置
质量	<14kg
尺寸	380mm×280mm×126mm（高×宽×深）
工作温度	-40℃～+55℃
工作湿度	10%～100%
外壳防护等级	IP65
总功耗	<160W

R8962 产品示意如图 3-136（a）所示，提供的接口如图 3-136（b）所示。1 为 LMT 接口，用于本地操作维护；2 为指示灯；3 为级联接口，用于与 RRU 的光纤连接；4 为 OBRI 接口，用于与 BBU 的光纤连接；5、6 为两个射频接口，用于连接天线输出/接收射频信号；7 为 DC 电源接口，用于-48VDC 电源输入。图 3-136（c）所示为 R8962（2 通道 RRU 面板）的指示灯，其正常状态下的含义如表 3-51 所示。

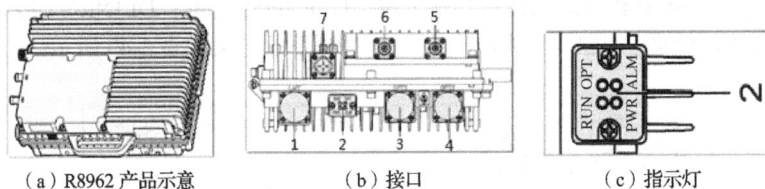

（a）R8962 产品示意　　（b）接口　　（c）指示灯

图 3-136 R8962

表 3-51 R8962 指示灯正常状态下的含义

指 示 灯	正 常 状 态
运行指示灯 RUN	1Hz 闪烁
光口指示灯 OPT	光口使用后常亮
电源指示灯 PWR	上电后常亮
告警指示灯 ALM	常灭

（2）4 通道 RRU

4 通道 RRU 的关键技术指标如表 3-52 所示。

表 3-52 4 通道 RRU 关键技术指标

关键技术指标	R8924DT
频率带宽	2545MHz～2575MHz
柜顶输出功率	10W×4
带宽配置	10MHz、20MHz
光口最大传输距离	≥10km，不支持级联
光口数量	3×4.9152Gbit/s
供电要求	-48VDC：-40V～-57V； 220/100VAC：90V～290V，43Hz～67Hz

质量	<20kg
尺寸	510mm×356mm×35.1mm（高×宽×深）
工作温度	−40℃～+55℃
工作湿度	10%～100%
外壳防护等级	IP65
总功耗	286W（上下行与特殊子帧 2/7 配置）

R8924DT 提供的接口如图 3-137 所示。1 为调试接口，用于调试；2 为射频接口，用于连接天线输出/接收射频信号；3 为 OBRI 接口，用于与 BBU 连接；6 为 AC 电源接口，用于 220/100VAC 电源输入；4、5 为预留接口。正常状态指示灯如图 3-137（c）所示，含义如表 3-53 所示。

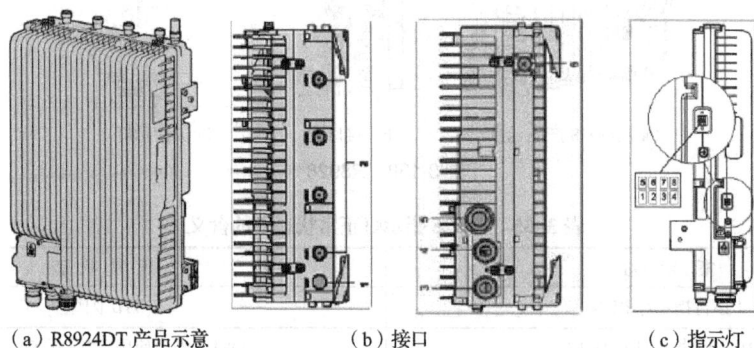

（a）R8924DT 产品示意　　　　（b）接口　　　　（c）指示灯

图 3-137　R8924DT

表 3–53　R8924DT 指示灯含义

指 示 灯	正 常 状 态
1 运行指示灯 RUN	1Hz 闪烁
2/3/4 光口指示灯 OP3/2/1	OP1 光口使用后常亮；OP2/3 预留
5 电源指示灯 PWR	上电后常亮
6/7/8 为 RV3/2/1	预留

（3）8 通道 RRU

8 通道 RRU 的关键技术指标如表 3-54 所示。

表 3–54　8 通道 RRU 关键技术指标

关键技术指标	R8928E/R8928D
频率带宽	2300MHz～2400MHz/2575MHz～2620MHz
柜顶输出功率	5W×8/5W×8（有些接口是 6W×8）
带宽配置	10MHz、20MHz
光口最大传输距离	≥10km，不支持级联
光口数量	3（4.9152Gbit/s）
供电要求	−48VDC：−40V～−57V； 220/100VAC：90V～290V，43Hz～67Hz
质量	<20kg
尺寸	380mm×286mm×126mm（高×宽×深）
工作温度	−40℃～+55℃
工作湿度	10%～100%
外壳防护等级	IP65
总功耗	<240W

R8928（见图 3-138）提供的接口：1 为 OBRI 接口，用于与 BBU 的光纤连接；2 为级联接口，用于与 RRU 的光纤连接；3 为 DC 电源接口，提供-48VDC 电源输入；4 为校准接口，连接天线用于通道校正；5 为射频接口，用于连接天线输出/接收射频信号，如图 3-138（b）所示。R8928 正常状态指示灯如图 3-138（c）所示，含义如表 3-55 所示。

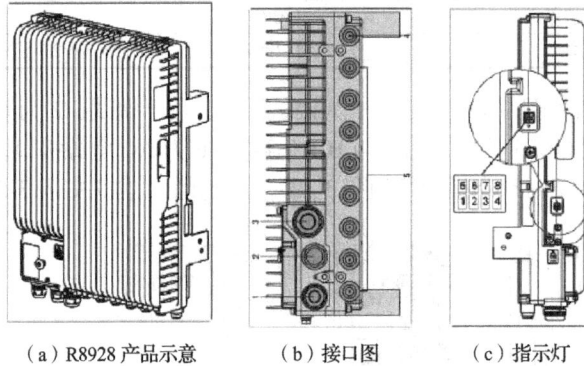

(a) R8928 产品示意　　　(b) 接口图　　　(c) 指示灯

图 3-138　R8928

表 3-55　R8928 指示灯正常状态下的含义

指　示　灯	正常状态
1 运行指示灯 RUN	1Hz 闪烁
2/3/4 光口指示灯 OP3/2/1	OP1/2 光口使用后常亮；OP3 预留
5 电源指示灯 PWR	上电后常亮
6/7/8 为 RV3/2/1	预留

3.3.2　在 5G NR 系统中的应用

中兴 5G NR 产品主要采用 BBU V9200，室外典型设备包括提供 64TR 通道的 A9611A S26，适用于室外 D 频段 4G、5G 混模站点；A9611E S49 适用于 4.9GHz 频段高容量、行业应用站点。而 R8998E S2600 提供 8TR 通道，适用于室外 D 频段高铁高速及深度覆盖、补盲补热等特殊场景。中兴室内典型设备 R9606 S26 提供 2TR 通道，适用于室内分布 D 频段站点、高铁及隧道覆盖场景。中兴分布式微站典型设备中提供 4TR 通道的 R8139 T600 适应于室内 D 频段独立覆盖场景；R8139 M90182326 则适用于室分 D/E/1.8GHz/900MHz 频段覆盖多模大容量场景；R8139 M182326 适用于室分 D/E/1.8GHz 频段覆盖多模大容量场景；而 R8139 M1826 则适用于室分 D/1.8GHz 频段双模覆盖场景。

1. BBU

ZXRAN V9200（即 BBU V9200）是基于中兴通讯 IT BBU 平台推出的新一代 BBU 产品，应用于 5G NR 的组网中，同时也支持 4G LTE 制式。BBU V9200 如图 3-139 所示。图中 1 为基带处理板 VBPc1；2 为基带处理板 VBPc5；3 为通用计算板 VGCc1；4 为基带处理板 VBPc0；5 为电源分配板 VPDc1；6 为环境监控板 VEMc1；7 为交换板 VSWc0；8 为交换板 VSWc2；9 为风扇模块 VFC1。

中兴大容量多模 BBU V9200 最大配置为 15 个 64TR 100MHz NR 小区，90 个 20MHz LTE 小区（2U），提供 10GE/25GE 接口 2 个，同步支持 GPS、北斗卫星导航系统（简称北斗系统）、IEEE1588v2 方式，可-48VDC 或 220VAC 供电，支持 19in 机柜安装、挂墙安装、室外一体化机柜安装或 HUB 安装。高度占用 4U，最多可插入 5 块基带板。出于散热考虑，由于 5G 单板热量较高，因此将 5G 基带板固化到 8 槽位，基本配置如图 3-140 所示。

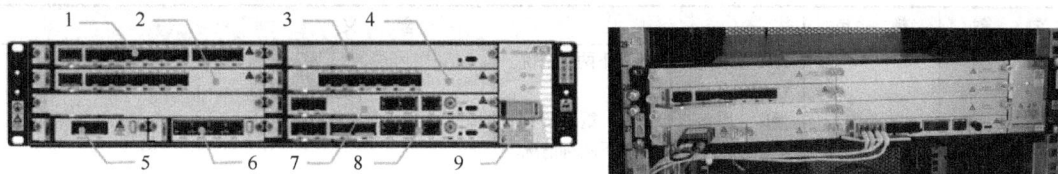

图 3-139　BBU V9200

基带板	SLOT 8	基带板	SLOT 4	智能风扇 SLOT14
基带板	SLOT 7	基带板	SLOT 3	
基带板	SLOT 6	主控板	SLOT 2	
电源板 SLOT5	监控板	主控板	SLOT 1	

图 3-140　BBU V9200 配置槽位

（1）交换板

虚拟化交换板（Virtual Switch Board，VSW）即主控传输板。5G 采用 VSWc2 单板，通过机框内部以太网交换控制和管理机框内其他单板，同时具备传输接口和时钟接口，如图 3-141 所示。图中，VSW 提供的接口包括：ETH1～2 为 10G/25Gbit/s SFP+/SFP28 接口，用于连接核心网的光口；ETH3～4 为 40G/100Gbit/s QSFP+/QSFP28 接口，用于连接基站间的光口；ETH5 接口为 1Gbit/s 以太网接口；DBG/LMT 接口为 10M/100M/1000Mbit/s 本地调试接口；CLK 为 1PPS+TOD 时钟接口；USB 为调试接口。

图 3-141　VSWc2 单板

VSWc2 主要实现基带单元的控制和管理、以太网交换、传输接口处理、系统时钟的恢复和分发及空口高层协议的处理，具体功能如下：①可完成 4G LTE 控制面和业务面协议处理，及 5G 传输转发处理等功能，也可单独完成 5G 控制面和业务面协议处理，传输转发处理功能。②以太网交换和转发功能，对内实现系统内业务和控制流的数据交换功能，对外提供 S1/X2 接口协议处理。③软件版本管理，并提供本地和远端软件升级功能；支持监控基站系统，监控系统的运行状态。④支持 1PPS+TOD 接口，支持 GPS 时钟和北斗系统时钟。提供 GPS 天馈系统信号接口并对 GPS 接收机进行管理；和外部基准时钟进行同步，包括 GNSS、IEEE 1588、1PPS+TOD、Sync 和 RRU GNSS 等，可根据实际需要选择相应的时钟源。NR+LTE 混合配置时可以配置成 6 个 NR 小区+18 个 LTE 小区；NR 单模配置时，可配置 12 个小区；LTE 单模配置时配置 60 个小区。VSW 面板指示灯含义如表 3-56 所示。

表 3-56　VSW 面板指示灯含义

名　称	颜　色	含　义
RUN	绿色	常灭：无电源输入。 常亮：加载运行版本。 慢闪：单板运行正常。 快闪：外部通信异常
ALM	红色	常灭：无硬件故障。 常亮：有硬件故障

续表

名 称	颜 色	含 义
M/S	绿色	NTF 自检触发，有以下两种情况。 快闪：系统自检。 慢闪：系统自检完成，重新按 M/S 按钮，恢复正常工作。 主备状态指示，有以下两种情况。 常亮：单板主用状态。 常灭：单板备用状态。 USB 开站状态，有以下 4 种情况。 慢闪 7 次：检测到 USB 插入。 快闪：USB 读取数据中。 慢闪：USB 读取数据完成。 常灭：USB 校验不通过
REF	绿色	时钟锁定指示，有以下 3 种情况。 常亮：参考源异常。 慢闪：0.3 s 亮，0.3 s 灭，天馈工作正常。 常灭：参考源未配置
ETH（光）	红绿双色	绿灯（高层链路状态指示），有以下两种情况。 常亮：链路正常。 慢闪：链路正常并且有数据收发。 红灯（底层物理链路指示），有以下 3 种情况。 常亮：光模块故障。 慢闪：光模块接收无光。 快闪：光模块有光但链路异常。 常灭：光模块不在位或未配置
ETH（电）	绿色	左灯（链路状态指示），有以下两种情况。 常亮：端口底层链路正常。 常灭：端口底层链路断开。 右灯（数据状态指示），有以下两种情况。 常灭：无数据收发。 慢闪：有数据传输
DBG/LMT	绿色	左灯（链路状态指示），有以下两种情况。 常亮：端口底层链路正常。 常灭：端口底层链路断开。 右灯（数据状态指示），有以下两种情况。 常灭：无数据收发。 慢闪：有数据传输

（2）基带板

虚拟化基带处理板（Virtual Baseband Processing Board，VBP）。VBPc5 单板是 5G 基带处理板（见图 3-142），用来处理物理层的协议和 3GPP 定义的 5G 协议，功能如下：实现物理层协议处理；提供上下行 I/Q 信号；实现 MAC、RLC 和 PDCP 协议。VBPc5 单板提供 25Gbit/s 光口与 AAU 相连。VBP 提供的接口包括：EOF 接口为 40Gbit/s/100Gbit/s QSFP 光接口，用于连接远程备份管理（Remote Backup Management，RBM）设备；OF1～OF6 为 25Gbit/s SFP28 光接口，用于连接 RRU。每单板支持 3×64T64R×100MHz 小区；6×25Gbit/s+1×100Gbit/s 光口；VBPd0b，共有 6 个光口，可带 3×100MHz NR64TR/32TR/8TR 或 6×100MHz NR 4TR/2TR 或 6×20MHz LTE 64TR/32TR/8TR/4TR/2TR，主要用在 64TR/32TR 场景。VBP 面板指示灯含义如表 3-57 所示。

图 3-142　VBPc5 单板

表 3–57　VBP 面板指示灯含义

名　称	颜　色	含　义
RUN	绿色	常灭：无电源输入。 常亮：加载运行版本。 慢闪：单板运行正常。 快闪：外部通信异常
ALM	红色	常灭：无硬件故障。 常亮：有硬件故障
OF	红绿双色	绿灯（高层链路状态指示）。 慢闪：链路正常。 红灯（底层物理链路指示），有以下 4 种情况。 常亮：光模块故障。 慢闪：光模块接收无光。 快闪：光模块有光但帧失锁。 常灭：光模块不在位或未配置
EOF	红绿双色	绿灯（高层链路状态指示），有以下 2 种情况。 常亮：链路正常。 慢闪：端口链路正常有数据收发。 红灯（底层物理链路指示），有以下 4 种情况。 常亮：光模块故障。 慢闪：光模块接收无光。 快闪：光模块有光但是有一个 linkDown。 常灭：光模块不在位或未配置

（3）计算板

虚拟化通用计算板（Virtual General Computing Board，VGC）采用 X86 架构，计算能力强，适合用于基站控制面虚拟化模块组建计算。当 5G 小区大于 6 个时，需要配置 1 块 VGCc1 单板，如图 3-143 所示。

（4）电源模块

虚拟化电源模块（Virtual Power Distribution，VPD），提供-48VDC 电源，支持 1+1 主备用，2000W。VPDc1 单板（见图 3-144）提供-48VDC 电源，支持满配。VPDc1 面板指示灯含义如表 3-58 所示。

图 3-143　VGCc1 单板

图 3-144　VPDc1 单板

表 3–58　VPDc1 面板指示灯含义

名称	颜色	含义
RUN	绿色	常灭：无电源输入。 常亮：电源正常工作
ALM	红色	常灭：无硬件故障。 常亮：输入过压或输入欠压

（5）环境监控板

虚拟化环境监控模拟板（Virtual Environment Monitoring Board，VEM）默认不配置。VEMc1 用于室外柜配置，可提供 12 路干节点+RS-232+RS-485 通信接口。VEM 面板指示灯含义如表 3-59 所示。

表 3–59　VEM 面板指示灯含义

名称	颜色	含义
RUN	绿色	常灭：无电源输入。 常亮：加载运行版本。 慢闪：单板运行正常。 快闪：与 VSW 通信链路断
ALM	红色	常灭：无硬件故障。 常亮：有硬件故障

（6）风扇模块

虚拟化风扇模块（Virtual Fan Array Module，VFC）用于 BBU 框冷却降温。VFC1 为智能风扇模块（见图 3-145），风扇模块板 VFC1 面板指示灯含义如表 3-60 所示。

表 3–60　风扇模块板 VFC1 面板指示灯含义

名　称	颜　色	含　义
RUN	绿色	常灭：无电源输入。 常亮：加载运行版本。 慢闪：单板运行正常。 快闪：与 VSW 单板通信链路断
ALM	红色	常灭：无硬件故障。 常亮：输入过压或输入欠压

2. AAU

中兴典型设备 A9611 是集成天线、中频和射频的一体化形态的 AAU 设备，与 BBU 一起构成 gNB 基站。提供 64TR 通道的 AAU A9611A S26 提供 160MHz 频段、192 天线阵子，支持 4G/5G 共模，支持 eCPRI 接口，一根 25Gbit/s 光纤即可满足传输要求。提供 64TR 的 AAU A9611E S49 则提供 4.9GHz 频段帧结构灵活配置，满足垂直行业应用，室外 2.6GHz 频段容量补充、补盲多场景应用，支持 eCPRI 接口，一根 25Gbit/s 光纤即可满足传输要求。A9611 底部接口包括：PWR 接口用于−48VDC 电源输入；GND 为保护地接口；RGPS 用于连接外置 RGPS 模块；MON/LMT 连接调试网络接口，监控 RS-485 接口通过使用 LMT 或监控设备的定制电缆组件；TEST 接口用于射频信号测试，天线馈电口耦合信号的外部输出接口。

图 3-145　风扇模块 VFC1

A9611 侧面接口包括：OPT1 为 eCPRI 光口，用来连接 A9611 和 BBU，25Gbit/s 光口；OPT2 为 CPRI 光口，用来连接 A9611 和 BBU，100Gbit/s 光口；OPT3 为 eCPRI 光口，用来连接 A9611 和 BBU，100Gbit/s 光口。A9611 接口位置如图 3-146 所示。

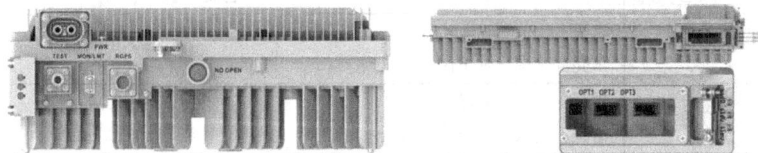

图 3-146　A9611 接口位置

3.3.3　中兴基站主设备的安装

中兴基站主设备在 5G 应用场景中的安装包括 BBU 和 AAU 的安装。

140

1. BBU V9200 的安装

ZXRAN V9200 有以下几种安装场景。挂墙安装（室内环境，ZXRAN V9200 安装在 VC9182 机柜内）、集中柜安装（室内环境，ZXRAN V9200 安装在 VC9810 机柜、VC9811 机柜、VC9183 机架内）、室外柜安装（室外环境，ZXRAN V9200 安装在 VC9910A 机柜内，组合有 VC9910A+PC9910A、VC9910A+PC9910A-Li）、龙门架安装（室内环境，ZXRAN V9200 安装在龙门架上）、L 型架安装（室内环境，ZXRAN V9200 通过 14U 框架安装在 L 架上）、第三方机柜安装（ZXRAN V9200 安装在第三方厂家机柜中）。

线缆布放原则为：机柜左侧布放电源线和接地线，右侧布放信号线（各种通信线缆）。

重点提示　线缆布放时，禁止堵塞进出风口，线缆和进出风口需要有一定的距离。

线缆连接规范如下。电缆两端应粘贴标识本端和对端连接对象的标签，防止接错。布放电源和接地线缆时，应同其他线缆分开布放。与信号线平行布放时，要求保持 20cm 以上的水平距离。布放线缆前，应事先测量所需的线缆长度并留有余量。如在布线过程中发现线缆的预留长度不够，应更换较长线缆重新布线，不得在线缆中做接头或焊接。每隔 0.8m～1.2m 对线缆用线扣绑扎，以防线缆晃动发生摩擦，损坏线缆。线扣多余部分应平滑剪除，不得带有尖刺。线缆转弯应圆滑。

光纤连接规范如下。不允许将光纤折成直角，室外型光缆最小拐弯半径为 90mm，室内型光纤最小拐弯半径为 30mm。如果光纤长度有多余，多余部分放在光纤盘内。光纤不要相互缠绕，否则不利于查找。布线应做到顺其自然，尽量减少转弯，不可强拉硬拽，绑扎力度适宜，绑扎间距小于 0.5m。光纤两端标识清晰。

安装流程如下：①安装 GPS 避雷器；②安装 BBU 机框；③安装直流电源模块；④安装保护地线；⑤安装 GPS 跳线、安装 GPS 馈线；⑥安装 VBP 单板光纤；⑦安装 VSW 单板光纤；⑧安装电源线缆。

2. A9611 的安装

（1）吊装 A9611

A9611 需吊装上塔。安装时根据设计进行抱杆下倾安装或上倾安装，如图 3-147 所示，其中图 3-147（a）为下倾，图 3-147（b）为上倾。

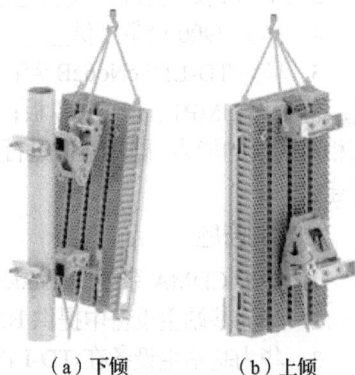

（a）下倾　　　　（b）上倾

图 3-147　AAU 抱杆吊装

重点提示　设备上塔安装时涉及的工程料及辅料，应包装完好吊装到塔上（严禁将工程料及辅料直接绑在绳索上进行吊装），AAU 安装完成，才可解除吊装绳。

A9611 吊装上塔固定到抱杆上，调整上、下抱杆件间距，并紧固其余螺栓、螺母。

（2）线缆连接

A9611 连接线缆包括直流电源线、光纤、保护地线、RGPS 线缆等。A9611 线缆制作和防水处理包括：①制作直流电源线缆；②安装保护地线；③安装 DB15 线缆；④RGPS 线缆防水处理；⑤未使用接头的保护操作。

对于未使用接头的检查如下。

① 检查未使用的接头是否有防尘盖。若没有防尘盖需要补加上。

② 拧紧室外接头保护盖，校准扣保护盖紧固力矩为 1.1N·m。

③ 缠绕两层耐紫外线胶带。按照保护盖拧紧的方向依次缠绕两层耐紫外线胶带。耐紫外线胶带第一层应自上而下缠绕，第二层自下而上缠绕，缠绕时注意无须大力拉伸，自然缠绕耐紫外线胶带；上层胶带覆盖下层胶带的 1/2；缠绕完成后，应反复握捏，保证胶带和保护盖粘合牢固。

④ 使用黑色耐紫外线扣扎紧耐紫外线胶带。

小结

华为、中兴等不同厂家生产的基站主设备有不同的类型结构和工作方式，但其基本结构都包括控制传输部分、基带信号处理部分、射频信号处理部分以及相关配套部分（如电源、风扇、监控、防雷等）。同一厂家生产的设备在不同的系统中根据不同的覆盖要求，需要不同的模块配置和软件应用。

对基站主设备的使用和维护必须建立在对其结构、性能和工作原理充分了解的基础上，在使用时必须注意日常保养。维护时，在控制模块人机接口上接计算机启动维护软件，或根据模块上的状态灯对模块的工作状态进行判断，最后利用 LMT 维护软件可进一步进行测试及其他维护工作。

习题

一、填空题

1. 宏基站具有较_____配置，提供较_____的系统容量，主要用于_____。

2. 分体结构的基站主设备由_____+_____组成。

3. 华为 5900 设备可供_____系统应用。

4. 华为 3900 设备可供_____、_____、_____、_____系统应用。

5. 华为 TD-LTE eNodeB 若在 TD-SCDMA 系统主设备的基础上升级形成 BBU 共框，采用基本配置，需新增 UMPT、LBBP 单板；将 UPEUa 单板替换成_____，将 FAN 模块替换成_____，提高相应模块的能力。同时还需进行_____到 UMPT 单板的线缆连接以及 LBBP 单板到_____的线缆连接。

二、判断题

1. 对于 CDMA 系统，eNodeB 至少需搜索到 3 颗卫星才能实现基站同步工作。　　　（　　）

2. 华为基站主设备中提供 BBU 机框内通信功能的单板是 BSBC。　　　　　　　　（　　）

3. 华为基站主设备在 TD-LTE 系统中应用时，主控传输板 UMPT 提供的 CI 互联光口用于 BBU 互联。　　　　　　　　　　　　　　　　　　　　　　　　　　　　　　　　　　　（　　）

4. 华为基站主设备在单模 RRU 级联典型配置场景中，最大支持 4 级级联。　　　　（　　）

5. USCU 模块是华为主设备在各系统中应用时的必配模块。　　　　　　　　　　　（　　）

6. 中兴基站主设备作 LTE 应用时，用 BPL 实现基带信号处理。　　　　　　　　　（　　）

7. 中兴 5G NR 产品主要采用 BBU V9200。　　　　　　　　　　　　　　　　　　（　　）

8. 在现场进行基站主设备维护时，模块状态指示灯可用于判断模块的工作状态。　　（　　）

9. 安装 AAU 时可根据需要进行上倾安装。　　　　　　　　　　　　　　　　　　　（　　）

10. 更换 BBU 中的模块时需佩戴防静电手环。　　　　　　　　　　　　　　　　　（　　）

三、选择题

1. 华为基站主设备用于提供 BBU E1/T1 接口防雷能力的模块为（　　　　）。

　　A. UELP　　　　　　　　　　　B. UFLP　　　　　　　　　　　C. SULP

2. 华为基站主设备 BBU3900 在 TD-SCDMA 系统基站上配置 LTE 系统时需增加（　　　）模块。

A. UMPT、LBBP   B. WMPT、LBBP   C. WMPT、UBBP

3. 华为 BTS3900 用在 CDMA 系统中时，传输设备接于 UELP 的（　　　）接口。

    A. INSIDE   B. OUTSIDE   C. FE

4. 华为 BBU3900 中配置的 HCPM 模块用于提供（　　　）系统的基带信号处理。

    A. CDMA.1x   B. CDMA2000.1x EV-DO   C. TD-SCDMA

5. 基站主设备射频模块接口上标注 "ANT TX/RXA"，表示该接口为（　　　）。

    A. 发射主收双工接口   B. 分集接收接口   C. 发射接口

6. 中兴基站主设备中提供系统时钟和 E1/T1 接口的模块为（　　　）。

    A. CC   B. UBPI   C. FS

7. 中兴基站主设备 RRU 上的 OPT2 接口用于提供（　　　）功能。

    A. RRU 下联 RRU   B. RRU 上联 RRU   C. 上联 BBU

8. 中兴基站主设备在 TD-LTE 系统中应用时，提供基带信号处理功能的单板是（　　　）。

    A. UBPI   B. BPL   C. UCI

9. 下列（　　　）属于 D 频段 RRU。

    A. RRU315e-fac   B. RRU3253   C. RRU3162-fa

10. 不属于 LTE 系统应用中必配的单板是（　　　）。

    A. UPEU   B. UMPT   C. UEIU

四、简答题

1. 说明现场判断基站主设备硬件工作状态的两种方法。
2. 不同厂家的基站主设备硬件在功能上分成哪几个组成部分？
3. 华为设备在 5G NR 系统中应用时如何配置 BBU5900 各模块？
4. 简述华为设备现场维护告警处理的主要方法。
5. 简述基站主设备中 BBU 与 RRU 间的光纤长度受限条件。
6. 华为设备故障定位的常用命令有哪些？
7. 简述 BTS3900 设备在 CDMA 系统中应用时的信号处理流程。
8. 中兴基站主设备如何配置 5G NR 系统的 BBU 机框？

04

第4章 分布系统

【主要内容】分布系统是解决局部覆盖问题的主要技术。本章主要介绍分布系统的常用器件及设备，分布系统的设计、维护和检测方法。

【重点难点】分布系统的设计、维护和检测方法。

【学习任务】掌握分布系统的常用器件及设备，理解分布系统的设计方法，掌握分布系统的维护和检测方法。

4.1 分布系统简介

移动通信分布系统主要用于宏站的补充覆盖，即"补盲补热"。因为3G/4G/5G移动通信系统的工作频段较高，路径损耗较大，所以用室外宏站覆盖室内区域显得力不从心。而3G/4G/5G移动通信系统的用户使用的业务70%以上发生在室内，尤其是高速数据业务。分布系统包括用于局部覆盖的室外分布系统和室内分布系统，但主要指室内分布系统。本节简单介绍分布系统常用的无源器件和有源设备。

移动通信系统的网络覆盖、网络容量、网络质量是运营商获取竞争优势的关键因素。网络覆盖、网络容量、网络质量从根本上体现了移动网络的服务水平，是所有移动网络优化工作的主题。进行室内分布系统建设的直接理由是：覆盖方面，建筑物自身的屏蔽和吸收作用，造成了无线电波较大的传输衰耗，形成了移动信号的弱场强区甚至盲区；容量方面，诸如大型购物商场、会议中心等建筑物，由于移动电话使用密度过大，局部网络容量不能满足用户需求，无线信道发生拥塞现象；质量方面，高层建筑顶部极易出现孤岛效应以及无线频率干扰，建筑中部易出现乒乓效应，服务小区信号不稳定，语音质量难以保证，易掉话。

对于室内的覆盖，目前一般依靠室外基站信号穿透、微蜂窝、直放站和室内分布系统等方式实现。解决室内覆盖的基本方法是通过天馈系统的分布，将信号送达建筑物内的各个区域，以得到尽善尽美的信号覆盖。其信源基站的接入方式有基站直接接入（包括宏站、微站、RRU等）、直放站接入——选取周围基站小区的信号（包括无线直放站、光纤直放站、移频直放站等）。

利用室内分布系统，可克服建筑物屏蔽，填补建筑物内的盲区或弱信号区；解决大型建筑物内信号场强分布不均的问题；解决高层建筑内的孤岛效应和乒乓效应问题；增大话务量。

4.1.1 分布系统常用器件

分布系统由信源和分布式天馈系统组成，常用器件包括天线、馈线和各类无源器件。

1. 天线

常用于室内覆盖的天线有壁挂天线、吸顶天线等，以及用于室外信号引入的八木天线等。根据天线方向图划分，可分为定向天线、全向天线，使用时由于覆盖空间有限，通常采用的均为低增益天线。适合不同应用环境的室内覆盖常用天线如图 4-1～图 4-4 所示。图 4-2 所示的天线，顶部的箭头指示了天线的方向性。

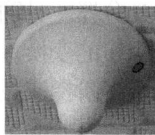

图 4-1 室内全向吸顶天线

选用室内分布系统的时候应注意的事项：尽量选用宽频天线，包括 800MHz～2500MHz 的移动通信频段，避免在增加新的无线系统时对天馈线进行改造；不考虑分集和波束赋形，因为使用分集技术对于系统性能提高不明显，却会明显增加成本，而且室内环境复杂，用户密度大，波束赋形技术效果不好，因此在室内不用波束赋形功能；选用垂直极化天线，避免能量传播中大幅衰减，确保无线信号在复杂的室内环境中能够有效传播；天线选用要适应场景，一般室内房间中心使用全向吸顶天线，矩形环境墙面挂装壁挂式板状定向天线，电梯井、隧道、地铁等狭长的封闭空间可安装高增益定向天线和泄漏电缆，八木天线适于只在一个系统环境中使用。

图 4-2 室内定向吸顶天线　　　图 4-3 室内壁挂天线　　　图 4-4 八木天线

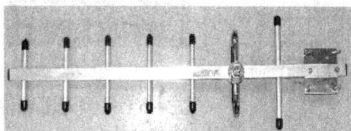

泄漏同轴电缆也可以看成一种天线，电缆上的一系列开孔可以发射信号，也可以耦合接收信号，但技术指标却与馈线的技术指标类似，如百米损耗、耦合损耗（一般指距泄漏电缆开孔处 2m 的损耗）等。

2. 馈线

室内分布系统中选用的馈线主要是同轴电缆，关注的指标主要是馈线损耗。馈线越长，工作频率越高。馈线越细损耗越大。不同厂家的生产工艺、使用材料不同，在同等条件下，馈线损耗会略有差别。影响馈线损耗的主要因素是馈线的长度、工作频率、馈线线径。

一般用百米损耗作为馈线的损耗设计参考。室内分布系统中常用馈线有 10D（D 表示 Diameter，一般指同轴电缆绝缘体直径，单位为 mm）、1/2"、7/8"、5/4"馈线等。常用的馈线（如 5D、7D、8D、10D、12D）都是较细的馈线，比较柔软，但损耗相对较大，称为超柔馈线，适用于弯曲较大的地方，俗称跳线。较高工作频段的 3G、WLAN、LTE、NR 等无线制式需要使用 1/2"、7/8"或更粗的馈线，虽然硬度较大，但损耗小，屏蔽性较好。所以，选择馈线的时候要考虑应用场合。

3. 接头/转接头

接头用于将两个独立的传输介质连接起来，包括同轴电缆、光纤和泄漏电缆等。转接头是将两种不同型号的接头做成一个整体，实现接口类型的转换。在使用时，不管是接头还是转接头，都应保证和传输线路阻抗尽量匹配，避免引起系统驻波比增大，影响性能。

影响接头/转接头品质的最重要的因素是它们的材质。材质不同，对信号传输的影响就不同。选择用于制作接头/转接头的材质，既要考虑其机械强度，还要考虑其电气连接性能，一般选用优质黄铜。另外，影响接头/转接头品质的还有使用的绝缘材料、加工工艺等，出厂前需要检测其在工作频率范围内的驻波比是否达标。

室内分布系统中，要尽量少用接头/转接头，因为每增加一个节点，就会增加一份噪声，增大信号反射。如果接头焊接质量不好，会引入更多噪声，而且很难定位。

4. 无源器件

分布系统中常用的无源器件有各类衰减器、合路器、双工器、耦合器、功分器等，如图 4-5 所示。

（1）功分器

功分器（见图 4-6）用于将功率信号按一定的比例分配到各分支端口，给不同的覆盖天线使用，实现阻抗的变换。功分器从结构上划分，一般分为腔体和微带两种。腔体功分器内部由一条直径从粗到细呈多阶梯递减的铜杆构成；微带功分器则由几条微带线和几个电阻组成。功分器按功率分配的比例划分，可分为等分功分器和不等分功分器（例如功率分配比为 1∶4、1∶10 的不等分二功分器等）。实际使用时，需平均功率分配的场合较常见，即使用等分功分器较多。

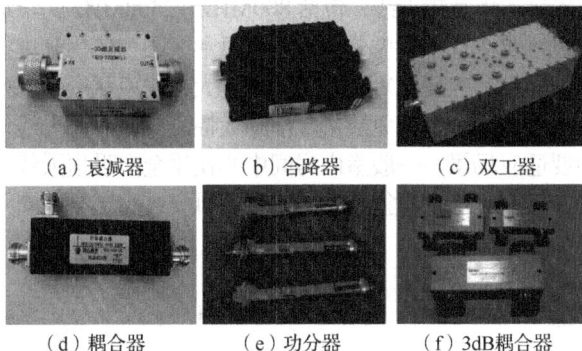

（a）衰减器　　（b）合路器　　（c）双工器

（d）耦合器　　（e）功分器　　（f）3dB耦合器

图 4-5　各类无源器件

图 4-6　各类功分器

功分器的主要技术指标包括分配损耗、插入损耗、隔离度、输入/输出驻波比、功率容限、频率范围及带内平坦度等。功分器的分配损耗单位符号用 dB 表示：二功分的分配损耗为 $10\lg 2 \approx 3\text{dB}$；三功分约为 4.8dB；四功分约为 6dB。在分配过程中，介质还会产生一定的损耗，称为插入损耗，简称插损，一般考虑 0.5dB。

（2）耦合器

耦合器用于将信号不均匀地分配到直通端和耦合端，也就是用于从主干道上提取一部分功率到耦合端输出。耦合器按耦合度分类，型号较多，如 3dB、5dB、7dB、10dB、15dB、20dB、25dB 及 30dB 等。从结构上分，耦合器一般分为腔体和微带两种。腔体耦合器内部是由两条金属杆组成的一级耦合。微带耦合器内部是由两条微带线组成的一个类似于多级耦合的网络。耦合器的结构如图 4-7（a）所示，图 4-7（b）为 3dB 耦合器。

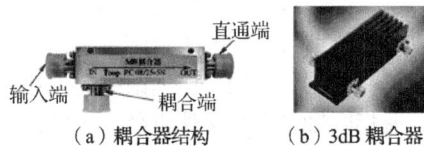

（a）耦合器结构　　（b）3dB 耦合器

图 4-7　耦合器

耦合器的输入端功率和直通端功率之比就是插损，输入端功率和耦合端功率之比就是耦合度。常见耦合器的耦合度与插损的对应关系如表 4-1 所示。

表 4-1　常见耦合器的耦合度和插损的对应关系

耦合度/dB	5	6	7	10	15	20	30
插损/dB	1.65	1.26	0.97	0.46	0.14	0.04	0.0043

与功分器一样，耦合器也存在介质损耗，一般考虑 0.1dB～0.3dB。

（3）3dB 耦合器

3dB 耦合器又称为 3dB 电桥，主要用于将同一频段的两个信号"合路"。3dB 耦合器能沿传输线路的某一确定方向对传输功率连续取样，将一个输入信号分为两个等幅且具有 90° 相位差的信号，耦合端功率与直通端功率等幅输出，进而提高输出信号利用率。常用的 3dB 耦合器插损为 3.2dB，可一路输入，两路输出（相当于二功分器）；一路输入，一路输出（相当于 3dB 衰减器）；两路输入，两路输出（相当于二功分器+二合一合路器）；两路输入，一路输出（相当于合路器，但功率损失一半）。当耦合器只用一路输出时，另一个输出端口需用匹配负载吸收信号功率。一般耦合器出厂时就考虑了端口匹配问题，和接入专门的负载效果一样，不用外接匹配负载。

理想情况下，从耦合器的一个输入端口进入的信号不会从另一个输入端口输出，这两个端口相互隔离；但实际情况下会有部分信号泄漏，一般要求两个输入端口的隔离度大于 25dB。

选择耦合器时，首先要看它的工作频段是否包括系统载波工作频段，再查看两个输入端口间的隔离度是否满足要求。

（4）衰减器

衰减器可在一定的工作频段内减小输入信号的功率，改善系统阻抗匹配状况。衰减器最重要的指标之一就是衰减度 A，该指标用于描述衰减器输出端口信号功率比输入端口信号功率衰减的程度。

衰减器有固定衰减器和可变衰减器两种，常见的衰减器型号有 5dB、10dB、15dB、20dB 等。

衰减器由电阻器件组成，是一种能量消耗元件，信号功率消耗后变成器件热量。当热量超过一定程度时，器件会被烧毁。因此，功率是衰减器工作时必须考虑的重要指标，必须让衰减器承受的功率远低于极限值，以确保衰减器正常工作。

衰减器的主要用途是调整输出端口信号功率的大小。例如，在分布系统中，天线功率过大，信号会泄漏到室外造成干扰。这时可在信号进入天线前加装衰减器调节天线口功率大小，让信号只覆盖室内的目标区域。

衰减器还可用于在信号测试中扩展信号功率的测量范围。如用频谱仪分析某放大器输出信号，信号功率太大时，就可利用衰减器降低信号功率，而不改变信号相位偏移。在实际测量放大电路信号的时候，使信号先进入衰减器，再进入频谱仪，以扩展可测信号的动态范围。例如，在 4.4.4 小节中用频谱仪测直放站输出功率时有应用。

（5）合路器

合路器可以将同一频段或者不同频段上的多个发射信号合成并输出至天线，避免各端口信号间的相互影响。在图 3-11 中，GSM、TD-SCDMA、TD-LTE、WLAN 这 4 个系统通过两级合路实现了共用分布式天馈的目的。合路器要保证不同频段的信号相互不影响，有较高的干扰抑制程度，信号无损合成或分享及干扰抑制都要求合路器端口的隔离度足够大。在室内分布系统设计时，选择合路器重点看工作频率范围和工作带宽是否满足要求、插损是否足够小、端口隔离度是否足够大。合路器工作原理如图 4-8（a）所示。

（6）双工器

双工器工作在通信系统的同一个频段上，两个滤波器的公共端口连接至天线。其中一个滤波器选频工作在上行频段，将来自天线的信号选择输入接收机；另一个滤波器选频工作在下行频段，将来自发射机的信号选择送至天线发射出去。双工器的工作原理如图 4-8（b）所示。

（7）射频负载

射频负载（见图 4-9）是室内测试与调试过程中替代天线的实用工具，它将发射机输出的射频信号当中的绝大部分能量转化为热能，并通过射频负载的散热器将热能散发出去。负载使用时不输出信号，也不会产生驻波比，主要用于在 3dB 耦合器不使用的输出端吸收功率，或在分布系统分段测试时封堵断开的支路端口。用射频负载替代天线进行室内测试时可净化电磁环境，减少对其他设备的干扰。

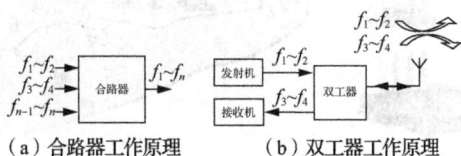

（a）合路器工作原理　　（b）双工器工作原理

图 4-8　合路器和双工器工作原理　　　　图 4-9　射频负载

4.1.2 分布系统有源设备

分布系统的常用设备主要指有源设备，即在工作中需要提供电源的设备。对于分布系统来说，信源的引入是非常重要的一项工作，而直放站是一种除微蜂窝和射频拉远外使用最多的有源设备之一。

直放站是移动通信系统信号延伸的一种设备，实际上是一种双工放大器，通过放大基站的上下行链路信号来提高链路余量。其作用主要有两个方面：一是应用在网络中需要扩大覆盖范围但不需要增加容量的地区，通过诸如增强中继效率等途径提高容量的利用率；二是应用在建筑物内信号难以穿透的区域。例如，宽带型无线直放站工作时，当直放站接收基站信号或手机信号后，并不分离出具体的系统载波信号，而是将其视为宽带射频信号，通过低噪放、变频及中频宽带滤波、功放，达到一定输出功率后通过天馈线发射出去，如图 4-10 所示。

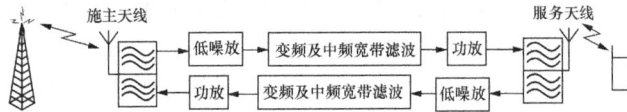

图 4-10 宽带型直放站框图

4.2 分布系统常用设备

分布系统中的信源包括宏蜂窝、微蜂窝等具备基站完整功能的信源（包括射频信号处理部分和基带信号处理部分，在第 3 章中已介绍），以及直放站等具有功率放大和信号变换功能的有源设备。

直放站不提供容量，只对模拟射频信号进行再处理，会引入额外的噪声，增加系统的底噪，降低系统的接收灵敏度，增加系统的干扰，会对网络的整体性能产生影响，所以 BBU+RRU 结构的基站主设备的应用中直放站的数量已大大减少。但由于直放站使用成本低，采购方便，在很多的场合还是有应用，而且已经在使用的直放站还需要维护。目前，使用较多的是光纤直放站。本节简单介绍光纤直放站、干线放大器等有源设备的工作原理、设备结构等基本知识。

4.2.1 直放站概述

直放站作为延伸系统的信源，曾被广泛应用，目前仍有现网应用，使用较多的是光纤直放站。

1. 直放站的分类

直放站按传输方式划分，可分为无线直放站（见图 4-11）、光纤直放站（见图 4-12）、移频直放站（见图 4-13）；按使用场所划分，可分为室内直放站（见图 4-14）和室外直放站（见图 4-15）；按传输带宽方式划分，可分为选频直放站和宽带直放站。按供电方式划分，可分为直流供电直放站、交流 220V供电直放站和太阳能供电直放站。

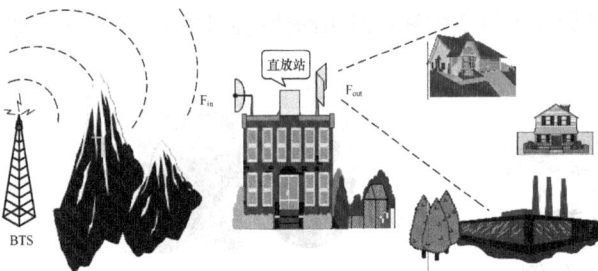

图 4-11 无线直放站应用示例

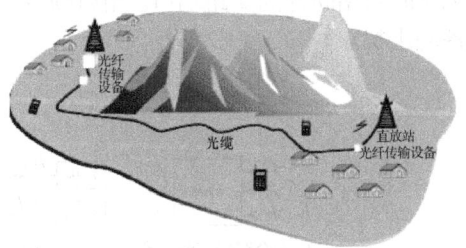

图 4-12 光纤直放站应用示例

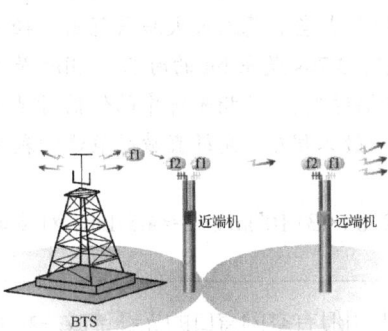

图 4-13　移频直放站应用示例

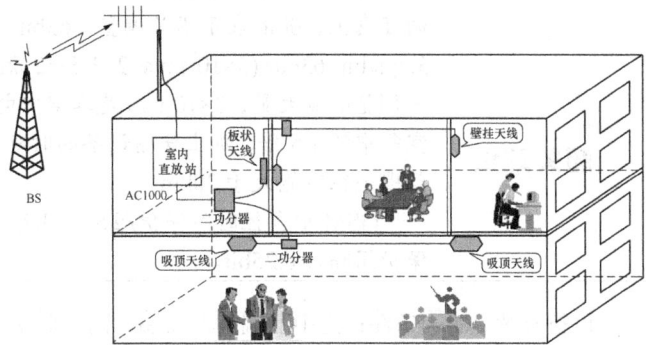

图 4-14　室内直放站应用示例

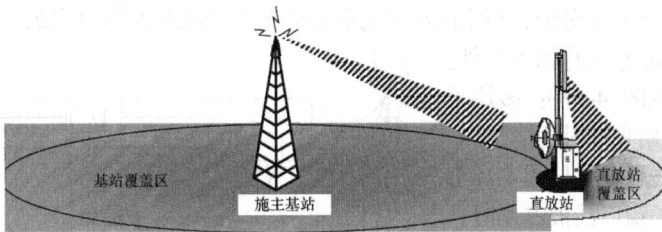

图 4-15　室外直放站应用示例

（1）光纤直放站

光纤直放站工作原理如下：中继端（近端）机通过直接耦合或通过天线接收基站信号，经放大后转换成光信号，经过光纤传输到覆盖端（远端）机；同时，覆盖端机的光接收器将光信号转换为射频信号，放大后经室内分布系统送至用户手机。系统引进了光路自动增益控制（Automatic Gain Control，AGC），在半径为 20km 的光纤覆盖范围内系统增益保持恒定不变，基本可以免调测。光纤直放站工作原理如图 4-16 所示。

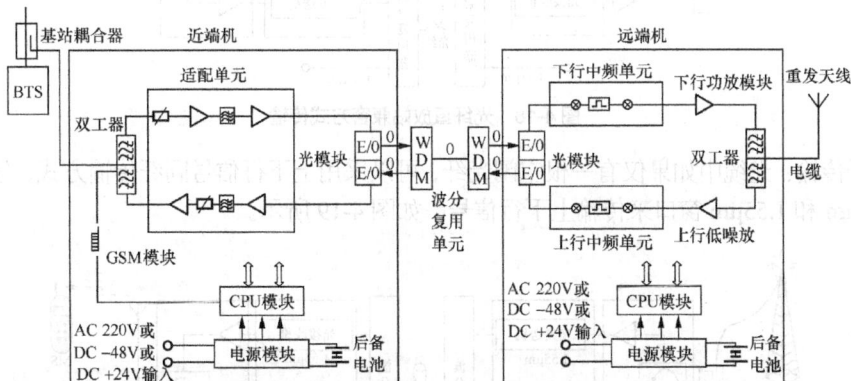

图 4-16　光纤直放站工作原理

光纤直放站由于使用光纤传输，线路损耗小，时分多址信号传输距离可达 20km；覆盖端可根据需要选择全向或定向覆盖；采用光器件，其工作稳定可靠；信源可采用空间耦合或直接耦合方式；不存在直放站收发隔离问题，选点方便；一个光中继设备可同时与多个覆盖端机连接，但应用光纤直放站时需考虑光传播时延和多径时隙保护问题。

时分多址系统中，BTS 与 MS 之间的最大距离由 TA 值决定，TA 是 0bit～63bit 的任意值，0bit 表示不必调整，63bit 是调整的最大量。基站最大覆盖范围半径为 $3.7\mu s/bit \times 63bit \times (3\times10^8)m/s \div 2 \div 1.5 \approx 23km$，其中，$3.7\mu s$ 是每 bit 的时长，63bit 是时间调整的最大量，$3\times10^8 m/s$ 是真空中电磁波传播速度；1.5 指光纤中的传播时延是空气中的 1.5 倍。加上传输设备的时延影响，一般工程中，光纤直放站最远的覆盖范围半径不能大于 20km。

GSM 中多径时隙保护距离为 $3.7\mu s/bit \times 8.25bit \times (3\times10^8)m/s \div 2 \approx 4.57km$，对应的保护间隔为 8.25bit。

设备安装点所需条件：光中继端到覆盖端，需一对空闲或已占用但有空闲窗口的光纤，或一根有两个空闲窗口的单模光纤。

光纤直放站适用于填补盲区（如扩大覆盖），特别是接收不到空间无线信号的地区（无法安装无线中继站的地方）；还可用于话务分流，将空闲小区的信号经光纤引到高话务量区域，分流该区域的话务量。

光纤直放站的传输方式有如下几种。

① 普通方式（见图 4-17）：多用于光缆中有现成多余备用光纤对的情况。

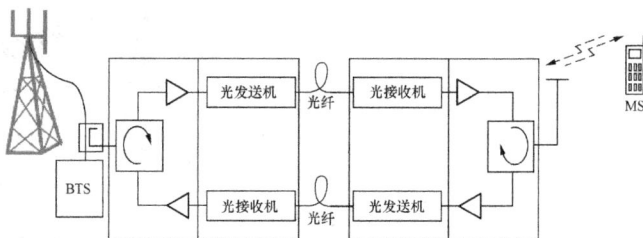

② 兼容方式（波分复用，见图 4-18）：光纤中的 1.31μm 波长窗口已被占用时，可通过波分复用器将中继站信号复用到 1.55μm 波长窗口上，实现中继站信号与其他信号同纤传输。

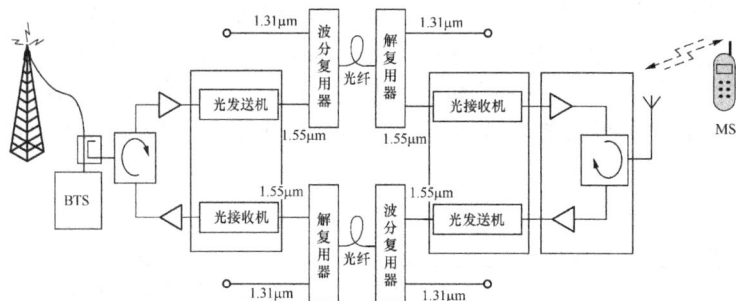

图 4-17　光纤直放站普通方式传输

图 4-18　光纤直放站兼容方式传输

③ 同纤传输：光缆中如果仅有一根空闲光纤，可以采用上下行信号同纤传输方式，分别用单模光纤中的 1.31μm 和 1.55μm 窗口来传输上下行信号，如图 4-19 所示。

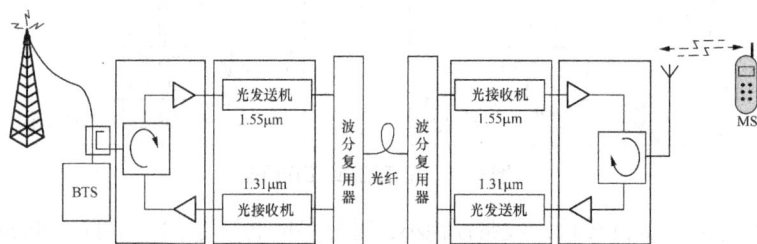

图 4-19　光纤直放站同纤传输

光纤直放站的应用方式包括：点对点传输（见图 4-20）、点对多点线形传输（见图 4-21）、点对多点星形传输（见图 4-22）等。

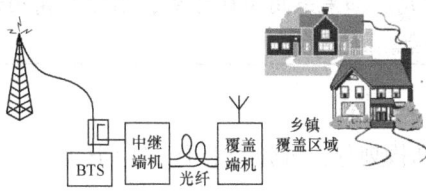

图 4-20　点对点传输

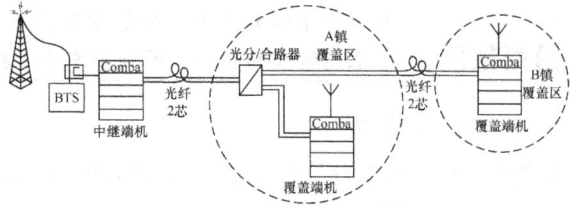

图 4-21　点对多点线形传输

（2）干线放大器

干线放大器（简称干放）主要安装在分布系统干线上以补偿信号的传输损耗，扩大覆盖面积。干线放大器是室内分布系统有源设备最常用的一种，它的主要特点是补偿主干线路的馈线损耗，同时放大、补偿上下行链路信号。因输入信源为基站耦合器或功分器分配所得，故信源稳定、纯净度高，而其内部结构也相对简单。图 4-23 所示是一个典型的干线放大器的应用示例，从主楼分离出来的信号用干线放大器放大后，用天馈分布系统来覆盖副楼。

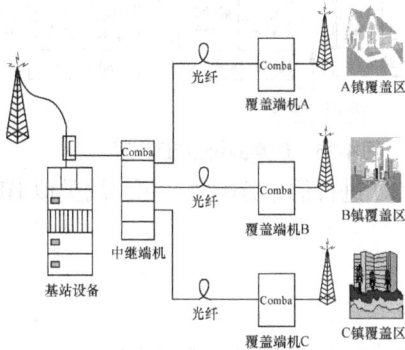

图 4-22　点对多点星形传输

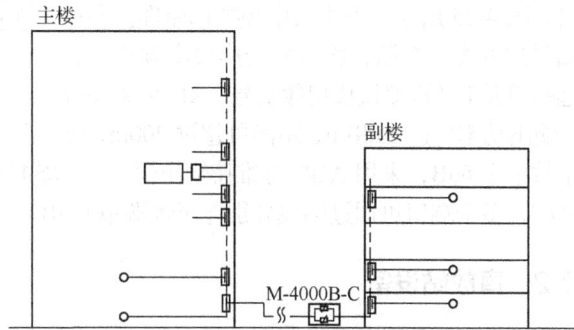

图 4-23　干线放大器应用示例

干线放大器的工作原理：由基站方向主干电缆耦合的下行信号进入低噪放中双工器 DT 端，经双工器分离进入下行功放，进行功率放大，经过双工器滤波后由 MT 端口的用户天线（置于室内）进行室内覆盖；同理，室内用户手机发射的上行信号，经 MT 端口的用户天线（置于室内）接收后送至设备中，经双工器分离后进入低噪放模块进行功率放大，经双工器滤波后由 DT 端传回基站，如图 4-24 所示。

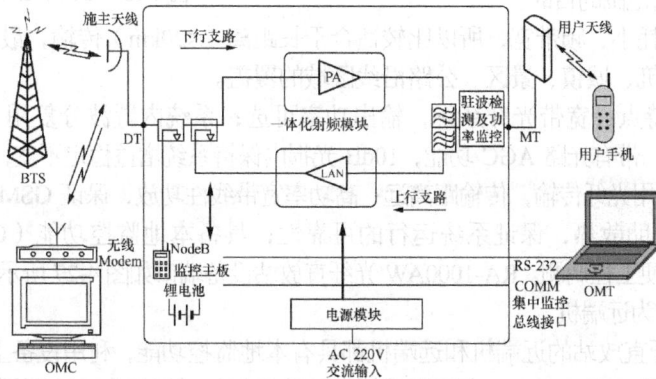

图 4-24　干线放大器原理框图

重点提示 干线放大器适用于大型的建筑物的室内信号覆盖。需要注意的是，如果要加入多个干线放大器，应尽量采用并联方式。如果采用串联方式，则需要精确计算给基站带来的噪声，否则会发生干扰杂音。

2. 五类线分布系统

五类线分布系统采用五类线代替部分同轴电缆，根据结构划分，可分为主干光纤+五类线分布系统和纯五类线分布系统。

主干光纤+五类线分布系统在信源端通过主单元将信号转换为光信号，经光纤传输到多个扩展单元，再经五类线传输到多个远端单元，最终通过远端单元还原为射频信号。纯五类线分布系统中，信号全在五类线上传输。由于五类线的带宽无法满足需求，应用比较受限，在实际应用中，要根据所覆盖环境、业务需求等选择合适的分布系统类型。

五类线中频拉远是一种有源分布系统，信源信号传输至接入点后，将射频信号转换成中频信号，分配后经网线传送到用户需要的地方，再将中频信号转换成射频信号由天线发射出来。

五类线中频拉远在信源信号传输至接入点时，既可用光纤链路（光纤直放站），也可用无线链路。图4-25所示为五类线中频拉远原理。在用户端采用五类线介质，将信号变换成中频信号，在远端单元RU再变换成射频信号。RU可采用远供，输出功率可达23dBm，距离可超过200m，噪

图4-25 五类线中频拉远原理

声系数小于6dB，采用AGC可维持输出恒定。远端扩展单元CU进行信号分配时，可采用类似HUB的结构，多个端口可通过网线分别连至远端单元RU。

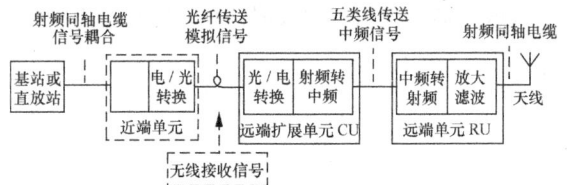

4.2.2 直放站设备

直放站覆盖的设备很多，在此以京信直放站典型设备RA-1000AW为例进行简单介绍。

如图4-26所示，RA-1000AW是一种GSM单频段光纤直放站（以下简称直放站或系统），系统由直接耦合近端机（中继端机）RA-1000AW-LD（见图4-26（a））和远端机（覆盖端机）RA-1000AW-R（见图4-26（b））组成。它通过光纤的传输将GSM900MHz基站信号传送到远端机，再经天馈系统发射，从而达到扩大GSM900MHz基站信号覆盖范围的目的。

（a）RA-1000AW-LD近端机 （b）RA-1000AW-R远端机

图4-26 RA-1000AW近端机和远端机

由于光纤传输损耗小、频带宽，所以比较适合于长距离（<20km）传输，最大支持10dB的光路损耗，可用于室内建筑、城镇、景区、公路沿线区域的覆盖。

RA-1000AW的特点：宽带光纤系统，输出功率可选；系统内置波分复用（Wavelength Division Multiplexing，WDM），带有光路AGC功能，10dB光损内保持系统增益稳定不变，安装后基本免调试，方便工程"开站"；利用光纤传输，传输距离远；高功率宽带线性功放，保证GSM信号不失真放大；大功率机型带有风扇辅助散热，保证系统运行的可靠性；具备本地监控功能（Operation Maintenance Terminal，OMT），方便工程调测。RA-1000AW光纤直放站设备端口如图4-27所示，其中图4-27（a）为近端机，图4-27（b）为远端机。

RA-1000AW光纤直放站的近端机和远端机都具有本地监控功能，利用设备上的RS-232接口连接计算机实现，通过内置FSK Modem实现近端机和远端机间的对端操作，可利用便携式计算机进行本地或对端参数设置与状态查询。

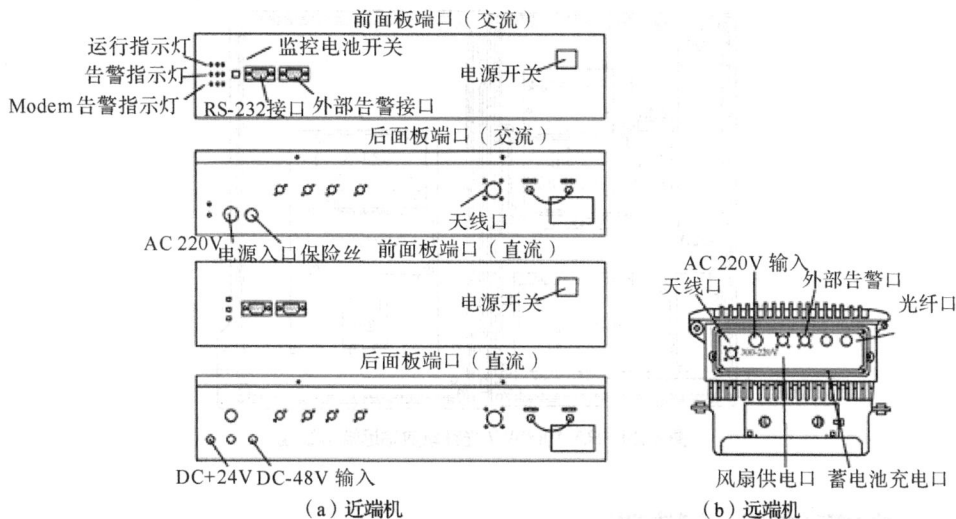

图 4-27　RA-1000AW 光纤直放站设备端口

近端机配置无线或有线 Modem（选配）实现远程智能监控。近端机监控查询项目包括设备厂商代码、设备类别、设备型号、监控版本信息、设备生产序列号、下行输入功率电平及设备经纬度等；设置项目包括站点编号、设备编号、站点子编号、查询/设置号码、上报号码、监控中心 IP 地址、上报通信方式、直放站主动告警使能标识、下行输入过功率/欠功率告警门限及短信中心服务号码等；告警项目包括电源掉电告警、电源故障告警、监控模块电池故障告警、位置告警、下行输入过功率/欠功率告警、光收发告警、外部告警、巡检上报、故障修复上报、开站上报及配置变更等。

远端机监控查询项目包括设备厂商代码、设备类别、设备型号、设备生产序列号、下行输出功率电平、上下行增益、功放温度值、下行驻波比及设备经纬度等；设置项目包括站点编号、站点子编号、上报通信方式、告警使能标识、下行输出欠功率告警门限、上下行衰减值、功放过温门限、下行驻波比门限及射频信号开关状态等；告警项目包括电源掉电告警、电源故障告警、监控模块电池故障告警、位置告警、下行输出欠功率告警、下行功放告警、上行低噪放故障告警、功放过温告警、光模块告警、下行驻波比告警、巡检上报、故障修复上报、开站上报及配置变更等。

监控远程传输通过近端机内置 GSM Modem 采用"数传"和"短信"方式实现。

根据不同的应用方式，RA-1000AW 光纤直放站近端机组成中的光模块不一样，如图 4-28 所示，远端机组成如图 4-29 所示。安装完成的设备需要联机调试，本地调试软件版本为 OMT-DV1.00 SP3 以上版本。

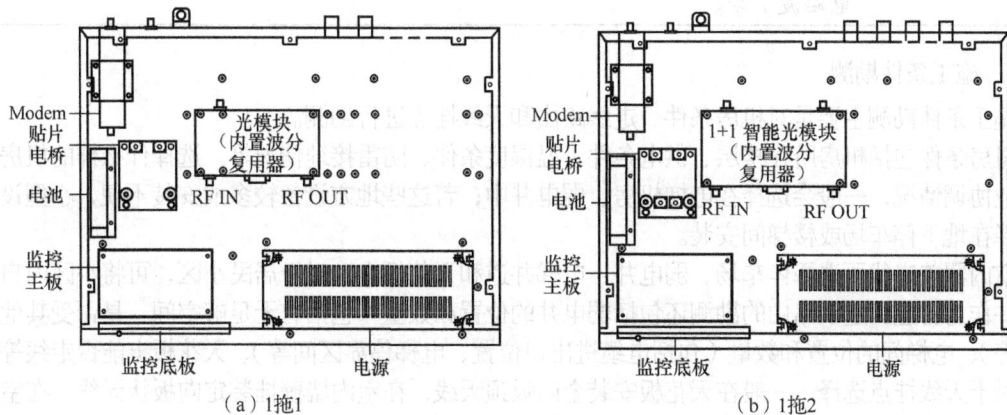

图 4-28　RA-1000AW 光纤直放站近端机组成

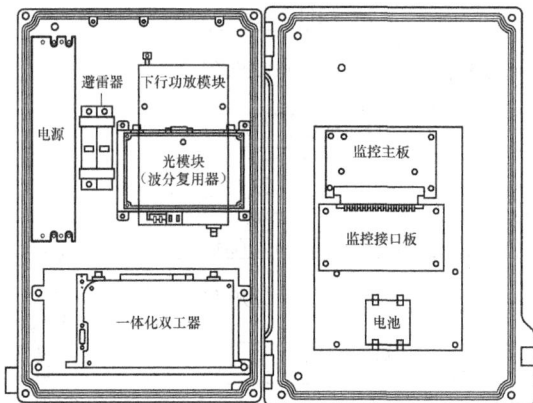

图 4-29   RA-1000AW 光纤直放站远端机组成

4.3   分布系统设计基础

移动通信分布系统设计从网络勘测开始，然后根据勘测结果确定网络需解决的问题，再根据勘测结果和运营商的要求设计分布系统并进行建设、运营。本节简单介绍移动通信分布系统设计的一些基本知识。

4.3.1   分布系统网络勘测

移动通信分布系统设计覆盖时，需先进行网络勘测：首先做好 3 项准备工作，即确定目标楼宇、获得进站许可、研究建筑图样；然后进行施工条件勘测和无线环境勘测，确定覆盖区域的基本信息，例如位置信息、区域性质、面积。覆盖区域的功能情况包括结构组成、用途/功能；覆盖区域的网络情况包括 RxLev/RxQual、HandOver/Cell Select/Cell Reselect、Congestion/Call Drop/Call Establishment。

> **相关知识**
>
> 施工条件勘测工具包括勘测记录表和笔（记录勘测内容）、数码相机（对楼宇整体结构、安装位置进行拍摄）、卷尺/测距仪（测量楼宇高度、覆盖面积）、GPS定位设备（楼宇位置定位）、目标楼宇的平面设计图（指导勘测）及指南针（确定方向）等。无线环境勘测工具包括吸顶天线（模拟测试天线）、安装测试软件的便携式计算机（模拟测试和数据存储）、模拟信号源及连线（发射特定制式的无线信号）、测试手机和接收机（接收特定制式的无线信号）及扫频仪（发现可能的干扰电磁波）等。

1. 施工条件勘测

施工条件勘测主要是对机房条件、走线路由和天线挂点进行勘测。

机房条件包括机房所在楼层、供电条件、温湿度条件、防雷接地情况等。选择什么样的机房取决于物业协调情况，一般会选择在电梯机房、弱电井中；若这些地方设备较多或安装不便，小型设备也可选择在地下停车场或楼梯间安装。

室内覆盖走线可选择停车场、弱电井、电梯井道和天花板内；对于居民小区，可将小区内自有的走线井作为首选。走线路由的勘测还包括弱电井的位置和数量（包括有无足够空间、是否受其他走线影响等）、电梯间的位置和数量（包括电缆进出口位置、电梯停靠区间等）、天花板上能否走线等。

对于天线挂点选择，一般在天花板安装全向吸顶天线，在室内墙壁挂装定向板状天线，在室外楼宇天面挂装射灯天线，在室外地面安装美化天线。

2. 无线环境勘测

无线环境勘测即在室外获取楼宇周边的无线环境情况，包括周边站点及工参信息，分析这些站点和室内分布系统的相互影响，并进行必要的测试；室内应注意勘测已有的分布系统情况，确定是否共建共享已有室内分布系统，如果是，要确定是否能直接利用或是否进行必要的改造。

电磁环境勘测测试主要包括覆盖水平（如室外信号进入室内的信号强度、数量，盲区范围，接收信号电平等）、干扰水平（是否存在系统内外电磁干扰）、切换情况（乒乓效应、相邻小区载频号、电平值等）、参数[如 Cell ID、地区区域码（Location Area Code，LAC）、基站识别码（Base Station Identity Code，BSIC）、跳频、扰码 SC 值等]、KPI 指标（如统计接通率、掉话率、切换成功率和通话等级等）。

根据测试情况确定网络存在的问题，分布系统主要针对话务量问题及弱信号/通话质量差的覆盖问题。针对话务量问题，业务区话务量高，潜在用户多，覆盖可吸收话务量，增加业务收入；针对弱信号覆盖问题，业务区 RxLev、RxQual 等指标差，覆盖可满足用户的需求。

根据覆盖区需求决定信源接入方式，话务预测是合理选择信源的基础，根据现有模型进行预测，结合实际情况对预测进行修正。可以选择基站直接接入（如微蜂窝、宏蜂窝、RRU 接入），选取周围基站小区的信号进行直放站接入的方式，如无线直放站、光纤直放站等。如图 4-30 所示，图 4-30（a）为直接耦合方式，图 4-30（b）为空间耦合方式。

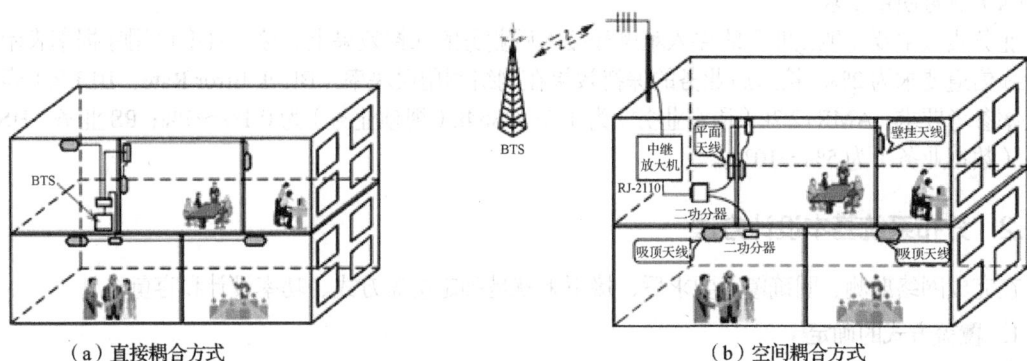

图 4-30　直接耦合方式与空间耦合方式

直放站接入时应注意：选择性能良好的直放站设备；合理调整直放站输入功率；严格抑制上行噪声干扰；不能解决乒乓效应；注意原基站的拥塞情况；所选载频信号要比周围其他信号高出一定值，且信源要相对稳定；注意切换关系；室内分布系统要注意隔离度问题。

在勘测时应注意信源基站的 LAI（Location Area Identification，位置区识别）、BSIC、BCCH（Broadcast Control Channel，广播控制信道）、RxLev、RxQual、CBQ（Class Based Queuing，基于类的队列）、TO（Temporary Offset，临时偏置）、PT（Penalty Time，惩罚时间）、Hopping，以及相邻载频强度等。

3. 分布系统设计要求

分布系统在大的设计方向上应保证覆盖水平要求、满足容量需求、抑制干扰信号，进而提高业务质量。

（1）覆盖水平要求

无线信号强度随时随地变化，在实际应用时，认为信号变化的统计规律和时间没关系，一般不对时间上的覆盖概率做要求。覆盖水平的一般要求是终端在目标覆盖区内 95% 的地理位置可接入网络。分布系统设计首先要保证室内信号满足业务接入和保持的最小覆盖电平要求，还要保证室内小区在目标区域成为主导小区。因为一些住宅高层等区域容易接收到干扰信号，主导小区难以控制，所以要求室内小区的信号强度要大些。

分布系统信号边缘覆盖电平、TD-SCDMA 系统使用主公共控制物理信道（Primary Common Control Physical Channel，PCCPCH）电平、WCDMA 系统使用公共导频信道（Common Pilot Channel，CPICH）

的电平参考数值：地下室、电梯等封闭场景，TD-SCDMA 系统和 WCDMA 系统都要求 90% 的覆盖区域相应信道的接收信号码功率（Received Signal Code Power，RSCP）≥-90dBm；楼宇低层要求 90% 的覆盖区域相应信道的 RSCP≥-85dBm；楼宇高层要求 85% 的覆盖区域相应信道的 RSCP≥-85dBm。

（2）干扰抑制要求

分布系统建设后，室内外信号不应相互干扰，室外 10m 范围内应满足室内小区 TD-SCDMA 系统和 WCDMA 系统相应信道的信号 RSCP≤-95dBm，或室内小区外泄到室外的信号的 RSCP 比信号最强的室外小区小 10dB。同样，在室内小区覆盖方面，室外小区相应信道的 RSCP≤-95dBm，或室内小区的信号比室外小区泄漏进来的信号大 10dB。

室内外信号的泄漏在信号质量上的表现就是载干比下降。较封闭的室内场景一般要求 TD-SCDMA 的 PCCPCH C/I≥-3dB，WCDMA 系统的 CPICH E_c/I_o≥-12dB；一般楼宇要求 TD-SCDMA 系统的 PCCPCH C/I≥0dB，WCDMA 系统的 CPICH E_c/I_o≥-12dB。

（3）容量要求

一般要求给出每用户忙时电路交换（Circuit Switched，CS）业务等效语音话务量为 0.02Erl；分组交换（Packet Switched，PS）业务总吞吐量下行为 500kbit/s，上行为 150kbit/s；高速下行分组接入（High Speed Downlink Packet Access，HSDPA）业务小区的边缘吞吐率范围为 300kbit/s～400kbit/s。

（4）业务质量要求

业务质量主要体现在业务的接入难度和接入后业务的保持效果上。接入难度可用呼损率表示，一般无线信道要求为 2%。接入后业务的保持效果在网络侧用误块率（Block Error Rate，BLER）表示。误块率参考要求：AMR12.2k（语音业务）为 1%；CS64k（视频业务）为 0.1%～1%；PS 业务、HSDPA 业务（数据业务）为 5%～10%。

4.3.2 分布系统基本设计方法

在完成网络勘测、明确覆盖要求后，接下来就是确定覆盖方式、功率设计和容量设计。

1. 覆盖方式的确定

对建筑物的覆盖方式需明确是全覆盖还是部分覆盖，需要从 3 个方面进行考虑：根据业主要求、区域功能、用户分布、网络实际覆盖情况等因素确定覆盖区域；根据投资计划确定覆盖区域；从优化角度确定覆盖区域。

如图 4-31 所示，某大楼位于市区，距离周边基站较近，大楼多为玻璃结构，窗边信号良好。当室外信号非常好时，为了补盲，可只做电梯覆盖及部分弱信号区域覆盖；但若室外信号较好，人员在窗边穿越频繁、业务类型要求较高或者室外宏站负荷重，建议进行全覆盖，主要是为了减少故障，减轻信令负荷，分担"大网"压力，提高服务质量。

2. 分布系统结构的确定

分布系统的常用结构有无源分布系统、有源分布系统、光纤分布系统等。分布系统通过功率器件、天线将信源功率分配到各覆盖区，所以分布系统结构的选择以覆盖所需功率为依据。无源分布系统可靠性高，有利于信源合路，选择器件时应考虑今后的多系统接入。有源分布系统可覆盖更大区域，可靠性降低。有源设备指标会对网络造

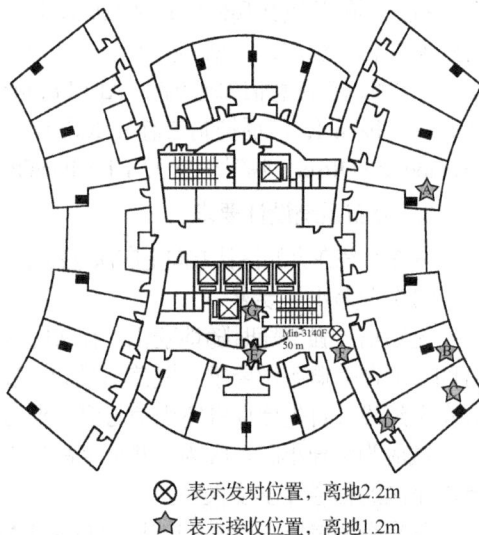

⊗ 表示发射位置，离地2.2m

☆ 表示接收位置，离地1.2m

图 4-31　建筑物室内覆盖示例

成一定影响，不利于新系统接入及有源设备安装和供电。光纤分布系统可覆盖更大且分散的区域，光缆/中继长度受限，光纤设备指标会对网络造成一定影响，不利于新系统接入及光纤设备安装和供电。

3. 功率设计与传播模型分析

覆盖链路预算分 3 段：从信源发射端口到天线端口、无线环境、无线电波在终端的收发。分布系统的功率设计主要是信源发射端口到天线端口的设计。设计时要注意手机不能离天线端口太远（太远时手机收不到天线端口发出的无线信号，无法使用），也不能太近（太近时天线端口收到太强的手机信号，使信源底噪迅速抬升，其他手机的信噪比急剧恶化而无法使用）。

手机允许的最远距离由最大允许路径损耗（Maximum Allowable Path Loss，MAPL，简称"最大允许路损"）决定，MAPL=天线端口功率−手机最小接收电平（边缘覆盖电平）−各类余量（包括干扰余量、阴影衰落余量等）。MAPL 越大，天线覆盖范围越大。计算 MAPL 应分上下行两个方向，对公共信道、业务信道分别进行计算，取受限的 MAPL（计算结果中最小值）作为手机允许的最远距离计算依据。

手机离天线端口的最小距离由最小耦合损耗（Minimum Coupling Loss，MCL）决定，如果 MCL 太小，会阻塞接收机。MCL = 最小发射功率−信源的底噪。

工程上一般只要求满足从信源发射端口到天线端口 1m 处的损耗大于 MCL。即一般把 1m 作为天线的最小覆盖范围半径；另外，在可视范围内，天线的最大覆盖半径范围一般为 8m～25m；在多层阻挡的场景内，最大覆盖半径范围一般为 4m～15m。

功率设计有两种方式：一种以覆盖边缘的场强要求为依据，考虑各级器件、馈线损耗及分路情况，估算平层功率、主干功率，最后估算信源功率；另一种以信源功率为依据进行分路，考虑各级器件、馈线损耗，到天线端口查看功率是否符合要求。这里以第一种方式为例介绍功率设计过程。

（1）功率设计的步骤

步骤：确定天线的位置；确定每一根天线的功率要求；确定平层总功率的要求（和走线、器件选用有关）；确定主干线的功率要求（根据功率要求选择有源器件等）；修正。图 4-32 所示为功率设计与传播模型分析示例。

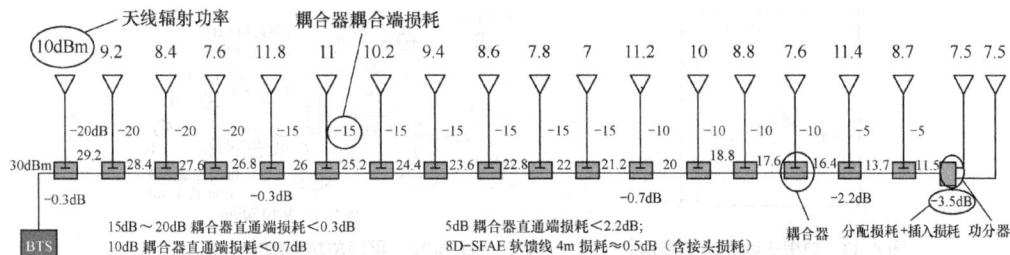

图 4-32　功率设计与传播模型分析示例

（2）天线挂点的选择和数目的确定

天线挂点选择要遵循的原则：根据场景不同选择不同的天线密度；尽量选择空旷区域，避开室内墙体遮挡；住宅楼天线尽量设置在室内走道等公共区域，避免协调困难；楼宇窗口尽量选用定向天线，避免信号外泄；结构复杂的楼宇多选用小功率多点天线覆盖，避免阴影衰落和穿墙损耗的影响；需要室内外配合进行覆盖的区域要确定室外地面、楼宇天面墙壁等的天线安装位置。

例如，电梯的天线挂点一般有 3 种：天线主瓣指向电梯井道；天线主瓣指向电梯厅；电梯厅布放天线。

天线端口发射功率和手机的最小接收电平决定了最大允许路损，而最大允许路损决定了天线所能覆盖的最大范围，天线所能覆盖的最大范围决定了覆盖所需的天线数目，天线数目决定了分布系统的物料成本和施工成本。覆盖半径减少一半，天线数目增多一倍，随着天线端口导频信道功率减小，天线数目增加，信源端口功率需求会减少。所以在实际工程中，天线数目增多会带来成本增加，因此必须在成本和覆盖质量改善中找到一个平衡点。

（3）确定天线功率

根据覆盖空间环境选择合适的天线位置及覆盖半径，确定天线位置时要考虑布放可行性及信号泄漏情况，一般覆盖半径选 20m 左右。

天线端口输出功率有两种含义：一是天线端口的总功率；二是天线端口某一信道的功率。有些系统如 GSM，天线端口的总功率和 BCCH 的最大功率相同，但码分系统中存在多个信道共享总功率的问题，天线端口某个信道的功率仅是总功率的一部分。例如在 WCDMA 系统中，CPICH 的功率约是总功率的 1/10（即导频信道的功率比总功率小 10dBm）；在 TD-SCDMA 系统中，根据信道配置和信道复用程度的不同，PCCPCH 的功率约是总功率的 2/9 或 2/5（即 PCCPCH 功率比总功率少 6.5dBm 或 4dBm）。

输入功率应根据覆盖需要计算确定，可合理运用传播模型，并对设计功率进行修正。单根天线功率的确定如图 4-33 所示。例如，GSM 900MHz 频段距天线 20m 处（A 点，天线覆盖小区边缘）手机接收功率应达到-75dBm，20m 自由空间损耗为 L_D=32.45+20lg$f$（MHz）+20lg$d$（km）=58.4dB，设室内隔墙的损耗及多径衰落余量为 20dB，则天线端口功率 P_R=-75+58.4+20=3.4dBm。

传播模型通常用自由空间损耗模型进行分析，但该模型过于理想化，应用时需对该模型进行修正。采用点源进行现场模拟测试，确定输入的功率，应注意对最远点和阻挡最大处场强的测试，以及人流量、环境等因素对测试的影响。

任何一个设计参数发生变化都要重新测试。

重点提示

（4）平层总功率的确定

根据系统末端天线端口功率、功分器损耗、馈线传输损耗、耦合器损耗等器件指标，可反推、估算平层总功率，如图 4-34 所示。

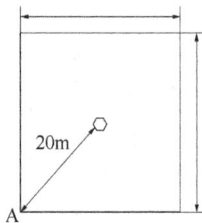

图 4-33　单根天线功率的确定　　　　图 4-34　平层总功率确定示例

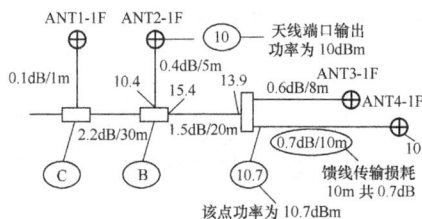

（5）主干线总功率的确定

主干线总功率计算同平层总功率计算的原理一样，将平层看成 "负载" 或天线。主干线根据各层功率需要选择功率器件，根据功率要求在适当位置增加干线放大器等设备。确定主干线功率时仍需根据选用的器件进行估算。

（6）模拟测试

模拟测试简称模测，是在初步完成天线挂点的设计方案后，在施工前进行的设计效果模拟测试，模拟出分布系统方案开通后的覆盖效果。

模测需准备的物品：定向吸顶天线、宽频射灯天线、安装好路测软件的便携式计算机、测试手机和信号发生器。模测步骤：连接模测系统（信号发生器输出端口分别连接到分布系统不同挂点的天线端口）；调节信号发生器频点（频点要调节到所设计系统的工作频点处）；调整输出功率（天线端口总输出功率调整到 10dBm～15dBm，尽量与设计方案保持一致）；锁定频点，进行测试（锁定要测试的频点，按拟定的路线进行步测），如果发现有明显弱覆盖的地方，要确定是否重新完善方案。

（7）修正

设计中需根据功率修正主设备和无源器件的选用、走线路由、天线的选型等。

在功率设计中需要注意，2G、3G 等不同制式的分布系统的覆盖是有区别的，如下所述。

① 由于频率不同，分布系统中的馈线损耗和无线环境中的空间损耗有很大差异。空间损耗，在 3G 系统使用的 2000MHz 左右的频率比 2G 系统的 900MHz 增加 6dB；1/2"馈线百米损耗，3G 系统比 2G 系统大 5dB；7/8"馈线百米损耗，3G 系统比 2G 系统大 2dB。

② 采用不同无线制式实现不同业务的手机接收灵敏度不同。接收灵敏度和设备底噪、业务解调门限及处理增益有关。3G 系统采用的 CDMA 技术有扩频增益，2G 系统的 GSM 中则没有。一般 WCDMA 系统比 GSM 语音灵敏度高 15dB；WCDMA 系统的 PS384k 业务、HSDPA 业务比 GSM 语音灵敏度高 4dB～5dB。

③ 各无线制式信道功率配比不同。GSM 中的 BCCH 功率、业务信道功率和发射总功率相同。但 WCDMA 系统中导频信道功率比总功率低 10dB，业务信道的功率比总功率低 7dB～17dB。

综上所述，从语音业务看，WCDMA 系统信源端口总功率比 GSM 需求大约 12dB（=10dB+17dB-15dB）；从 PS384k 业务看，WCDMA 系统信源端口总功率比 GSM 需求大约 13dB（=10dB+7dB-4dB）。可知，若信源端口功率相同，则 WCDMA 的分布系统需要的天线数目比 GSM 要多。

4. 信号泄漏的分析

信号泄漏可能会引起越区覆盖，也可能会引起同区邻频干扰，需适当调整天线安装位置，选择适当电路参数和辐射参数的天线。例如，某建筑物室内覆盖如图 4-35 所示；在用全向天线覆盖时，室外信号泄漏测试结果如图 4-36 所示，图中"×"标注处的测试点微蜂窝信号场强为-64dBm，并为主导小区，说明室内覆盖信号在该处有泄漏。

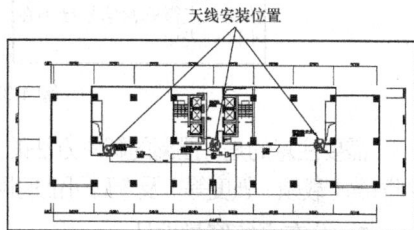

图 4-35　某建筑物室内覆盖

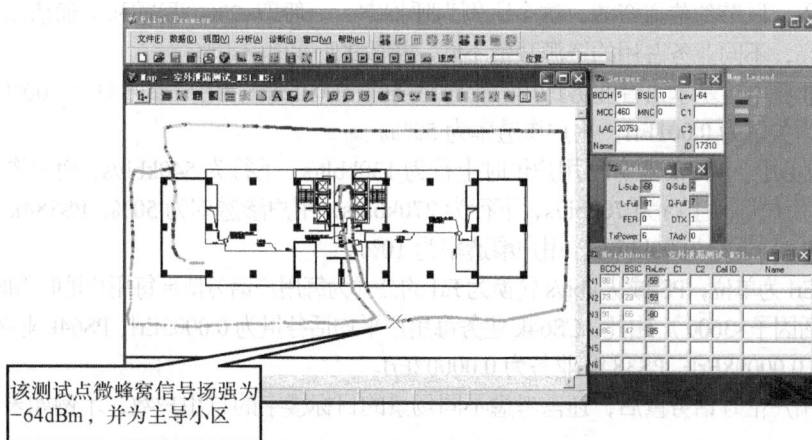

该测试点微蜂窝信号场强为-64dBm，并为主导小区

图 4-36　室外信号泄漏测试结果

泄漏的解决方法一：降低功率。具体措施：降低 BTS 或有源设备功率；采用大耦合度的耦合器；加衰减器。造成的问题：整体功率降低，可能造成覆盖不足；C/I 的降低导致窗边小区选择困难，小区选择慢；空闲时窗边占用室外信号；通话时窗边占用室外信号；频繁的重选或切换会造成信令负荷过重甚至掉话。

泄漏的解决方法二：调整天线位置。具体措施：将天线朝室内移动。造成的问题：工作困难；窗边覆盖情况变差，或小区选择困难，或 C/I 降低。

泄漏的解决方法三：用定向板状天线代替全向天线。具体措施：天线朝室内覆盖。造成的问题：

工作困难；天线安装位置受限；定向天线代替全向天线增加了设备成本。

泄漏的解决方法四：采用多天线低功率覆盖方式，保证覆盖的同时控制信号的泄漏。造成的问题：工程复杂；成本增加。

在图 4-36 所示的示例中，当用定向吸顶天线代替全向天线后，室外信号泄漏测试结果如图 4-37 所示，信号泄漏的影响已不存在。

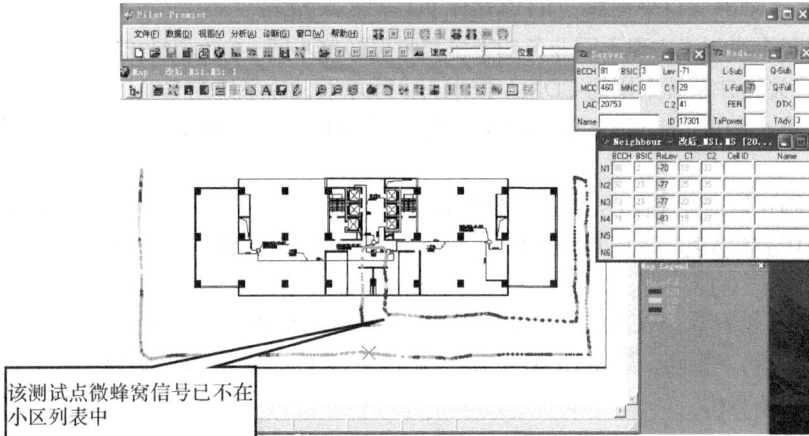

图 4-37　定向天线覆盖时信号泄漏测试结果

需要注意的是，泄漏的解决方法的措施都有其局限性，严格的方案设计是基础，需充分考虑周边的现网情况（载频、强度等）及今后可能的网络建设情况、建筑情况和周边环境情况，优化仅是一种辅助手段。

5. 分布系统容量设计

系统容量取决于信道数量，信道数量按忙时话务量来估算。系统信道资源要允许少量用户由于系统忙而无法接入，以节约信道资源，这个比例为呼损率，一般取 2%。目前移动通信系统中数据业务的比例不断提高，不同业务占用的资源数量不同，接收的时间也不同。

室内 CS 业务中，基本语音业务每用户忙时话务量为 0.02Erl，用户渗透率为 100%；可视电话业务每用户忙时话务量为 0.001Erl，用户渗透率为 50%。

室内 PS 业务中，PS64k 业务每用户忙时上行为 130kbit/s，下行为 540kbit/s，用户渗透率为 100%；PS128k 业务每用户忙时上行为 70kbit/s，下行为 270kbit/s，用户渗透率为 50%；PS384k 业务每用户忙时上行为 20kbit/s，下行为 90kbit/s，用户渗透率为 10%。

为统一以 Erl 为单位，PS 从 kbit/s 转换为 Erl 的公式为每用户话务量＝每用户忙时吞吐量（kbit/s）/（业务速率×激活因子×3600）。由此，CS64k 业务每用户平均话务量为 0.0005Erl；PS64k 业务为 0.0078Erl；PS128k 业务为 0.00098Erl；PS384k 业务为 0.00002Erl。

在确定每用户忙时话务量后，还需考虑不同场景的目标楼宇的总用户数，示例如表 4-2 所示。

表 4-2　某大型场馆不同区域的用户数

区　域	用户数/户	用户群体
主席区	5000	包括组委会、运动员等
媒体区	1000	主办方、特权转播商和各类媒体
中央场地	10000	包括正式职员、志愿者、保安和演职人员等
坐席区 1	50000	国内游客
坐席区 2	10000	国外游客

使用爱尔兰法把各种业务的话务量以占用信道资源数目的多少为权重，等效为 AMR12.2k 业务的话务量。利用爱尔兰呼损表获取每个载波可服务的用户数，则某场景需要配置的载波数＝总用户数/

单载波服务的用户数。

6. 分布系统其他相关项目的设计

分布系统还有很多其他相关项目的设计,如小区合并和负荷分担及扩容,邻区、频率、扰码规划、切换设计等。详见【拓展内容 6 分布系统其他相关项目的设计】。

拓展内容 6 分布系统其他相关项目的设计

4.3.3 多系统综合覆盖系统

随着电信重组,中国电信、中国移动、中国联通三大运营商都有了全业务运营权,CDMA800、GSM900、DCS1800、WCDMA、TD-SCDMA、CDMA2000、TD-LTE、LTE FDD 及 WLAN 等多系统将长期共存。对室内分布系统来说,同样存在共存现象,多个系统间的差异会不可避免地带来很多的问题。在全面覆盖、多业务运营的同时,基站资源的日益匮乏、重复建设、景观化要求、环保等问题开始显现出来。

多个移动通信系统或者无线接入系统可能在相同区域或者相同建筑物内进行室内覆盖,因此在设计室内覆盖时一般有两种思路:一种是分别为每种移动/无线网络建设独立的分布系统;另一种是统一建设综合分布系统,接入多套移动/无线网络。若要在空间有限的建筑物内布放大量的天馈线,第一种思路成本高且不美观,施工工程量大,而且其布线对管井要求高,实施周期长。第二种思路成本低,施工方便,若要建设多系统综合覆盖,为各类系统预留足够多的接入端口即可;第二种思路可共享室内覆盖资源,既可缓解室外基站建设矛盾,又可提高室内通信质量。

多系统综合覆盖系统通过合路器将不同制式的移动通信系统合路后输出到分布系统的天馈部分,从而使各种通信系统的信号较均匀地覆盖到建筑物内各区域。应当注意的是,各通信系统共用的只是综合分布系统的部分(如天馈部分),而不是全部。各通信系统的主干和有源器件则相互独立,共用综合分布系统的平层部分。图 4-38 所示是不同系统独立主干建设示意,信号经过合路器传递到各个平层。

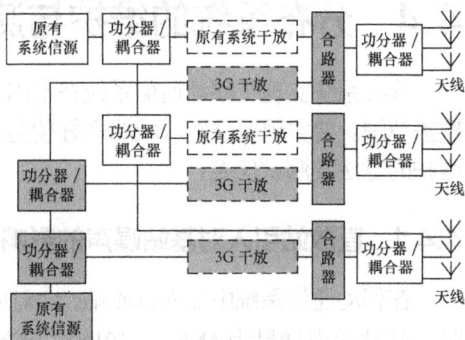

图 4-38 不同系统独立主干建设

多系统合路建设主要涉及传输问题,包括传输介质问题、多制式系统如何合路及相互间干扰问题、噪声问题及宽带信号的传输、无源器件与设备的工作频率和功率匹配、有源器件无法共用、合路器插损等。要解决这些问题,需要采取相应的措施,无源器件的选用需要考虑频段的兼容性;系统间的干扰可通过合理的系统结构(如上下行支路分离)、器件(合路器、干线放大器)及频率规划来提高隔离度,从而有效抑制干扰;而功率匹配问题可从系统主干、支路和引入有源设备 3 方面着手,使覆盖受限系统的信源更接近天线,减小信源功率在主干的传输损耗,增加天线密度,合理引入有源设备。有源器件的共用问题可通过合理选择共享接入点解决,合路器的插损则可通过提高信源在天馈系统的输入信号电平弥补。

设计分布系统时应尽量减少合路点的设置,且考虑有源器件的工作带宽和杂散抑制问题。有源器件一般只能设置在合路器前;由于不同系统的边缘场强要求不同,综合分布系统还要保证不同系统间的功率匹配,合路点的设置常受限于小功率系统。一般,FDD 系统功率高于 TDD 系统功率。

考虑到有源器件只放置在合路器前,且会相应增加合路点,使分布系统复杂化,因此在设计时应充分利用信号源功率,尽量少使用有源器件。将干线放大器设置在主干上,则合路点少,馈线损耗大,分布系统噪声系数大,这要求干线放大器提供较大功率;将干线放大器设置在平层,则合路点增加,干线放大器提供功率较小,噪声系数低。在实际设计中应综合考虑各种因素。

若要多系统共用分布系统,首先必须解决的问题是不同通信系统间的干扰问题,系统间的干扰主要包括阻塞、互调和杂散等。其中来自通信系统间的杂散干扰是最主要的干扰,可通过两个途径解决:

一是制定严格的设备规范，提高设备射频性能，减少发射机的杂散发射；二是设计良好的合路器和分离上下行链路信号。

多系统接入平台（Point of Interface，POI）是实现不同运营商共同建设室内分布系统的关键，其基本构件就是滤波器和 3dB 电桥。POI 实现了多频段、多信号合路功能，避免了室内分布系统建设的重复投资。由于 POI 需要合路的系统数量更多，因此其设计要求高于一般合路器。根据系统的隔离度要求不同，POI 通常可分为系统信号分离方案和上下行信号分离方案。

（1）系统信号分离方案

来自各系统基站天线输出端口的双工信号分别通过一个端口接入 POI，POI 的天馈侧有一个输出端口。多个系统的下行信号合并为一路信号，通过分布系统传递到室内的各个区域进行下行覆盖；来自各系统不同用户的上行信号则通过原通道反向传输，这些用户的上行信号为一路信号，通过 POI 分为多路信号并分别传送回各自的系统，以完成系统的上行通信。利用 POI 可同时提供多路 CDMA800、GSM900、DCS1800、TD-SCDMA、WCDMA、CDMA2000、WLAN、Wi-Fi 及 WiMAX 等多个系统的接入。

（2）上下行信号分离方案

从基站发送的各制式（FDD）系统信号分上下行两个端口接入 POI，通过设备后由两个端口输出。多路下行信号合为一路从 TX 端口输出，进行信号下行覆盖；上行信号则通过另一路 RX 端口上行通道反向传输，然后分路回到各自的通信系统，即"多网合一，收发分缆"。

4.4 分布系统的维护与测试

分布系统实现了移动通信系统在室内或局部室外区域的补充覆盖，延伸、扩大了移动通信系统的覆盖范围。要实现对这些区域的良好覆盖，分布系统需要进行日常维护。本节简单介绍分布系统日常维护的方法及测试仪表。

4.4.1 直放站引入对基站噪声的影响

在移动通信系统中加入直放站，会对施主基站噪声带来影响。当系统中有 1 个 BTS 和 1 个直放站时，基站噪声增量为 $\Delta NF_{BTS}=10\lg(1+10^{N_{rise}/10})$；直放站噪声增量为 $\Delta NF_{rep}=10\lg(1+10^{-N_{rise}/10})$。其中，$N_{rise}=NF_{rep}-NF_{BTS-rep}+G_{rep}-L_{BTS-rep}$，$N_{rise}$ 为噪声增量因子，当 $NF_{BTS-rep}=NF_{rep}$ 时，$N_{rise}=G_{rep}-L_{BTS-rep}$。当系统中有 1 个 BTS 和 n 个直放站时，基站噪声增量为 $\Delta NF_{BTS}=10\lg(1+n\cdot10^{N_{rise}/10})$，直放站噪声增量为 $\Delta NF_{rep}=10\lg(n+10^{-N_{rise}/10})$，噪声增量因子为 $N_{rise}=NF_{rep}-NF_{BTS-rep}+G_{rep}-L_{BTS-rep}$。

1 个 BTS 和 n 个直放站的上行增益与其连接结构相关，采用星形结构（见图 4-39（a））时，上行增益的调节应使得每个直放站到达基站的上行噪声电平相同，即 $L_1-G_1=L_2-G_2=\cdots=L_n-G_n=L_{BTS-rep}-G_{rep}$。链形连接（见图 4-39（b））时，$L_{BTS-rep}=(L_1+L_2+\cdots+L_n)/n$，$G_{rep}=(G_1+G_2+\cdots+G_n)/n$，从第 2 个直放站到达第 n 个直放站的上行

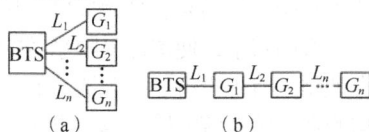

图 4-39 基站与直放站连接结构

增益应等于与前一个直放站间的路损数值，即 $L_1-G_1=0$，$L_2-G_2=0$，$\cdots$，$L_n-G_n=0$。串联直放站到达基站的上行噪声电平由第 1 个直放站的上行增益来控制。

4.4.2 分布系统在维护时需考虑的指标

移动通信分布系统的性能指标直接影响系统的覆盖。

（1）上下行隔离度。直放站是一种双向放大器，上下行支路隔离度不够将形成闭环。例如直放站增益为 95dB，双工器插损为 2dB，双工器上行隔离度 R_1、R_2 均为 90dB，$G_D=G_U=97dB$，则

$G_D + G_U - (R_1 + R_2) = (2 \times 97) - (2 \times 90) = 14\text{dB} \geq 0$。此状态有可能自激，仅靠 90dB 双工器不够，而 90dB 已是比较好的指标。解决方案是在上下行链路串入滤波器以加大隔离度，如图 4-40 所示。

图 4-40　串入滤波器以加大隔离度

上下行隔离度设计注意事项：高增益直放站仅靠双工器实现的上下行支路隔离度不够，需在上下行链路中串接滤波器，可以用中频声表面波（Surface Acoustic Wave，SAW）滤波器或射频滤波器来实现；上下行支路间没有滤波器的放大电路，对双工器上下行过渡带外抑制应有要求（抑制 dB 数之和大于隔离度），不仅仅需要满足上下行隔离度。

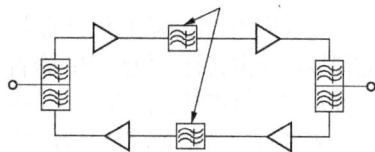

（2）双工器（收发开关）选择。上下行信号分离充分可以保证上下行隔离度足够，保证上下行及过渡带不自激。如果仍不能保证，需要串接滤波器。合适的双工器可防止过大上下行功放信号进入上下行低噪放，引起低噪放饱和；可防止宽带噪声谱落入上下行低噪放，使噪声系数恶化。

重点提示　对于大功率直放站（如塔放），应给予重视，上行对下行及下行对上行的抑制都要足够。

（3）增益调节（Attenuator，ATT）技术。使用 ATT 技术根据不同应用场合调节直放站增益、输出功率、输出噪声电平，防止对基站造成干扰；防止过大信号进入上下行链路引起非线性饱和。

（4）自动电平控制（Automatic Level Control，ALC）技术。使用 ALC 技术保证直放站以额定功率输出，不会因直放站达到额定功率，输出功率随输入功率增加而增加；可以保护功放（不超出额定功率）和设备（不至于过热和过载）；起控电平达到 10dB 后，可保证交调、杂散、线性等指标。

（5）中频 SAW 滤波及选频技术。选择中频 SAW 滤波器矩形系数，可实现可变工作频带，有载频选频、频段选频、带宽可变及移频 4 种形式。

重点提示　互调衰减和杂散辐射是无线电发射设备（包括直放站）的重要指标，由于互调和杂散既会干扰其他无线设备，也会造成自身信号质量下降，不同制式的直放站对工作频带带内和带外互调、杂散都有明确要求，设计中应特别关注。

4.4.3　分布系统的维护

分布系统作为移动通信系统的延伸，同样需要有良好的性能、状态。分布系统的维护应该是常态化的维护。

1. 分布系统日常维护

分布系统的日常维护的主要工作之一是信源设备的维护。分布系统的信源设备如果使用直放站，直放站开通后一般无须专人维护。在开通直放站网管系统后，监控中心一般可直接查询设备运行状态。建议定期进行常规性检查。工作内容包括测量天馈系统的回波损耗，判断其是否正常，查看天线方向、位置有无变化，检查射频电缆接头密封是否牢靠；定期检查设备的工作状态和主要性能参数（如接收信号电平、下行输出功率等），并进行记录（可在 OMC 进行），若没有开通 OMC，需现场用便携式计算机查询；测量主机供电电压、稳压电源电压、电源模块输出的各级电压；测试系统的覆盖效果能否达到预期效果；检查监控功能是否良好；检查各接地端点是否连接良好，设备接地情况是否良好；检查设备的各类标识是否完整。

2. 光纤直放站系统维护

以京信 RA-1000AW 为例，光纤直放站开通后一般无须专人维护。在开通直放站网管系统后，监控中心可直接查询设备运行状态，建议定期进行常规性检查。

工作内容：定期检查设备的工作状态和输出功率，并进行记录（可在 OMC 进行），若没有开通 OMC，需现场用便携式计算机查询；查看天线方向、位置有无变化，检查射频电缆接头密封是否牢靠；检查光收发功率是否正常；检查直放站避雷系统和设备接地情况是否良好；检查锂电池有无过放电现象。

光纤直放站覆盖区信号变弱的可能原因：直放站故障引起覆盖区信号变弱，如输出功率不足；光路问题引起直放站输出功率不足，如光路老化损耗变大；耦合扇区功率变化引起链路功率不足。

直放站覆盖区通话质量差的可能原因：直放站故障，如互调、杂散影响较大；施主基站信号变化，如施主扇区本身质量差或受外界干扰影响；覆盖区受外界干扰，主要是邻频、同频或其他干扰；选频直放站载频板故障；直放站限幅，如输入功率过大等。

3. 数字射频拉远系统维护

以京信 GRRU-1022 型 8 载波带分集数字射频拉远系统为例，设备开通后一般无须专人维护。在开通网管系统后，网管中心可直接查询设备运行状态，建议定期进行常规性检查。

工作内容：测量天馈系统的回波损耗，判断其是否正常，查看天线方向、位置有无变化，检查射频电缆接头密封是否牢靠；室内系统检查，检查线缆走线位置是否移动、固定装置是否松动、电源连接是否良好，若有安全隐患，应尽早排除；检查拉远系统的避雷系统和设备接地情况是否良好；检查锂电池有无过放电现象；测试主机供电电压是否正常；定期检查设备的工作状态和主要性能参数（如下行输入功率、下行输出功率、上行输出噪声电平等），并进行记录（可在 OMC 进行），若没有开通OMC，需现场用便携式计算机查询；测试系统的覆盖效果能否达到预期效果；检查监控功能是否良好；检查设备的各类标识是否完整；当设备出现故障不能正常工作时，可将设备返厂维修或请专业人员到现场维修。

相关知识 锂电池有无过放电现象检查方法：确认电池正常充满电，关闭交流电流开关，如果锂电池电压很快下降到 16 V 以下（1h 以内），说明电池已过放电，需返厂更换。

重点提示 更换锂电池时必须使用原机所配相同型号的锂电池，否则会有爆炸危险，务必按说明书妥善处置用完的电池。

安装设备时一定要做好接地，机箱面盖螺丝务必紧固好，避免进水。光纤一体机安装和维护时首先要清洗各光口。对于部分有保险丝的主机，电源故障时首先检查保险丝是否故障。主机死机应先断电重启，然后查询软件是否为最新版本，现场维护时务必将软件升级到最新版本。

4. 故障检测

（1）现场检测

观察：先看主机电源指示灯是否亮。如果不亮，检查供电是否正常、设备电源是否被人为关掉、主机保险丝是否烧坏，以及施主天线、用户天线是否完好等。

听辨：通过拨打电话辨别故障情况及所在位置，看是否有信号、通话质量如何、是否有信号而无法上线等。

闻嗅：打开机箱，闻闻有无焦味，如果有，则可能是某些元器件被击穿或短路时由于电流过大致使过热而发出的气味。

触摸：打开机箱，用手触摸功耗大的选频模块、功放模块等，看是否有异常过热或过凉的情况。过热可能是模块内短路或负载过重，过凉则很有可能是模块由于其他原因没有工作。同时排除由于其他原因引起的电缆连接松动等故障情况。

排除检测法：如果通过以上步骤检查后没有发现故障，要用频谱仪或计算机检测相关参数，先检测整机参数，再采用排除法逐个模块检测。

（2）远程监控

远程监控通过监控中心直接查询主机的工作状态，检查是否有告警出现，从而可以知道主机内模块的工作情况；查询上下行输出功率的参数，判断系统是否出现自激；再从业务信道输出参数的变化规律判断频率设置是否正确；通过更换通道设置，判断通道工作状态；最后核对设置的频率及其他参数。

（3）检修注意事项

模块更换：所选用模块必须与原模块型号一致，还必须考虑两者的版本是否相符；更换前将模块的外部设置调整正确；必须确保外部线路（电源线路、ATT 线路等）焊接良好，避免虚焊；合理使用导热硅胶，紧固模块螺丝，以确保模块与散热体接触良好。

系统检测：系统恢复工作前，检测设备供电电源，确认电源电压在设备工作电压范围内且电气连接无误；检测天馈系统回波损耗（或驻波比），必须对每条天馈线进行检测，其工作频带内的回波损耗应大于 14dB（驻波比应小于 1.5）；严格按照设备参数指标和调试规范，在指标范围内合理控制下行输出功率和上行输出噪声；在覆盖区域内选择多个地点进行通话测试，确保信号覆盖和通话质量满足用户的合理要求。

5. 设备和分布系统性能检测

在覆盖区中，某些上下行干扰、覆盖不合理等无线网络问题在统计中难以被发现，通过驱车测试（Drive Test，DT）和拨打质量测试（Call Quality Test，CQT），可以较准确地收集网络数据，从而有助于对网络问题做出进一步判断。

（1）DT

DT 也称路测，它的实施基于路测设备，路测设备就是为网络优化、规划工作而专门生产的软件设备、硬件设备，包括数据采集前端、GPS、便携式计算机及专用测试软件等。需要指出的是，室内DT 不需要 GPS，因为是在步行中进行测试的，因此又称步测（Walk Test，WT）。

数据采集前端通常是指具备测试功能的手机。手机内置专门的软件，可以依靠网络来实现一些特殊功能，如锁频、强制切换、显示网络信息等；也可以不依靠网络来完成一些功能，如全频段扫描和选频扫描等。

DT 主要通过路测软件，针对覆盖区域，利用无线下行移动测试手段验证小区设置及其结果，并结合网管中心话务统计报告中的各项宏观统计结论调整延伸系统小区的有关参数，从而实现延伸系统的优化。

（2）CQT

CQT 是指利用便携式测试设备（测试手机）进行拨打测试，记录呼叫事件与无线参数，评估全网的室内覆盖。由于 DT 不能体现实际语音质量，回音、串音等网络问题不能通过 DT 发现，因此 CQT是 DT 很好的补充，也是目前用于室内测试的主要方法。

CQT 类型包括常规型测试（如每周、每月的常规测试、评估测试等）、维护型测试（如日常维护及抽查、配合工程割接进行拨测验证等）、跟踪型测试（如客户投诉拨打测试）、保障型测试（如重点场馆和区域的拨打测试）。

采用 CQT 进行语音业务测试时需关注城市覆盖率、接通率、掉话率、通话正常率。覆盖率和接通率取主叫手机的统计结果，掉话率则将主叫、被叫引起的均统计在内，通话正常率则取主叫手机的统计结果。进行数据业务测试时需关注数据业务建立成功率、掉线率、平均 Ping 时延。

CQT 主要时段原则上选择非节假日的 9:00～20:00。

CQT 的测试重点应在话务量相对较高的区域、品牌区域、市场竞争激烈区域、特殊重点保障区域内选取，尽可能均匀分布，场所类型尽可能广，重点选择有典型意义的大型写字楼、大型商场、大型餐饮娱乐场所、大型住宅小区、高校、交通枢纽和人流聚集的室外公共场所等。测试选择的住宅小区、高层建筑入住率应大于 20%，商业场所营业率应大于 20%。测试选择的相邻建筑物在 100m 以外。

（3）设备性能检测

① 常用技术指标及测量方法。

• 增益（单位为 dB），是指放大器在线性工作状态下对信号的放大能力。测量方法（使用频谱仪）：把频谱仪按增益校准法校准后，将扫频输出信号 P_i 加到放大器输入端，读取输出功率 P_0，增益 $G=P_0-P_i$。

• 波动（单位为 dB），带内波动，是指在有效工作频带内最大和最小电平之间的差值。测量方法（使用扫频频谱仪）：把扫频频谱仪带宽设成有效工作频带，按"Mark"键找到最小点后；按"Mark"键，再按"Peak"键找到最大点，此时的读数即波动值。

• 起控电平（单位为 dBm），是指起控状态下的最大输出功率。测量方法（使用频谱仪）：正常状态下不断加大输入功率，直到输出功率不断增大到一个稳定值，此时的功率读数即起控电平。

> **重点提示** 在测量增益、波动时需注意，应保证放大器工作在非起控状态和非饱和状态。在测量起控电平时需注意，应保证放大器工作在非饱和状态，最好输入单点频信号。

• 三阶互调（单位为 dBm），是指将信号 f_1 和 f_2 同时输入放大器后，由于放大器的非线性而产生的 $2f_1-f_2$ 和 $2f_2-f_1$ 的谐波分量，如图 4-41 所示。测量方法（使用频谱仪）：输入间隔 1MHz 或 2MHz 的双音多频信号，调节信号强度，使输出功率相等。打开等幅线测量互调产物电平（Inter-Modulation Product，IMP）或互调抑制（Inter-Modulation Distortion，IMD），互调产物电平 IMP（单位为 dBm）、互调抑制 IMD（单位为 dBc）可用于表征三阶互调的参数三阶截获点 $IP_3=P_0+IMD/2$。

• 回波损耗（单位为 dB），是表征天馈系统辐射能量的一个参数，一般天馈系统回波损耗大于 14dB。频谱仪测量方法：设置一个-30dBm～0dBm 的扫频源，输入到环行器（见图 4-42）的 A 端，B 端空载，C 端连接频谱仪输入端，记录工作频带内频谱仪读数 L_1；然后 B 端接待测天馈系统，记录工作频带内频谱仪读数 L_{2max}，$L_{2max}-L_1$ 即待测天馈系统的回波损耗。

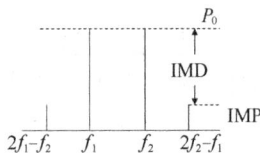

图 4-41 三阶互调　　　图 4-42 环行器

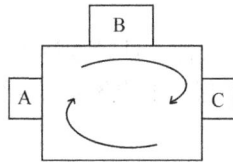

② 检测分析方法。

检测步骤：确定主机类型，选择相应的操作手册；判断主机故障的可能原因及故障所在支路；根据逐级电平测量法判断故障可能所在的模块；检测模块的性能指标并判断故障的可能原因；采用替换法更换故障模块以排除故障。

4.4.4　测试仪表和工具

移动通信分布系统维护中进行性能测试使用的仪表主要是频谱分析仪（简称频谱仪）。室内覆盖的质量则需要进行 DT、CQT 等测试。

1. 频谱仪

频谱仪可用于检查移动通信系统各信号的频率、场强。在日常的测试中，频谱仪能够用来检查频率是否存在干扰，既可选择单个频点进行检查，也可选择整个通信频带进行检查；根据干扰信号的波形、功率等，还能够判断干扰源的类型。本小节以 Anritsu MS2711D 频谱仪为例进行介绍，其面板如图 4-43 所示。

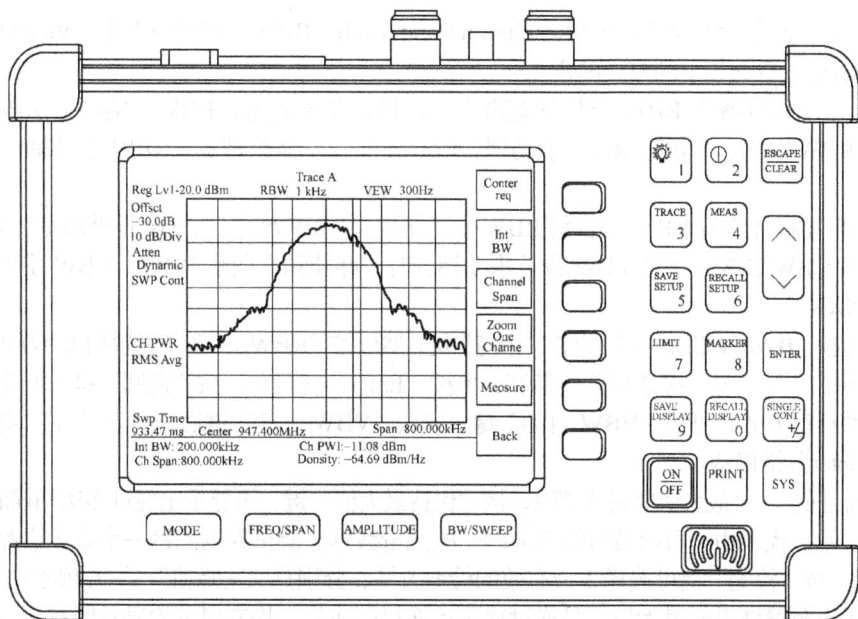

图 4-43　Anritsu MS2711D 频谱仪面板

图 4-43 中显示屏下方设置的 4 个功能键"MODE""FREQ/SPAN""AMPLITUDE""BW/SWEEP"用来设置特定功能菜单；位于面板右边的 17 个键中有 12 个键具有双重功能，具体功能依据当时的操作方式而定。双重功能键的功能分别用黑色和蓝色表示。

6 个软键对应显示屏右侧的功能显示，具体功能根据操作方式改变。

（1）基本操作

① 选择频谱分析方式：按"ON/OFF"键打开仪表，按"MODE"键，用"∧ / ∨"键选择频谱分析方式，按"Enter"键确认。

② 进行测量：将输入电缆接到"RF IN"测试口，然后输入频率、频宽以及幅度并显示需要的信号。

③ 选择频率：按"FREQ/SPAN"键显示频率菜单，再按"中心"键输入中心频率值；或设置一个具体的频段，按"起始"键输入频段上限，按"终止"键输入频段下限，最后按"GHz""MHz""kHz""Hz"或"Enter"键（默认为 MHz）。

④ 选择频宽：按"FREQ/SPAN"键显示频率菜单，再按"频宽"键显示频宽菜单；然后输入频宽值，按"GHz""MHz""kHz""Hz"或"Enter"键；或为了全频段扫描，按"全频段"键，可忽略前面按"起始"和"终止"键设置的频率；或为了单点测试，选择按"零带宽"键。

重点提示　为了迅速改变频宽值，可按"SPAN UP 1-2-5"键或"SPAN DOWN 1-2-5"键。

⑤ 选择幅度：按"AMPLITUDE"键选择幅度，按"单位"键，并选择需要的值，按"返回"键返回幅度菜单。再按"参考电平"键，用"∧ / ∨"键或从键盘直接输入需要的值，按"Enter"键确认；然后按"刻度"键，用"∧ / ∨"键或从键盘直接输入需要的值，按"Enter"键确认。

按"衰减"键，选自动耦合衰减器，参考电平会滤除谐波和噪声。

⑥ 选择带宽参数：分辨率带宽（Resolution BandWidth，RBW）和视频带宽（Video BandWidth，VBW）都可以通过自动和手动方式耦合。

RBW 的自动耦合器将 RBW 连接到宽带上，这样，带宽越宽，RBW 也越宽。RBW 自动耦合器被指定为 RBWXXX，当进行 RBW 手动耦合时，亦能独立调整带宽。RBW 手动耦合器被指定为 RBW*XXX。

VBW 的自动耦合器将 VBW 耦合到 RBW 上。那样，RBW 越宽，VBW 也就越宽。VBW 自动耦合器被指定为 VBWXXX。当对 VBW 进行手动耦合时，亦能独立调整 RBW。VBW 手动耦合器被指定为 VBW*XXX。

操作时先按"BW/SWEEP"键，再按"带宽"键；然后按"RBW 自动"键选择自动方式；按"RBW 手动"键，并用"∧ / ∨"键选择分辨带宽，再按"Enter"键确认，按"返回"键返回带宽菜单。要选择视频带宽自动方式，可按"VBW 自动"键，或按"VBW 手动"键后用"∧ / ∨"键选择视频带宽，再按"Enter"键确认。

⑦ 选择扫描参数：最大值保持或消除，按"保持最大值"键，可显示出经过多次扫描的输入信号。

每一个显示点代表由一种检波方法合成的一些测量数据。测量数据的每一个显示点都受到频宽和 RBW 的影响。按"检测"键可选择 3 个有效的检波方法，分别是"正峰值""均方根平均""负峰值"。正峰值显示所有测量结果的最大值，是通过显示点连接而成的。均方根平均显示所有测量结果的平均值，负峰值显示所有测量结果的最小值。

为了减少噪声的影响，扫描平均可以使几次扫描结果平均化，而且可以排除个别扫描结果，显示出平均值。要设置平均扫描次数，按"平均（2-25）"键后，选择需要的次数，再按"Enter"键确认即可。

最大保留值和平均值是互斥的。

⑧ 调节标记：读数时按"MARKER"键，调出标记菜单。按"M1"键选择 M1 标记功能，按"编辑"键后，选择适当的值，再按"GHz""MHz""kHz""Hz"或"Enter"键；按"ON/OFF"键启动或消除 M1 标记功能，按"返回"键返回标记菜单；重复上述步骤，标记 M2、M3、M4、M5 和 M6。

⑨ 调节限制线：MS2711D 提供了两种限制线，一种是水平线，一种是分割线。

调节单一限制线（单一限制线无论是上限线还是下限线，都很容易确定）：按"LIMIT"键，按"单极限线"键，按"编辑"键，用键盘或"∧ / ∨"键输入数值，按"Enter"键确认。

定义上限线：如果信息显示超越 ABOVE 界定线，那么上限线就会出现在测量失败处。操作时按"BEEP AT LEVEL"，如果需要，窗口会显示"如果信息显示超越限制线，失败"。

定义下限线：如果信息显示低于 BELOW 界定线，那么下限线就会出现在测量失败处。操作时按"BEEP AT LEVEL"键，如果需要，窗口会显示"如果信息显示低于限制线，失败"。

分割界定线时，可分开确定 5 个上界定分割线和 5 个下界定分割线，这使显示屏变得特别清晰。一个界定线的分割是由它的终点决定的，那就是起始频率（ST FREQ）、起始幅度（AT LIMIT）、截止频率（END FREQ）和截止幅度（END LIMIT）。这一步被执行时可超越除下界定分割线外的其他上界定分割线。调节分割界限的操作方法：按"LIMIT"键；按"多极限上线"键；按"线段"键；按"编辑"键，窗口会显示分割端点 ST FREQ、AT LIMIT、END FREQ、END LIMIT，这些参数会变亮；第一次按"编辑"键，ST FREQ 参数变亮；输入数值；当编辑起始或截止频率时，单位（"GHz""MHz" "kHz""Hz"）键会在显示屏上显示，按这些键，ST LIMIT 参数会变亮；输入数值；按"Enter"键继续；输入截止频率；输入停止界定线；按"下一线段"键，移到段落 2（如果显示"下一线段无效"，按"Enter"键）；如果段落 2 状态关闭，按"下一线段"键会自动设置一个线段 2 的起点，它等同于线段 1 的终点；维持分割重复，当最后的界定线分割确定后，再按"编辑"键结束编辑。

重点提示

仪表不允许重叠同样类型的界定分割线，即两个上界定分割线不能重叠，两个下界定分割线也不能重叠。

仪表不允许界定分割线垂直。在起始频率和截止频率中，界限分割是一样的，但界限值是不同的，数值也没有具体指定。

⑩ 设置报警线：通过设置报警线，两种界限类型都能显示界限报警。在每一个超出界定线的信息点，仪表都会发出蜂鸣声。操作时按"LIMIT"键，按"极限线报警"键，状态窗口会显示界限警笛处在工作状态。再按"极限线报警"键，可关闭报警。

⑪ 调节衰减设置：频谱仪衰减可以自动耦合、手动耦合，也可以动态耦合。操作时按"AMPLITUDE"键，再按"衰减"键选择相应的耦合方式。

自动耦合：衰减器自动耦合可以将衰减和参考电平相联系。也就是说，参考电平越高，衰减越大。自动耦合在屏幕上以 ATTEN*XXdB 的方式显示。

手动耦合：在手动耦合时，衰减可以被独立调节到参考电平。手动耦合在屏幕上以 ATTEN*XXdB 的方式显示。

重点提示

衰减应当被调制成最大信号幅度在混合输入时是-30dBm 或更小。例如，如果参考标准是+20dBm，衰减应当是 50dBm，这样在混合状态时输入的信号幅度就是-30dBm（+20dBm-50dBm=-30dBm），防止信号幅度的压缩。

动态耦合：动态耦合遵循输入信号值自动调节参考电平到最大输入信号值的原则。当开启动态衰减时，衰减自动耦合到参考电平。如用一个前置放大器使 MS2711D 待命，动态衰减会自动启动或根据环境使放大器失效。

动态耦合在屏幕上以 ATTEN*XXdB 的方式显示。

⑫ 调节显示参照物：MS2711D 显示的参照物可被调节为能适应各种各样的环境，以及当使用轨迹覆盖时，还可辨认轨迹。按"CONTRAST"键（数字键盘 2），用"∧ / ∨"键调节参照物，按"Enter"键保存新设置。

⑬ 设置系统语言：按"SYS"键，再按"LANGUAGE"键，选择一种需要的语言。

⑭ 设置系统阻抗：MS2711D 的输入端口和输出端口都有 50Ω 的阻抗。MS2711D 固件也能给输入端口提供 50Ω～75Ω 的阻抗。按"SYS"键，按"75Ω"键，按和接头类型相匹配的键（如果转接头和 Anritsu 12N50-75B 不匹配，按"OTHER ADAPTER OFFSET"键），用键盘输入损耗值或用"∧ / ∨"键选定值，按"Enter"键确认。

（2）测试操作示例（以 GSM 通道功率测量为例）

① 连接一个衰减量为 30dB、功率容量为 50W 的双向衰减器到频谱仪的输入端口。

② 按"AMPLITUDE"键及"参考电平"键，设置参考电平为 0dBm。

③ 按"刻度"键，设置标尺为 10dB/格。

④ 按"衰减"键，设置衰减为"手动"方式并设置衰减值为 20dB。

⑤ 按"BW/SWEEP"键，分别设置"RBW 手动"，分辨带宽为 1MHz，视频带宽为"VBW 自动"。

⑥ 按"保持最大值"键，打开最大保持测量功能，同时"MAX ON"显示在显示屏的左下角。

⑦ 按"MEAS"键，按"频道功率"键。

⑧ 按"中心"键，设置频谱仪中心频率为 GSM 信号频率 947.5MHz。

⑨ 按"积分带宽"键，设置频率带宽间隔为 2.0MHz，对于特殊的应用，设置频率带宽间隔到合适值。

⑩ 按"频道宽"键，设置通道带宽为 4.0MHz，对于特殊的应用，设置通道带宽间隔到合适值。

⑪ 开始测量功能可通过按"测量"软键来实现。测量检波方式会自动被设置为平均值检波方式。显示于屏幕上的两根垂直实线可以左右平移来显示它们的整个频率带宽。MS2711D 频谱仪会在屏幕上显示测量结果，示例如图 4-44 所示。

通道功率测量是一个瞬间的过程，一旦此功能被打开就会一直进行下去，直到再一次按"测量"键关闭为止。当通道功率测量功能打开时，标记"通道功率"就会出现在显示屏的左侧。每一次完整的扫描结束后，通道功率就会被计算出来。随着通道功率计算的进行，一个时间进度标识会被显示在显示屏上。

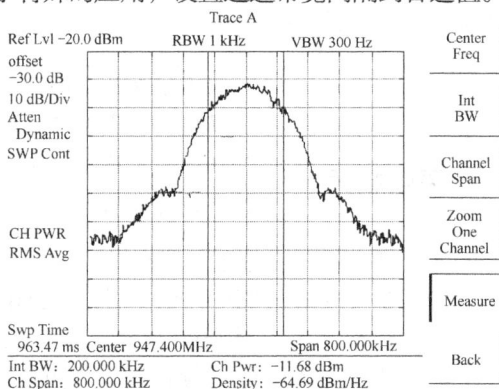

图 4-44　GSM 通道功率测试

重点提示

通道带宽应大于或等于综合带宽，否则，MS2711D 会自动设置通道带宽等于综合带宽。当综合带宽和通道带宽设置相同时，MS2711D 就会对综合带宽应用所有采样点，提供最精确的测量结果。综合带宽与通道带宽比值会保持一个恒定值不变，当综合带宽改变时，这个比值保持不变（但改变通道带宽可以改变此比值）。例如，当综合带宽加倍时，MS2711D 也将使通道带宽增加相同的倍数。

（3）频谱仪使用示例

① 测试设备输出功率。

直放站设备常用频谱仪测量上下行输出功率、互调干扰等指标，连接方法类似。

根据图 4-45 所示的连接，进行直放站下行输出功率测试，按测试系统设置中心频率、参考电平、刻度、衰减、分辨率等相关参数，测试结果如图 4-46 所示。

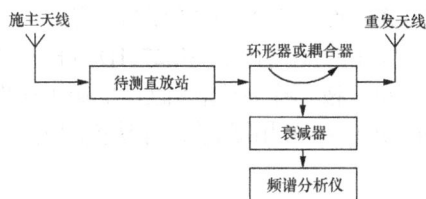

图 4-45　无线直放站下行输出功率测试连接

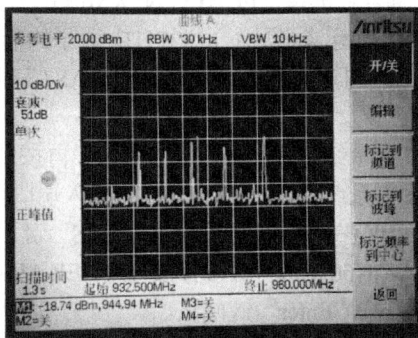

图 4-46　无线直放站下行输出功率测试结果

② 测试空中干扰信号。

将频谱仪 RF IN 端口连接八木天线，按被干扰系统及干扰情况设置起始频率和终止频率、参考电平、刻度、衰减、分辨率等相关参数，根据测试结果即可判断干扰频率范围。利用八木天线的定向接收性能还可判断干扰源方向。

2. DT、CQT 系统——鼎利无线网络测试系统

不同的移动通信系统有相应的网络测试软件，如测试移动网络无线接口系统（Test Mobile System，TEMS）、鼎利系统，还有华为的 probe 和 Assistant 等，在此简单介绍鼎利系统。

鼎利 Pilot Pioneer 软件提供了丰富的信号测试功能，可以对不同网络、不同类型的业务进行测试。Pilot Navigator 分析软件还可对测试数据进行全面、细致的分析。

（1）软件简介

Pilot Pioneer 集成了可对多个网络进行同步测试的新一代无线网络测试及分析软件，基于计算机和 Windows 7 以上操作系统，具备完善的对 GSM、CDMA、CDMA2000.1xEV-DO、WCDMA、TD-SCMDA、LTE、NR 等系统的测试功能，还支持数据后台分析，如报表汇总、覆盖分析、干扰分析等。

Pilot Pioneer 软件操作界面主要分为 4 个部分，包括菜单栏、工具栏、导航栏和工作区，如图 4-47 所示。工具栏主要提供一些常用操作的快捷键；导航栏提供了 4 个选项卡标签，分别为工程、设备、GIS 信息、工作区；工作区则是各操作界面的相应窗口的显示区。

（2）测试流程

使用 Pilot Pioneer 进行 DT 的主要流程如下：①根据测试需要为计算机连接硬件设备（测试设备，如手机、GPS 等）；②在"计算机"右键"管理"中的"设备管理器"中展开"端口"列表，并对硬件设备的端口分配进行查看；③单击"配置设备"进行硬件设备端口设置；④网络连接设置，包括创建 Modem、创建拨号连接；⑤单击"配置模板"创建或修改事件模板；⑥双击导航栏下方的"设置"页签，单击"Handset"，选择"测试计划"中的某个项目对测试模板进行设置。语音业务测试流程如图 4-48 所示。

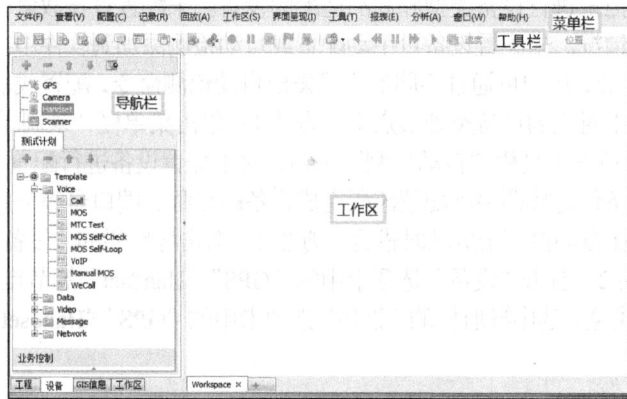

图 4-47　Pilot Pioneer 软件操作界面

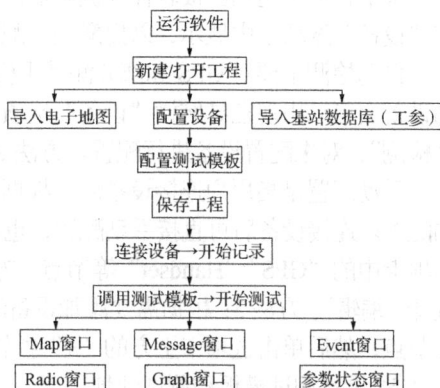

图 4-48　语音业务测试流程

（3）语音业务测试

① 新建工程或打开已有工程。

软件是基于工程运行的，全部操作都在工程中实现，使用软件前要先新建工程或打开已有工程。如果是新建工程，需要选择正确的存放路径。

打开软件后会弹出"工程"对话框，可打开或新建工程。也可选择菜单栏中"文件→新建工程"或单击工具栏中的"新建工程"按钮打开工程设置窗口。

② 基站数据库导入。

基站数据库通常也被称为基站工参，软件支持多网络、多数据同时导入，并且支持自动导入或手动导入。

如果导入的工参字段与某网络下指定的必填字段完全匹配，则可自动导入工参到该网络节点下。方法 1：双击导航栏"GIS 信息/Sites"根节点，若系统能判断导入的基站工参所属网络，且必填字段完全匹配，则自动导入成功。方法 2：双击导航栏"GIS 信息/Sites"根节点下的各网络节点，若导入的基站工参必填字段与该网络完全匹配，则自动导入成功。

手动导入是指软件给出适配界面，由用户指定网络字段和导入文件字段的对应关系，然后再进行导入的方式。方法1：在导航栏"GIS信息/Sites"根节点上右击，选择"手动导入"，软件识别导入基站工参所属的网络，识别成功后，转入对应网络字段手动适配界面，如图4-49所示。方法2：在导航栏"GIS信息/Sites"根节点下的各网络节点上右击，选择"手动导入"，此时会显示手动适配界面，且软件会预先给出识别到的字段适配结果。

导入基站工参后，在"GIS信息/Sites"根节点的网络节点下会出现根节点，打开Map窗口，并将导入的工参拖到Map窗口中，就可以显示导入的基站信息。

③ 导入电子地图。

双击导航栏中的"GIS信息/Sites"的"Geo Maps"，或右击Import，选择导入地图的路径。常用电子地图文件类型包括：Mapinfo的Tab文件、AutoCAD的Dxf文件、Terrain的TMB/TMD文件、Google地图的KML/KMZ文件。

导入的地图在"GIS信息"的对应地图类型下方列出，新建Map窗口，拖动"GIS信息"下的对应地图类型或对应地图类型下的相关文件到Map窗口即可显示。

在用计算机联网测试时，也可以不用导入地图，直接在Map窗口工具栏中单击打开谷歌地图即可。

④ 配置GPS、测试手机等设备。

配置设备前，需确保设备驱动已安装好，且已通过USB接口连接设备。添加设备时，注意软件自动检测到的设备名称和端口号。

未配置设备是指已被软件检测到端口，但未进行设备类型和商品适配的设备。未配置设备数量会在"设备"选项卡中显示，以提醒用户配置情况。未配置设备可手动配置或自动检测添加到软件中。

自动检测主要对GPS和部分测试手机有效，用户可通过不同的方式发出自动检测命令，配置成功的设备会自动出现在导航栏"设备"选项卡中对应的设备类型节点下。方法1：单击菜单栏"录制/自动检测"，对未配置设备进行配置。方法2：单击工具栏"自动检测"按钮，对未配置设备进行配置。

手动配置是指用户连接设备后，根据设备信息按照手动配置流程完成设备的名称、端口号等信息的配置。连接设备后可直接手动配置，也可在自动检测未成功时进行。方法1：双击导航栏的"设备"选项卡中的"GPS""Handset"等节点。方法2：右击"设备"选项卡中的"GPS""Handset"等节点，选择"编辑"。方法3：根据需要添加设备的类型，选中导航栏的"设备"选项卡中的"GPS""Handset"等节点，然后单击选项卡上方的"+"按钮。

⑤ 设置测试模板和测试计划。

测试模板用来将用户常用的测试业务配置进行模板化保存，方便用户在配置不同终端时快速调用。

Pilot Pioneer软件中自带一套测试模板，也可以再生成一套测试模板，单击导航栏"设备"选项卡中的"Handset"节点即可看到模板配置情况，如图4-50所示。

图4-49　基站工参手动导入参数配置　　　　图4-50　配置测试计划

测试模板中包含多种测试业务，包括 Voice 类、Data 类、Video 类、Message 类和 Network 类。

测试计划是具体测试业务的组合，可以包含一个或多个测试业务。一般在添加 Handset 设备前选择测试模板。添加 Handset 设备后，由该测试模板生成测试计划。

在导航栏的"设备"选项卡中的"Handset"节点下，单击某个具体的终端，可在"设备"选项卡中显示该终端的测试计划，可对测试计划进行各种管理。

测试业务的顺序可根据需要调整，即对选中业务进行上下移动来设置测试业务的先后顺序。

⑥ 保存工程。

在工具栏中单击"保存"按钮或选择菜单栏中"文件→保存工程"即可保存所建工程，保存设备配置、测试模板等信息。保存的工程文件为 DLP 文件。

⑦ 测试。

开始测试的操作步骤为：连接设备→开始录制→开始所有。

选择菜单栏中"记录→连接"或单击工具栏中的"连接/断开"按钮连接设备。

选择菜单栏中"记录→开始"或单击工具栏中的"开始/停止录制"按钮，指定测试数据名称后开始录制。测试数据名称默认采用"日期-时分秒"格式，用户可重新指定。

在设备中，如果设置了多个测试模板，在开始测试前要调用测试模板。在连接设备和开始记录之后，会弹出"设备控制"窗口，单击"测试计划"按钮调出已设置的测试模板，在模板配置中设置测试参数。单击"开始所有"按钮开始测试过程，如图 4-51 所示。测试状态显示示例如图 4-52 所示。

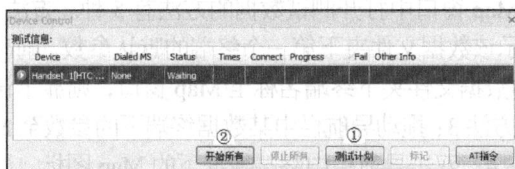

图 4-51 调用配置模板，开始测试　　　　图 4-52 测试状态显示示例

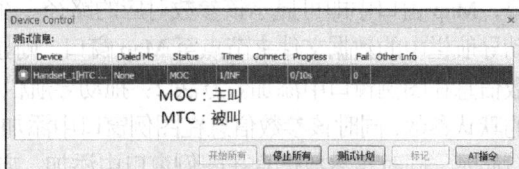

测试结束时单击"停止所有→停止录制→断开设备→保存工程"。

⑧ 测试分析。

- 测试数据的导入、导出、删除、合并与分割。

测试数据的导入有 3 种方式：常规导入、高级导入和按文件导入。导入数据成功后，数据自动加载在导航栏"工程/导入测试数据"节点下。高级导入和按文件导入只能通过菜单栏导入，而常规导入数据有 4 种方法。方法 1：单击菜单栏"文件→导入测试数据"，再选择"常规导入/高级导入/导入文件夹"导入。方法 2：单击工具栏"导入测试数据"按钮导入。方法 3：双击导航栏"工程/导入测试数据"节点导入。方法 4：在导航栏"工程/导入测试数据"节点处，右击选择"导入测试数据"导入。

测试数据的删除有 3 种方法。方法 1：单击菜单栏"文件→删除测试数据"选项，打开选择测试数据窗口，勾选需删除的数据文件，完成删除。方法 2：在导航栏"工程/导入测试数据"节点处，右击选择"删除测试数据"，打开选择测试数据窗口，勾选需要删除的数据，完成删除。方法 3：在导航栏"工程"下需要删除的数据文件节点处，右击选择"删除测试数据"完成删除。

测试数据导出是指把某种网络下的测试数据，根据用户指定的条件转换成不同的格式与内容，并导出到指定的位置。

如果在测试过程中设备、软件等出现故障导致测试中断，可以在中断处重新测试。出现多个数据文件时，可以将这些文件合并成一个数据文件，也可以将一个数据文件分割成几个数据文件。方法就是在菜单栏中选择"工具→合并/分割数据文件"，会弹出"合并/分割文件"对话框，单击"Add"选择需要合并或分割的文件。单击"合并"选择合并后数据存放路径及文件名；单击"分割"选择分割后数据的存放路径。

- 测试数据回放。

回放功能不仅能重现路测时的场景，而且支持多窗口在回放时完全同步，方便用户分析和定位问题。Pilot Pioneer 软件中数据回放有 10 个等级的速度可选，可直接选择数据的任意位置、正向或反向、单步或连续回放。可选择菜单栏"回放→选择数据文件"选项回放数据，也可单击工具栏中"选择数据文件"按钮选择回放数据。

- 测试窗口。

测试过程中可用的窗口包括 Map 窗口、Message 窗口、Event List 窗口和 Information 窗口。Map 窗口用于显示路测区域的地理环境及路测轨迹，其显示的对象包括参数、基站、事件、地图的相关信息。Message 窗口显示指定测试数据完整的解码信息，可以分析三层信息反映的网络问题；自动诊断三层信息流程存在的问题并指出问题位置和原因。Event List 窗口用于显示指定测试数据的事件信息。Information 窗口用于以随时间变化的曲线的方式显示各测试参数的变化情况。各窗口实时显示测试参数数值、测试事件和测试状态，对于不处理测试状态的数据，用户可任意指定其当前位置。

- Map 窗口。

Map 窗口支持显示的数据包括测试数据、基站数据和地图数据 3 种。地图数据支持的格式有：MapInfo(*.tmb；*.tmd)、Image(*.bmp；*.jpg；*.gif；*.tif；*.tga)、Terrain(*.tmb；*.tmd)、AutoCAD(*.dxf)、USGS(*.dem)、ArcInfo(*.shp)等。

在测试回放状态下，软件支持测试数据在 Map 窗口中显示，将关注的参数从导航栏中拖入 Map 窗口，Map 窗口中即可显示该参数对应的路径。在 Map 窗口中打开测试数据的方法有 5 种。方法 1：拖动导航栏中的数据文件夹节点至 Map 窗口，则显示该数据文件夹下第一个终端的默认参数，同时该参数信息在图例窗口中添加。方法 2：拖动导航栏中数据文件夹下终端名称至 Map 窗口，则显示该终端的默认参数，同时该参数信息在图例窗口中添加。方法 3：拖动导航栏中某数据终端下的参数至 Map 窗口显示，同时该参数信息在图例窗口中添加。方法 4：双击导航栏中终端数据下的 Map 图标，显示该数据的默认参数，同时该参数信息在图例窗口中添加。方法 5：选中导航栏中 RCU 数据下的参数，右击，选择"Map"，则重新打开 Map 窗口，并加载指定参数，同时该参数信息在 Map 窗口中显示。

在测试或回放状态下，用户从导航栏"GIS 信息"节点下选择基站数据库拖拽到 Map 窗口即可将基站数据显示在 Map 窗口中，也可以通过在基站数据库节点上右击，选择"Map"选项实现。

单击 Map 窗口工具栏上的"打开地图图层"按钮，选择要添加的图层至 Map 窗口。将 3 种数据导入 Map 窗口后，Map 窗口常用的功能有：事件显示、层控制、小区设置与小区显示、信息设置。

事件显示用于设置将测试数据中的事件显示在 Map 窗口中，非常直观。选择菜单栏"配置→事件设置"选项，或选中图例窗口中的"事件"节点，右击"事件设置"，两种方法均可设置在 Map 窗口上显示的事件。在 Map 窗口中显示测试数据，设置的事件会自动加载并显示。

层控制对显示在 Map 窗口中的所有图层进行管理，包含图层顺序、显示/隐藏图层、删除图层、图层标签、透明度设置等功能。单击 Map 窗口上的"图层管理"按钮，打开图层管理窗口，图层管理的 Label 功能和 MapInfo 中图层的层显示功能类似。在设置显示字段、字体大小和颜色等信息后，就可在图层上看到显示效果。

小区设置的结果对显示在 Map 窗口中对应的基站数据库生效，包括小区显示、小区连线、小区检查等。打开小区设置窗口的方法包括：选择菜单栏中"配置→小区设置"选项；单击 Map 窗口工具栏的"小区设置"按钮；在 Map 中的图例窗口"站点"根节点，右击，选择"小区设置"；在 Map 中的图例窗口"站点"根节点下的基站数据库，右击，选择"小区设置"。在小区设置窗口中"显示设置/网络"下选择网络后对基站的显示颜色、大小及扇区样式进行设置。在该窗口"图层设置/网络"下选择网络后，就可对地图上小区的文本标签信息进行设置。在该窗口"小区连线设置/网络"下选择网络后，就可对采样点与相关小区的连线、连线标签等信息进行设置。小区分析包含邻区、扰码等的核查，通过设置相应提示信息以发现问题。如邻区检查时，单边邻区关系采用一种样式显示，双边邻区关系用另外的样式显示，即可进行区分。

在 Map 窗口的图例处显示当前选择的小区信息或轨迹的参数值信息，在轨迹上也可显示某些参数值的信息，这些信息的显示控制在"信息设置"窗口中设置。选择菜单栏"配置→信息设置"选项，或单击 Map 窗口工具栏中"信息设置"按钮，都可打开信息设置窗口。在信息设置窗口"图例设置/网络"下可设置对应网络的信息显示，有两类信息，包括图例处的参数信息和轨迹上的参数信息。

"信息选项"用于控制图例处的参数信息，设置后单击轨迹上的采样点，就可在图例下方看到此时相应参数的值；"显示采样值"用于控制轨迹上的参数信息，设置后轨迹上的采样点处会显示对应的参数值信息，其中"无采样"表示不显示该信息，"更改采样"表示在参数值发生变化时才显示，"所有采样"表示在显示不重叠的情况下，显示所有点的信息。信息设置后可在 Map 窗口上查看对应的结果，结果可在图例中显示（单击 Map 窗口工具栏的"信息"按钮，单击测试数据路径上的采样点，即可在 Map 图例窗口右下方显示选择的参数值），也可在测试数据路径的采样点附近直接显示值。

在"信息设置"窗口的"小区设置/网络"下选择的 Map 窗口上显示小区的相关参数，设置后在 Map 窗口上显示结果。单击 Map 窗口工具栏的"信息"按钮，或单击某扇区时，在 Map 图例窗口右下方即可显示选择的参数值。

（4）数据业务测试

数据业务有多种类型，在此简单介绍 FTP 下载业务的测试方法。

测试采用拨号连接的方法，因此需先创建拨号连接，不同的操作系统设置方法略有不同，例如在 Windows7 系统中打开"网络与共享中心→设置新的连接或网络→设置拨号连接"即可。

FTP 下载业务测试是使用 FTP 把文件从远程计算机上复制到本地计算机的测试。测试过程如下。

① 打开 Pilot Pioneer 软件，并新建工程。

② 配置好测试设备（在 Handset 中配置好端口）。

③ 新建 FTP 下载测试模板"New FTP Download"，并设置模板参数，包括拨号连接参数、FTP 服务器设置、测试参数。需要注意的是：下载文件路径一定要确保关闭所有计算机的无线及有线网络。

④ "连接设备→开始记录→Advance 按键选择测试模板并修改参数→开始所有"即可开始测试。

⑤ "结束所有→停止记录→断开设备→保存工程"，则测试结束。

（5）室内分布系统打点测试

室内分布系统测试是针对现有室内覆盖系统进行覆盖测试，用来了解场强分布、语音质量、室内切换等情况。与路测不同的是室内测试不能使用 GPS 接收机，可利用测试软件中的移动标记在建筑物平面图写出行走轨迹，每走一段距离标记一次，记录下对应的测试数据。

测试时需导入建筑物平面图，图纸必须为站点实际施工图纸，含每一层的天线安装平面图与系统连接图。

室内步测的测试路径描述需用到 Map 窗口的 Mark 打点工具，通过对测试路径中的特征位置的记录对测试路径进行画线。单击 Map 窗口的"Mark"按钮激活 Mark 打点功能。按室内测试的测试路径在 Map 窗口中画线，每走到一个可以对测试路径进行标记的位置，就在 Map 窗口中对应位置标记一个点。两个点间以直线相连，两点之间的采样点均匀分配。室内打点测试过程如下。

① 制作测试地图。可以使用画图、AutoCAD 等常用绘图软件制作测试用地图。

② 导入测试地图。打开测试软件，导入测试区域平面图，注意选定匹配的地图格式。

③ 配置测试设备及模板。配置测试手机各端口，配置业务测试模板。

④ "连接设备→开始记录→开始拨号测试"。在 Map 窗口中打开刚才载入的室内分布地图，单击 Map 窗口上的"Mark"按钮，开始打点测试。

打出的点并不能实时地显示在测试窗口中，如需查看打点路径，可对 Map 窗口进行最大化，还原操作即可显示出当前测试路径。测试完毕保存工程后再打开测试数据，可能会出现无法载入或无法显示测试路径的情况，可将测试数据存放到其他路径，删除软件中当前无法显示的测试数据，重新载入。载入时要注意先打开测试地图。

小结

在设计室内覆盖时常采用直放站与室内分布系统。直放站实际为双工放大器，不会增大系统容量。室内分布系统的信源可与基站直接耦合接入（增大系统容量），也可采用直放站耦合接入。对于室内分布系统，需特别关注信号泄漏问题。

多系统可综合在同一分布系统中实现信号覆盖，常用的无源器件包括功分器、耦合器、合路器、双工器和衰减器。常用的直放站包括无线直放站和光纤直放站，在使用时必须注意无线直放站的隔离度问题、光纤直放站由于光传输时延和多时隙保护带来的拉远距离受限问题。

直放站设备提供了相应的监控能力，包括对覆盖区域性能及设备状态的监控。分布系统的维护可采用现场检测和远程查询等方式进行。

对于有源设备的工作性能常使用频谱仪进行检测，覆盖性能则用 DT、CQT 等进行检测。

习题

一、填空题

1. 直放站实际上是一个_____，采用时_____影响系统容量。
2. 室内分布系统中常用的无源器件有_____、_____、_____、_____、_____等。
3. 光纤直放站由_____和_____两部分组成。
4. 有源分布系统是在_____分布系统的基础上加上_____，以补偿信号的_____，扩大覆盖面积。
5. 分布系统的监控主要通过_____或_____方式把信息传送到网管中心。

二、判断题

1. 功分器和耦合器的实质相同。 （   ）
2. 直放站作为信源可增大系统容量。 （   ）
3. 室内分布系统根据实际情况可进行全覆盖，也可进行部分覆盖。 （   ）
4. 使用无线直放站时需考虑施主天线和覆盖天线间的隔离度。 （   ）
5. 光纤分布系统仅在中继端机与覆盖端机间采用光传输技术。 （   ）
6. 分布系统中的 WLAN 和 TD-LTE 系统可进行合路共用分布式天馈系统。 （   ）
7. 干线放大器的作用是补偿干线传输损耗，扩大覆盖面积。 （   ）
8. POI 多系统综合平台可实现多运营商共同建设分布系统。 （   ）
9. 室内分布系统进行 DT 时与宏站覆盖测试时都须使用 GPS。 （   ）
10. 直放站的引入不会影响基站的噪声性能。 （   ）

三、选择题

1. 只能用于不均匀功率分配的器件为（   ）。
   A. 耦合器　　　　　　　　B. 功分器　　　　　　　　C. 合路器

2. 7dB 耦合器输入 10dBm 功率，其耦合端输出功率为（　　　）。
　　A．7dBm　　　　　　　　　　　B．3dBm　　　　　　　　　　　C．10dBm

3. 光纤直放站远端机最大可拉远（　　　）km。
　　A．10　　　　　　　　　　　　　B．20　　　　　　　　　　　　　C．30

4. 光纤直放站同纤传输时，如只有一根空闲光纤，可采用上下行同纤分别采用（　　　）μm 的波长传输信号。
　　A．0.85 和 1.55　　　　　　　　B．1.31 和 0.85　　　　　　　　C．1.31 和 1.55

5. 在同一室内分布系统中需使用多个干线放大器时，应尽量采用（　　　）方式连接。
　　A．串联　　　　　　　　　　　　B．并联　　　　　　　　　　　　C．混联

6. 若待覆盖区域系统容量不足，应采用（　　　）作为信源。
　　A．无线直放站　　　　　　　　　B．光纤直放站　　　　　　　　　C．RRU

四、简答题

1. 简述室内分布系统中信号泄漏问题的解决方法。
2. 直放站和室内分布系统的维护主要有哪些方法？
3. 在直放站和室内分布系统的维护中应注意哪些问题？
4. 分布系统在设计前要做哪些准备工作？
5. 简述分布系统的基本设计过程。
6. 进行 DT 需要准备哪些设备？

05 第5章 传输设备

【主要内容】传输设备是 BSC 与 BTS 间远距离传输信号的关键。本章主要介绍 SDH 与 PTN 的概念和基本原理，LTE 承载网各技术的基本概念，传输网的基本概念，工程应用、配套设备和施工维护技术规范，华为和中兴等多种传输设备的结构及维护。

【重点难点】综合架施工维护规范；各类传输设备的基本结构、组成和操作维护知识。

【学习任务】理解 SDH、PTN 传输技术的基本概念；掌握常用传输设备的结构；掌握传输设备维护的基本方法。

5.1　同步数字体系

在基站子系统中，BSC 与 BTS 大多情况下安装在相距较远的不同地点的机房中。而 BSC 与 BTS 间信号传输所用 E1（2M）线的有效传输距离有限，所以需要采用传输设备延长传输距离，目前使用较多的是 PTN 技术，但仍有同步数字体系（SDH）技术的应用场景。本节主要介绍 SDH 的概念、特点及基本原理。

5.1.1　SDH 概述

SDH 是为解决标准光口问题而提出的，因此可以先有目标再定规范，然后研制设备，以最理想的方式来定义符合电信网要求的系统和设备。

SDH 的优点：采用全球通用的光口标准；不同厂家的设备间具有高度兼容性，包括光路上及局内各设备间的光口；各级信号速率精确地符合 $N{\times}155.52\mathrm{Mbit/s}$ 关系（N 为同步复用信号等级）；具有丰富的辅助（开销）通路可供网管系统使用，并有标准化的电信管理网（Telecommunication Management Network，TMN）；采用同步的组网方式；具有高度的灵活性。具体反映在网络结构、上/下电路、带宽管理、与同样采用光传输的准同步数字系列（Plesiochronous Digital Hierarchy，PDH）兼容、对未来发展的适应能力等方面。

从设备来说，SDH 的关键特点为标准的光口、强大的网管能力和同步复用。

5.1.2　SDH 基本原理

SDH 实现包括同步复用、字节间插过程，即需要实现同步复用、映射和指针定位校准。

1. 同步复用与字节间插

SDH 首先将输入信号编排成规则的信息模块——虚容器（Virtual Container，VC）VC-4，然后将 VC-4 放入与 f_s 同步的"载体"管理单元（Administrative Unit，AU）AU-4。此时，系统通过指针处理记住各输入信号与 f_s 间的相位差，并将此信息随 AU-4 一起传到接收端，以供正确地还原出各输入信号的相位关系。最后，系统即可方便地用字节间插方式将这些信号同步复用成高阶的同步传送模块 STM-N（Synchronous Transport Module Level N）信号，其频率为 f_m。

从 SDH 同步复用过程可知，STM-N 信号的频率 f_m 是在 f_s 的控制下形成的，所以各信号在 f_m 的比特流中的时间和位置是固定、可预知的。又因为是按字节间插的，所以在高阶 SDH 信号流中，每一低速数字通路的位置是可以跟踪的，而且该通路的 8bit 码是成群出现的（PDH 中的同一通路 8bit 码是分散出现的），因此，可灵活地安排上/下电路，或重新安排高阶 SDH 信号流中的低阶通路，或在各高阶 SDH 信号流中进行交叉连接。

SDH 可实现从低阶到高阶"一步到位"的复用，对于分用过程也一样可"一步到位"。SDH 上/下电路简单，便于交叉连接，易于向更高的传输速率增长，而且不需要占地面积大且易出差错的数字配线架（Digital Distribution Frame，DDF）。SDH 网络的常见网元有：终端复用器（Terminal Multiplexer，TM）、分插复用器（Add/Drop Multiplexer，ADM）、再生中继器（Regenerating，REG）、数字交叉连接设备（Digital Cross-Connector，DXC）等。SDH 与 PDH 的上/下电路过程比较如图 5-1 所示。

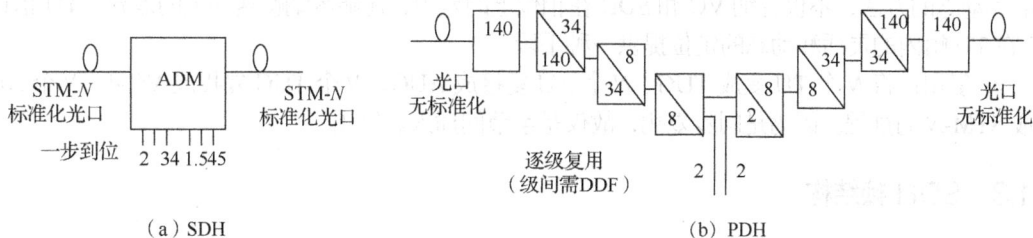

图 5-1　SDH 与 PDH 上/下电路过程比较

2. 同步复用、映射、指针定位校准

在 STM-N 中有多种信息模块，模块信息间的关系包括同步复用、映射、指针定位校准，如图 5-2 所示，将图中阴影部分去掉即为我国的 SDH 复用和映射关系。绝大多数标准速率都可装入 SDH 帧结构的净负荷区，也可容纳 ATM 信元或其他新业务信号。将各种信号装入 SDH 帧结构净负荷区，要经过映射、定位校准、复用 3 个过程。

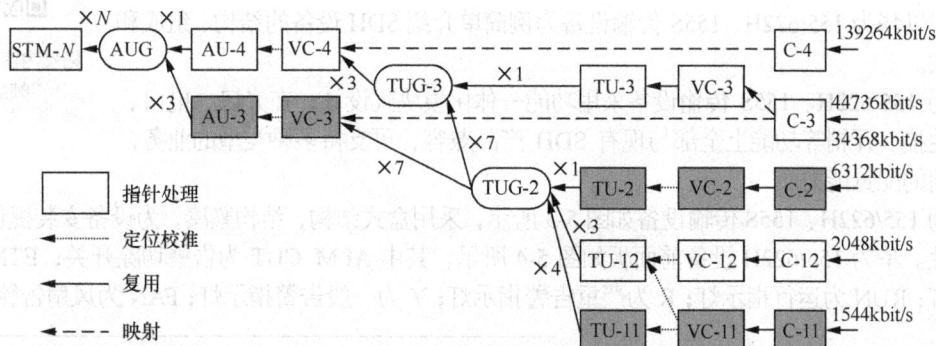

图 5-2　SDH 复用映射结构

（1）SDH 中各模块的含义及功能

容器 C-n：用于装载各种速率等级的数字信号，并完成码速间调整等适配功能，使支路信号与同

步传送模块 STM-1 适配。

虚容器 VC-n：由标准容器输出的数字流加通道开销构成，开销用来跟踪通道的踪迹，监测通道性能，完成 OMA 功能。

支路单元（Tributary Unit，TU）TU-n：为低阶通道层和高阶通道层提供适配，由低阶 VC 和 TU-PTR 构成。

管理单元 AU-n：为高阶通道层和复用段层提供适配，由高阶 VC 和 AU-PTR 构成。

支路单元群（Tributary Unit Group，TUG）[管理单元群（Administration Unit Group，AUG）]：由一个或多个 TU（AU）构成，在 AUG 中加入段开销后便可进入 STM-N。

（2）模块信息间的关系

① 映射：把 PDH 的各级速率、ATM 信元与 SDH 的容器 C-n 进行适配，再进行容器 C-n 到虚容器 VC-n 适配的过程。其实质就是使各种支路信号与相应的 VC-n 同步，以便使 VC-n 成为可以独立进行传送、复用和交叉连接的实体。

② 定位校准：在 VC→AU、VC→TU 的过程中要加入指针，进行同步信号的相位校准，指针有 AU 指针（AU-PTR）、支路单元指针（TU-PTR）。定位校准是同步系列的重要特点，当网络处于同步工作状态时，用指针进行同步信号的相位校准；失去同步时，进行频率和相位的校准；异步工作时，进行频率跟踪校准。指针可容纳网络中的频率抖动和漂移。AU 指针可为 VC 在 AU 帧内的定位提供灵活和动态的方法，不仅容纳 VC 和 SDH 在相位上的差别，还能容纳帧速率上的差异。TU 指针可为 VC 在 TU 帧内的灵活和动态的定位提供一种手段。

③ 复用：将 N 个 TU 变成 TUG、N 个 AU 复接成 AUG、N 个 TUG 复接成 VC-4、N 个 AUG 复接成 STM-N 的过程。因为是同步复用，故仅是字节间插入、复用。

5.1.3 SDH 帧结构

根据 G.707 协议定义，在 SDH 中，STM 是用来支持复用段层连接的一种信息结构，它是由信息净负荷区和段开销区组成的一种重复周期为 125μs 的块状帧结构。开销信息安排适于在选定的介质上以某一与网络同步的速率进行传输。STM 的基本速率为 155.52Mbit/s，定义为 STM-1，更高的 STM 速率以基本速率乘 N 而得到，定义为 STM-N，有 STM-1、STM-4、STM-16、STM-64 等复用速率。

SDH 帧结构详见【拓展内容 7　SDH 帧结构】。

5.1.4 SDH 设备

这里以华为 155/622H、155S 传输设备为例简单介绍 SDH 设备的结构、组成和维护方法。

华为 155/622H、155S 传输设备采用功能一体化模块式设计，在光口、电口、时钟、主控、开销等功能上全部与现有 SDH 产品兼容，可支持多种类型的业务，具有灵活的配置能力。

拓展内容 7　SDH 帧结构

华为 155/622H、155S 传输设备如图 5-3 所示，采用盒式结构，结构紧凑，为设备安装提供了很大的灵活性。华为 155/622H 设备前面板如图 5-4 所示，其中 ALM CUT 为告警切除开关；ETN 为以太网指示灯；RUN 为运行指示灯；R 为严重告警指示灯；Y 为一般告警指示灯；FAN 为风扇告警指示灯。

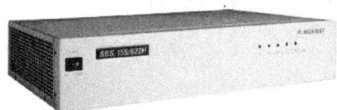

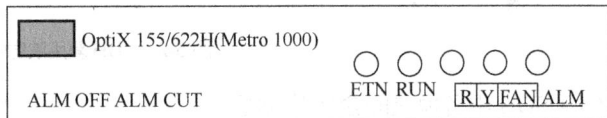

图 5-3　华为 155/622H、155S 传输设备　　　　图 5-4　华为 155/622H 设备前面板

1. 华为 155/622H

华为 155/622H 的功能单元如图 5-5 所示，设备背面对应有 7 个槽位。

（1）接口单元

IU1、IU2、IU3、IU4 为设备业务接入槽位，支持单板的带电插拔。

图 5-5 华为 155/622H 的功能单元

① IU1 为光口板槽位，可选择将 1/2 路 STM-1 光口板、1 路 STM-4 光口板 OI1 或者 2 路 STM-1 单纤双向光口板 SB2 插入 IU1 槽位。

② IU2、IU3 为光口板、电口板共用槽位，可选择将上述光口板 OI2/OI4/SB2 以及 8/4 路 2Mbit/s 的 E1 电口板 SP1、16 路的 2Mbit/s 的 E1 电口板 SP2、8 路 2Mbit/s 与 1.5Mbit/s（E1/T1）兼容电口板 SM1、8 路 2Mbit/s 的 E1 高性能电口板 HP2 或电口板 PL3 插入 IU2、IU3 槽位，环境监控单元 EMU（Environmental Monitoring Unit）可以插入 IU3 槽位。

③ IU4 为电口板槽位或 ATM 以太网接入槽位，可选择将 48/32/16 路 2Mbit/s 的 E1 电口板 PD2、48/32/16 路 2Mbit/s 与 1.5Mbit/s（E1/T1）兼容电口板 PM2、多路音频数据接入板 TDA、2/4 路 155Mbit/s 的 ATM 业务接入板 AIU（ATM Interface Unit）、8 路 10Mbit/s/100Mbit/s 兼容以太网接入板 ET1 插入 IU4 槽位。

华为 155/622H 光传输设备的 IU1、IU2、IU3 槽位均可以插光口板 OI2/OI4/SB2。这 3 个槽位配置光口板时可以与交叉单元配合，灵活组合成 TM ADM 系统或者多 ADM 系统。

（2）系统控制板、FAN、A 槽位和电源滤波板

① 系统控制板（System Control Board，SCB）槽位只能插入 SCB，而且必须插入 SCB。

② FAN 为风扇板槽位。

③ A 槽位和电源滤波板在需要清洁防尘网时可以进行单板插拔，防尘网下面为电源滤波板提供了两路直流滤波电源接口，有接入-48V 或者+24V 电源的两种电源滤波板可供选择。

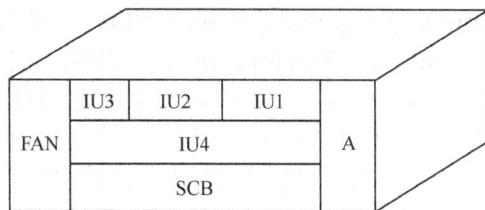

> **重点提示** SCB 和电源滤波板模块在系统中属于必需的功能单元，缺少任何一个单元都会导致业务中断，因此在设备正常运行时不允许插拔。

（3）单板介绍

① 光口板 OI2 提供 1/2 路 155Mbit/s 光口，OI4 提供 1 路 622Mbit/s 光口，SB2 提供 1/2 路单纤双向 155Mbit/s 光口，完成 SDH 物理接口、复用段和再生段开销处理，高阶和部分低阶通道开销处理，指针处理等功能。

② 支路电口板 SP1、SP2、PD2 提供 2Mbit/s 接口，SM1、PM2 提供 2Mbit/s 和 1.5Mbit/s 接口，HP2 提供高信号质量及接收灵敏度的 2Mbit/s 接口，PE3 提供 E3 接口，PT3 提供 T3 接口。这些电口板主要完成 2Mbit/s、1.5Mbit/s、34Mbit/s 或 45Mbit/s 信号到 VC-4 信号的映射、解映射等功能。

③ 多路音频数据接入板 TDA 提供 12 路 2 线音频接口或 6 路 4 线音频接口，或两者的组合，同时提供 4 路 RS-232 和 4 路 RS-422 数据接口，主要完成低速信号复用，可实现 ATM 业务的接入。

④ ATM 业务接口单元 AIU 对外提供 2/4 路 155Mbit/s 光口，实现 ATM 业务接入。

⑤ 以太网接口单元 ET1 对外提供 8 路 10M/100Mbit/s 兼容的以太网接口。

⑥ EMU 提供环境监控功能，主要包括设备工作电压监测、设备工作温度监测、开关量输入输出和串行通信等功能。

⑦ SCB 包括控制与通信单元（System Control&Communication，SCC）、交叉连接单元 X42、同

步定时发生器单元（Synchronous Timing Generator，STG）及开销处理单元（Overhead Processing Unit，OHP），另外还提供系统所需的电源、声光报警、铃流等功能。

SCC 通过管理接口与网元管理终端连接，负责收集系统的性能、告警等维护信息并上报网管系统，下发来自网管系统的各种命令，如配置、监视等；同时通过数据通信通道（Data Communication Channel，DCC）与不同传输网元交换信息，来实现对其他网元的管理；进行网元内各个单元的信息交换，提供 DCC 通信功能，提供标准的以太网网管接口、RS-232 网管接口进行网元及网络管理。

X42 提供 16×16 个 VC-4 在 VC-12 级别的交叉能力，可实现接口侧业务在 VC-4、VC-3、VC-11、VC-12 级别上的互通与交换。

STG 提供整个系统的工作时钟，可以从线路单元、支路单元、外部定时源或内部定时源获取定时信号，并且可以输出定时信号作为其他设备的输入时钟源。

OHP 用于进行开销处理，提供公务电话的多种呼叫方式和 RS-232 数据通道接口等功能。

（4）常用板卡类型

SP1D 提供 8 个 2Mbit/s 电口，可安装于华为 155S、155/622H 的 IU2、IU3 槽位；SP1S 提供 4 个 2Mbit/s 电口，可安装于华为 155S、155/622H 的 IU2、IU3 槽位；OI2D 提供两个 155Mbit/s 光口，可安装于华为 155S、155/622H 的 IU1～IU3 槽位；OI2S 提供 1 个 155Mbit/s 光口，可安装于 155S、155/622H 的 IU1～IU3 槽位；ET1 提供 8 个以太网接口，只能安装于华为 155/622H 的 IU4 槽位；SCB 只能安装于华为 155S、155/622H 的 SCB 槽位。

2. 华为 155S

与华为 155/622H 不同的是，华为 155S 没有 IU4 槽位，不支持两个以上 155Mbit/s 光信号，即 IU1 插入 OI2D 板之后，IU2、IU3 不能插光支路板，实际应用在网络的末梢。

3. 日常维护操作

（1）公务电话的使用

公务电话的电话线插头应插在华为 155/622H 设备背面 SCB 槽位的 PHONE 接口上，确保公务电话的振铃开关（电话左侧标记有"ON""OFF"）在 ON 的位置。

拨打电话方法：取下公务电话，按"TALK"键，有拨号音，可以拨号。

接听电话方法：当公务电话振铃时，取下公务电话，按"TALK"键，可以通话。

使用完毕后，按"TALK"键结束通话。

（2）单板的拔插和更换

确认单板插入的槽位正确。操作人员正对华为 155/622H 背面，将单板沿左右导槽推入底部，并且使单板拉手条左右扳手的凹槽对准左右卡槽，此时单板处于浮插状态。

检查母板上的插座，确保单板插头对准母板插座，然后用两手拇指按住单板拉手条把单板向设备机壳内推进，至单板拉手条与设备背面基本在同一平面。

将拉手条左右扳手向内扳至贴近拉手条位置，使单板完全插入，旋紧螺丝，如图 5-6 所示。

（3）设备通断电

按设备背面右上方"POWER"键处的"ON""OFF"键即可实现设备的通、断电。

（4）告警铃声的切除

华为 155/622H 设备告警声切除方法有两种：一种

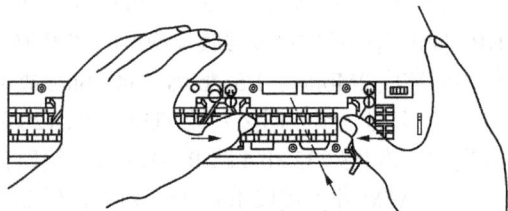

图 5-6　单板的拔插和更换

是利用华为 155/622H 设备下面的"ALM CUT"开关键，将 ALM CUT 开关拨到"ALM OFF"位置（告警切除状态），即可切除告警声；另一种是利用华为 155/622H 设备背面的"ALM CUT"开关键，将 ALM CUT 开关拨到"ALM CUT"位置（告警切除状态），即可切除告警声。

对于上述方法，单独使用时可以切除告警声，两种方法同时使用也可以切除告警声。如果告警没有排除，即使拨动 ALM CUT 开关到非告警切除位置（分别位于 ALM ON 位置和非 ALM CUT 的位置），也会发出告警声。

5.2 分组传送网

分组传送网（PTN）是目前基站使用较多的传输技术，本节简单介绍 PTN 概念、关键技术和设备。

5.2.1 PTN 概述

PTN 在 IP 业务和底层光传输介质之间设置了一个层面，针对分组业务流量的突发性和统计复用传送的要求而设计，以分组业务为核心，支持多业务提供功能。

1. PTN 的产生

在无线网络中，RAN 在 3GPP 标准组织中称为"移动回传"（Mobile 回传），是用于承载基站到基站控制器的语音业务、数据业务的基础网络。

3G 建设之初，RAN 的应用主要存在以下问题：数据业务的增长带来高带宽的需求；移动网络演进到 3G 遇到了带宽瓶颈，SDH 扩容无法满足带宽需求；SDH 网络的刚性带宽的低效率不能适应全 IP 的趋势；无线传送网络的建设成本较高，随着移动用户的不断增长，需要考虑降低回传网络的传送成本；新业务（可视电话、视频点播等）对传输带宽也提出了很高的要求。采用 IP 内核设备来建设 RAN，采用 IP 技术来承载各种无线业务成为不可逆转的趋势。

IP 技术在移动回传网络的应用，首先改变了承载网络的方式，特别是在 3G、4G 网络建设过程中，IP 承载具备非常明显的优势：IP 可以方便地为基站提供足够的传输带宽，从而方便运营商根据需求快速开发新业务；IP 可以方便地进行统计复用，能够对业务进行收敛，从而有效帮助运营商节省传输成本。在实际工程中，采用 IP 技术的网络建设成本较低。

现在的移动网络是全 IP 的无线网络。在 IP 化演进道路上，基站和基站控制器已经或即将完成 IP 化改造；传输网络也在朝着能够提供 FE/GE 功能的方向发展；数据网络在可靠性、QoS、安全性方面的相关技术都日益成熟；IP RAN 的时钟同步问题可以通过多种技术得到解决，所以 IP RAN 技术既符合无线技术演进方向，又符合传输层面全 IP 趋势，有利于投资保护，支持向无线新技术的演进。

PTN 正是在对移动传送网络需求高度理解的基础上应运而生的技术，将分组特性与传送特性完美结合，具备分组网络的灵活性和扩展性，同时还具有 SDH 网络高效的分组交换系统网管性能，提供电信级的总体低使用成本。

PTN 系列产品采用真正分组内核，为适应 Mobile 在城域网传送中对移动 2G/3G 混合回传网络的特殊要求，增加了时钟定时、端到端管理、快速保护、多业务承载等功能，保证了 2G/3G/LTE 混合阶段的回传需求覆盖能力，同时在城域网兼顾大客户专线、IPTV（Internet Protocol Television，网络电视）等 FMC（Fixed Mobile Convergence，固定网络与移动网络融合）网络必需的业务支撑功能。PTN 已经不再只是一个简单电信化的以太网技术，而是一个面对 Mobile 和 FMC 特征需求的解决方案型的分组技术。

2. PTN 的概念

PTN 是在 IP 业务和底层光传输介质之间设置了一个层面，针对分组业务流量的突发性和统计复用传送的要求，以分组业务为核心，支持多业务提供，具有更低的总体低使用成本，同时秉承光传输的传统优势，包括高可用性和可靠性、高效的带宽管理机制和流量工程、便捷的操作维护和网管、可扩展及较高的安全性等。PTN 可简单地理解为分组技术+SDH 维护体验，其总体架构如图 5-7 所示。

"分组"特性：纯分组内核，灵活性和扩展性强，支持海量用户业务，包括商业、信息、通信、娱乐应用，涉及语音、视频及数据业务等；在多样化的物理基础网络上，通过不同的运营商，提供从接入、城域、骨干到全球的业务；扩展性方面，带宽从 1Mbit/s 到 10Gbit/s 及以上；端到端高 QoS 保证。

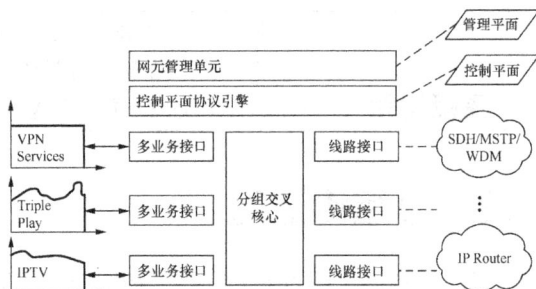

图 5-7 以分组为核心的 PTN 总体构架

"传送"特性：类 SDH 的保护机制，快速、丰富，从业务接入到网络侧及设备级的完整保护方案；类 SDH 丰富的操作维护管理（Operation Administration and Maintenance，OAM）手段；综合的接入能力；完整的时钟/时间同步方案。

PTN 支持多种基于分组交换业务的双向点对点连接通道，具有适合各种粗细颗粒业务、端到端的组网能力，提供了更适合于 IP 业务特性的"柔性"传输管道；点对点连接通道的保护切换可以在 50ms 内完成，可实现传输级别的业务保护和恢复；继承了 SDH 技术的操作、管理和维护机制，具有点对点连接的完整 OAM，保证网络具备保护切换、错误检测和通道监控能力；完成了与 IP/MPLS（Multi-Protocol Label Switching，多协议标签交换）多种方式的互联互通，可无缝承载核心 IP 业务；网管系统可控制连接信道的建立和设置，实现了业务 QoS 的区分和保证，可灵活提供服务等级协议（Service-level Agreement，SLA）等。

另外，它可利用各种底层传输通道（如 SDH/Ethernet/OTN）。总之，它具有完善的 OAM 机制、精确的故障定位和严格的业务隔离功能，可最大限度地管理和利用光纤资源，保证了业务安全性，结合多协议标签交换后，可实现资源的自动配置及网状网的高生存性。

3. PTN 的典型技术

就实现方案而言，在现在的网络和技术条件下，PTN 可分为以太网增强技术和传输技术结合 MPLS 两大类，前者以 PBB-TE 为代表，后者以 T-MPLS 为代表。当然，分组传送演进的另一个方向——电信级以太网（Carrier Ethernet，CE）也在逐步地推进中，这是一种从数据层面以较低的成本实现多业务承载的改良方法，相比于 PTN，其全网端到端的安全、可靠性方面及组网方面还有待进一步改进。

（1）PBT 技术

PBT 技术是基于以太网的演进，PBB/PBT（Provider Backbone Bridging，运营商骨干网桥接；Provider Backbone Transport，运营商骨干传输）去除了以太网的无连接特性（如广播、生成树协议、MAC 地址学习等），利用 MAC-In-MAC 技术隔离客户信息，提升了网络的可扩展性，增强了以太网的 OAM 和保护功能。PBT 可简单理解为"Eth+OAM"。

（2）T-MPLS 技术

T-MPLS（Transport MPLS，传送 MPLS）技术是基于 MPLS 的演进，T-MPLS/MPLS-TP（MPLS Transport Profile）去除了 MPLS 的无连接特性（如 PHP、LSP Merge、ECMP 等），增加了"SDH like OAM"和保护，可简单理解为"MPLS+OAM-IP"。

T-MPLS 是一种面向连接的分组传送技术，在传送网络中，将客户信号映射进 MPLS 帧，并利用 MPLS 机制（例如标签交换、标签堆栈）进行转发，同时它增加了传输层的基本功能，例如连接和性能监测、生存性（保护恢复）、管理和控制面（ASON/GMPLS）。T-MPLS 继承了现有 SDH 的特点和优势，同时可以满足未来分组化业务传送的需求。T-MPLS 采用与 SDH 类似的运营方式。由于 T-MPLS 的目标是成为一种通用的分组传送网，而不涉及 IP 路由方面的功能，因此 T-MPLS 的实现要比 IP/MPLS 简单，包括设备实现和网络运营方面。

PTN 可以看作二层数据技术的机制简化版与 OAM 增强版的结合体。在实现的技术上，两大主流技术 PBT 和 T-MPLS 都将是 SDH 的替代品，而非 IP/MPLS 的竞争者，其网络原理相似，都是基于端到端、双向点对点的连接，提供中心管理、在 50ms 内实现保护倒换的能力。两者都可以用来实现 SONET/SDH 向 PTN 的转变，在保护已有的传输资源方面类似 SDH 网络功能，在已有网络上实现向 PTN 转变。

PTN 产品为分组传送而设计，其主要特征为灵活的组网调度能力、多业务传送能力、全面的电信级安全性、电信级的 OAM 能力、具备业务感知和端到端业务开通管理能力、传送单位比特成本低。为了实现这些目标，同时结合应用中可能出现的需求，需要重点关注 TDM 业务的支持能力、分组时钟同步、互联互通问题。

在对 TDM 业务的支持上，目前一般采用端到端伪线仿真（Pseudo Wire Emulation Edge-to-Edge，PWE3）的方式。目前 TDM PWE3 支持非结构化和结构化两种模式，封装格式支持 MPLS 格式。

分组时钟同步需求是 3G 等分组业务对组网的客观需求，时钟同步包括时间同步、频率同步两类。在实现方式上，目前主要有同步以太网、TOP（Timing Over Packet，时序分组）方式、IEEE 1588v2 这 3 种。

PTN 是从传送角度提出的分组承载解决方案，PTN 必须要考虑与现网多业务传送平台（Multi-Service Transport Platform，MSTP）的互通。互通包括业务互通、网管公务互通两个方面。PTN 与 MSTP 的本质区别为分组交叉核心，如图 5-8 所示。

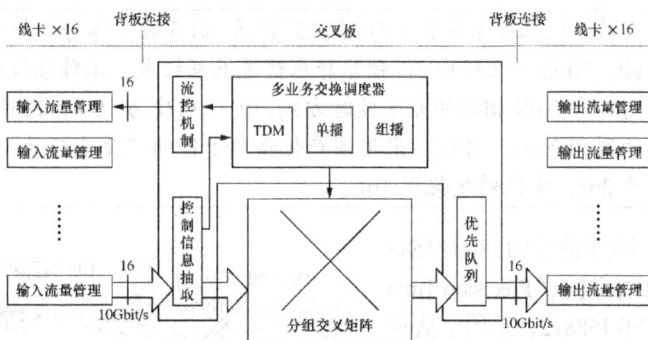

图 5-8 PTN 与 MSTP 区别

4. PTN 的特点

PTN 技术融合了 IP 的灵活性，继承了传统 SDH 的保护、OAM、同步等特性，是真正电信级、高性价比、面向未来演进的分组传送技术。PTN 具有以下特点。

① PTN 采用基于路由器架构的分组内核，拥有大容量的无阻塞信元交换单元，通过引入面向连接技术 MPLS-TP，实现了 IP 业务路径带宽规划和灵活、高效的传送；实现类 SDH 的路径监控和保护、可靠传送和高效运维管理，延续了原 SDH 网络在运维时的客户体验。

② PTN 依托 MPLS PWE3 技术支持 TDM E1、ATM IMA E1、IP over E1 等多种模式 E1 业务的承载，满足传统 2G 基站（TDM）、3G 基站（ATM IMA 或纯 IP 接口）回传及 LTE 基站的多业务接入需求。

③ PTN 设备支持 IP 同步和 IEEE 1588v2，满足 GSM 时钟传递及 TD-SCDMA 系统和 LTE 系统的高精度时间同步要求，避免了对卫星系统 GPS/北斗系统的依赖。

④ PTN 设备拥有类 SDH 的强大网管功能，包括全网拓扑监控、端到端业务点击配置、端到端业务性能和告警监控、网络流量预警等功能，是分组设备的电信级网管功能。

5. PTN 关键技术

（1）OAM

PTN 采用类似 SDH 的 OAM。T-MPLS/MPLS-TP 的 OAM 引擎基于硬件实现，采用 3.3ms OAM

协议报文插入，保证在 50ms 内完成保护倒换，不因 OAM 条目数量增加而导致性能下降。

（2）MPLS-TP 的保护倒换技术

线性保护倒换采用 G8131 协议定义的路径保护，有 1+1 和 1∶1 两种类型。环网保护倒换采用 G8132 协议定义的环网保护，有环回（Wrapping）和转向（Steering）两种类型。双向倒换需要用到自动保护切换（Automatic Protection Switch，APS）协议。

（3）PTN 的 QoS 技术机制

结合 IP/MPLS 的 QoS 技术，PTN 的 QoS 机制主要包括流分类、流量监管、流标记、流量整形、队列调度和拥塞避免等。带宽需要竞争的情况下才需要 QoS。全业务运营下 QoS 的应用：2G/3G 的基站回传业务，两层标签；集团用户/家庭用户及其他数据用户，两层标签。

（4）时间同步

同步包括频率同步和时间同步两个概念。频率同步就是所谓的时钟同步，是指信号之间的频率或相位严格保持某种特定的关系，其对应的有效瞬间以同一平均速率出现，以维持通信网络中所有设备以相同的速率运行。时间同步即相位同步，时间同步有两个主要的功能，即授时和守时。

① GPS。对于时间同步问题，以前主要采用 GPS 来解决，GPS 能同时解决时钟的频率同步问题。

② 时钟源——北斗系统。北斗系统时间的来源是地面高精度氢原子钟组，保证了时间基准精度的准确性。

相关知识

第二代北斗系统将采取"30+5"模式，由 5 颗地球静止轨道（Geostationary Earth Orbit，GEO）卫星和 30 颗非静止轨道卫星组成，工作频段为 1.5GHz，授时功能将增加与 GPS 相同的 4 星授时方式，定位精度为 10m，授时精度为 50ns，测速精度达到 0.2m/s。目前，采用国产化铷原子钟的"北斗三号"授时精度每日误差已小于 2ns，定位精度优于 1m。

---

③ 传送网传递时间同步信息（1588）。1588 时间同步技术应用精确时间协议（Precision Time Protocol，PTP）——IEEE 1588v2，采用主从时钟方案，周期时钟发布，接收方利用网络链路的对称性进行时钟偏移测量和延时测量，实现主从时钟的频率、相位和绝对时间的同步，如图 5-9 所示。

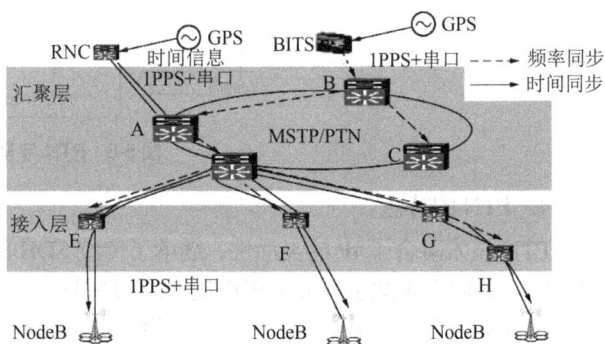

图 5-9 1588 传送网传递时间同步信息

5.2.2 PTN 设备

PTN 作为 IP 业务和光传输中间的一个层面，在基站中广泛应用，华为、中兴等厂家都提供了具有多种容量的 PTN 设备以满足不同的传输需求。

1. 华为 PTN 设备

华为 PTN 设备提供了完整的移动回传端到端 PTN 解决方案，同时对大客户专线及 LTE/FMC 场景提供支持。华为提供了高效和创新的统一回传网络解决方案，降低了运营商的资金、固定资产投入和运营成本。

华为 PTN 设备提供的端到端移动回传解决方案如图 5-10 所示。PTN 端到端自组网采用"扁平化"的组网思路，可分为业务接入和业务汇聚两个层次。业务接入层采用 GE 链路组网，可实现各宏站、室内覆盖、大客户专线等业务的接入。汇聚环采用 10GE 组网；业务接入环和业务汇聚环采用"相交"的方式，汇聚环的部分节点可接入光线路终端（Optical Line Terminal，OLT），满足宽带需求，适用于新开发地区，光纤可以铺设到基站覆盖的地区。PTN 的核心层可以由 PTN 自组网，也可以在业务汇聚层和核心业务交换节点采用光传送网（Optical Transport Net，OTN）的连接方式，通过 GE 链路进行 NodeB 业务分流，同时还可做到 PTN 节点业务的保护。

华为 PTN 解决方案同时可满足大客户专线的接入，可满足 FMC 多业务统一承载的应用场景需求。PTN 在架构上还做了对 LTE 承载的准备。PTN 网络管理系统（PTN Network Management System，PTN NMS）提供了全业务管理系统和电信级网络管理系统，支持异地备份、多客户端接入和高安全性解决方案。

PTN 电信级 IP 城域网端到端解决方案由 PTN 3900/1900/950/910/912 等产品组成，覆盖了接入城域核心的整个城域网络，PTN 产品系列采用 T-MPLS/MPLS-TP 标准。

华为 PTN 产品网络定位与应用如图 5-11 所示，产品系统结构如图 5-12 所示。

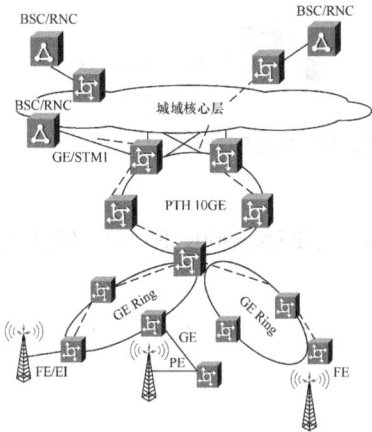

图 5-10　端到端移动回传解决方案

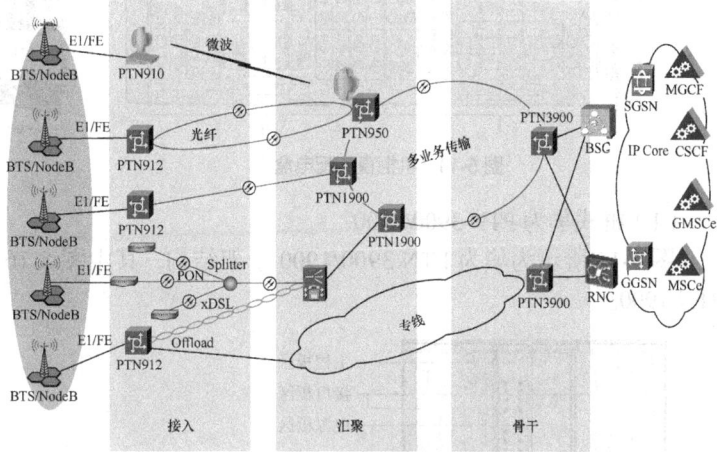

图 5-11　华为 PTN 产品网络定位与应用

华为 PTN 采用 ETSI 300/600 机柜，如图 5-13 所示，宽（单位为 mm）×深（单位为 mm）×高（单位为 mm）为 600×300×2200 或 600×600×2000，机柜指示灯含义如表 5-1 所示。需要注意的是，机柜指示灯没有闪烁状态，当告警指示灯亮时，表明机柜内有一个或多个子架产生告警。

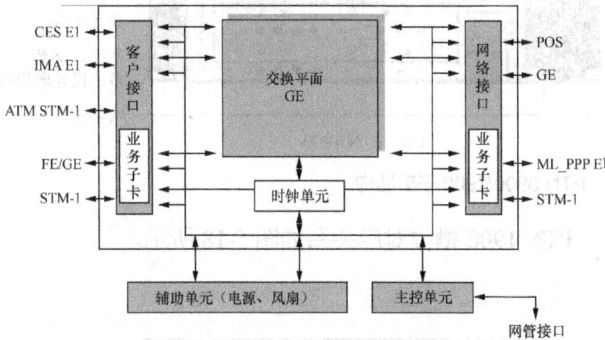

图 5-12　华为 PTN 产品系统结构

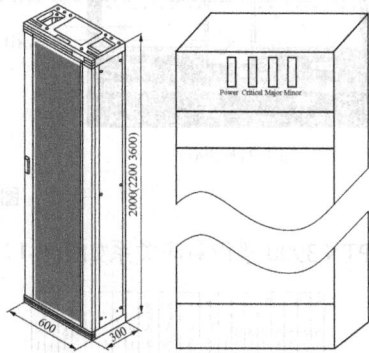

图 5-13　ETSI 300/600 机柜

表 5-1　机柜指示灯含义

指示灯	颜色	状态	描述
电源正常指示灯 Power	绿色	亮	设备电源接通
		灭	设备电源没有接通
紧急告警指示灯 Critical	红色	亮	设备发生紧急告警
		灭	设备无紧急告警
主要告警指示灯 Major	橙色	亮	设备发生主要告警
		灭	设备无主要告警
次要告警指示灯 Minor	黄色	亮	设备发生次要告警
		灭	设备无次要告警

华为 PTN 机柜直流配电盒如图 5-14 所示，1 为电源输入区；2 为电源开关区；3 为电源输出区；4 为接地方式标识；A 为配电盒 A 区；B 为配电盒 B 区。

华为 PTN 设备主要包括框式 PTN 3900（18U）、PTN 1900（5U），以及盒式 PTN 950（2U）、PTN 912（1U）、PTN 910（1U）等，如图 5-15 所示。大容量的 PTN 3900 是高端产品，应用在城域核心和移动回传的按键通话（Push to talk Over Cellular，POC）点；紧凑型的 PTN 1900 和 PTN 950 是低端产品，应用在城域接入和移动回传的 POC 点；PTN 912 和 PTN 910 为末端产品，应用在客户侧和移动回传的基站。

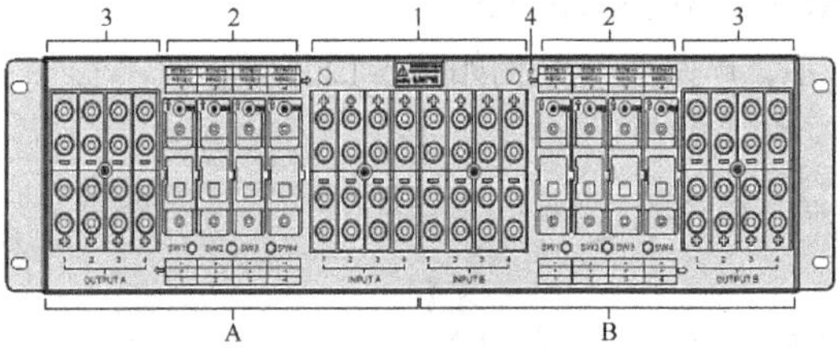

图 5-14　机柜直流配电盒

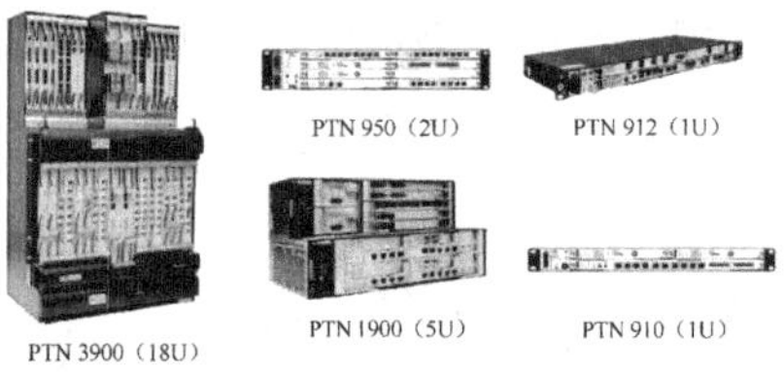

图 5-15　华为 PTN 设备

（1）框式华为 PTN 3900/1900

图 5-16 所示为华为 PTN 3900/1900 子架结构，其中图 5-16（a）为 PTN 3900，图 5-16（b）为 PTN 1900。

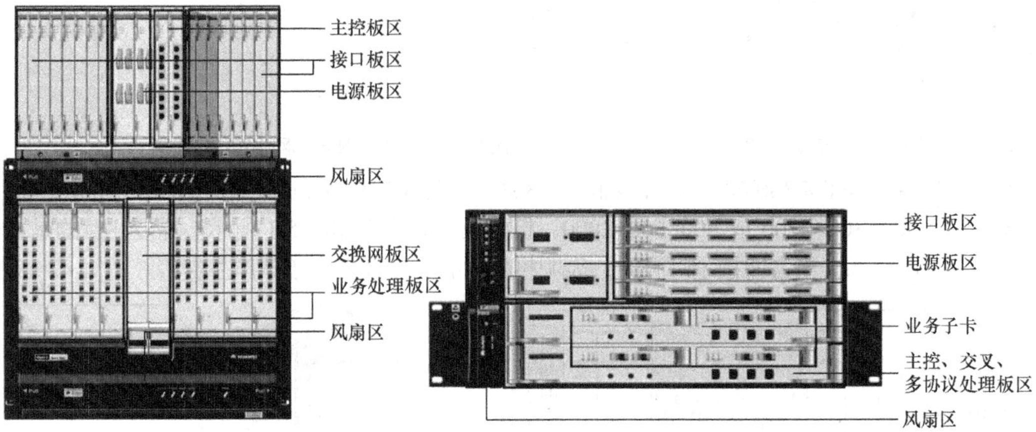

（a）PTN 3900　　　　　　　　　　（b）PTN 1900

图 5-16　PTN 3900/1900 子架结构

PTN 3900 槽位对应关系如图 5-17 所示，PTN 1900 槽位对应关系如图 5-18 所示。

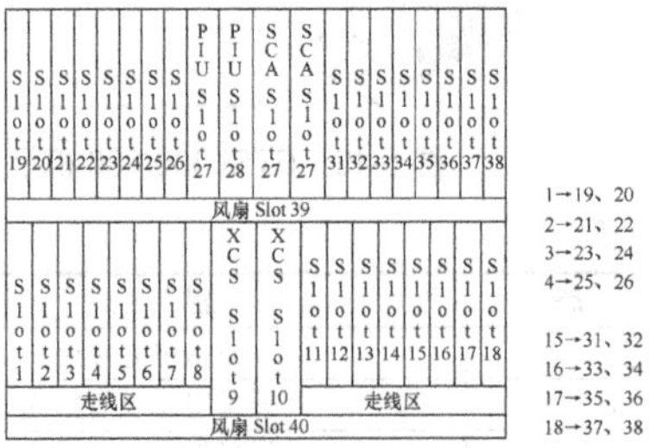

图 5-17　PTN 3900 槽位对应关系

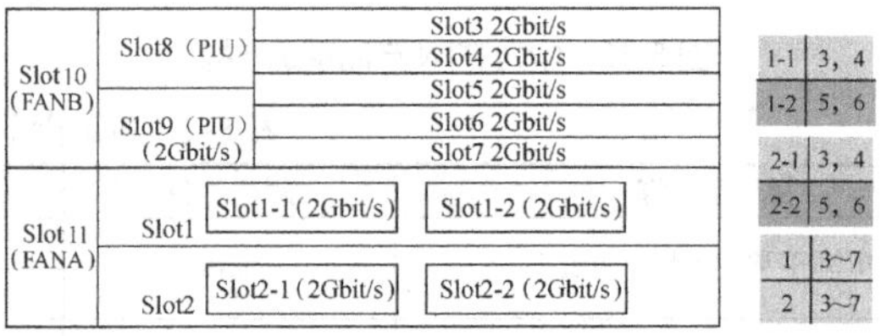

图 5-18　PTN 1900 槽位对应关系

① 处理类单板。ATM/IMA（Inverse Multiplexing for Aim，反向多路复用）、POS、通道化 POS（Channelized Packet Over SONET/SDH，CPOS）、多协议类处理板类型如表 5-2 所示。

表 5-2 多协议类处理板类型

名 称	单板描述	支持槽位	
		PTN 1900	PTN 3900
MP1	多协议 TDM/IMA/ATM/MLPPP 多接口 E1/STM-1 处理板母板	不支持	1~8, 11~18
MD1	多协议 TDM/IMA/ATM/MLPPP 32 路 E1/T1 业务子卡	1-1, 1-2, 2-1, 2-2;配合 CXP	1~5, 14~8;配合 MP1
MQ1	多协议 TDM/IMA/ATM/MLPPP 63 路 E1/T1 业务子卡	不支持	1~5, 14~18;配合 MP1
CD1	2 路通道化 STM-1 业务子卡	1-1, 1-2, 2-1, 2-2;配合 CXP	1~8, 11~18;配合 MP1
AD1	2 路 ATM STM-1 业务子卡	1-1, 1-2, 2-1, 2-2;配合 CXP	1~8, 11~18;配合 MP1
ASD1	2 路具备 SAR 功能的 ATM STM-1 业务子卡	不支持	1~8, 11~18;配合 MP1

- 多协议 E1/STM-1 处理板母板——MP1：提供热插拔 MD1、MQ1、CD1、AD1、ASD1 业务子卡接口；接入并处理通信工程标准（Communication Engineering Standard，CES）E1、IMA E1、多链路点对点协议（Multilink Point to Point Protocol，MLPPP）E1 信号、ATM STM-1、通道化 STM-1 信号；最大接入带宽满足 1Gbit/s 流量的接入要求；QoS 满足端口四级优先级队列调度功能要求。

- 32/63 路 E1 业务子卡——MD1/MQ1：处理 IMA E1、CES E1、ML-PPP E1 信号；配合 CXP（PTN 1900）或 MP1（PTN 3900）处理板母板使用；支持 32 个 IMA 组，每组 32 个 E1 链路，可实现 ATM 业务到 PWE3 的封装映射；支持 32/63 路 E1 的 CES，每个 CES 对应一个 PW，支持 CESoPSN 和 SAToP 两种 CES 标准；支持 32/63 个 ML-PPP 组，每组最大支持 16 个链路，可实现 MPLS 的 PPP 封装。

- 2 路通道化 STM-1 业务子卡——CD1：处理通道化 STM-1 业务,将分组 E1 的数据映射到 VC-12 中传输；配合 CXP（PTN 1900）或 MP1（PTN 3900）处理板母板使用；支持 64 个 IMA 组，每组 32 个 E1 链路，可实现 ATM 业务到 PWE3 的封装映射；支持 126 路 E1 的 CES，每个 CES 对应一个 PW，支持 CESoPSN 和 SAToP 两种 CES 标准；支持 64 个 ML-PPP 组，每组最大支持 16 个链路，可实现 MPLS 的 PPP 封装。

- 以太网业务处理板类型如表 5-3 所示。

表 5-3 以太网业务处理板类型

名 称	单板描述	支持槽位	
		PTN 1900	PTN 3900
EG16	16 路 GE 以太网处理板	不支持	1~7, 11~17
EX2	2 路 10GE 以太网处理板	不支持	1~7, 11~17

重点提示 EX2 为双槽位单板，一般放置在 Slot 5~7、11~13 两个连续槽位；EG16 为双槽位单板，占用子架的 Slot 1~7、11~17 两个连续槽位。1 块 EG16 最多支持 4 块接口板，Slot 1、2、3、15、16、17 对应 4 个接口板槽位；Slot 4/14 对应两个接口板槽位。

以太网业务处理板 EG16 提供 16 路 GE 信号和 48 路 FE 信号（带接口板）接入能力；采用层次化 QoS，以及流队列和端口队列等多级调度；处理能力为全双工 20Gbit/s；支持双向 10Gbit/s 全线速收发数据报文；支持 1024 个 APS 保护组。

② 接口类单板。TDM 接口板类型如表 5-4 所示。

表 5-4   TDM 接口板类型

名　称	单板描述	支持槽位 PTN 1900	PTN 3900	对应业务处理板
D12	32 路 120Ω　E1/T1 电口板	不支持	19～26，31～38	MD1/MQ1
L12	16 路 120Ω　E1/T1 电口板	3～6	不支持	MD1
D75	32 路 75Ω　E1 电口板	不支持	19～26，31～38	MD1/MQ1
L75	16 路 75Ω　E1 电口板	3～6	不支持	MD1

以太网和 POS 接口板类型如表 5-5 所示。

表 5-5   以太网和 POS 接口板类型

名　称	单板描述	支持槽位 PTN 1900	PTN 3900	对应业务处理板
ETFC	12 路 FE 电口板	3～7	19～26，31～38	CXP/EG16
EFG2	2 路 GE 光口板	3～7	19～26，31～38	CXP/EG16
POD41	2 路 622/155Mbit/s POS 接口板	3～7	19～26，31～38	CXP/EG16

说明

对于华为 PTN 1900，当 ETFC 单板插在 Slot 3 时，单板的后 5 个端口不可用。

- ETFC 单板用户侧支持 12 个 FE 接口，系统侧支持 2 个 GE 接口；该单板为处理板提供 FE 业务的接入；系统侧的 GE 接口支持主备选择；支持热插拔；支持-48V 系统供电。
- EFG2 单板可完成两路 GE 业务的接入和发送，实现同步以太网功能；提供温度查询、电压查询等功能；实现对光模块的管理功能。
- POD41 单板客户侧提供 2 路光口（STM-1/4，根据需要选择），系统侧提供 4 路 GE 主备数据接口（支持业务的主备倒换）；支持提取线路侧时钟；支持端口内环回和外环回；端口支持自动解环回。
③ 交叉及系统控制类单板。交叉及系统控制类单板类型如表 5-6 所示。

表 5-6   交叉及系统控制类单板类型

名　称	单板描述	支持槽位 PTN 1900	PTN 3900
SCA	华为 PTN 3900 系统控制与辅助处理板	不支持	29、30
XCS	华为 PTN 3900 普通型交叉时钟板	不支持	9、10
CXP	华为 PTN 1900 主控、交叉与业务处理合一板	1、2	不支持

- 系统控制与辅助处理板 SCA：主要有管理和配置单板及网元数据、收集告警及性能数据、处理二层协议数据报文、备份重要数据等系统控制功能；局域网交换机（LAN Switch）和高级数据链路控制（Highlevel Data Link Control，HDLC）实现板间通信功能；提供监测 PIU 单板状态、监测风扇板状态等辅助处理功能；采用单板"1+1"保护。
SCA 面板接口如表 5-7 所示。

表 5-7   SCA 面板接口

面板接口	接口类型	用　途
LAMP1	RJ-45	机柜指示灯输出接口
LAMP2	RJ-45	机柜指示灯级联接口
ETH	RJ-45	10M/100Mbit/s 自适应的以太网网管接口
EXT	RJ-45	10M/100Mbit/s 自适应的以太网接口（预留）与扩展子架间通信
ALMO1	RJ-45	2 路告警输出与 2 路告警级联共用接口
ALMI1	RJ-45	1～4 路开关量告警输入接口
ALMI2	RJ-45	5～8 路开关量告警输入接口
F&f	RJ-45	OAM 接口

● 普通型交叉时钟板——XCS：主要有完成交叉容量为 160Gbit/s 的分组全交叉，提供逐级反压机制、逐级缓冲信元等业务调度功能；跟踪外部时钟源，提供系统同步时钟源的时钟功能；提供 75Ω 时钟输入输出、120Ω 时钟输入输出接口功能；采用单板"1+1"保护。

● 主控、交叉与业务处理板——CXP：单板主要完成单板及业务配置功能、处理二层协议数据报文、监测 PIU/FAN 单板状态等支持系统控制与通信的功能；完成交叉容量为 5Gbit/s 的业务调度，提供层次化的 QoS 等业务处理与调度功能；跟踪外部时钟源，提供系统同步时钟源；提供 120 时钟输入输出接口等时钟功能；支持 CXP 单板的"1+1"保护；采用业务子卡支路保护倒换（Tributary Protect Switch，TPS）保护。

CXP 面板接口如表 5-8 所示。

表 5-8　CXP 面板接口

面板接口	接口类型	用　　途
CLK1	RJ-45	120Ω 外时钟输入/输出共用接口
CLK2	RJ-45	120Ω 外时钟输入/输出共用接口
ALMO	RJ-45	2 路告警输出与 2 路告警级联共用接口
ALMI	RJ-45	1~4 路开关量告警输入接口
ETH	RJ-45	10M/100Mbit/s 自适应的以太网网管接口
EXT	RJ-45	10M/100Mbit/s 自适应的以太网接口，目前预留，用于与扩展子架之间的通信
F&f	RJ-45	OAM 串口
LAMP1	RJ-45	机柜指示灯输出接口
LAMP2	RJ-45	机柜指示灯级联接口

④ 电源及风扇类单板。电源及风扇类单板类型如表 5-9 所示。

表 5-9　电源及风扇类单板类型

名　　称	单 板 描 述	支持槽位	
		PTN 1900	PTN 3900
TN81PIU	华为 PTN 3900 电源接入单元	不支持	27、28
TN71PIU	华为 PTN 1900 电源接入单元	8、9	不支持
TN81FAN	华为 PTN 3900 风扇	不支持	39、40
TN71FANA	华为 PTN 1900 风扇 A	10	不支持
TN71FANB	华为 PTN 1900 风扇 B	11	不支持

注：TN81 为华为 PTN 3900 产品单板代号；TN71 为华为 PTN 1900 产品单板代号。

● TN81FAN 单板功能特性有：保证系统散热；智能调速功能；提供风扇状态检测功能；提供风扇告警信息；提供子架告警指示灯。

● TN71FANA/B 单板功能特性有：保证系统散热；智能调速功能；提供风扇状态检测功能；提供风扇告警信息；提供子架告警和状态指示灯；提供告警测试和告警切除功能。

（2）华为 PTN 950 设备

华为 PTN 950（见图 5-19）（2U 设备），最大业务交换能力和线速 I/O 能力都为 8Gbit/s（PTN 910 的最大业务交换能力和线速 I/O 能力为 6.5Gbit/s）。这里提到的交换能力是单向的，如 PTN 950 交换容量的出方向和入方向均为 8Gbit/s，即双向为 16Gbit/s。

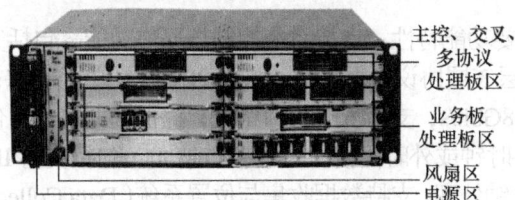

		Slot 7	Slot 8
Slot 0	Slot 11	Slot 5（1Gbit/s）	Slot 6（1Gbit/s）
Slot 9		Slot 3（1Gbit/s）	Slot 4（1Gbit/s）
		Slot 1（2Gbit/s）	Slot 2（2Gbit/s）

主控、交叉、
多协议
处理板区
业务板
处理板区
风扇区
电源区

图 5-19　PTN 950 子架与槽位对应关系

① 接口类单板。PTN 950 设备接口类单板类型如表 5-10 所示。

表 5-10　PTN 950 设备接口类单板类型

名　　称	单 板 描 述	支 持 槽 位	对应业务处理板
EF8T	8 路 FE 电口板	1～6	CXP
EF8F	8 路 FE 光口板	1～6	CXP
EG2	2 路 GE 接口板	1～6	CXP
ML1/ML1A	16 路 E1 单板	1～6	CXP
AUXQ	辅助板	1～6	CXP

• EF8T：主要完成 8 路 FE 业务电信号的接入和处理功能。具体功能特性：实现 8 路 FE 业务电信号的接入和处理；实现同步以太时钟及 IEEE 1588V2 时钟功能；支持热插拔；支持温度、电压监控功能。EF8T 单板面板上的指示灯有工作状态指示灯（STAT，红、绿双色指示灯）、业务状态指示灯（SRV，红、黄、绿三色指示灯）、端口连接状态指示灯（LINK，绿色指示灯）、端口数据收发状态指示灯（ACT，黄色指示灯）。

• EF8F：主要完成 8 路 FE 业务光信号的接入和处理功能。具体功能特性：实现 8 路 FE 业务光信号的接入和处理；实现同步以太时钟及 IEEE 1588v2 时钟功能；支持热插拔；支持温度、电压监控功能。EF8F 单板面板上的指示灯有工作状态指示灯（STAT，红、绿双色指示灯）、业务状态指示灯（SRV，红、绿、黄三色指示灯）、端口连接状态指示灯（LINK，绿色指示灯）。

• EG2：主要完成 2 路 GE 光信号业务的接入与透传功能。具体功能特性：实现 2 路 GE 光信号业务的接入与透传；支持 SFP/ESFP（Enhanced Small Form-factor Pluggable，增强型 SFP）光口，支持 GE 光口；支持同步以太时钟及 IEEE 1588v2 时钟功能；支持告警信息上传，以方便用户进行故障检查与维护。EG2 单板面板上的指示灯有工作状态指示灯（STAT，红、绿双色指示灯）、业务状态指示灯（SRV，红、黄、绿三色指示灯）、端口连接状态指示灯（LINK，绿色指示灯）、端口数据收发状态指示灯（ACT，黄色指示灯）。

• ML1/ML1A：ML1 是 75ΩE1 单板；ML1A 是 120ΩE1、100ΩT1 单板。ML1 支持最多 16 路 E1 的接入，每个端口业务类型灵活可配，支持单板热插拔；ML1 单板支持 IMA、CES、ML-PPP 这 3 种协议，灵活可配，CES 最大支持 16 路 E1 的 CES，每个 E1 对应 1 个 PW，支持时隙压缩功能；能够实现 CESoPSN 和 SAToP 两种 CES 标准；支持环回时钟恢复模式、再定时恢复模式、自适应恢复模式；支持 TDM 帧缓存的时间可以基于每个 PWE3 灵活配置，范围为 0.125ms～5ms；每个 PW 能够容忍的分组交换网（Packet Switched Network，PSN）的抖动时间为 0.1ms～5ms（可配置）。ML1/ML1A 单板面板上的指示灯有工作状态指示灯（STAT，红、绿双色指示灯）、业务状态指示灯（SRV，红、黄、绿三色指示灯）。

• AUXQ：支持业务处理、辅助接口和时钟处理等功能。具体功能特性：实现 4 个 FE 电口业务接入和处理；提供 1 个公务电话接口，支持公务电话信号传送和处理；提供 1 个透明业务传输接口，支持透明数据传送和处理；支持热插拔；提供 4 路告警输入口、2 路告警输出口和 2 路告警级联口，支持告警数据传送和状态检测及控制；实现同步以太时钟及 IEEE 1588v2 时钟功能；支持电源管理功能，为单板内部提供 1.2V、3.3V 和 5V 电源。

② 交叉及系统控制类单板。PTN 950 交叉及系统控制类单板主要控制交叉协议处理板 TND1CXP，支持槽位为 7、8。

• 主控、交叉与业务处理板 TND1CXP 的主要功能特性：支持系统控制与通信功能，包括完成单板及业务配置功能、支持主备保护功能、处理 2 层/3 层协议数据报文、监测 PIU/FAN 单板状态；支持业务接入、处理和调度功能，总业务交换容量为 8Gbit/s，支持 6 个接口槽位；提供辅助接口，包括网管网口、网管串口和扩展网口各 1 路，支持两路外时钟或外时间接口；支持时钟功能，包括支持 IEEE 1588v2 时钟时间处理协议；支持 E1、T1 时钟的外时钟处理；支持数据收集与位置系统（Data Collection and Location System，DCLS）或 1PPS+串口时间信息的传送、处理；支持同步以太时钟的处理。

TND1CXP 面板接口说明如表 5-11 所示。

表 5–11　TND1CXP 面板接口

面 板 接 口	接 口 类 型	用 途
ETH/OAM	RJ-45	网管网口和网管串口/测试网口
CLK1/TOD1	RJ-45	外时钟和外时间输入输出 1
CLK2/TOD2	RJ-45	外时钟和外时间输入输出 2
EXT	RJ-45	扩展网口

TND1CXP 面板按钮及功能说明如表 5-12 所示。

表 5–12　TND1CXP 面板按钮及功能

按　　钮	CF 卡配置恢复按钮 CF RCV	软复位按钮 RST	指示灯测试按钮 LAMP
功　　能	CF 卡配置恢复	对设备进行软复位	对设备进行指示灯测试

③ 电源及风扇类单板。电源及风扇类单板类型如表 5-13 所示。

表 5–13　电源及风扇类单板类型

名　　称	单 板 描 述	支 持 槽 位
TND1PIU	华为 PTN 950 电源接入单元	9、10
TND1FAN	华为 PTN 950 风扇	11

• TND1PIU 单板功能特性：提供 1 路-48V 或-60V 直流电源接口为设备供电，每路最大功耗为 550W，最大电流为 15A 的电源接入；提供过流、短路、反接保护的电源防护；提供防雷功能，并有防雷失效告警上报的防雷功能；提供制造信息、印制电路板（Printed Circuit Board，PCB）版本信息、槽位 ID 信息、单板在位信息和电源告警信息的上报功能；两块 PIU 单板可以提供"1+1"热备份电源。

• TNC1FAN 单板功能特性：保证系统散热；提供风扇电源缓启动、过流保护和低频滤波功能；提供智能调速功能，保证系统散热的同时有效节能；提供风扇转速、环境温度、告警信息、版本号和在位信息的上报功能；提供风扇告警指示灯；提供风扇电源关断功能。

（3）PTN 设备级保护

PTN 3900/1900/950 的设备级保护类型及保护机制如表 5-14 所示。

表 5–14　PTN 设备级保护类型及保护机制

保 护 类 型	设 备 类 型	保 护 机 制
E1/T1 业务子卡	华为 PTN 1900	"1:1" TPS（2 组）
	华为 PTN 3900	"1:N"（$N \leqslant 4$）TPS（2 组）
CXP 处理板保护	华为 PTN 1900/950	"1+1" 保护
XCS 板保护	华为 PTN 3900	"1+1" 保护
SCA 板保护	华为 PTN 3900	"1+1" 保护
PIU 电源接口板	华为 PTN 1900/3900/950	"1+1" 保护
风扇保护	华为 PTN 1900/3900	风扇冗余备份

① 华为 PTN 1900 TPS 保护。MD1、CXP 与接口板一起可以实现两组"1:1" TPS 保护；CXP 处理板采用"1+1"保护，Slot 1 和 Slot 2 构成"1+1"保护；PIU 电源接口板、Slot 8 和 Slot 9 构成"1+1"保护；风扇保护。

CXP 处理板端口保护：使用单块 CXP 时，两路时钟互相保护；使用两块 CXP 时，所有端口都上下保护。

② 华为 PTN 3900 TPS 保护。华为 PTN 3900 支持两组 E1/T1 TPS 保护，Slot 5 保护板保护 Slot 1～

Slot 4；Slot 14 保护板保护 Slot 15～Slot 18。SCA 主控通信单元 Slot 29 和 Slot 30 构成"1+1"保护；XCS 交叉时钟单元 Slot 9 和 Slot 10 构成"1+1"保护；PIU 单板 Slot 27 和 Slot 28 构成"1+1"保护；风扇保护。

华为 PTN 设备单板及设备工作指示灯可表示设备的基本工作状态，含义说明如表 5-15 所示。

表 5-15　华为 PTN 设备单板及设备工作指示灯含义

名　称	颜　色	状　态	含　义
工作状态指示 STAT	绿色	亮	表示单板正常工作
	红色	亮	表示单板硬件故障
	绿/红色	全灭	表示单板没有开工，或单板没有被创建，或单板没有上电
业务状态指示 SRV	绿色	亮	表示业务工作正常，没有任何业务告警产生
	红色	亮	表示业务有紧急或主要告警
	黄色	亮	表示业务有次要或远端告警
	绿/红/黄色	全灭	表示业务没有配置
激活状态指示 ACT/ ACTX/ ACTC	绿色	亮	业务处于激活状态，单板工作正常
		100ms 间隔闪烁	保护系统中，表示系统数据库批量备份
		灭	正常情况，表示业务处于非激活态
时钟同步指示 SYNC	绿色	亮	时钟工作正常
	红色	亮	时钟源丢失或时钟源倒换
程序状态指示 PROG	绿色	亮	表示上层软件初始化（上电/复位过程中）或软件正常运行
		100ms 间隔闪烁	表示正在进行写 FLASH 操作或软件加载（上电/复位过程中）
		300ms 间隔闪烁	表示正处在 BIOS 引导阶段（上电/复位过程中）
	红色	亮	表示内存自检失败，或上层软件加载不成功，或文件丢失
		循环 100ms 间隔闪烁	表示 BOOTROM 自检失败（上电/复位过程中）
	绿/红色	全灭	无

（4）华为设备的维护

维护人员应具有 IP 网络原理知识，了解告警信号流及告警产生机理，具备 PTN 设备和网管的基本操作、常用仪表的基本操作等专业技能；熟悉网络拓扑、业务配置、设备运行状态、工程文档等工程组网信息；应做好对网路拓扑、网管日志、当前和历史告警、黑匣子记录等故障现场数据的采集与保存等工作。

① 常用的故障处理基本思路和方法。常用的故障处理基本思路和方法有告警性能分析法、环回法、替换法、经验处理法、OAM/PING 调试法及 TRACEROUTE 调试法等。

· 告警性能分析法。通过设备告警指示灯获取告警信息，维护人员可以通过机柜顶部的告警指示和单板告警指示灯查看告警。应当注意到，设备指示灯仅反映设备当前的运行状态，对于设备出现过的故障无法表示；设备指示灯状态只能反映设备告警级别，而不能准确告知具体告警信息。因此，设备告警指示灯只能配合设备维护人员处理故障时使用。通过网管系统可获取告警和性能信息，获取设备当前存在哪些告警、告警发生时间以及设备的历史告警，获取设备性能事件的具体数值。

· 环回法。与在 SDH 中的应用一样，环回法包括软件环回、硬件环回、内环回、外环回、MAC 环回及 PHY 环回等类型。环回法可能导致其他在用业务中断，使用时必须给予足够重视。

PTN 产品对软件环回的支持情况如表 5-16 所示。

表 5-16　PTN 产品对软件环回的支持情况

环回类型	GE PHY	GE MAC	FE PHY	FE MAC	SDH 光口
内环回	支持	支持	支持	支持	支持
外环回	R1 版本仅 EFG2 单板支持	支持	不支持	支持	支持

- 替换法。替换法就是使用一个工作正常的器件去替换一个被怀疑工作不正常的器件，可替换器件包括线缆、光纤、法兰、电源、单板及设备等，适用于排除外部设备的故障。故障定位到单站后，还可排除单站内单板的故障。
- 经验处理法。经验处理法仅在应急处理时使用，可临时恢复业务，复位单板，重启单站，重新下发配置，将业务倒换到备用通道。

重点提示

经验处理法不能彻底查清故障原因，除非不得已，否则建议使用其他方法。

- OAM/PING 调试法。OAM/PING 调试法用于检测首、末节点的网络连接是否可达，链路故障尽量使用 OAM 进行调试，适用于排除外部设备的故障。
- TRACEROUTE 调试法。"TRACEROUTE"命令用于测试数据报文从发送主机到目的地经过的网关，主要用于检查网络连接是否可达，分析网络什么地方发生了故障，适用于将链路故障定位到单站。

② PTN 设备数据采集。PTN 设备数据采集包括常见的告警和性能等信息的采集、文件采集（一般较少用到）、日志文件的采集（PTN 记录设备运行情况的黑匣子，可以借此判断设备是否运行正常，常用于故障定位）。

- 数据采集内容。SCA、CXP 单板取 ofs1\log 和 ofs2\log 下的全部文件。如果需要取备主控文件，则取 stdby\ofs1\log 和 stdby\ofs2\log 下的全部文件。如果打开了智能（:cfg-get-itgattrib 恢复到"enable"状态），需取主控板下的文件 mfs\log\asonlog.txt 和备主控下的文件 stdby\mfs\log\asonlog.txt。EG16、MP1、XCS 单板取 ofs1\log 下的全部文件。

注意

在采集数据前，请用 Navigator 登录到目的网元，下发命令"mon-backup-bb:bid(bid：主控或单板槽位号)"备份黑匣子。

- 性能统计。业务相关性能包括 SDH 相关性能、E1 相关性能、ETH 相关性能（RMON）、PW/Tunnel 相关性能。单板相关性能事件包括 CPU、内存占用率、单板温度等。
- 性能检测。性能检测功能仅用于点到点以太网虚连接或者隧道（Tunnel）的端到端性能测量。目前支持性能测量丢包率，同时支持远端和近端的丢包率测量。对于时延和时延抖动，提供了双向测量方式。性能检测是在点到点连接的两端互相发送携带报文统计计数或者发送/接收时标等性能值的协议报文，接收到协议报文以后通过特定的算法得出丢包率和时延以及时延抖动。
- 告警信息采集。使用 Navigator 采集告警信息时需要在相应区域中手动输入文件名和路径。

③ 故障处理分析。PTN 中常见故障包括业务联通性测试、业务中断类故障、丢包类故障。

- 业务联通性测试。

维护域（Maintenance Domain, MD）：由单个操作者控制的一部分网络。

维护联盟（Maintenance Association, MA）：MD 的一部分，用来实现 OAM 的一个实例（Instance）。OAM 功能的实现是基于 MA 的。

MD Level：MD 的等级，用于区分嵌套的 MD，以太网 OAM 为网络分配了 8 个维护级别（数值越大，优先级越高）；为客户分配了 3 个维护级别，即 7、6、5；为服务提供商提供了 2 个维护级别，即 4、3；为运营商分配了 3 个级别，即 2、1、0。

MEP（MA End Point）：MA 的端点，两个对等的用户-网络接口（User-Network Interface, UNI）就是其所属 MA 的两个典型的 MEP。MEP 可以发起联通性检测、环回、链路追踪、性能测量等维护管理动作。

MIP（MA Intermediate Point）：MA 中间点，两个运营商管理域之间的分解点即典型的 MIP。MIP 没有发起维护管理动作的能力，但可对环回和链路追踪进行响应。

业务联通性测试的操作步骤如下所述。

第 1 步，在网元上新建 OAM MD。在 T2000 网管系统功能树中选择"以太网 OAM 管理→以太网业务 OAM 管理→新建"命令，创建一个新的 OAM MD，输入 MD 名和 MD 等级（取默认值即可）。

第 2 步，新建 MA。选择"新建→创建维护联盟"命令，输入 MD 名和 MA 名，并选择要测试的以太网业务（在已创建的业务列表中选择需要测试的以太网业务），"CC Test Transmit Period 周期"设置为 3.3ms 即可。

第 3 步，新建 MEP。选择"新建→创建 MEP"命令，输入 MD 和 MA 名，选择单板类型、端口和 VLAN ID；输入 MEP ID（对端 MEP ID 和本端 MEP ID 不能相同）；若为 UNI 到 NNI（Network to Network Interface，网络结点接口），则方向选择"ingress"；若为 UNI 到 UNI，则方向选择"egress"；激活 CC 状态。

第 4 步，管理远端 MEP。选择"新建→管理远端 MEP"命令，输入 MD 和 MA 名，指定远端 MEP ID（远端 MEP ID 和本端 MEP ID 不能相同）。

第 5 步，进行业务测试。输入远端 MEP 的 MAC 地址，单击"开始测试"按钮。

• 业务中断类故障。可能原因：外部原因（如供电电源故障、接地故障、环境异常及光纤、电缆故障等）、人为原因（误操作设置了光路的环回，误操作、更改、删除配置数据等）、设备本身故障（如单板失效或性能不好等）。

• 丢包类故障。可能原因：外部原因（如光功率问题、接地故障、环境温度、电缆故障、设备外部干扰及瞬时大误码等）、人为原因（如时钟配置错误等）、设备本身故障（如单板失效或性能不好等）。

④ 层次化故障维护。传输网络的故障维护可分层进行处理：物理层——单板/ETH 端口/SDH 端口/E1 端口；链路层——MLPPP/STM/LAG（Link Aggregation Group，链路聚合组）；隧道层——Tunnel/PW/MPLS/APS；业务层——ETH/CES/IMA/ATM。此处简单介绍物理层和链路层故障维护。

• 物理层故障维护。单板及设备工作指示灯可反映设备基本工作状态。

硬件故障相关的告警可能原因如下：TEMP_OVER（工作温度过限）可能是环境温度过高、制冷设备故障、防尘网被堵、单板故障；HARD_BAD（硬件故障）可能是单板内器件故障；DBMS_ERROR（数据库错误）可能是数据库操作失效、数据库数据损坏、单板故障；COMMUN_FAIL（单板通信失败）可能是通信芯片或器件故障、倒针或拉死、背板总线故障；BD_STATUS（单板不在线）可能是单板未插、单板插座已松动、子卡没有插、子卡插座已松动等故障。

GE/FE 端口故障可能原因如下：ETH_LOS（光信号丢失）可能是光纤断、光模块坏、光衰减过大；ETH_LINK_DOWN（网口连接故障）可能是两端工作模式不一致造成协商失败，电缆、光纤连接或者对端设备故障；MAC_FCS_EXC（误码越限）可能是 MAC 层检测到误码越限，或者线路信号劣化，或者光纤性能劣化，或者光口不洁净；ETH_DROP（丢包事件）可能是缺乏资源而导致的；ETH_CRC_ALI（错包计数）是 FCS（帧校验序列）错误或者对齐错误（非整数字节）的包总数。

SDH 端口故障可能原因如下：R_LOS（光信号丢失）可能是断纤、线路损耗过大、对端站发送部分故障使得线路发送失效；R_LOC（时钟丢失）可能是接收到的信号失效、时钟提取模块故障；R_LOF（帧丢失）可能是接收信号衰减过大、对端站发送信号无帧结构、本板接收方向故障；J0_MM（追踪识别符失配）可能是对端应发的 J0 字节与本端应收的 J0 字节不一致；RSBBE（再生段误码）可能是通过 B1 字节监测而得知存在误码；AUPJCHIGH（AU 指针正调整）可能是 SDH 网络中各网元的时钟不同步。

E1 端口故障可能原因如下：T_ALOS（信号丢失）可能是 E1/T1 业务未接入，或者 DDF 侧 E1/T1

接口输出端口脱落或松动，或者本站 E1/T1 接口输入端口脱落或松动，或者单板故障，或者电缆故障；E1_LCV_SDH（编码错误计数）可能是 E1 业务线路侧编码错误检测计数；E1_DELAY（时延告警）可能是 IMA 链路发送时延超过链路时延门限；ALM_E1RAI（远端告警指示）可能是对端有告警。

TPS 故障可能原因：TPS_ALM（TPS 倒换告警）可能是工作板有硬件故障，发生 TPS 自动倒换，或下发 TPS 倒换命令。如果是下发 TPS 倒换命令引起的，则是正常现象，不需要处理；如果是硬件损坏触发 TPS 自动倒换，则说明工作子卡发生了离线、变坏等情况，需进一步查询该子卡的告警，及时进行更换。

TPS_FAIL（TPS 倒换失败）可能是因为保护板有硬件故障。如果是在工作板正常的情况下由下发 TPS 倒换命令引起的，则暂时不会影响业务，需及时更换备板。如果是工作板和保护板都损坏的情况下由 TPS 自动倒换失败引起的，则当前业务已中断，需及时更换工作板和保护板。

- 链路层故障维护。

MLPPP 故障可能原因如下：MP_DELAY（组成员延时告警）可能是组内成员的延迟大于配置值产生告警；MP_DOWN（MLPPP 组失效）可能是 MLPPP 组中有效激活的成员数小于预先配置值，单主控复位，可能造成 PPP 协议无法协商。

LAG 故障可能原因如下：LAG_MEMBER_DOWN（成员端口不可用告警）可能是端口 link down/disable，端口未收到链路聚合控制协议（Link Aggregation Control Protocol，LACP）报文，端口半双工，端口自环；LAG_DOWN（组无效）可能是聚合组中处于激活状态的成员数为 0。

线性复用段保护（Linear Multiplex Section Protection，LMSP）故障可能原因如下：K1_K2_M（倒换失败）发送的 K 字节和接收的 K 字节指示的通道号不一致，说明倒换失败，两端的工作或保护路径选择不一致；K2_M（"1+1"/"1:1"方式失配）可能是复用段两端"1+1"或"1:1"方式配置错误，一边为"1+1"方式，另一边为"1:1"方式；LPS_UNI_BI_M（单双端模式失配）可能是复用段两端模式配置错误，一边为单端模式，另一边为双端模式。

⑤ 第一英里以太网（Ethernet in the First Mile，EFM）定位功能。ETH Link Layer OAM 实现了以太网链路（FE、GE）的故障发现和故障定位，PTN 1900 和 PTN 3900 基于 IEEE 802.3A·h 实现的功能包括链路发现、链路监视、关键链路事件指示、远端环回等，如表 5-17 所示。

表 5-17 OAM 功能作用及应用

OAM 功能	作 用	告警和动作	应 用 场 景
链路发现（Link Discovery）	检测对方设备是否支持 IEEE 802.3A·h OAM 功能	如果协商失败，上报告警说明失败的具体原因	故障检测，故障定位
链路监视（Link Monitoring）	检测链路性能情况并通知对端	使用端口 OAM 功能后自动检测链路性能事件并上报告警，包括：Errored Symbol Period Event\ Errored Frame Event\ Errored Frame Period Event\ Errored Frame Seconds Summary Event	故障检测
关键链路事件指示（Critical Link Events）	检测关键链路事件并通知对端	使用端口 OAM 功能后自动检测并上报告警，包括 Link Fault	故障检测
远端环回（Remote Loopback）	链路双向联通性检测，将远端端口的数据报文全部环回	手动发起，远端上报环回状态告警	故障定位

⑥ 双向转发检测（Bidirectional Forwarding Detection，BFD）定位功能。主要应用于联通性检测；基于端口创建 BFD 会话，可以创建 BFD 会话的端口为 VLAN 子接口和三层 ETH 端口；目前只支持单跳、异步的检测方式，检测周期为 3s；如果探测倍数时间内没有接收到 BFD 报文，则上报 BFD_DOWN 告警。

2. 烽火 PTN 设备

烽火 PTN 产品为分组传送而设计，其主要特征包括灵活的组网调度能力、多业务接口传送能力、网络可扩展性、全面的电信级安全性、电信级的 OAM 能力、具备业务感知和端到端业务开通管理能力、传送单位比特成本低。在此简单介绍烽火 PTN CiTRANS 600 系列 660 设备平台。

CiTRANS 660 及子架配置如图 5-20 所示。

电源及辅助端子	电源及辅助端子	1G/端子板	1G/端子板	1G/端子板	2G	2G	2G	2G	2G	1G	1G/端子板	1G/端子板	1G/端子板
W12	W11	W10	W9	W8	W7	W6	E15	E7	E8	E9	E10	E11	E12

风扇单元

EMU	EMU	ACU	ACU	1G/10G	1G/10G	1G/10G/20G	1G/10G/20G	交叉盘	交叉盘	1G/10G/20G	1G/10G/20G	1G/10G	1G/10G	1G/10G
W5	W4	W3	W2	W1						E1	E2	E3	E4	E5

走纤区

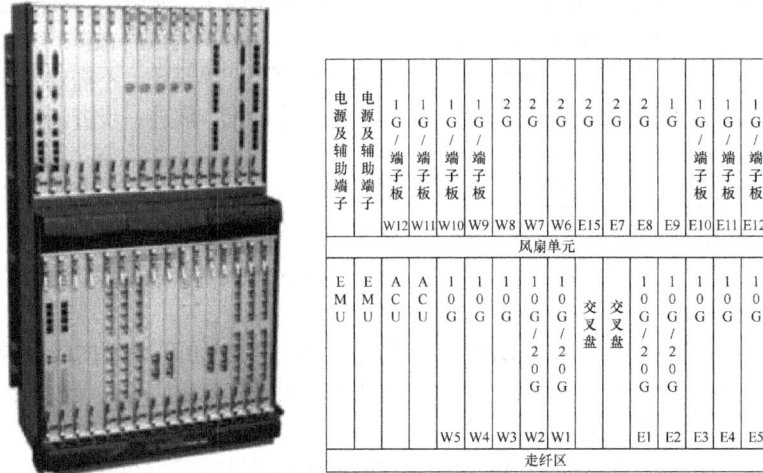

图 5-20　CiTRANS 660 及子架配置

说明：交叉盘和时钟盘放在一个单盘上，主备 XCU 盘完成"1+1"备份功能；低速槽位在交叉盘上转换完成，由交叉盘直接引出 20 个 GE 接口，送向低速槽位，每个槽位 1～2 个 GE，在没有低速接口的情况下，系统只能提供 140Gbit/s 的容量；公务预留接口用于外接 IP 电话。

单盘种类和接口说明如表 5-18 所示。

表 5–18　单盘种类和接口说明

单 盘 种 类		缩　写	单盘接口说明
业务接口单盘	高速接口盘（W1～W5，E1～E5）	2×10GE	两路接口，支持 10GE 的 LAN 或 WAN 接口，支持 T-MPLS 相关标准，通过 HiGig 接口与背板相连
		10×GE	10 路接口，支持 GE 光口，支持 T-MPLS 相关标准，支持同步线路时钟，通过 HiGig 接口与背板相连
	低速接口盘（W6～W12，E6～E12）	12×FE	12 路接口，支持 FE 电/光口，支持 T-MPLS 相关标准，通过 GE 接口与背板相连
		1×STM16	单路接口，支持标准 STM-16 接口，内部采用 POS 或 EOS 方式，通过 GE 接口与背板相连
		16×E1	16 路接口，支持标准 E1 接口，通过 GE 接口与背板相连
		3×E3	尽量考虑和 E1 兼容
时钟交叉单盘	交叉盘	XCU	支持 16×10Gbit/s port 的线速交叉，通过速率转换单元将其中 20Gbit/s 转换为 20 个 GE 接口。单盘提供时钟单元，为系统提供全局的时钟，并实现线路时钟的提取和跟踪
管理功能	网元管理盘	EMU	实现与管理平面的接口功能，带有 HUB 单元
控制功能	内置控制单元	ASCU	ASON 控制单元
电源	电源及辅助端子盘	—	接入电源、告警输入、控制输出、外时钟输入输出等

（1）系统功能特性

系统交换能力：最大高阶交换能力为 16×10Gbit/s port，可实现 160Gbit/s 无阻塞全交叉。

低阶业务上下能力：支持 20Gbit/s 的低阶业务，包括 E1、FE、2.5G 接口，单块机盘背板容量为 1Gbit/s 或 2Gbit/s，最多支持 14 个槽位；高阶到低阶的转换在交叉盘上完成。

各种拓扑结构的组网能力：由于具有大规模的交叉能力和强大的网管功能，本设备可提供强大的组网能力，满足在各种网络应用时的复杂组网要求；支持多种网络拓扑，包括点对点、链形、环形、网孔形、相交环、相切环等；具有 80 个方向的 APS 保护能力；支持最多 10 个 STM-64 四纤环或 20 个 STM-64 二纤环；支持最多 80 个 2BLSR（UPSR）STM-16 分支环；支持最多 160 个 "1+1" / "1:1" /2BLSR（UPSR）保护的 STM-4 或 STM-1 分支链/环；支持最多 160 个 "1+1" / "1:1" 保护的 STM-1 分支链路；支持环间互联业务并对互联业务提供保护。

（2）业务保护能力

提供的网络级自愈保护方式：有 "1+1" 或 "1:N" 线性保护，可支持环回、转向环网保护和网格组网保护。

设备级保护能力：时钟交叉盘的 "1+1" 热备份，主控板（EMU）的 "1+1" 热备份，电源接入板的 "1+1" 热备份。

盘保护功能设计：E1/FE 盘及盘保护设计。系统最多可以实现一组 E1/FE 盘的 1:N 和一组 E1/FE 盘的 1:M（$N+M \leqslant 5$）保护，或三组 E1/FE 盘的 1:1 保护；单槽位容量为 16 路 2M 接口或 12 路 FE 接口；在需要保护的情况下，端子板分为一般工作端子板和保护端子板；保护盘位不固定；支持额外业务。

3. 中兴 PTN 设备

中兴提供了 5 款 PTN 产品，如图 5-21 所示，其参数如表 5-19 所示。接入层设备 ZXCTN 6100 仅 1U 高；ZXCTN 6200 为业界最紧凑的 10GE PTN 设备，集成度高，仅 3U 高；ZXCTN 6300 为汇聚层设备；ZXCTN 9004/9008 为核心层设备，ZXCTN 9008 交换容量最大达到单向 800Gbit/s，全面支持核心节点全业务落地需求。在此简单介绍 ZXCTN 6100 设备。

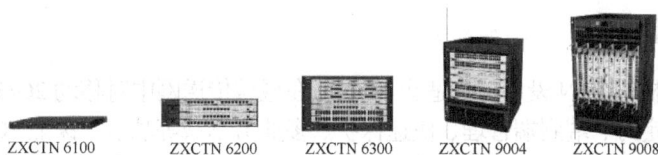

ZXCTN 6100　ZXCTN 6200　ZXCTN 6300　ZXCTN 9004　ZXCTN 9008

图 5-21　中兴 PTN 系列产品

表 5-19　中兴 PTN 产品参数

参　数	ZXCTN 6100	ZXCTN 6200	ZXCTN 6300	ZXCTN 9004	ZXCTN 9008
交换容量（单向）(bit/s)	5	44	88	400	800
高　度	1U	3U	8U	9U	20U
业务槽位	2	4	10	16/8/4	32/16/8

ZXCTN 6100 如图 5-22 所示，ZXCTN 6100 母板采用 2×GE+8×FE(e)，为紧凑型 PTN 接入设备，高度为 1U，交换容量为 5Gbit/s，提供两个扩展槽位。其中，FE 单板提供 4 路 FE 光口；GE 单板提供 1 路 GE 接口或 2 路 GE 接口；E1 单板提供 16 路 E1 非平衡 75Ω 电支路子板或平衡 120 电支路子板。

图 5-22　ZXCTN 6100

① ZXCTN 6100 整机接口的接入能力如表 5-20 所示。

表 5-20　ZXCTN 6100 整机接口的接入能力

接　口	接 口 类 型	单板端口密度	整机端口密度
Ethernet	GE（Optical）SMB 主板提供	2	2
	GE（Optical）扩展板提供	2	4
	FE（Optical）扩展板提供	4	8
	FE（Electrical）SMB 主板提供	8	8
TDM E1/IMA E1	PDH 扩展板提供	16	32
Ch. STM-1/POS STM-1	STM-N 扩展板提供	2	4

② ZXCTN 6100 业务接口描述如表 5-21 所示。

表 5–21　ZXCTN 6100 业务接口

接 口 类 型	描　述
FE 接口	电口：10/100BASE-T RJ-45 接口。 光口：100BASE-X SFP 接口
GE 接口	电口：10/100/1000BASE-T RJ-45 接口。 光口：100/1000BASE-X SFP 接口
POS 接口	STM-1 光口：OC-3c POS 接口
通道化 POS 接口	通道化 STM-1 光口：OC-3c POS 光接口
ATM 接口	OC-3c ATM/POS 接口
E1/T1 接口	DB50 连接器

③ ZXCTN 6100 辅助接口描述如表 5-22 所示。

表 5–22　ZXCTN 6100 辅助接口

辅 助 接 口	具 体 参 数	备　注
外部告警接口	支持 4 路外部告警输入+2 路告警输出	接口物理形式 RJ-45
网管接口	支持 1 路网管接口+1 路分层编码传输（Layered Coding Transport，LCT）接口	接口物理形式 RJ-45
时钟接口	1 路 2Mbit/s BITS 接口+1 路 GPS 接口	2Mbit/s 接口为 75Ω 同轴 GPS 接口为 RS-422 接口

5.2.3　PTN 的应用

采用真正分组内核的 PTN 设备，为适应 Mobile 在城域传送网中对移动 2G/3G 混合回传网络的特殊要求，增加了时钟定时、端到端管理、快速保护、多业务承载等功能，保证 2G/3G/LTE 混合阶段的回传需求覆盖能力；同时可在城域网兼顾大客户专线、IPTV 等 FMC 网络必需的业务支撑功能，是一个面向 Mobile 和 FMC 特征需求的解决方案型的 Packet 技术。下面以中国移动对 PTN 的应用为例进行简单介绍。

城域网包含城域传送网及城域数据网（即 IP 城域网）。CMCC 城域网现状为，核心层采用 IP over SDH/WDM，汇聚/接入层采用 MSTP/SDH，如图 5-23 所示。CMCC 城域网愿景如图 5-24 所示。

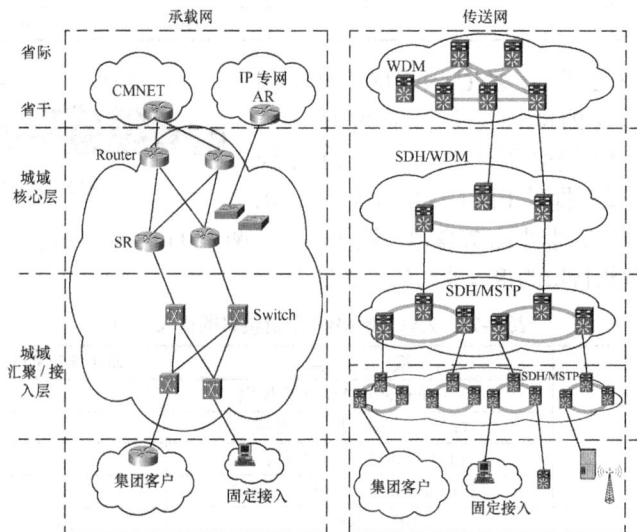

图 5-23　CMCC 城域网现状

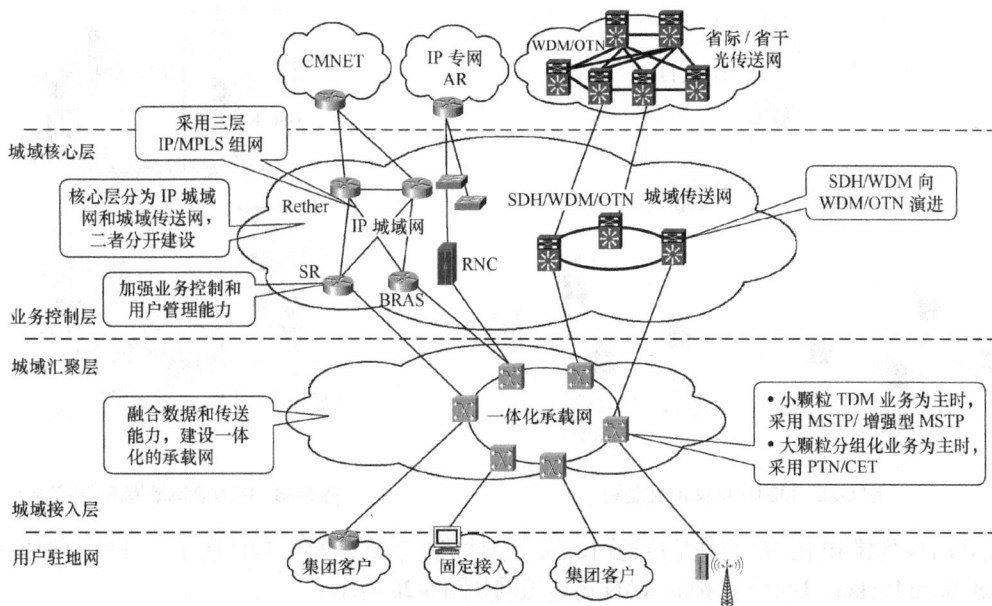

图 5-24 CMCC 城域网愿景

其中，城域传送网以多业务光传送网络为基础，为移动交换局与基站提供电路接入，为数据网提供多种业务接口，同时为集团客户提供光纤、电路和以太网接口。城域数据网是城域内由路由器、以太网交换机等设备组成的网络，可提供多种业务的城域内互联，以及骨干网（CMNET 和 IP 专网）接入。目前两种城域网的网络规划和建设相互独立，造成了资源利用率低，无法保证网络的平滑演进；另外，现有传送网 IP 化程度不高，不能很好地满足城域数据网的大颗粒传送需求。

城域数据网部分：部分省已建全省范围的城域数据网；从全国范围来看，城域数据网规模较小，是 CMNET 省网的延伸，与省网共用；核心层一般采用 L3 IP/MPLS 组网；汇聚/接入层主要采用普通 L2/L3 交换机组网；采用星形、树形拓扑。

城域传送网部分：核心层一般采用 WDM 和 10/2.5Gbit/s 的 SDH 设备组建环网（个别为网状网）；汇聚层以 2.5Gbit/s 的 SDH 和 MSTP 设备为主，辅以少量 622/155Mbit/s 设备组建环网；节点数目一般为 3~6 个，采用复用段保护；接入层主要采用 622/155Mbit/s 的 SDH 和 MSTP 设备，辅以 PDH、微波、3.5GHz 或其他无线接入技术；主要组建环网，根据接入光缆路由也可采用星形、树形或链形结构。

1. MSTP 解决 IP 化基站的问题

网络组网涉及 FE 业务网络级保护的问题、带宽分配问题、VLAN 处理问题。如图 5-25 所示，C 类节点业务透明传送，或采用 VLAN 处理不同业务；LAN+WAN→WAN 汇聚，接入环内带宽共享，为每个节点分配一个 VLAN；带宽抢占或按业务类型设置优先级。B 类节点一次汇聚，处理管辖的 VLAN，带宽可收敛；具备一定的汇聚比、多个 WAN 口，可设置 QinQ（802.1Qin802.1Q 的简称）；处理管辖的 VLAN 可进行带宽收敛；带宽可收敛，可设置 QinQ。接入环采用 SDH 保护方式，业务透明传送带宽固定；二层 RSTP 保护，节点带宽共享。

2. PTN 解决 IP 化基站的问题

（1）PTN 在本地传输网中的应用

传输网只处理二层，不处理三层。最简洁的处理之一是对客户层的业务（如以太网帧、IP 包、SDH 等）不做任何处理，透传或者汇聚即可。3G 业务均为集中型业务，Tunnel 标签用于建立管道，PW 标签对应业务采用 VPWS 建立。对于大客户类型业务，存在介入节点之间的业务调度，可采用虚拟专用局域网业务（Virtual Private LAN Service，VPLS）的方式来配置，开启广播风暴抑制功能，如图 5-26 所示。

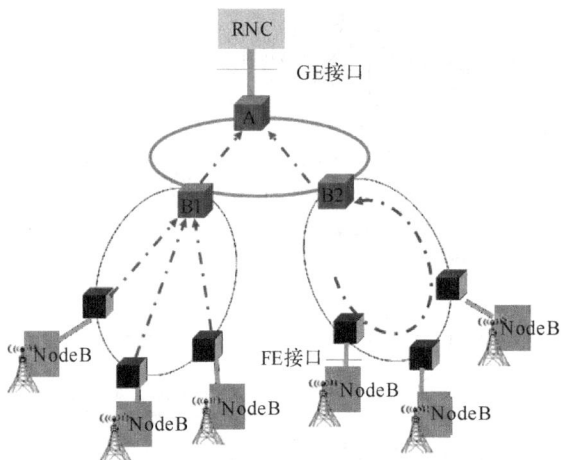

图 5-25　MSTP 解决 IP 化基站

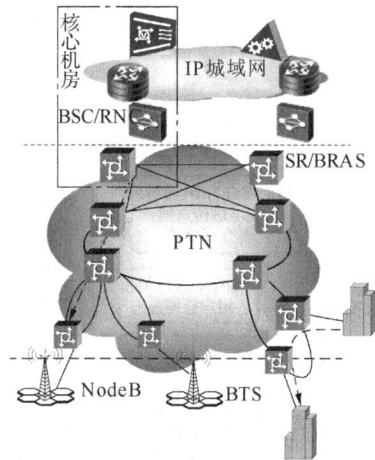

图 5-26　PTN 在本地传输网中的应用

利用 PTN 构建 IP 化 3G 的基站传送网，综合总体成本较低，如图 5-27 所示。"1+1"链路状态分组（Link State Packet，LSP）保护的 RAN 传送组网如图 5-28 所示。

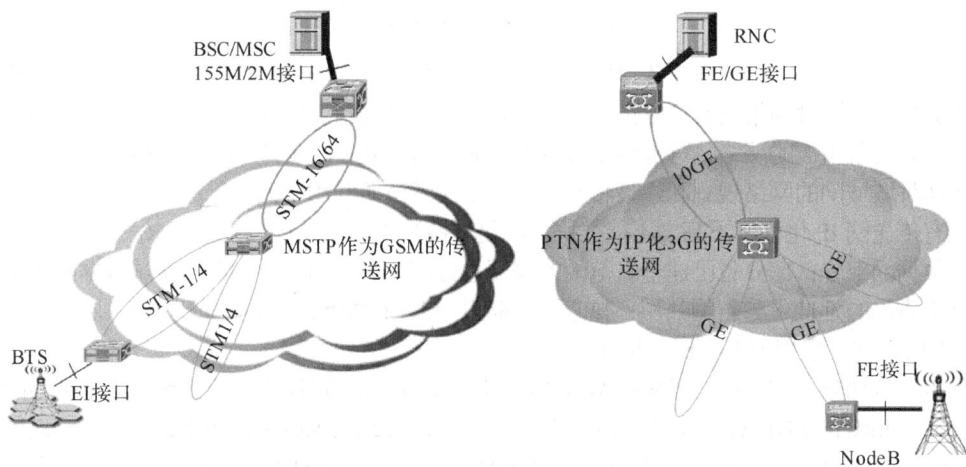

图 5-27　利用 PTN 构建 IP 化 3G 基站传送网

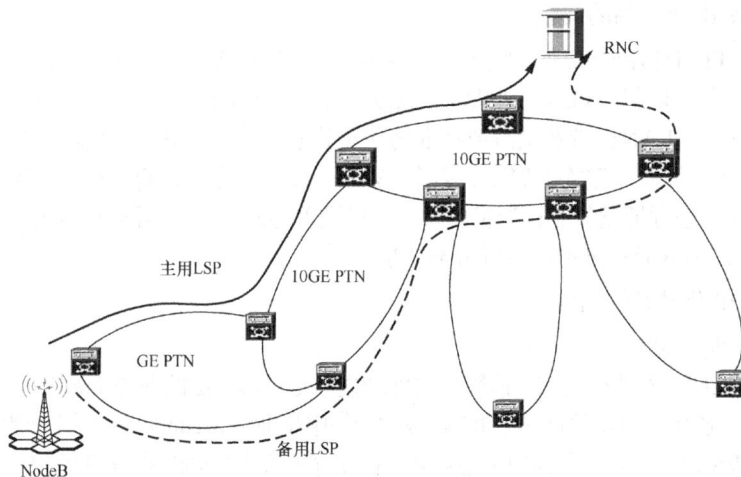

图 5-28　"1+1" LSP 保护的 RAN 传送组网

（2）PTN 解决 3G 同步问题

无线 IP RAN 对同步的需求如表 5-23 所示。总的来看，以 GSM/WCDMA 为代表的欧洲标准采用的是异步基站技术，此时只需要进行频率同步，精度要求为 $0.05×10^{-6}$s（或者 $50×10^{-9}$s）。而以 CDMA800/CDMA2000 为代表的同步基站技术需要进行时钟的相位同步（也叫时间同步）。

表 5-23　无线 IP RAN 对同步的需求

无 线 制 式	时钟频率精度要求/s	时钟相位同步要求
GSM	$0.05×10^{-6}$	NA
WCDMA FDD	$0.05×10^{-6}$	NA
TD-SCDMA	$0.05×10^{-6}$	$±1.5$s
CDMA2000	$0.05×10^{-6}$	3s
WiMax FDD	$0.05×10^{-6}$	NA
WiMax TDD	$0.05×10^{-6}$	1s
LTE	$0.05×10^{-6}$	倾向于采用时间同步

对于同步的解决方案，之前一直依赖于 GPS，目前可采用北斗系统或地面 PTN 系统。图 5-29 所示为 GPS 同步解决方案，图 5-30 所示为传送网传递同步信息解决方案。

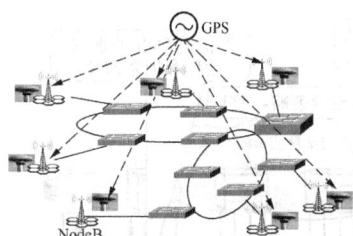

图 5-29　GPS 同步解决方案

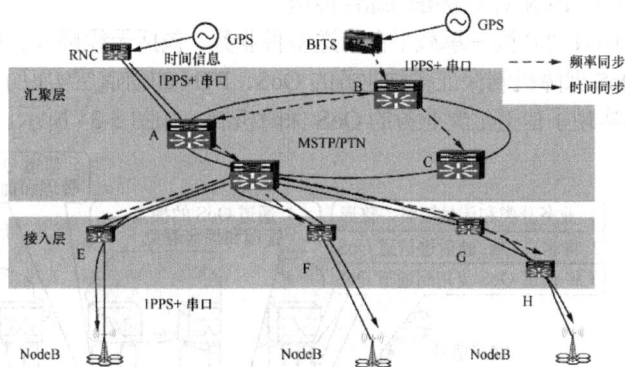

图 5-30　传送网传递同步信息解决方案

① 同步以太网解决频率同步问题。采用类 SDH 的时钟同步方案，通过物理层串行比特流提取时钟，可实现网络时钟（频率）同步。同步以太网时钟精度由物理层保证，与以太网链路层负载和包转发时延无关。时钟的质量等级信息可以通过专门的指定源组播（Source Specific Multicast，SSM）帧进行传送，如图 5-31 所示。

② IEEE 1588v2 解决时间同步问题。PTN 的时间、频率同步方案基于 IEEE 1588v2（PTP）协议，在主从设备间传递信息，计算时间和频率偏移以及中间网络设备引入的驻留时间，从而减少定时包受存储转发的影响，实现主从时钟和时间的精确同步，如图 5-32 所示。

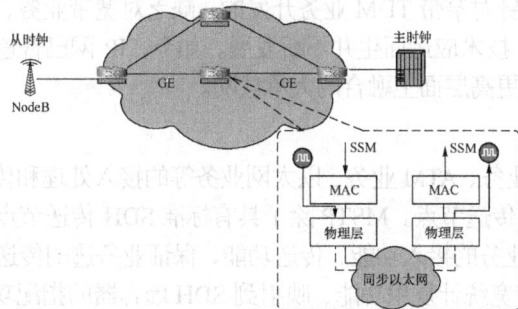

图 5-31　同步以太网解决频率同步问题

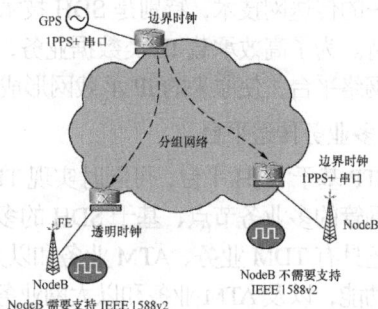

图 5-32　IEEE 1588v2 解决时间同步问题

3G 系统中，CDMA2000 和 TD-SCDMA 要求基站间同步工作，每一个移动通信系统的空中接口对时钟都有明确的要求。在 TD-SCDMA 网络中，基于安全性考虑，可用中国自主建设的北斗同步卫星系统来替代 GPS 或备份 GPS；为降低在每个基站中安装卫星的成本和施工难度，考虑对卫星时间源进行收敛集中，通过地面传送网络，利用 1588v2 协议将卫星时间信息传送给各基站，即采用地面传送网传递同步信息。北斗&1588v2 时钟源替代方案如图 5-33 所示。

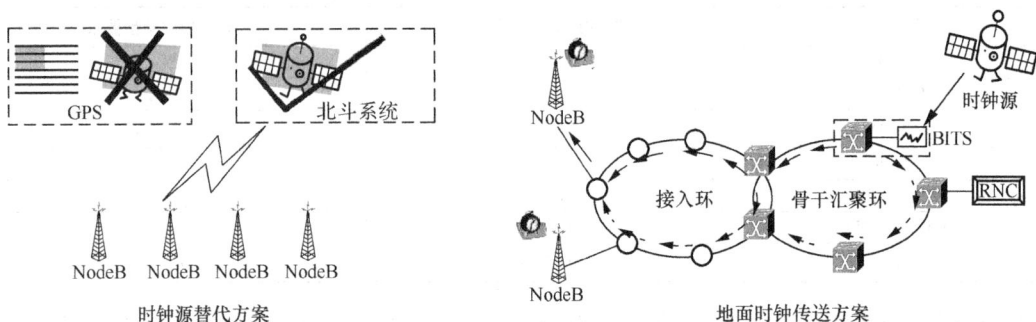

图 5-33　北斗&1588v2 时钟源替代方案

（3）PTN 对多业务的综合传送

PTN 可在同一承载平台传送多种业务，包括无线接入、专线接入、数据接入等。PTN 采用层次化的 QoS 保障机制保证多种业务的 QoS，PTN 的信道层实现了端到端业务的 QoS 保障机制，PTN 的通道层实现了信道汇集业务的 QoS 保障机制，如图 5-34 所示。

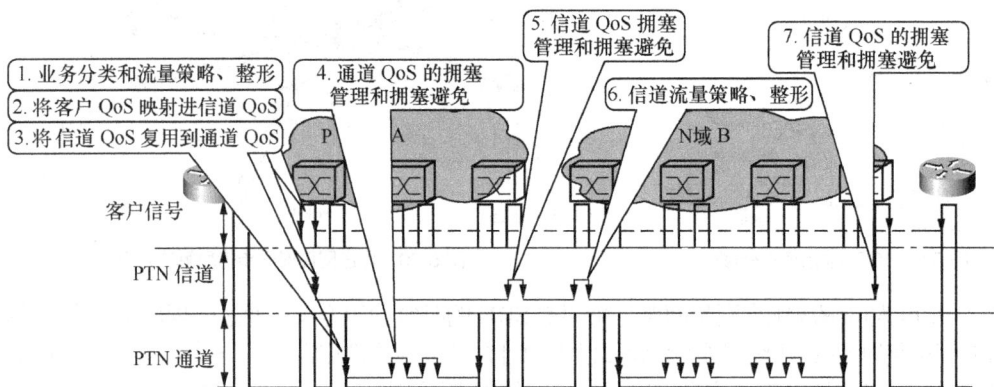

图 5-34　QoS 保障机制

5.3　LTE 系统的承载网技术

传统的传送网技术，特别是 SDH 技术，是针对窄带 TDM 业务开发的，缺乏对宽带业务、数据业务的支持。为了高效承载 IP 类数据业务，PTN 技术应运而生并不断发展。如今，IP 网已普遍用作电信基础网络平台，使原来的 IP 承载网形成了在更高层面上融合的大承载网。

1．多业务传送平台

MSTP 基于 SDH 平台，可同时实现 TDM 业务、ATM 业务、以太网业务等的接入处理和传送，提供统一网管的多业务节点、基于 SDH 的多业务传送节点。MSTP 除了具有标准 SDH 传送节点具有的功能，还具有 TDM 业务、ATM 业务和以太网业务的接入功能、传送功能、保证业务透明传送的点到点传送功能，以及 ATM 业务和以太网业务的带宽统计复用功能、映射到 SDH 虚容器的指配功能等。

MSTP 采用虚级联、通用成帧协议（Generic Framing Procedure，GFP）、链路容量调整机制（Link

Capacity Adjustment Scheme，LCAS）和智能适配层等关键技术。

2. 波分复用技术

WDM 是将两种或多种不同波长的光载波信号在发送端经复用器汇合在一起，耦合到光线路中进行传输的技术，在接收端经解复用器将各种波长的光载波信号分离，由光接收机处理、恢复为原信号。WDM 专注于业务光层的处理，以高速率、大容量和长距离传输为基本特征，为波长及业务提供低成本传送。通信系统的设计方法不同，每个波长的间隔宽度也不同。按照信道间隔不同，WDM 可分为稀疏波分复用（Coarse Wavelength Division Multiplexer，CWDM）和密集波分复用（Dense Wavelength Division Multiplexer，DWDM）。

但随着业务类型向数据业务方向变化，大业务量导致传送带宽产生了低效适配问题、维护管理问题和组网能力问题。

3. 光传送网

光传送网综合了 SDH 和 WDM 的优势，考虑了新需求并提出相应的实现技术，包括 G.709 封装、光传送体系（Optical Transport Hierarchy，OTH）技术、可重构的光分插复用器（Reconfigurable Optical Add/Drop Multiplexer，ROADM）技术等。OTN 满足数据带宽快速增长的需求；通过波分功能满足单纤 Tbit/s 传送带宽需求；提供 2.7Gbit/s、10.7Gbit/s 乃至 43Gbit/s 的高速接口；提供独立于客户信号的网络监视和管理能力，透明传送客户数据；提供多级嵌套重叠的串联连接监视（Tandem Connection Monitoring，TCM），实现跨域、跨运营商、跨设备商的管理，便于组成大型网络；具有灵活的网络调度功能和组网保护功能；提供强大的带外前向纠错（Forward Error Correction，FEC）功能，有效保证传送性能；可在光电两层提供完善的保护机制；支持虚级联传送以完善和优化网络结构；具有后向兼容、前向兼容功能（提供对未来各种协议的高度适应能力）。

4. 分组传送网

PTN 是基于分组的、面向连接的多业务统一传送技术，能较好地承载电信级以太网业务，且兼顾了传统 TDM 业务。在 3G 无线回传、企事业专线、IPTV 等业务承载领域，具有面向连接的多业务承载、50ms 网络保护、完善的运行管理维护 OAM 机制、全面的 QoS 保障及功能强大的传送网管功能。

PTN 可满足城域业务转型和网络融合需求，通过灵活、高效和低成本传送实现多业务统一承载。PTN 有两类实现技术：一类是基于 IP/MPLS 发展的 MPLS-TP 技术；另一类是从以太网逐步发展的 PBB+PBB-TE 技术。

5. IP 化无线接入网

最初，IP 化无线接入网（IPRAN）指在 3G 的 Iub 接口引入 IP 传输技术，利用 IP 传输技术取代 ATM、SDH 技术的 RAN 解决方案。因此广义的 IPRAN 不特指某种具体的网络承载技术或设备。

在 IP 化的 RAN 解决方案中，思科公司将其提出的 IP/MPLS-IP RAN 方案直接命名为 IPRAN，由于其在数据通信行业的强势地位和影响力，IPRAN 已演变成在城域网内针对基站回传应用场景进行优化定制的以 IP/MPLS 技术为核心的路由器解决方案，并逐渐被综合业务运营商和设备厂商所接受。

（1）IPRAN 承载网技术的主要特点

IPRAN 是当前移动承载网领域的主流解决方案，基于灵活的 IP 通信的设计理念，以传统的路由器架构为基础，增强了 OAM 机制、业务保护机制及分组时钟传输能力，其业务转发推荐采用动态控制平面的自动路由机制。以路由器架构为基础的硬件结构具备丰富的三层路由能力，可更好地支持多业务承载，未来的移动通信网络中将有很多多点对多点的通信场景，如 LTE 网络 X2 接口中多个 eNodeB 间的流量交换及 MME/SAE 池都需要支持多点到多点的连接，这让 IPRAN 平滑支持 LTE 业务变得更易实现。对于实时性要求较高的语音业务，IPRAN 采用网管静态约束路由的方式规划承载路径，采用 TE 隧道技术，结合层次化的 QoS 机制保障通话质量。相对于传统的城域网络，IPRAN 方案更加关注简化运维，化繁为简，节省了支出。IPRAN 的网络结构如图 5-35 所示。

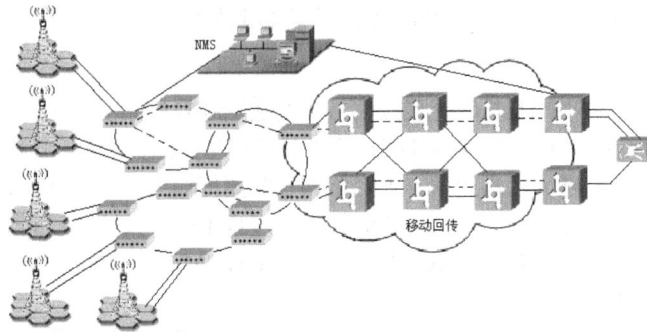

图 5-35　IPRAN 的网络结构

承载网作为 LTE/2G/3G 移动网络的支撑平台，需要用扁平化的结构支持多样化的业务，多业务的场景需要承载网引入网络三层能力。承载网应具备高带宽、灵活维护、时钟同步和快速大规模组网等能力。

（2）IPRAN 技术的本质和优势

IPRAN 的技术核心是 IP/MPLS，本质上采用路由器架构，即采用路由协议、信令协议，动态建立路由、转发路径、执行保障检测和保护，并且兼容静态的配置和管理。除了支持 IP/MPLS 的相关协议和功能，IPRAN 还需支持同步技术和配套增强型的图形化网管，且能联通同构及异构型网络，所以 IPRAN 采用定制化的路由器解决方案。

路由协议建立了无连接的控制平面，给网络带来了"智能"。传统的传输设备依靠网管集中控制，无控制层面，不进行拓扑学习，转发路径由网管人工下发；保护路径预先配置，网络异常时收敛速度快，但当没有设置保护路径或保护路径失效时，业务便无法自动恢复。而 IPRAN 有控制层面，依靠设备间的路由协议报文交互，能自动发现网络拓扑的变化，并将信息传到全网，然后各路由器重新计算路由并更新路由表，达到全网同步。因此，初期虽然要配置路由协议，但在每个设备上的配置工作量并不大，仅需开启某路由协议、建立邻居关系、宣告直连路由，后续的全网同步由协议报文和路由算法自动完成。而当有新增业务路由加入时，仅需在本地路由器上添加少量配置；当有新增设备入网时，也只需在此设备和相邻设备间进行少量配置；当某节点或链路失效时，即使没有预先配置保护路径或保护路径失效，IPRAN 也能自动计算出新的路由，而无须人工参与，这就是 IPRAN 的"永久'1+1'保护"。

MPLS 技术提供了有连接的转发平面和业务间的隔离功能。MPLS 利用基于标签转发的 LSP 路径，提供有连接的转发平面，其好处在于可提供良好的服务质量，并且 MPLS 通过支持多层标签可实现 VPN、TE 等增值服务。不同于 PTN，IPRAN 可通过标签分发协议（Label Distribution Protocol，LDP）或 RSVP-TE 协议建立动态 LSP，也支持手动静态配置 LSP。

对于运营商的高价值、自营业务，通常部署 MPLS VPN 技术将各业务划分不同的 VPN，实现业务系统的隔离，既可保障安全性，也便于部署 QoS。实际上，各类不同的业务需要的承载方式不同，如 TDM/ATM 基站业务或专线业务只能采用 PWE3 的 L2 VPN 端到端的承载，以太网的 3G 基站业务则可采用 L2 VPN 或 L3 VPN 的方式承载，LTE 基站需要端到端的 L3 VPN 或 L2 VPN+L3 VPN 的方式承载，而 IPTV 业务则需要网络提供多播路由采用 Native IP 的方式承载。只有 IPRAN 中能同时允许多种承载技术（L2 VPN/L3 VPN/Native IP）并存，且能忽略客户端接入链路的类型（FE/E1/STM-1/ATM）。IPRAN 的控制模块能独立计算各协议的路由，IPRAN 设备的业务单板芯片能自动区分入口业务流量的类型（IPv4/IPv6/MPLS），将业务送到不同的模块进行处理，并查找各自的转发表。IPRAN 还能很容易地支持 IPv6 技术，实现向未来网络的过渡。

多播技术支持 IPTV 业务的开放和部署。对于少量开展 IPTV 等业务的城域网，IPRAN 可支持基于 Internet 组管理协议（Internet Group Management Protocol，IGMP）、协议无关组播（Protocol Independent Multicast，PIM）的三层多播和基于 IGMP-Snooping 的二层多播，提供完善的 IPTV 解决方案。

IPRAN 可通过 BFD、MPLS-TP OAM 等提供对节点、链路、LSP 隧道和业务的监控，通过 VRRP、LSP 1:1、FRR 技术保证不同层次的物理节点发生故障时提供对隧道、业务的快速切换功能。而 BFD 联动路由机制可加快协议的收敛速度，BFD 联运保护倒换机制可加快故障的恢复速度。IPRAN 设备通过多种安全机制可有效防范各种基于 IP、MAC、TCP/UDP 等类型的网络攻击、病毒冲击和欺诈，保证网络安全稳定地运行。

同步技术为 3G、LTE 技术提供了低成本、高安全的网络定时解决方案。IPRAN 借助同步以太时钟、IEEE 1588v2 时间同步机制等，能满足传统 TDM、2G/3G 无线基站间的时钟频率同步需求及 LTE 基站对相位同步的高精度要求，从而节省由于移动接入网络的苛刻需求带来的大量 QoS 开支，使每个终端用户都能享受到优质的业务体验。

QoS 技术为并存的不同业务提供了差异化的服务。针对核心的移动业务，网络能提供根据 3GPP 对不同类型业务的规定，提供严格的 QoS 保证，提升用户体验。而在多业务并存的情况下，不同业务对时延、抖动和分组丢失率的要求差异明显。IPRAN 通过提供 Diffserv 模型下的流量分类和标记技术、监控技术、队列调度技术、拥塞避免技术等，能够与不同 SLA 的需求匹配，利于运营商对管道的运营，并能有效促进商业模式的转变。同时，通过多级 QoS 技术，IPRAN 对业务的区分能更加精细化，丰富计费策略。

5.4 5G 的承载网技术

5G 无线设备和核心网设备为了满足业务的超大带宽、超低时延、超高可靠、超大接入需求，在硬件方面发生了变化，这使得 5G 承载网也要在设备和解决方案方面进行演进。

1. 5G 承载网整体架构

5G 承载网的物理架构仍以环形结构为基础进行分层部署，包括接入环、汇聚环和骨干核心环，接入环、汇聚环与骨干核心环的相交处都有两套设备（双归设备）。采用环形结构的目的是防止链路出现单点故障。

5G 承载网的设备主要以 PTN 设备或 IPRAN 设备为主，中国移动使用 PTN 设备，中国电信和中国联通使用 IPRAN 设备。当设备间的距离超出了普通设备光模块的发射距离时，需要配合使用波分（OTN/WDM）设备进行长距离组网。

通常 5G 承载网设备都采用新的管理控制系统，即网络云化引擎（Network Cloud Engine，NCE）。NCE 是在网络连接层与不确定的业务应用层间构筑的智能适配层，主要职责包括：①统一云化平台作为云化网络管控一体化的驱动引擎平台，基于统一的软件编排和工作流引擎，实现物理/虚拟网络的规划仿真，业务部署发放，网络监控、保障和优化功能；②管理子系统集成传统的网络管理系统 U2000 的全部功能，对整个承载网设备进行管理；③控制子系统在 NCE 融合了 SDN 技术后具备为业务自动计算业务隧道的能力；④分析子系统使 NCE 具备网络内部任意两套 PTN 设备间的流量分析、流量调整功能。

由于 5G 的部分无线设备可拆分为 AAU、DU、CU 这 3 种硬件单元，并且可以进行分布式部署，因此 5G 的承载网的物理架构可依据无线设备的部署分为前传网、中传网和回传网 3 个层次。前传网用于连接 AAU 和 DU 设备，是 5G 承载网中靠近无线基站侧的一段传输网络，占比较小；中传网和回传网才是整个 5G 承载网的核心部分。

2. 5G 承载网技术方案

5G 承载网为满足多方面的应用需求，主要采用以下技术方案：①采用 25Gbit/s 的光管芯技术、新的承载网设备降低建网成本；②采用端到端的三层承载网，并使用调度请求（Scheduling Request，SR）技术提升网络的灵活连接能力；③采用网络切片技术实现一网多用；④通过融合管理功能、控制功能、分析功能的新型管控平台——NCE，利用 SDN 技术实现根据业务需求提供分钟级自动化的业务连接；实现根据需求自动计算承载路径、分配网络资源、网络切片的生成/调整/删除全生命周期的管理；实现跨自治域和跨厂商场景下的业务自动化快速部署，以提升网络运营效率，实现敏捷运维。

最终 5G 承载网沿用 4G 架构，网络分接入环、汇聚环与核心环，设备通过升级和替换满足 5G 特性需求，网络管理和控制引入 NCE，实现 SDN 架构。

5G eMBB 业务和 mMTC 业务采用 L2 VPN+L3 VPN 组网方案，骨干汇聚点作为 L2/L3 桥接节点，L2 部分保留 MPLS-TP 隧道，L3 部分采用 SR-TP 隧道。5G uRLLC 业务考虑到低时延业务就近转发需求，采用端到端部署 L3 VPN，采用 SR-TP 隧道，接入层 L3 根据业务开展情况进行按需点状部署。

在 5G 承载网建设完善后，4G 和 5G 可共用一张承载网，传统的专线、2G/3G 业务可以沿用之前的承载方式，最终实现集团客户业务（简称集客）、4G、IP 化的 2G/3G、5G 业务的统一部署，业务层采用 L2 VPN+L3 VPN 混合组网，通过 L3 调度实现多业务的协同组网。

5.5 传输设备维护基础知识

传输设备作为传输网络中的节点设备，其可靠性直接关系到整个通信网络的运行。设备的日常维护非常关键，本节简单介绍传输设备维护的基本知识。

5.5.1 传输网基础

移动网络中的传输网包括交换中心间的核心网、交换中心到基站机房间的接入网。

1. 移动网络中的传输网

如图 5-36 所示，传输网为各种专业网提供透明传输通道，位于各设备之间（交换机与交换机、交换机与 BSC、BSC 与 BTS 间）。目前传输网中采用的传输技术主要是光传输，普遍采用的光传输设备主要为 PTN 设备，SDH 设备仍有一定的应用。

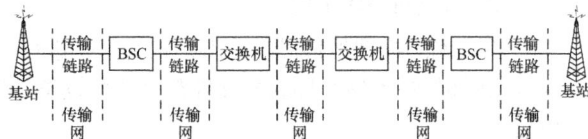

图 5-36 传输网在移动网络中的位置

2. 光数字传输系统

光数字传输系统通常由复用/解复用单元、光发送/光接收单元、光纤光缆组成，如图 5-37 所示。

光发送单元的功能：将高速电信号进行线路编码；将编码后的电信号转换成光信号；利用光源（激光器）将光信号耦合进光纤。

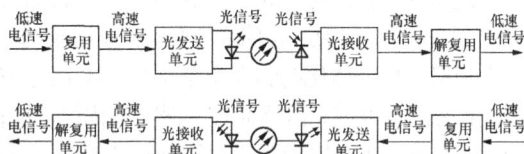

图 5-37 光数字传输系统

光接收单元的功能：将接收到的光信号转换成电信号；放大、整形再生；将电信号进行线路解码，恢复成高速电信号。

2M 数字电路业务是指为用户提供传输速率为 2.048Mbit/s 的链路，它承载于光纤传输网，是由数字方式进行信息传送的全透明电路通道；由传输设备及传输介质两部分组成，它的国际标准电口为 G.703。2.048Mbit/s 是数字通信的一个基本速率。

3. 光纤光缆

光纤分为单模光纤和多模光纤。单模光纤的主要参数为衰减和色散。单模光纤有两个低衰减窗口：

1.31μm、1.55μm。光缆是在工程上对光纤进行保护后形成的，光缆的芯数就是光缆中光纤的数量。光缆的结构如图 5-38 所示。

在设备端进行光纤连接时需使用光纤连接器（称为跳纤或尾纤），通常有 FC/PC（俗称圆头尾纤）、SC/PC（俗称方头尾纤）等，如图 5-39（a）所示，图 5-39（b）为各类法兰和固定衰耗器。尾纤的外层保护套常用塑料制成，也可用金属材料。

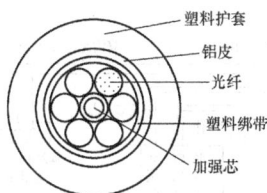

图 5-38　光缆的结构

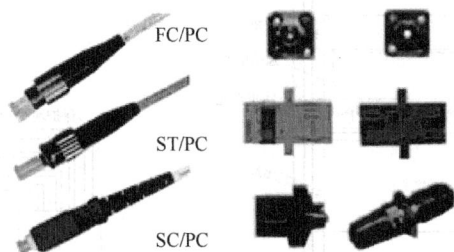

（a）光纤连接器　（b）法兰和固定衰耗器

图 5-39　光纤连接器

5.5.2　基站传输节点综合架施工与维护

基站传输节点根据传输容量一般设置综合架，可以是传输综合架，也可以是主设备和传输设备同柜的综合架。在此简单介绍传输综合架的施工与维护。

1. 基站传输节点综合架工程应用和配套设备

（1）综合架结构

基站综合架包括电源分配模块、数字配线架、光纤配线架（Optical Distribution Frame，ODF）、传输设备。

① 电源模块。直流电源采用主备双路输入，每路装有小型断路器 5 个，分别是 1 个 32A 总输入，下分 4 个 10A 负载开关；交流电源采用小型断路器，1 个 32A 总开关输入，下分 5 个 6A。

② 数字配线架。根据阻抗不同，连接器有 75Ω 不平衡式连接器和 120Ω 平衡式连接器，连接器与线缆连接方式：75Ω 的采用直焊式，120Ω 的采用绕接式。

DDF 单元后侧为固定配线、固定跳线和固定转接；DDF 单元前侧，当拔掉连接插头和短跳线时，用塞绳插拔即可完成临时跳线和临时转接，操作灵活、方便。

③ 光纤配线架。光缆的固定与保护、金属加强芯的接地、光纤的熔接配线、尾纤余线的储存均在 ODF 单元内。ODF 单元可以在 19in 机架上灵活安装。ODF 单元体熔接配线框有 24 芯、48 芯（与收容配套），可组合使用。

④ 传输设备。传输设备主要为 PTN 设备，业务量小的基站也可采用 SDH 设备。

> **相关知识**　在 BTS 与 BSC 间可采用有线传输方式，如 SDH、PTN；也可采用无线传输方式，如微波。

图 5-40 所示为各单元、模块在综合架内部摆放的位置，以及传输主设备与交直流电源模块、DDF 单元、ODF 单元之间的连线情况。

（2）综合架电源接线方法

① 整流架具备"永不脱离"功能的情况下，综合架中的一路电源接于"永不脱离"挡，如图 5-41 所示。

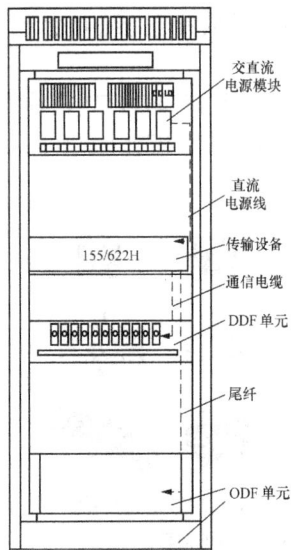

图 5-40　各单元模块位置

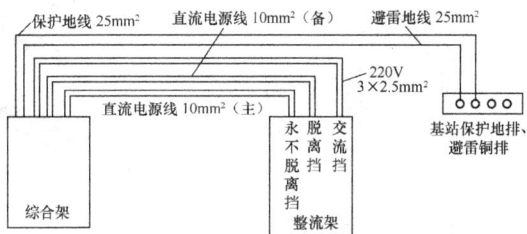

图 5-41　整流架具备"永不脱离"挡的综合架接线方法

② 整流架不具备"永不脱离"功能的情况下，综合架中的一路电源接于整流架电池处，如图 5-42 所示。

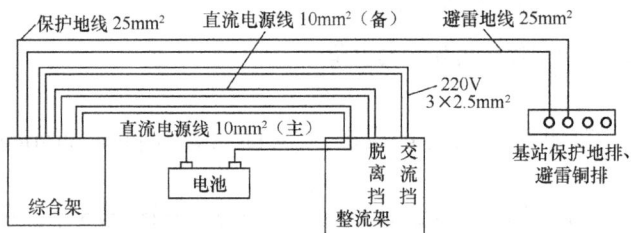

图 5-42　整流架不具备"永不脱离"挡的综合架接线方法

重点提示

基站停电后，电池工作一定时长后，电压会降低，此时整流架将会实行负载脱离。由于传输设备不仅负责本站的传输接入，还负责其他基站的传输，若传输设备停电，将会引起下游节点中断、环路中断，所以要求传输设备处于永不停电的情况，直到电池用完。

2. 基站传输节点综合架施工与维护技术规范

本规范对移动传输 2.5Gbit/s、155Mbit/s 基站节点的综合架、电源工程施工及日常维护进行了规定，适用于移动传输 2.5Gbit/s、155Mbit/s 基站节点的综合架、电源工程施工及日常维护。

注意

不同的运营商规定会有所区别。

（1）传输综合架的安装

综合架后部与墙间距不小于 0.6m，前部与墙间距不小于 1m，电源架与机架间距不小于 0.05m。机架固定稳固，用手摇晃时机架不晃动，机架安装水平误差应小于 2mm，垂直误差应小于 3mm。综合架配置：电源单元放至机架顶部；DDF 单元放置电源分配模块下 10 孔位置；ODF 单元位于机架底部；光缆加强芯固定钢槽位于 ODF 单元上 19 孔；挡板底部与加强芯固定钢板空 10 孔位置。

（2）传输设备的安装

PTN、SDH 光端机设备应安装在综合架或者简易架的托盘上方，距托盘 1cm 左右，设备安装牢固；多余光纤盘在盘纤框内（综合架）或盘放整齐（简易架）；尾纤弯曲度≥90°。

（3）传输综合架的电源要求

如果基站主设备是-48V 电源供电，则综合架电源为-48V；如果基站主设备是+27V 电源供电，则综合架电源为+27V；边际站、直放站、微蜂窝等无直流供电的基站，设备电源从交流 220V 引入。

（4）传输 2.5G、155M 节点站对直流电源接入的要求

传输综合架的直流电源应从整流器的低压脱离机构之前引入。若采用整流器 SWITCH 系列 3 接法，如图 5-43 所示，从电池到低压脱离接触器没有保险丝，整流器负极直接与顶部电池的接入点并联，正极从正极排上接入；若采用整流器 SWITCH 英特吉系列接法，如图 5-44 所示，负极从保险丝与低压脱离接触器之间接出，正极从正极排上接出；若新配的整流器低压脱离前配有输出开关，可直接将该处作为传输综合架直流电源的接入点；综合架电源应从整流架的低压脱离开关前引出（无电池站点除外），直流电源接至综合架 32A 熔断器；无综合架时，华为 SDH 设备电源直接从整流器的低压脱离开关前引出（无电池站点除外）。

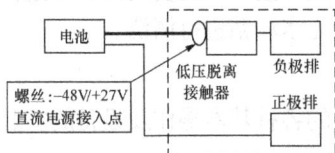

图 5-43　整流器 SWITCH 系列 3 的接法　　　图 5-44　整流器 SWITCH 英特吉系列的接法

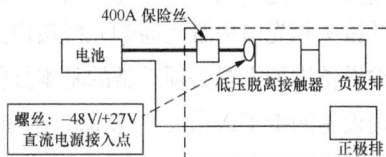

（5）基站整流器低压脱离电压的设置

基站传输节点整流器低压脱离电压设置值为-45V，或为基站整流器最高低压脱离值。

（6）综合架的接地

电源子框较旧的综合架里会有两个铜排，一个为防雷接地排，另一个为保护接地排。新电源子框的综合架左边仍然为防雷接地排，保护地线接在电源子框内。防雷接地排、保护接地排、正极都要求绝缘安装；防雷接地排只用于光缆加强芯接地和 2Mbit/s 线防雷接地。保护接地排只用于设备接地。接地线引入到铜排上端。

（7）电源线缆

直流电源线为黑色外皮 6mm^2 双芯电缆，蓝色线接负电源，红色线接正排，要求接线牢固，接触良好；接地线为线径不小于 16mm^2 的多股铜芯线，颜色为黄绿色，绿色也可。

（8）布线和标记

走线架上分类走线的顺序从前至后依次为电源线、馈线、传输线，不应纠缠扭结；光缆应从综合架左进线孔穿入，电源线、保护线应从综合架两侧进线孔穿入；若综合架两侧无进线孔，光缆、电源线、保护线应从后进线孔穿入。光缆从左侧柜门与横挡之间穿入。光缆加强芯固定在钢板上，光缆应在进机房前、后，距综合架 50cm 处挂硬牌，光缆剥开处标记软标签，并标明该光缆的去向和纤数；光纤熔接框内应标明光纤的方向和使用情况。

（9）测试电池组容量

观察、了解电池组的性能情况及市电的供电情况；检查综合架电源接入情况，不能关掉整流器低压脱离开关；电池放电终了电压为 1.8V。

（10）维护工作内容

① 各种操作：在传输监控、网维监控机房人员的指挥下，配合进行以上所述各项操作。

② 巡检纪录（执行维护作业计划）：根据传输中心制定的巡检内容，对传输设备进行各项维护操

作和处理。

③ 故障处理记录：将故障处理的经过详细记录在案，以便故障管理和经验积累。

④ 如果遇紧急停电或其他事件，应先确保传输节点 2.5G、155M 基站正常供电。

⑤ 日常维护检测时对传输综合架要进行全面检查，如检查开关、接线处、螺丝等是否可靠，连接是否牢固，温度是否过高。

5.5.3 传输设备维护基本知识

基站机房的传输设备提供基站与交换中心间的传输通道，必须做好日常的保养与维护。

1. 保养及维护注意事项

① 对于传输设备的维护保养，维护人员需注意躲避激光，以免灼伤眼睛。

② 设备接地一定要良好；接触单板要佩戴防静电手环，并保证防静电手环良好接地，不要触摸单板电路板层，不使用时手环要保存在防静电袋内。

③ 风扇要定期清理；光纤弯曲半径应不小于 60mm。

④ 光连接器不能污染（不论光口板和尾纤是否在使用，光纤接口一定要用保护帽盖住）。

⑤ 光纤接头和光口板激光器的光纤接口必须使用棉签蘸无水酒精进行清洁。

2. 传输设备维护人员必须具备的基本技能

① 传输设备的维护人员要熟练掌握网元设备和测试仪表的各种基本操作及设备的安装技能，如插拔机盘操作。

② 掌握光功率计、光源、2M 误码仪的使用方法；掌握群路盘、支路盘的线路环回和设备环回等相关知识。

③ 了解整个网络拓扑结构；了解传输体系（如 SDH、PDH）的基本原理和相关设备的基本特点；具备全程全网的概念，加强配合，服从网管中心的统一指挥；熟悉基站的整体情况，如设备的摆放情况。

3. 故障定位原则及处理要点

（1）故障定位原则

首先根据设备的告警进行判断，通过对告警事件、性能事件、业务流向的分析，初步判断故障点范围，并运用环回、替换、测试等方法进行故障定位。传输部分故障分析一般遵循以下原则。

① 先外部，后传输：如接地、光纤、中继线、BTS、电源问题等。对于光路的中断告警，要先通过网管系统确定故障所在段落。对于发生保护倒换的系统，应在确定是线路故障还是设备故障后再通知维修。如果同一段落多个系统同时阻断，或两端现场人员测试线路光功率不正常，可判断为线路故障。对于 2M 接口告警，可通过软件环回和硬件环回配合测试确定故障段落。

② 先单站，后单盘：一般综合网管系统分析和环回操作可将故障定位至单站，再在网管系统中更改配置，也可采用单板替换、逐段环回、测试等方法将故障定位至单板。

③ 先线路，后支路：根据告警信号流分析，支路板的某些告警常随线路板故障产生，应先解决线路板故障。

④ 先高级，后低级：在故障发生时，要结合网络应用情况分清主次，如复用段远端失效告警可能属于低等级告警，但相对于无业务的 2M 接口的 LOS 告警来说，仍应优先处理。

（2）故障处理要点

根据故障定位原则，故障处理要点如下：检查光纤、电缆是否接错，看光路和网管系统是否正常，以排除设备外的故障；检查各站点的业务是否正常，以排除配置错误的可能；通过告警、性能分析故障的可能原因；通过逐段环回进行故障的区段分析，将故障最终定位到单站；通过单站自环测试来定位可能的故障盘；通过更换单盘解决故障。

4. 常见故障原因及处理方法

（1）业务中断常见原因

① 外部原因：电源故障（设备掉电、供电电压过低等）；BTS 故障；光纤、电缆故障（光纤性能劣化、损耗过高或光纤中断）；中继电缆损坏或接触不良（后者居多）。

② 设备本身的原因：设备本身故障；单盘失效或性能不好。

（2）误码问题常见原因

① 外部原因：光缆性能劣化，损耗过高；光纤接头或连接器不清洁；设备接地不好；设备散热不好，工作温度过高。

② 设备本身的原因：光盘接收信号衰减过大；对端发送模块或本端接收模块故障；时钟同步性能不好；支路盘故障。

（3）数据通道中断常见原因

设备掉电，光纤中断，EMU 拨号开关不对（在更换 EMU 时需特别注意），EMU 故障，群路盘故障，光路大量误码导致数据通道不畅。

（4）用环回法判断故障点解决 2M 不通故障

① 环回法。如图 5-45 所示，环回法是 SDH 传输设备定位故障最常用、最有效的一种方法。通常传输设备通信电缆在 DDF 下端（传输侧）成环，用户通信电缆在 DDF 上端成环，中间用"塞子"联通，如图 5-46 所示。

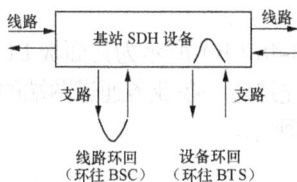

图 5-45　2M 不通故障测试

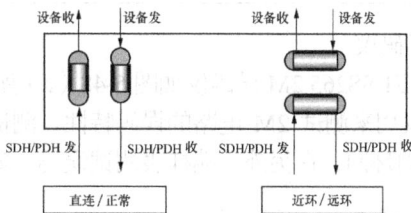

图 5-46　环回连接

相关知识

在图 5-45 中，线路环回把信号环往 BSC，称为远端环回（远环）；因信号被环入 SDH 设备，又称为内环回。设备环回把信号环往 BTS，称为本地环回（近环）；因信号被环入 BTS 设备，又称为外环回。

环回又分为软件环回和硬件环回。软件环回主要通过网管系统设置；硬件环回就是手动用尾纤、自环电缆对光口、电口进行的环回操作。前述线路环回、设备环回均为硬件环回。

环回法可不依赖对大量告警及性能数据的深入分析，将故障快速定位到单站、单盘，并可分离出是传输设备故障还是基站设备故障。

环回法的缺点在于必然会导致正常业务的中断。所以，一般只有出现业务中断等重大事故时才使用环回法进行故障排除。

重点提示

在进行环回操作后，一定要执行"还原"相应环回的操作。

② 测试分析。例如，从基站 DDF 下端口环回时，若在 BSC 机房测试正常，可判断故障为 BTS 或 2M 电缆问题。

5. 常用传输仪表的使用

（1）光功率计

光功率计用来测量光信号强度，如图 5-47 所示。其测试方法如下所述。

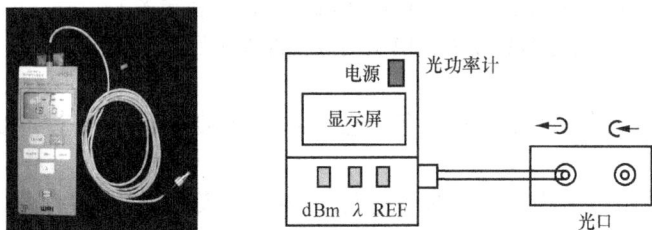

图 5-47　光功率计测试

第 1 步，按光功率计上的"λ"键，选择 1310nm，按"dBm"键，选择屏幕上出现 dBm。

第 2 步，将原来接在 ↩ 处（或 ODF 处）的尾纤取下，连接至光功率计，等待光功率稳定后，读出测试值，一般在-25dBm～-10dBm。

一定要注意光纤的清洁。

注意

（2）2M 误码仪

SUNLITE E1 SS265 2M 误码仪如图 5-48（a）所示，图 5-48（b）所示为其面板 LED 屏。

2M 误码仪用来测试 2M 电路的误码特性。测试方法：先选定一条业务通道两端的传输槽路，然后在一端进行内环回，在另外一端挂表测试误码，如图 5-49 所示。

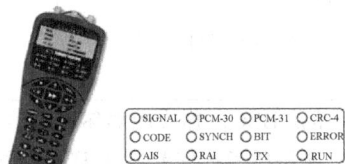

（a）2M 误码仪　　（b）面板 LED 屏

图 5-48　SUNLITE E1 SS265 2M 误码仪

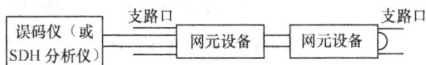

图 5-49　2M 误码仪测试

LED 显示屏各指示灯含义如表 5-24 所示。

表 5-24　2M 误码仪显示屏指示灯含义

指 示 灯	含 义
SIGNAL 灯	绿色：正在接收 E1 脉冲信号。 红色：当前没有接收脉冲信号
PCM-30 和 PCM-31 灯	绿色：正在按照预期情况接收成帧。 红色：成帧符合预期数据接收，但是尚未收到
CRC-4 灯	绿色：按照预期情况接收到 CRC-4。 红色：CRC-4 符合预期数据接收，但是尚未收到
CODE 灯	红色：收到编码误码
SYNCH 灯	绿色：在接收的测试码型完成同步。 红色：尚未完成同步
BIT 灯	红色：收到比特误码

续表

指 示 灯	含 义
ERROR 灯	红色：收到编码、比特、比特滑码、CRC-4、E-比特或帧的误码
AIS 灯	红色：正在接收一个非帧的全 1 信号（告警指示信号）
RAI 灯	红色：收到远程告警指示
TX 灯	绿色：正在传送。 绿色闪烁：正在以自环模式传送。 不发光：当前无传送
RUN 灯	绿色：正在进行测量
电源指示灯（位于 ⏻ 电源开关右侧）	红色：电池电量低。 绿色：测试装置已充满电或插在电源插座上

小结

SDH 是一套全球通用的光口标准，具有强大的网管能力，采用同步组网方式，上下电路方便。PTN 是新型传输技术，具有类 SDH 的保护机制，快速、丰富，是从业务接入到网络侧及设备级的完整保护方案；具有类 SDH 的丰富 OAM 维护手段、综合的接入能力和完整的时钟/时间同步方案。

华为、中兴等不同厂家生产的 SDH、PTN 传输设备有不同的类型结构和工作方式，但其使用和维护的方式基本相同。

综合架是基站机房中安装传输设备的机架，包括 PDF、DDF、ODF、传输设备等。

传输链路的故障定位常用方法是环回法，传输设备维护常用仪表有光功率计和 2M 误码仪。对传输设备的使用和维护必须基于对其结构、性能和工作原理充分了解，在使用时必须注意日常保养。维护人员必须具备必要的维护知识与技能。

习题

一、填空题

1. SDH 的块状帧称为_____，其速率为_____。

2. SDH 中的开销包括_____和_____两类，其中前者又包括_____开销和_____开销。

3. STM-1 的速率为_____，STM-N 的速率为 STM-1 的_____倍。

4. PTN 可简单理解为 PTN=_____+_____，具体体现在其分组特性和传送特性上。

5. 要对华为华为 155/622H 设备进行告警声切除，可将_____开关拨到 OFF 处，但若告警未排除，则告警声仍会发出。

6. 在传输测试中常使用环回法，线路环回指环向_____，设备环回指环向_____。

7. 基站机房中需要采用_____接地和_____接地两种接地方式。

8. 综合架接线时应保证传输设备处于_____的情况，直到电池用完。

二、判断题

1. SDH 中 STM-N 的速率为 STM-1 的 N 倍。 （　　）

2. SDH 上/下电路需逐级复用/解复用。 （　　）

3. SDH 综合架中传输设备的供电电压与基站主设备的电压一致。 （　　）

4. 为传输设备供电的整流器不具备"永不脱离"挡时，综合架直接接蓄电池。 （　　）

5. 在日常维护检测时对传输综合架要进行全面的检查，如检查开关、接线、螺丝是否连接牢固，

温度是否过高等。 （　　）

6. 华为 SDH 设备电源滤波板在需要清洁防尘网时可以插拔。 （　　）

7. 告警铃声切除后告警即解除。 （　　）

8. PTN 采用类 SDH 的保护机制。 （　　）

9. IEEE 1588v2 利用 PTN 传送同步时钟信息。 （　　）

10. 环回测试会使业务中断，要慎用。 （　　）

三、选择题

1. 安装传输主设备的时候，应注意使尾纤弯曲度不小于（　　）。

　　A. 90°　　　　　　　　　　　B. 60°　　　　　　　　　　　C. 120°

2. SDH 中提供低阶通道层和高阶通道层适配的功能模块为（　　）。

　　A. 支路单元　　　　　　　　　B. 容器　　　　　　　　　　C. 管理单元

3. 清洁光纤头和光口板激光器的光纤接口必须使用棉签蘸（　　）进行。

　　A. 消毒酒精　　　　　　　　　B. 水　　　　　　　　　　　C. 无水酒精

4. 在传输设备维护操作中，拨打公务电话应（　　）。

　　A. 先按"TALK"键，听到拨号音后再拨号

　　B. 先拨号，再按"TALK"键

　　C. 先将振铃开关拨至"ON"，再拨号

5. 在进行传输设备的单板操作时，错误的操作是（　　）。

　　A. 戴好防静电腕套

　　B. 单板保存在整洁的纸盒内

　　C. 单板拉手条左右扳手的侧槽对准左右卡槽，按住单板拉手条平稳推进

6. MPLS-TP 是基于（　　）技术的演进。

　　A. MSTP　　　　　　　　　　B. MPLS　　　　　　　　　　C. PBB

7. 设备环回是指把信号环往（　　）设备。

　　A. BSC　　　　　　　　　　　B. BTS　　　　　　　　　　　C. SDH

8. LTE 系统采用（　　）承载网技术。

　　A. SDH　　　　　　　　　　　B. IPRAN　　　　　　　　　　C. WLAN

四、简答题

1. 画出我国使用的 SDH 复用映射结构。

2. 简述 PTN 的关键技术。

3. 简述华为 PTN 设备如何提供 TPS 保护。

4. 烽火 PTN 设备如何提供业务保护能力？

5. 简述基站机房中综合架的基本配置模块。

6. 什么是环回？环回有哪些类型？分别是如何实现的？画出 DDF 上正常传输时和进行环回测试时的连接图。

7. 简述光功率计的作用及使用方法。

8. 简述 2M 误码仪的作用、使用方法及各指示灯的含义。

9. 简述传输设备保养及维护注意事项。

10. 传输设备维护人员必须具备哪些技能？

06 第6章 通信电源设备

【主要内容】通信电源是基站设备正常运行的关键。本章主要介绍通信电源的组成，以及交/直流供电系统的基本概念；开关电源的组成、原理与维护方法；UPS 原理与维护方法；阀控式铅酸蓄电池的结构、基本原理、维护及使用方法；柴油机的结构和基本原理；小型发电机、无刷同步发电机组的运行和维护方法；接地系统的基本概念、分类；通信电源的防雷设备及防雷方式；安全用电的技术措施和组织措施。

【重点难点】开关电源、蓄电池、发电机组等设备的使用和维护方法；接地与安全用电的基本概念。

【学习任务】理解通信电源系统的结构、组成；掌握各类电源设备的维护的基本知识。

6.1 通信配电

基于通信电源在通信系统中的重要性，要保证通信质量，必须有优良的通信供电系统。本节主要介绍通信电源的组成，以及交/直流供电系统的基本概念。

1. 电源在通信系统中的地位及组成

（1）电源在通信系统中的地位

通信电源通常被称为通信系统的"心脏"，是整个通信系统的重要组成部分，在通信局（站）中具有无可比拟的重要地位。网络运行需要不间断、高质量的能源，如果通信电源供电不可靠，可能会造成通信中断；如果通信电源供电质量不良，就会降低通信质量，甚至无法正常通信，势必不能满足用户信息交换的需求。

（2）通信电源的组成

通信局（站）中的主要电源设备及设施有市电引入线路、高低压局内变电站设备、自备油机发电机组、整流设备、蓄电池组、交直流配电设备及 UPS 等。有些通信局（站）通常还有 DC/DC 变换器、DC/AC 逆变器及其他如通信电源/环境集中的监控系统等设备和设施（监控部分将在第 7 章中介绍）。

确切地说，通信电源专指对通信设备直接供电的电源。在通信局（站）中，除了对通信设备供电不允许间断的电源，还包括对允许短时间中断的建筑负荷、机房空调等供电的电源和对允许中断的一般建筑负荷供电的电源。因此，通信电源和通信局（站）电源是两个不同的概念，通信电源是通信局（站）电源的主体和关键组成部分，如图 6-1 所示。

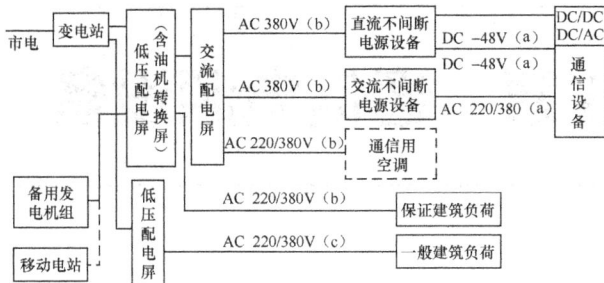

图6-1 通信局（站）电源

通信设备的供电可分为交流供电和直流供电两种。程控交换、光通信、微波通信、移动通信等设备均属直流供电的设备，而一些无线寻呼、卫星地球站设备则属于交流供电的通信设备。目前直流供电的通信设备占通信设备的绝大部分。

通信设备所需的电有交流、直流之分，因此通信电源也有交流不间断电源和直流不间断电源两大系统，如图6-2所示。两大系统的不间断功能，都是靠蓄电池的储能来保证的。但交流不间断电源系统远比直流不间断电源系统复杂，系统可靠性和效率远比直流不间断电源系统的低，所以目前通信设备的供电电源还是以直流不间断电源系统为主。

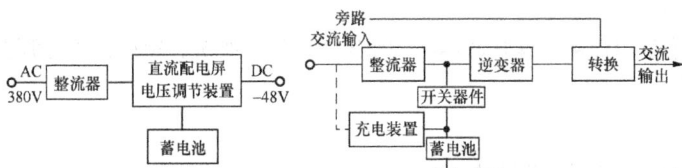

（a）直流不间断电源系统框图　　（b）交流不间断电源系统框图

图6-2 不间断电源系统框图

不管是交流不间断电源系统还是直流不间断电源系统，都是从市电或油机发电机组取得能源，再变换成不间断的交流或直流电源给通信设备供电的。通信设备内部再根据电路需要，通过 DC/DC 变换器、DC/AC 逆变器、AC/DC 整流器转换成多种交/直流电压。因此，从功能及转换层次来看，整个电源系统可划分为 3 级：将市电和油机发电机组称为第一级电源（Primary Power Supply），这一级保证提供电源，但不保证不间断；前面讲到的交流不间断电源和直流不间断电源为第二级电源（Secondary Power Supply），主要保证电源不间断；通信设备内部的 DC/DC 变换器、DC/AC 逆变器及 AC/DC 整流器则为第三级电源（Tertiary Power Supply），主要提供通信设备内部各种不同的交/直流电压，常由插板电源或板上电源组成。上述 3 级电源的划分如图6-3所示。

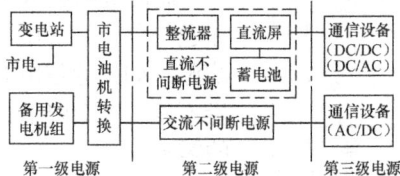

图6-3 通信电源的分级

为了保证通信可靠、准确、安全、迅速，通信设备对通信电源的基本要求是可靠、稳定及小型、智能、高效率。

2. 交流供电系统

交流供电系统包含高压市电进线及分配、低压市电的分配、油机发电机组、交流配电，相当于电源分级中的第一级电源，主要作用是保证提供能源。相对于油机发电，市电具有经济、环保的优点。在通信局（站）电源系统的建设中，要求以市电作为主要能源（除个别地区可利用太阳能、风力发电以外）。

在电网中，通过高压配电，将 35kV 以上的高压降到 6kV～10kV 送到企业变电所及高压用电设备，再通过降压变电站降至 380V/220V，供给整流设备和照明设备等。变配电设备如图6-4所示。

较大容量的通信局（站）设置低压配电房，用来接收与分配低压市电与备用油机发电机电源。低压配电房中安装的电气设备包括低压配电屏、油机发电机组控制屏（一般在油机房）、市电/油机电转换屏等。低压配电屏主要完成受电、计量、控制、功率因数补偿、动力馈电和照明馈电等功能。在低压配电屏内，可按一定的线路方案将一次下电和二次下电的设备组装成套，而且每一个主电路方案对应一个或多个辅助电路方案，从而简化工程设计。

油机发电机组控制屏往往随着油机发电机组的购入，由油机发电机组厂商配套提供。由于各厂商的电路设计不相同，所以须由厂商提供设备的线路图。基站机房中，油机市电转换开关安装在交流配电箱中，如图 6-5 所示。

图 6-4　变配电设备　　　　　图 6-5　油机市电转换开关

3. 直流供电系统

直流供电系统有集中供电方式和分散供电方式，传统的集中供电方式正逐步被分散供电方式取代。

集中供电方式是将包括整流器、直流屏、直流变换器和蓄电池组等在内的直流电源设备集中安装在电力室和电池室。在一个电力室里尽可能地集中多种直流电源，全局所有通信设备直流电源都从电力室的直流配电屏处取得。

分散供电方式中的半分散方式是把整流器与蓄电池及相应的配电单元等设备安装在通信机房或邻近房间中，向该通信机房中的通信设备供电；全分散供电方式中，每列通信设备的机架内都装设小型的基本电源系统，包括整流模块、交直流配电单元、蓄电池。

4. 变配电系统的维护

目前基站普遍采用的是户外型油式变压器。变压器油的作用是绝缘、散热、灭弧。变配电系统维护要点：先看颜色，新油通常为淡黄色，长期运行后呈深黄色或浅红色；如果油质劣化，颜色就会变暗，并呈现不同的颜色；如果油质发黑，则表明其炭化严重，不能使用。另外还需观察油质的透明度。变配电系统巡视及维护需要注意的事项如表 6-1 所示。

表 6-1　变配电系统巡视及维护注意事项

检 查 项 目	检 查 内 容	检 查 要 求
专用变压器	油位	油位高于刻度尺的 1/3
	变压器接地系统	距机房地网边缘 30m 以内时，变压器地网与机房地网或铁塔地网之间应每隔 3m～5m 相互焊接连通一次
	空开连接	安装固定可靠，标识醒目，各接线端子电气接触良好
双掷开关	空开连接	安装固定可靠，标识醒目，各接线端子电气接触良好
	电气设备	双掷开关容量符合要求
电力电缆	埋地长度及深度	埋地长度 30m 以上，钢管埋地深 0.7m
	电力避雷系统	① 地埋进站：环绕机房敷设的直埋钢管，其钢管两端应与基站接地系统就近焊连。 ② 无条件地埋的情况：架空线路上方设避雷线，电力线应在避雷线的 25° 角保护范围内，避雷线应在离机房直线距离 20m 以上、50m 以内的每根电线杆处做一次接地

续表

检 查 项 目	检 查 内 容	检 查 要 求
配电箱	空开连接	空开容量符合要求，独立连接，无复接现象
	电气设备	① 配电箱内各种接线连接正确并牢固。 ② 配电箱内必须加装浪涌保护器
	接地系统	保护接地母线线径必须大于 70mm^2
开关电源架	连接情况	对于高频开关组合电源配置，应根据不同设备类型对应的电流需求（32A、63A、100A、125A），配置适宜的空气开关或熔断器
	接地系统	应加装安全防护罩，并可靠接地
	整流模块固定情况	高频开关组合电源架应安装牢固，模块安装正确

6.2 开关电源和 UPS

开关电源是直流供电系统，用于为需要直流供电的通信设备提供电源。在基站机房中主要使用蓄电池和开关电源为设备提供直流不间断供电。UPS 可以提供交流不间断供电，在使用交流供电的有源设备的室内分布系统中应用。本节主要介绍开关电源和 UPS 的组成、原理，艾默生电源系统的组成及各模块功能。

6.2.1 高频开关电源概述

开关电源广义上是由交/直流配电模块、监控模块、整流模块等组成的直流供电系统，这里主要是指整流模块。因开关电源逆变时产生的是高频交流电，因此又称为高频开关电源。

1. 高频开关电源的组成

高频开关电源的结构如图 6-6 所示。

（1）主电路

主电路从交流电网输入到直流输出的全过程，包括如下进程。

① 输入滤波：将电网存在的杂波过滤，同时阻碍由本机产生的杂音反馈到公共电网。

② 整流与滤波：将电网交流电源直接整流为较平滑的直流电，以供一级变换。

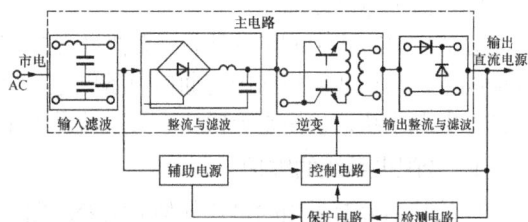

图 6-6 高频开关电源结构

③ 逆变：将整流后的直流电变换为高频交流电，这是高频开关电源的核心部分，频率越高，电源体积、重量与输出功率之比越小。当然并不是频率越高越好，因为还涉及元器件、成本、干扰、功耗等多种因素。

④ 输出整流与滤波：根据负载需要提供稳定、可靠的直流电源。

主电路还包含有功率转换电路、高频功率开关电路、功率因数校正电路等。

（2）控制电路

控制电路一方面从输出端取样，与设定的标准进行比较后去控制逆变器，改变其频率或脉宽，达到输出稳定的要求；另一方面，根据检测电路提供的数据鉴别保护电路，提供对整机进行各种保护的措施。

（3）检测电路

检测电路除了提供保护电路中正在运行的各种参数，还提供各种仪表显示数据供值班人员观察、记录。

（4）辅助电源

辅助电源提供几乎所有单一电路、所有不同要求的电源。

2. 高频开关电源的分类

DC/AC 变换电路是开关电源的主要组成部分。根据工作原理不同，开关电源可分为脉冲宽度调制（Pulse Width Modulation，PWM）型和谐振型。

PWM 型开关电源具有控制简单、稳态直流增益与负载无关等优点，但其开关损耗会随开关频率的提高而增加，故限制了开关电源频率的进一步提高。

谐振型开关电源则可使开关电源在更高的频率下工作，开关损耗却很小，其又可分为串联谐振型、并联谐振型和准谐振型 3 种，目前应用较为普遍的是准谐振型开关电源。

3. 控制电路

开关电源的控制电路一般应具有的功能：可在较宽范围内预调频率的固定频率振荡器，占空比可调节的脉宽调制功能，死区时间校准，一路或两路具有一定驱动功率的输出，禁止、软启动和电流电压保护功能等。

目前通常将控制电路和功率放大器驱动电路制成一体化芯片，供驱动功率开关器件使用，频率达几百 kHz，大多用在需要与系统电源隔离的辅助电源上面。

作为大功率开关电源，特别是专用性较强的开关电源，必须具有完善的控制电路，特别需要其保护功能齐全和完善，而目前任何一种专用芯片都不可能做到这一点。因此，几乎各电源公司推出的大功率开关电源的控制电路都是自行设计的具有各自特点的控制电路。

控制电路正向高频化、智能化、小型化发展。

4. 监控模块

监控模块独立于整流器，用于监控及管理整个开关电源各模块的工作情况。

（1）开关电源监控模块功能

开关电源监控模块的主要功能如下所述。①信号采集功能：能采集直流输出电压、负载及其主要分路电流、电池充放电电流、交流输入电压、交流电流、交流频率等模拟量，能采集熔丝断开、电池开关状态、烟雾、门禁等开关量。②参数设置功能：能设置直流输出电压等告警上/下限、负载电流等的量程。③历史文件记录功能：能记录故障历史。④通信功能：有远程及本地通信功能、故障信息的自动上报功能、与各整流模块微处理器的数据通信功能。⑤控制功能：能控制整流模块的开关机、浮充/均充/测试转换、并机均流等。⑥电池管理功能：电池充电自动控制、放电电流及安时数的统计。

（2）开关电源监控模块结构

开关电源监控模块的硬件一般包括单片机或其他微型计算机、程序存储器（可擦编程只读存储器，即 EPROM）、随机存储器（Random Access Memory，RAM）、用来存放工作参数和其他不能丢失的信息的 E^2PROM、I/O 接口电路、信号调制及模数转换电路、串行通信接口器件、看门狗电路、辅助电源电路、按键及显示器件。

（3）开关电源监控模块工作原理

开关电源监控模块工作原理如下所述。①单片机或微型计算机对各模拟量进行模数转换，经标度换算得到模拟量采样结果，若其超过上/下限，则发出告警；若其由超限变为正常，则撤除相应告警，并记录。②单片机或微型计算机对各开关量进行采样，判断其变化，发出或撤除相应告警，并记录。③单片机或微型计算机从与整流模块相连的通信接口获取整流模块的运行信息，判断其变化，发出或撤除相应告警，并记录。④单片机或微型计算机运行电池管理程序，实现电池充电的自动控制和放电电流及安时数的统计。⑤单片机或微型计算机运行与上一级计算机通信的程序，若线路已连接，则向上一级计算机传送相应信息。

5. 日常维护

目前，高频开关电源系统具有一定的智能化，具有智能接口，能与计算机相连以实现集中监控。

当系统发生故障时，系统监控单元码能显示故障事件发生的具体部位、时间等。维护人员利用监控单元信息可初步判断故障的性质，再根据故障现象进行分析，进而进行正确的检查、判断并处理。

系统检查维修的基本步骤如下。①查看系统有无声、光告警。开关电源系统各模块均有相应的告警提示，例如整流模块发生故障后，其红色告警指示灯点亮，同时系统蜂鸣器发出告警声。②查看具体故障现象或告警信息提示。观察具体故障现象与监控单元告警的提示是否一致，查看有无历史告警信息等，有时可能出现无告警但系统功能不正常的现象。③根据故障现象或告警信息做出正确的分析并思考处理故障的检修方法，再完成故障检修。

6.2.2 艾默生电源系统

艾默生电源系统如图 6-7 所示。图 6-8 所示为 PS48400-2C/50 电源设备。

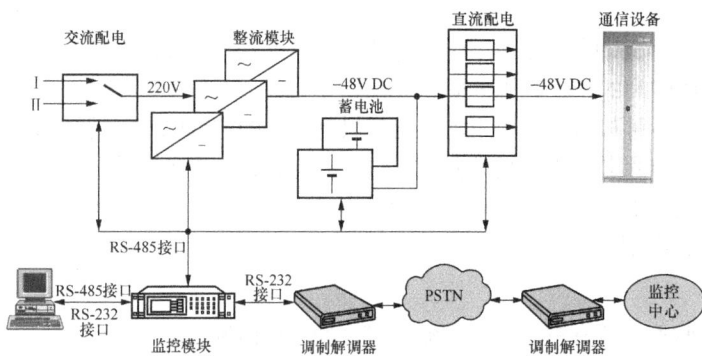

图 6-7 艾默生电源系统

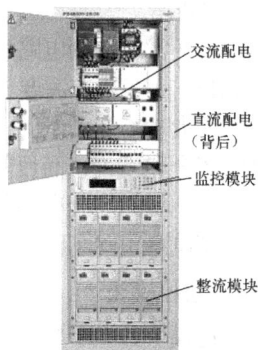

图 6-8 PS48400-2C/50 电源设备

1. 交流配电单元

交流配电单元如图 6-9 所示，系统采用三相或单相供电，各模块采用单相供电。市电/油机电切换采用手动控制，空气开关利用手动机械互锁确保供电安全，仅有一路输入。交流电压输入范围为 120V～290V，主要器件包括空气开关、交流接触器、防雷器。

（1）空气开关

空气开关如图 6-10 所示，三相/单相接线如图 6-11 所示。当空气开关处于跳闸位时，在排除跳闸问题后，应将闸扳至"off"处，才能再合闸。

（2）交流接触器

交流接触器控制电路如图 6-12 所示。交流接触器利用线圈流过的交流电流产生磁场进行高压吸合，实现低压维持。

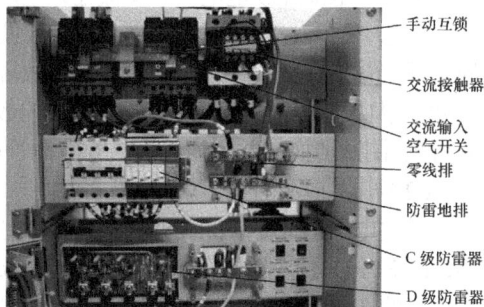

图 6-9 交流配电单元

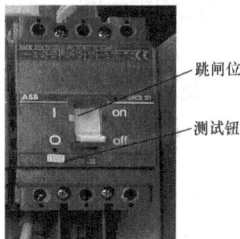

图 6-10 空气开关

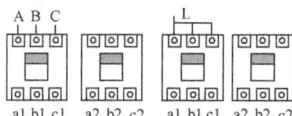

图 6-11 空气开关三相/单相接线

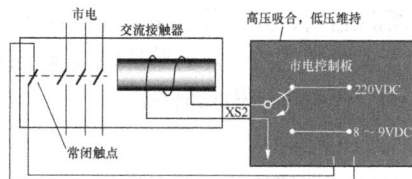

图 6-12 交流接触器控制电路

（3）交流配电板件

交流采样板 A14C3S1 提供两路交流输入采样功能，经隔离降压后输出两组交流信号，分别供交流保护与交流检测使用。交流逻辑板 A4485C2 提供交流过压/欠压保护、缺相保护（可选择）、高压启动、低压驱动逻辑判断功能。交流驱动板 A4485C1 提供交流控制辅助电源及交流接触器高压吸合、低压维持电压功能。

（4）防雷方案

交流配电单元采用 C 级和 D 级防雷方案，接线如图 6-13 所示。

① C 级防雷单元如图 6-14 所示。当 C 级防雷单元指示窗中显示"绿色"时，表示防雷单元完好；若显示"红色"，则表示防雷单元损坏。防雷空开的作用是防止出现安全事故，保护设备。

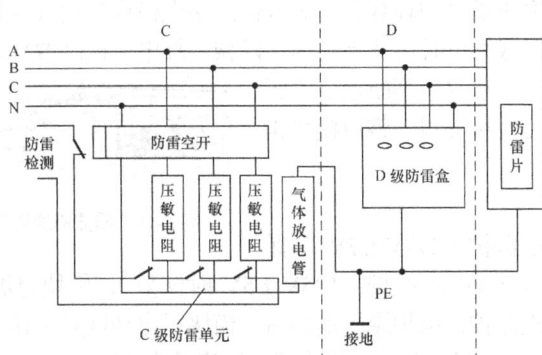

图 6-13　交流配电单元防雷方案接线

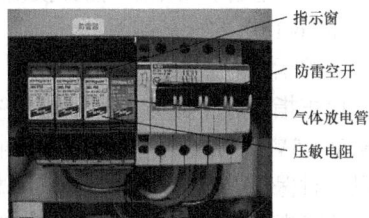

图 6-14　C 级防雷单元

② D 级防雷单元如图 6-15 所示。在 D 级防雷单元上，若绿灯亮则表示防雷单元完好，若绿灯灭则表示防雷单元已损坏。

图 6-15　D 级防雷单元

2. HD4850-2 整流模块

HD4850-2 整流模块（见图 6-16）内置先进的微处理器，采用高可靠的集散式控制系统、独特的散热设计，兼容自然冷和风冷，全面采用软开关技术。

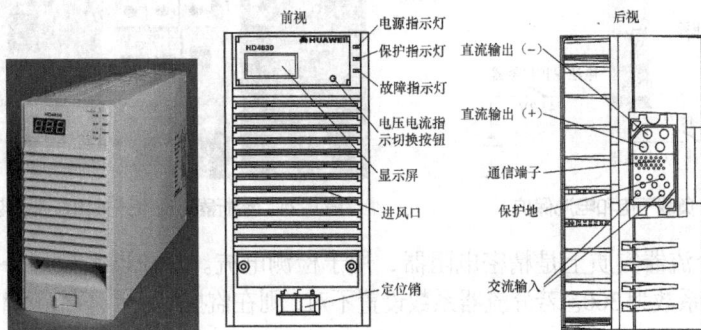

图 6-16　HD4850-2 整流模块

（1）整流模块的主要功能和特点

整流模块的主要功能和特点包括限功率、短路回缩、无损热插拔、保护和告警功能、低差自主均流、无级限流、防尘和风扇控制。

风扇采用温控无级调速，当模块温度不高于 60℃时风扇处于停转状态，可最大化延长风扇寿命；温度高于 60℃时风扇启动，转速随温度的提升而提高；风扇开路或短路时，模块告警。风扇前面安装了可重复使用的防尘网，风扇、防尘网均可直接用手进行拆卸且无须关闭模块。风扇更换时间应小于或等于 1min，防尘网清洗时间应小于或等于 1min。风扇更换如图 6-17 所示。

图 6-17　整流模块的风扇更换

（2）操作维护

安装模块时，需注意三相平衡。使用时，模块长时间轻载会影响寿命。整理模块多模块同时工作主要用在市电停电恢复时对蓄电池供电，平时轻载供电时可适当关闭，以减少耗电，提高效率。

根据 HD4850-2 模块上的指示灯和显示屏显示信息可判断模块的工作状况。因模块支持热插拔，需更换模块时，可直接插拔。整流模块指示灯（见图 6-18）的含义如下。

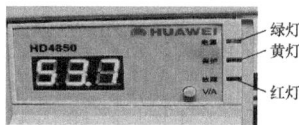

图 6-18　整流模块指示灯

- 电源指示灯（绿）：交流指示。
- 保护指示灯（黄）：模块保护。交流过压保护（297V±7V 时保护，285V±5V 时恢复）；交流欠压保护（115V±5V 时保护，125V±5V 时恢复）；模块过温保护（95℃以上时保护，85℃以下时恢复）；模块关机保护，保护原因消除后，模块可自动恢复工作。
- 故障指示灯（红）：模块故障。输出过压，关机保护，不可恢复；风扇温度达到 60℃以上会发生故障，风扇故障不关机。

3. 直流配电单元

直流配电单元如图 6-19 所示。

（1）负载下电和电池保护

负载下电和电池保护如图 6-20 所示，电池欠压告警值为 45V，负载下电值为 44V，电池保护值为 43.2V。负载下电和电池保护电路中的重要器件有分流器、空气开关、熔断器、直流接触器。

① 直流输出控制。直流输出控制主要实现短路保护、过流保护，用到的器件有熔断器、空气开关和直流配电控制开关等，如图 6-21 所示。

图 6-19　直流配电单元

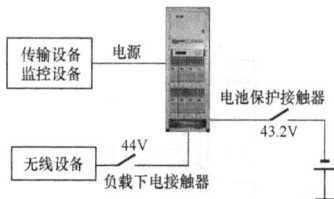

图 6-20　负载下电和电池保护

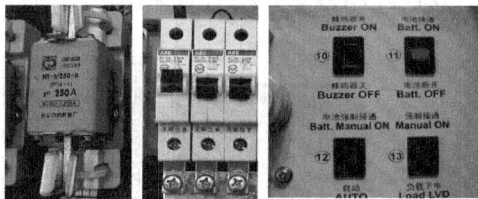

图 6-21　熔断器、空气开关和直流配电控制开关

② 分流器。分流器实质上是精密电阻器，用于检测电流。分流器系数用于计算电流。例如，图 6-22 中的分流器系数为 300。若分流器系数设置不对，则在监控模块上不能正确显示电流、电压值，起不到相应的监控作用。

③ 直流接触器。直流接触器是电池保护及二次下电的执行器件，常闭型直流接触器如图 6-23 所示。

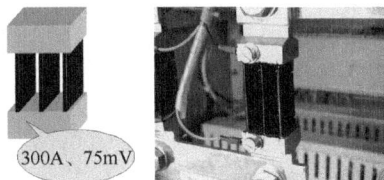

图 6-22 分流器

图 6-23 常闭型直流接触器

一次下电：因电池容量有限，市电停电时，对部分影响面较小的设备先断电，以确保有较大影响面的设备的用电。

二次下电：保护电池。

相关知识

（2）直流板件

直流控制板 B64C2C1 用于电池欠压告警、二次下电、电池保护控制；系统信号转接板 W4485X1 用于完成交/直流配电信号的转接，并上报监控模块。

4. 监控模块

监控模块主要用于检测、告警、通信、电池自动管理，主要类型有集中式监控（交/直流单元、整流模块均无自己单独的 CPU，如 PSM-15）、集散式监控（各单元均有独立的 CPU，如 PSM-A）、混合式监控（整流模块有独立的 CPU，交/直流单元没有，如 PSM-A11）。

（1）硬件结构

监控模块前、后面板如图 6-24 所示，上图为前面板，下图为后面板。

（2）菜单结构

在监控模块中必须进行与硬件和系统配套的参数设置，以实现模块的监控功能，确保开关电源的正常运行。例如，PSM-A11 监控模块的主菜单结构如图 6-25 所示，另外还有查询信息菜单、设置信息菜单、电池管理设置菜单等，此处不一一列举。

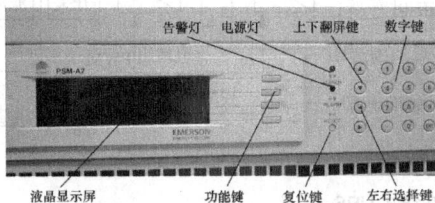

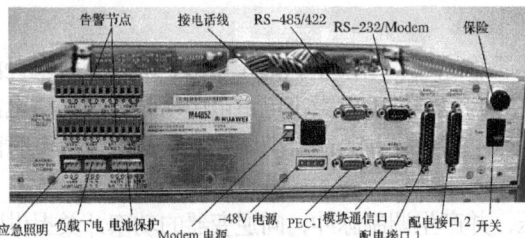

图 6-24 监控模块前、后面板

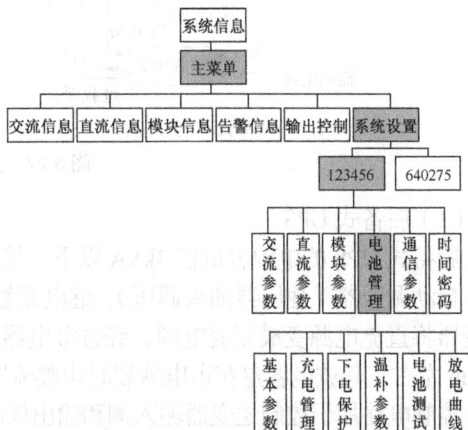

图 6-25 PSM-A11 的主菜单结构

5. 日常维护

电池管理关键参数设置如下。

① 浮充转均充条件。

转均充容量比：80%。

转均充参考电流：根据电池确定，如标称值为 50mA/A·h 时，电流为 $0.05C_{10}$。

② 均充转浮充条件。

稳流均充电流：$0.01C_{10}$。

稳流均充时间：180min。

充电限流点：$0.1C_{10} \sim 0.25C_{10}$。

充电过流点：$0.3C_{10}$。

电池测试：用于做电池核对性放电实验，终止电压及终止时间可按习惯设定。

6.2.3 UPS

UPS 设备如图 6-26 所示，可以为使用交流的设备提供交流不间断供电。使用 UPS，市电停电时不会产生瞬间中断，电压无瞬变，电流波形呈正弦波形。

1. UPS 构成

UPS 由整流模块、逆变器、蓄电池、静态开关等器件构成。其主要功能有两方面：一是市电掉电时，UPS 由蓄电池供电，并输出纯净交流电；二是在市电供电时，UPS 系统输出无干扰的工频交流电。

2. UPS 的工作原理

UPS 按容量划分，可分为微型（3kVA 以下）UPS、小型（3kVA～10kVA）UPS、中型（10kVA～100kVA）UPS、大型（100kVA 以上）UPS；按输出波形划分，可分为方波 UPS 及正弦波 UPS 两种。

图 6-26 UPS 设备

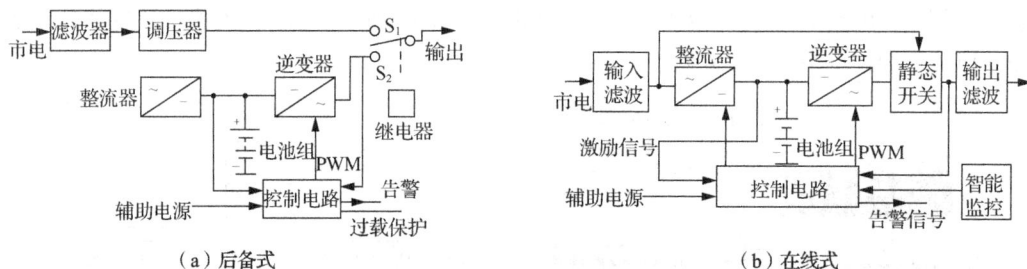

中、小型 UPS 按运行方式可分为后备式 UPS（见图 6-27（a））和在线式 UPS（见图 6-27（b））两类。

图 6-27 后备式和在线式 UPS

（1）后备式 UPS

后备式 UPS 的电源容量在 3kVA 以下。其基本工作原理：当市电供电正常时，工频交流电经滤波器、自动调压器（变压器抽头调压）、继电器触头 S_1 向负载供电；当市电供电中断时，改由蓄电池和逆变器将直流电源变成交流电源，经过继电器触头 S_2 向负载供电；当满负载时，蓄电池放电时间为 15min 左右，其放电容量在市电恢复时由整流器进行充电补足。

控制电路用于控制逆变器输入侧和输出侧电压，并产生调制脉冲，向逆变器的功率开关提供驱动信号，使逆变器输出稳频、稳压交流电。

该类 UPS 的最大优点是结构简单、价格便宜、噪声低，缺点是只有在蓄电池供电的有限时间内，负载方可获得高质量的交流电压。因在大部分时间内负载得到的是市电电网电源，工作在这一过程的调压装置仅起限制电网电压波动幅度的作用，而无改善电流波形畸变及稳定市电频率的作用。绝大部分时间内，该类 UPS 对负载的供电质量不佳，易受电网电压波动或谐波电流注入电网的影响。

（2）在线式 UPS

在线式 UPS 工作原理：当市电供电正常时，工频交流电源先经整流器变换为直流电，再经逆变器与滤波电路向负载提供交流电，在此过程中，蓄电池组与整流器并联，对整流器输出波形有一定的滤波作用，同时电量又被整流器补足；当市电供电中断时，蓄电池向逆变器提供直流电源，逆变器将其变成交流电源向负载供电，蓄电池丧失的电量在整流器恢复工作后，利用在线充电方式补足；UPS 某一部分发生故障时，静态开关会接通旁路系统，让市电直接经过静态开关向负载供电。

该类 UPS 的主要优点：在市电正常工作期间，利用整流器实现市电变直流再逆变交流，克服了市电质量对 UPS 性能的影响（如市电幅度波动、频率偏移不稳、交流电流波形失真等）；在市电供电中断时，输出转换时间为 0，即负载不会发生电源瞬间中断；蓄电池充电可以在线进行，简化了充电程序，而且蓄电池在浮充时总处于电被充足的状态，提高了 UPS 的可靠性。

3. UPS 逆变工作原理及主要电路技术

UPS 逆变部分包括逆变电路、静态开关和锁相电路，基本工作原理和主要电路技术详见【拓展内容 8　UPS 逆变工作原理及主要电路技术】。

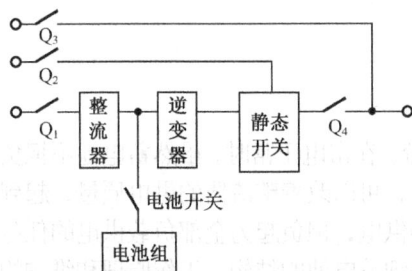

拓展内容 8　UPS 逆变工作原理及主要电路技术

4. UPS 操作

在线式 UPS 可处于 3 种运行方式之一：正常运行（所有相关电源开关闭合，UPS 带载）；维护旁路（UPS 关断，负载通过维护旁路开关连接到旁路电源）；关断（所有电源开关断开，负载断电）。在线式 UPS 各操作开关如图 6-28 所示。

另外，不同的 UPS 系统有不同的配置形式。并机包括冗余和增容，并机不一定冗余，并联才是增容，冗余是为了提高可靠性。UPS 的冗余配置有主从机"热备份"供电方式（见图 6-29）、直接并机冗余供电方式、双总线冗余供电方式。不同的 UPS 配置方案有不同的优缺点，可根据不同的需要进行选择，在操作的时候也会有所区别。

图 6-28　在线式 UPS 各操作开关

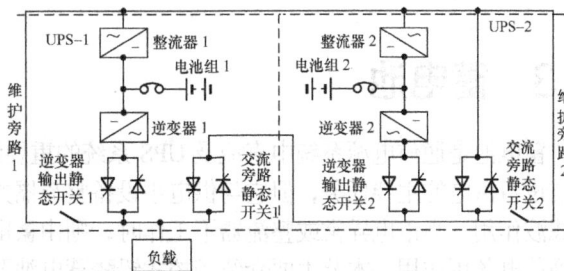

图 6-29　由两台 UPS 构成的主从型"热备份"供电方式

（1）UPS 开机加载步骤

假设 UPS 安装调试完毕，市电已输入 UPS。

在闭合电池开关前检查直流母线电压，380VAC 系统直流母线电压为 432VDC，400VAC 系统为 446VDC，415VAC 系统为 459VDC。

（2）UPS 从正常运行到维护旁路的步骤（维护时用）

① 关断 UPS 逆变器，负载切换到静态旁路，可在主菜单上操作。

② 取下 Q_3 手柄锁，闭合 Q_3，断开 Q_1、Q_4、Q_2 和电池开关，UPS 关闭，由市电通过维护旁路向负载供电。

（3）UPS 在维护旁路状态下的开机步骤

① 闭合 Q_4、Q_2。

② 闭合 Q_1，整流器启动并稳定在浮充电压，查看电压是否正常。

③ 闭合电池开关。

④ 断开 Q_3，并上锁。

（4）UPS 关机步骤

① 断开电池开关和整流器输入电源开关 Q_1。

② 断开 Q_4、Q_2。

③ 若需与市电隔离，应断开市电向 UPS 的配电开关，使直流母线电压放电。

（5）UPS 的复位

操作复位按钮可使整流器、逆变器和静态开关重新正常运行。若是紧急关机，还需手动闭合电池开关。

5. UPS 的日常维护

UPS 周期维护内容较少，只需保证环境条件良好和设备清洁，但仍需按周期记录以用于预防较大故障的发生。UPS 维护按维护周期划分，可分为日检、周检和年检。

日检的主要内容：检查控制面板，确认所有指示正常，所有指示参数正常时，面板上没有报警；检查有无明显的高温，有无异常噪声；确认通风栅无阻塞；调出测量的参数，观察是否与正常值不符等。

周检的主要内容：测量并记录电池充电电压、电池充电电流、UPS 三相输出电压、UPS 输出线电流。若前后测量值明显不同，应记录新增负载的大小、种类和位置等，有助于以后发生故障时的分析。

年检是为了准确掌握 UPS 电池的容量性能。在 UPS 系统竣工验收时需要对蓄电池进行全容量的放电测试。UPS 投入运行后，在前 2 年进行 30% 的核对性容量放电试验，从第 3 年开始每年进行一次全容量放电试验。

在日常维护中，需重视如 UPS 紧急关机故障清除后的复位中需采取的一些手动操作。

另外，设备选位及对环境的要求也很重要，要保证良好的工作运行环境。实现逆变器与旁路电源切换时，要注意操作流程。

6.3 蓄电池

蓄电池是通信电源系统中直流及 UPS 系统的重要组成部分。在市电正常时，虽然蓄电池不担负向通信设备供电的主要任务，但它与供电主设备整流器并联运行，可以改善整流器的供电质量，起到平滑滤波作用；当市电异常或整流器不工作时，则由蓄电池单独供电，担负起为全部负载供电的任务，起到荷电备用作用。本节主要介绍阀控式铅酸蓄电池及磷酸铁锂蓄电池的结构、工作原理和维护的基本方法。

6.3.1 阀控式铅酸蓄电池

阀控式铅酸蓄电池是基站机房使用较多的蓄电池类型，用于保障机房的不间断直流供电。

1. 基本结构

阀控式铅酸蓄电池（Valve Regulated Lead-acid Battery，VRLA）的优良性能来源于其针对普通铅酸蓄电池的改良，具体表现为在组成物质的性质、结构和工艺等方面采用的一系列新材料、新技术及可行措施。

VRLA 主要组成部分包括正负极板组、隔板、电解液、安全阀及壳体，此外还有一些零件如端子、连接条和极柱等，内部结构如图 6-30 所示。

① 壳体。VRLA 的外面是盛装极板群、隔板和电解液的容器。它的材料应满足耐酸腐蚀、抗氧化、机械强度好、硬度大、水汽蒸发泄漏小、氧气扩散渗透小等要求；一般采用改良型塑料，如 PP、PVC、ABS 等。

② 端极柱。内嵌镀锡紫铜芯，使其电阻最小化；采用三层特殊密封技术，

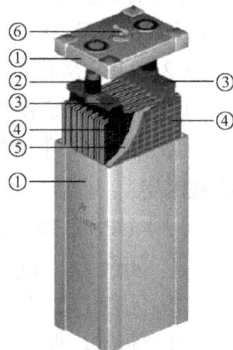

图6-30　VRLA 内部结构

避免蓄电池漏液。

③ 汇流排。用于防腐蚀、抗氧化，耐大电流冲击。

④ 正负极板组。正极板上的活性物质是二氧化铅（PbO_2），负极板上的活性物质为海绵状纯铅（Pb）。参加电池反应的活性物质铅和二氧化铅是疏松的多孔体，需要固定在载体上。通常，用铅或铅钙多元合金制成的栅栏片状物为载体，该载体称为板栅。板栅使活性物质固定在其中，作用是支撑活性物质并传输电流。VRLA 的极板大多为涂膏式，即在板栅上涂敷由活性物质和添加剂制成的铅膏，再经过固化等工艺过程制成。

⑤ 隔板。VRLA 中的电池隔板普遍采用超细玻璃纤维（Absorbent Glass Mat，AGM）。为了提供氧复合通道，隔板需有 10%左右的孔隙不被电解液占有，即贫液式。隔板在蓄电池中是一个酸液储存器，大部分电解液被吸附在其中，并被迅速地均匀分布，而且可以压缩；在湿态和干态条件下都保持着弹性，以保持导电和适当支撑活性物质的作用。为了使电池有良好的工作特性，隔板还必须与极板保持紧密接触。隔板的主要作用为吸收电解液，提供正极析出的氧气向负极扩散的通道，防止正、负极短路。

⑥ 安全阀。安全阀是一种自动开启和关闭的排气阀，具有单向性，其内有防酸雾垫，只允许电池内气压超过一定值时释放出多余气体后自动关闭，以保持电池内部压力在最佳范围内。同时不允许空气中的气体进入电池内，以免造成自放电。

除了以上内容，还有电解液。VRLA 的电解液由纯净的浓硫酸与纯水配置而成，与正极和负极上的活性物质进行反应，实现化学能和电能的转换。

2. 分类和性能

（1）分类

VRLA 可分为超细玻璃纤维（AGM）隔板电池和胶体电池（GEL）。AGM 和 GEL 在结构上的特点：负极容量相对正极容量过剩，使其具有吸附氧气并化合成水的功能，抑制氢气、氧气的产生速率；固定电解液，AGM 采用吸液能力强的材料制作隔膜，使较高浓度的电解液能够全部储存，方便电池的放置；改进了板栅材料，提高了抗腐蚀能力和析氢过电位；采用提高析氧过电位的添加剂；电池端盖上装设单向节流阀，可泄放残存气体。

（2）性能

① 自放电。电池在不工作时，会由于内部原因而自放电。由于是荷电出厂，在储存期，正极板和负极板上的活性物质小孔内吸满了电解液，可产生多种附加电极反应，进而造成电池容量损耗。

影响自放电速率大小的因素主要有 4 个：一是板栅材料的自放电性能，板栅材料为铅锑合金，锑的存在降低了析氢过电位，故自放电大，若为纯铅、铅钙多元合金，则析氢过电位较高；二是杂质，电池活性物质添加剂、隔板、硫酸电解液中的有害杂质含量偏高是使电池自放电大的重要原因；三是温度，蓄电池自放电速率随温度升高而增大，因此宜在较低温度下储存，浮充时温度也不宜太高；四是电解液浓度，自放电速率随浓度增加而增大，正极板所受影响最大。

② 使用寿命。影响充放电循环的主要因素在于用户的使用条件，主要有过充电、过放电、在恶劣条件下放电、高温长期充电等。过充电会影响极板活性物质使用寿命，增加气阀开启次数，造成水分散失。过放电会降低负极活性物质孔率，难以还原，减少电池使用寿命。低温、大电流放电易生成致密硫酸铅（$PbSO_4$）结晶层，使电极反应停止，即电极钝化。高温长期充电会使正极析氧加速，加快正极板的腐蚀，影响使用寿命。

3. 基本原理及 VRLA 技术指标

（1）基本工作原理

在蓄电池内部，正极和负极通过电解质构成电池的内电路；在蓄电池外部，接通两极的导线和负载构成电池的外部电路。VRLA 的化学反应原理就是充电时将电能转化成化学能在电池内储存起来，放电时将化学能转化成电能供给外部系统。

铅蓄电池工作采用双硫酸化理论。铅蓄电池在放电时，两极活性物质与硫酸溶液发生化学反应，生成硫酸化合物 $PbSO_4$，由于其导电性能较差，放电后蓄电池内阻增加，而电解液比重下降，电动势逐渐减小，放电终了时蓄电池的端电压下降到 1.8V 左右；充电时，两个电极上的 $PbSO_4$ 又分别恢复为原来的 Pb 和 PbO_2，同时电解液中水的比重逐渐增加，蓄电池的电动势也逐渐增加。充电过程后期，极板上的活性物质大部分已经还原，若再继续以大电流充电，充电电流只能起到电解水的作用，负极板上将有大量氢气出现，正极板上有大量的氧气出现，蓄电池产生剧烈的冒气现象。这不仅要消耗大量的电能，而且冒气过甚会使极板活性物质因受冲击而脱落，因此应避免充电终期电流过大。

VRLA 充放电的总化学反应方程式如下。

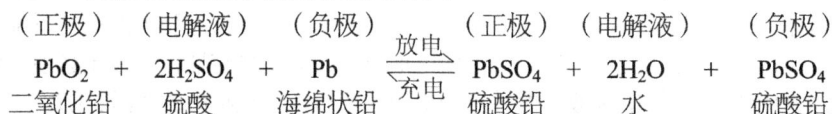

（正极）　（电解液）　（负极）　　　（正极）　（电解液）　（负极）

$$PbO_2 + 2H_2SO_4 + Pb \underset{充电}{\overset{放电}{\rightleftharpoons}} PbSO_4 + 2H_2O + PbSO_4$$

二氧化铅　硫酸　海绵状铅　　　硫酸铅　　水　　硫酸铅

充放电的过程是可逆的，这样的放电与充电可循环进行，多次重复，直到铅蓄电池寿命终结为止。

（2）VRLA 的氧循环原理

VRLA 的氧循环原理就是在充电过程中电解水从正极析出氧气，通过电池内循环扩散到负极后被海绵状铅吸收，与电解液（硫酸）又化合成液态的水，经历一次大循环。

VRLA 采用负极活性物质过量设计，正极在充电后期产生的氧气通过隔板空隙扩散到负极，与负极海绵状铅发生反应变成水，使负极处于去极化状态或充电不足状态，达不到析氢过电位，所以负极不会由于充电而析出氢气，电池失水量很小，故使用期间不需加酸或加水。

在 VRLA 中，负极起着双重作用：在充电末期或过充电时，一方面，极板中的海绵状铅与正极产生的氧气反应，生成一氧化铅 PbO；另一方面，极板中的硫酸铅接收外部电路传输来的电子后进行还原反应，由硫酸铅生成海绵状铅。

（3）VRLA 的技术指标

① 容量：电池容量是电池储存电量多少的标识，有理论容量、额定容量和实际容量之分。影响电池容量的主要因素有放电率、放电温度、电解液浓度和终了电压等。

② 最大放电电流：在电池外观无明显变形，导电部件不熔断的条件下，电池能容忍的最大放电电流。

③ 耐过充电能力：完全充电后的蓄电池能承受过充电的能力。

④ 容量保存率：电池完全充电后静置数十天，由保存前后容量计算出的百分数。

⑤ 密封反应性能：在规定的试验条件下，电池在完全充电状态下每安时放出气体的量（单位为 mL）。

⑥ 安全阀压：为防止因蓄电池内压异常升高损坏电池槽而设定了开阀压；为防止外部气体进入，影响电池循环寿命，设定了闭阀压。

⑦ 防爆性能：在规定试验条件下，遇到蓄电池外部明火时，在电池内部不引爆、不引燃。

⑧ 防酸雾性能：在规定试验条件下，蓄电池充电过程中，内部产生的酸雾被抑制及向外部泄放的性能。

4. 安装、维护及常见故障分析

（1）安装与维护

安装方式。VRLA 应与通信设备同装一室，可叠放、组合或安装在机架上。高形电池浓差极化大，可能会影响电池性能，最好卧式放置；矮形电池可卧可立。安装前，须检查电池型号、规格、数量、包装、附件（检查电池连接条的配置与设计的安装方式是否相符），准备安装工具，开箱检查电池外观。安装时，将金属安装工具用绝缘胶带包裹，进行绝缘处理；电池架/柜固定安装到地面；电池间连接采用多组并联时，遵循先串联后并联的方式，同时避免短路；为保证较好的散热条件，应保持电池有 10mm 左右间距；加防护措施（端子、连接片加绝缘保护盖，接线部位涂防锈剂，电池加盖防尘罩）；测量单个电池开路电压及电池组总电压，以防电池接反或制造过程中的反极；电池组与电源连接，加载上电对电池进行充电。

重点提示

不能将容量、性能和新旧程度不同的电池放在一起使用；连接螺丝必须拧紧，但不能损坏极柱嵌铜件；应检查脏污与松散程度，以免引起打火爆炸；100%荷电出厂时，需小心操作，忌短路，装卸时应使用绝缘工具，戴绝缘手套，防电击；安装末期和整个电源系统导通前，应认真检测极性和电压；电池要安装在通风良好、装空调的房间，远离热源和易产生火花处，避免阳光直射。

（2）蓄电池的使用

① 使用条件。

并联使用：推荐为3组以内。

多层安装：层间温度差控制在3℃以内。

散热条件：电池间距保持在5mm～10mm。

换气通风条件：保证室内氢气浓度小于0.8%。

关于电池混用：新旧不同、厂家不同的产品不允许混合使用。

浮充使用条件：限流≤0.25C_{10}，电压范围为2.23V/cell～2.28V/cell。

最佳环境温度：20℃～25℃。

相关知识

当环境温度升高时，电池壳体内的活性物质反应加剧，浮充电流变大，但电池温度过高会加速合金腐蚀。长期处于这一环境中的电池板栅可因之而穿孔损坏，易使活性物质附着减弱而脱落，最后阻碍电极反应，降低电池容量；其次会使电池水分散失，加大电解液浓度。同样，电池温度偏低也会影响电池的容量。

电池所在环境温度一般要求控制在25℃，浮充电压为2.25V，浮充电流在45mA/100A·h左右。为了能控制这一电流值，在不同温度时，开关电源应能自动调整浮充电压，即要求开关电源具有输出电压的自动温度补偿功能。环境温度每升高1℃，单体电池浮充电压降低3mV；反之，环境温度每降低1℃，单体电池浮充电压要升高3mV。需要指出的是，蓄电池浮充电压温度补偿范围为3℃～38℃，超出这一范围时，浮充电压将不再继续升高或降低。

② 蓄电池的报废及更换标准。根据维护规程规定，当某组电池容量小于额定容量的80%时，该组电池可以申请报废处理。实际上，进口电池的使用寿命一般为8年～10年，国产电池在正常使用情况下为4年～8年，UPS为3年～5年。为了充分发挥整组电池的经济效益，电池的报废一般按照以下原则进行。

机房电池：当机房电池容量小于80%的单体数量超过25%时，整组电池申请报废；否则用相同品牌、相同型号的电池更换容量不足的电池。

基站电池：当基站电池容量小于60%的单体数量超过25%时，整组电池申请报废；否则用相同品牌、相同型号的电池更换容量不足的电池。

③ 蓄电池的测试。

● 电池电压测量：端电压的测量应该从单体电池极柱的根部用四位半数字电压表来测量。有些品牌的蓄电池在浮充使用时，电压表表笔无法接触极柱根部来测量其端电压，只能在极柱的螺钉上测量，这会带来测量误差。在测量时需要考虑电池的充电电流，如果浮充电流很小，则测量误差可以忽略。

对于由若干单体电池组成的蓄电池组，经浮充、均充电工作3个月后，各单体电池开路电压最高与最低的差值应不大于20mV（2V电池）、50mV（6V电池）、100mV（12V电池）。蓄电池处于浮充状态时，各单体电池电压之差应不大于90mV（2V电池）、240mV（6V电池）、480mV（12V电池）。

电池端电压的均匀性判断参照标准：电池组处于浮充状态，测量各单体电池的端电压，求得一组电池的平均值，每个电池的端电压与平均值之差应小于±50mV。

- 电池连接条压降测量：极柱压降的测量需要使用直流钳形表、四位半数字万用表，必须在相邻两个电池极柱的根部测量，如图6-31所示。调低整流器输出电压或关掉整流器交流输入，使电池向负载放电，待电池端电压稳定后测得放电电流及电池连接条的压降，折算成1h放电率的极柱压降后，与指标要求进行比较。

蓄电池按1h放电率电流放电时，整组电池每个连接条压降都应小于10mV。在实际直流系统中，如果蓄电池的放电电流不满足1h放电率，必须将测得值折算成1h放电率的极柱压降。

- 蓄电池容量测量。影响电池容量的因素有正极板栅腐蚀（过充电）、电池失水（电池电压偏高）、负极板硫酸盐化（小电流放电、深放电、未及时回充）及早期容量损失等。

简单在线容量试验方法：利用BCSU-60B系列蓄电池容量监测设备，如图6-32所示，让电池在线放电5min～10min后充电，即可知道每个单体的剩余容量，并找出最小落后单体电池，通过软件可显示各种充放电曲线、数据及剩余容量。

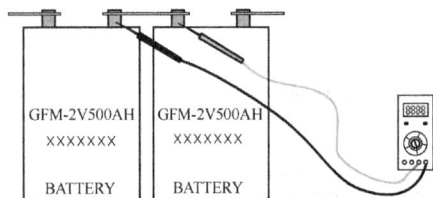

图6-31　电池连接条压降测试

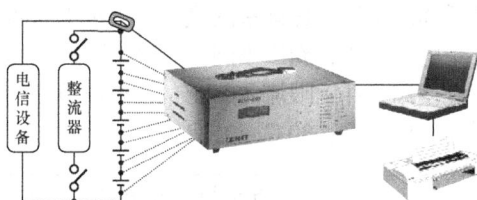

图6-32　简单在线容量试验方法

离线放电试验法：与传统的放电试验法类似，以BCSU代替人工测试、记录、控制，以智能假负载BDCT代替传统电阻丝，如图6-33所示。

④ 蓄电池的维护。

- 清洁：蓄电池需保持外表及工作环境的清洁、干燥。蓄电池清洁应采取避免产生静电的措施，如用湿布清洁等；禁止汽油、酒精等有机溶剂接触蓄电池。

- 注意事项：VRLA的使用寿命和机房环

图6-33　离线放电试验法

境、整流器的设置参数及运行状况有关，在使用和维护过程中，最好不要使蓄电池过放电；整流器等的参数设置，与蓄电池厂家沟通后确定；不同局站的容量配置有所不同（如机房-48V通常配置1h～2h）；定期检查单体及电池组浮充电压，外壳和极柱温度，壳盖有无变形和渗液，极柱和安全阀周围是否有渗液和酸雾溢出；定期拧紧连接条，保证连接处的接触电阻不增大；定期考察电池容量，做核对性放电试验；蓄电池放电时应注意检查整组电池的连接条是否拧紧，确定放电记录的时间间隔，对已开通机房用假负载进行单组放电；另一组放电前，对已放电电池进行充电，注意落后电池，以免某个单体过放电。

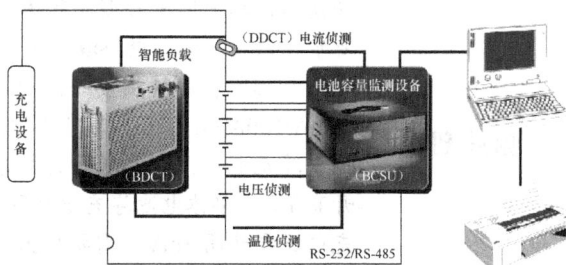

当一组蓄电池的任何一个电池电压降至1.75V（1h放电率）时，即表示该组蓄电池放电结束。

（3）常见故障分析

① 失水。从VRLA中排出氢气、氧气、水蒸气、酸雾，这些都是电池失水的方式和干涸的原因。失水的原因主要为气体再化合效率低、电池壳体渗水、板栅腐蚀消耗水、自放电损失水及安全阀失效

或频繁开启。

② 早期容量损失（Premature Capacity Loss，PCL）。在 VRLA 中使用了低锑或无锑的板栅合金，不适宜的循环条件（如连续高速放电、深放电，充电开始时低电流密度）、缺乏特殊添加剂（如 Sb、Sn 等）、低速率放电时高活性物质利用率、电解液过剩、极板过薄、活性物质密度过低及装配压力过低等情况易形成早期容量损失。

③ 热失控。充电电流和电池温度会发生累积性相互增强作用，所以大多数电池体系都存在发热问题，在 VRLA 中可能性更大。这是由于氧再化合过程使电池内产生更多热量，排出的气体量小，减少了热量的消散。若 VRLA 工作环境温度过高或充电设备电压失控，则电池内阻增大，充电电流进一步增大，内阻进一步增大。如此反复形成恶性循环，直到热失控使电池壳体严重变形、胀裂。为避免热失控，需采取的措施包括在充电设备中使用温度补偿或限流，严格控制安全阀质量以正常排气，将 VRLA 放置在通风良好处，并控制温度。

相关知识

VRLA 中，AGM 电池采用贫液紧密装配，易出现热失控；而 GEL 为富液装配，不易出现热失控。

---

④ 负极不可逆硫酸盐化。在正常条件下，铅酸蓄电池在放电时形成硫酸铅结晶，充电时还原为铅。电池使用及维护不当，如经常处于充电不足或过放电状态，负极就会逐渐形成坚硬的、不易溶解的大颗粒硫酸铅（见图 6-34），很难通过常规方法转化为活性物质，从而使电池容量下降，甚至使用寿命终止。为防止发生此种情况，需对蓄电池及时充电，不可过放电。

⑤ 板栅腐蚀与伸长。在实际应用过程中，要根据环境温度选择合适的浮充电压。浮充电压过高，可引起快速失水和正极板的加速腐蚀。当合金板发生腐蚀时，产生的应力致使极板变形、伸长，从而使极板边缘间或极板与汇流排顶部短路。而且 VRLA 的设计寿命按正极板的腐蚀速率计算，正极板被腐蚀越多，电池的剩余容量就越少，寿命就越短。

图 6-34 负极汇流排硫酸盐化

⑥ 隔板质量下降。VRLA 为紧密装配，使用一段时间后，电池中的吸附式玻璃纤维棉 AGM 会产生弹性疲劳，使电池极群压缩减小或失去压缩，导致在 AGM 隔板与极板间产生裂纹，电池内阻增大，电池性能下降。

⑦ 反极。多个蓄电池串联使用时，如果有某个电池容量减小，甚至完全丧失容量，那么在放电过程中，它就会很快放完自己的容量。这时，这个失去容量的蓄电池不但不放电，还会因为它的端电压比其他电池的端电压低而被反充电，致使它的极板正负极性逆转。发生这种情况的主要原因是过量放电后充电不足或者极板间存在短路故障等。

6.3.2 磷酸铁锂蓄电池

随着基站的大规模建设，VRLA 在基站应用中的问题逐渐显露，如对基站机房承重要求高、占地面积大、对机房环境温度要求高、对环境有污染等。随之，磷酸铁锂蓄电池在通信行业中日益发展并应用起来。

1. 磷酸铁锂电池的优点

相比于传统的铅酸电池，磷酸铁锂电池有以下优点。

① 寿命长，可循环 2000 次～3000 次（有待验证）。

② 体积小，重量轻。同等规格容量的磷酸铁锂电池体积是铅酸蓄电池体积的 1/2，重量是其 1/3。

③ 可大电流快速充放电，40min 即可使电池充满，启动电流可达 2C。

④ 耐高温。磷酸铁锂电池热峰值范围为 350℃～500℃，工作温度范围宽广（−20℃～75℃）。

⑤ 无记忆效应。可充电电池在经常处于充满且不放完电的条件下工作，容量会迅速低于额定容量值，镍氢电池、镍镉电池均存在这种记忆效应。而磷酸铁锂电池无此现象，可随充随用，无须先放完电再充电。

⑥ 绿色环保。磷酸铁锂电池不含重金属与稀有金属，无毒，在生产和使用中均无污染，符合欧洲的《关于限制在电子电气设备中使用某些有害成分的指令》（Restriction of Hazardous Substances，ROHS）规定，是绿色环保电池。而铅酸电池中存在着大量的铅，在废弃后若处理不当，会对环境造成严重污染。

2. 主要结构及基本原理

磷酸铁锂电池一般选择相对锂而言电位大于 3V 且在空气中稳定的嵌锂过渡金属氧化物做正极，如磷酸铁锂（$LiFePO_4$）；负极材料则选择电位尽可能接近锂电位的可嵌入锂化合物，如各种碳材料（包括天然石墨、合成石墨、碳纤维、中间相小球碳素等）和金属氧化物（包括 SnO、SnO_2、锡复合氧化物 $SnB_xP_yO_z$）等。

电解质采用 $LiPF_6$ 的乙烯碳酸酯（Ethylene carbonate，EC）、丙烯碳酸酯（Propylene carbonate，PC）和低黏度二乙基碳酸脂（Diethy carbonate，DEC）等烷基碳酸脂搭配的混合溶剂体系。

隔膜采用聚烯微多孔膜（如 PE、PP）或它们的复合膜，尤其是 PP/PE/PP 三层隔膜，不仅熔点较低，而且具有较高的抗穿刺强度，还可以起到热保险的作用。

外壳采用钢或铝制成，盖体具有防爆、断电的功能。

磷酸铁锂电池的化学反应方程式为 $LiFe^{2+}PO_4 \longleftrightarrow Fe^{3+}PO_4+Li^+Fe^-$。当电池充电时，正极中的锂离子 Li^+ 通过聚合物隔膜向负极迁移；在放电过程中，负极中的锂离子 Li^+ 通过隔膜向正极迁移。

3. 在通信系统中应用时的问题

（1）电池的均衡性问题

通信电源系统中，开关电源系统的直流输出通常设定有两级输出电压，分别是浮充电压和均衡充电电压，这样既可保证通信负载的用电，又可确保蓄电池在满负载状态下的自放电能够得以及时补充，还可用均充电压在电池组放电后对电池充电以保证充满。事实上，通信电源系统多数情况下都处于浮充满电状态。

因此，在兼顾现有通信电源的主要功能和技术参数不变的前提下，如果采用磷酸铁锂电池，电池组多数情况下也是处于荷电备用的浮充状态。

铅酸电池在浮充状态下，不仅其内部的电化学特性趋于平衡，其内部极板和电解液也相对稳定，而且自身的自放电还能得到及时补充。但磷酸铁锂电池在常年外加恒定电压的情况下，其内部活性物质和电解液等是否稳定需进一步考证，需用时间来证明。

对于磷酸铁锂电池，只要保证每个电池不出现过充现象，电池本身就是安全的；但从浮充角度看，还需确保电池保护方面的均衡及过充检测的有效性。

（2）价格问题

由于针对通信电源系统应用的磷酸铁锂电池还未形成大规模生产，所以价格比较昂贵。

6.4　油机发电机组

随着通信技术的发展，各类通信设备不断更新，技术水平不断提高，通信设备要求提供不间断、高质量稳定的交直流电源。油机发电机组是给通信设备提供交流电源的发电设备，对保障通信设备的安全供电和保障通信畅通起着十分重要的作用。在没有市电的地方，油机发电机组可作为通信设备的独立电源；在有市电供给的地方，油机发电机组可作为备用电源，以便在停电期间保证通信设备的用电，确保不间断工作及基本故障处理。本节主要介绍柴油机的结构和基本原理、无刷同步发电机的运行原理、便携式（小型）油机发电机组的发电流程及维护方法等。

6.4.1 柴油机

正常情况下，由电力部门提供的市电是设备运行和机房空调的动力来源，但市电有例行检修和事故停电的可能性，在此期间应使用备用电源（如油机发电机组）来完成动力供给。因此，油机发电机组设备是通信电源设备的重要组成部分，其任务是保证向通信设备、机房空调和其他设备提供优质的交/直流电源。汽油机在燃烧时易出现爆震现象，因此大功率内燃机均采用柴油机。

1. 用途

在通信企业中，柴油发电机组主要作为备用交流电源，其能在市电停电后迅速提供稳定的、符合要求的交流电源。为保证通信设备和其他设备不间断工作，对机组的要求是随时能启动、及时供电、运行安全可靠、供电电压和频率满足通信设备和其他设备的要求。

2. 总体结构

柴油机包括机体、曲轴连杆机构、配气机构、供油系统、润滑系统和冷却系统等。

（1）机体

机体由气缸盖、气缸体和曲轴箱组成。

气缸是燃料燃烧的地方，温度可达 1500℃～2000℃；气缸壁为中空，以水套冷却；气缸壁要光滑，以减小摩擦损失；气缸壁与活塞间密封性要好。

（2）曲轴连杆机构

曲轴连杆机构由活塞组、连杆组和曲轴飞轮组等组成，作用是将燃料燃烧时产生的化学能转化为机械能，使活塞在气缸内的上下往返直线运动变为曲轴的圆周运动，进而带动其他机械做功。

① 活塞：承受高温、高压力、高速，且惯性大，需有良好的机械强度和导电性能；应较轻，以减小惯性；上部的活塞环防止气缸漏气，防止机油窜入燃烧室。

② 连杆：将活塞与曲轴连接起来，从而将活塞承受压力传给曲轴，并把活塞的往返直线运动变为曲轴的圆周运动。

③ 曲轴：输出气缸内燃烧气体对活塞所做的功，并驱动附属设备（如风扇、水泵等）。

（3）配气机构

配气机构用于进气和排气，适时打开和关闭进气门和排气门，将可燃气体送入气缸，并及时将燃烧后的废气排出。

（4）供油系统

供油系统由油箱、柴油滤清器、低压油泵、高压油泵和喷油嘴等组成。油机工作时，柴油从油箱中流出，经粗滤器过滤、低压油泵升压，再经细滤器进一步过滤、高压油泵升压后，通过高压油管送到喷油嘴，并在适当时机通过喷油嘴将柴油以雾状喷入气缸压燃。

（5）润滑系统

润滑系统可减轻构件磨损，循环的机油对摩擦表面进行清洗和冷却。机油膜提高了气缸的气密性，还可防止构件生锈，延长使用寿命，一般采用机油润滑。润滑系统通常由机油泵、机油滤清器组成。机油泵通常装在机油盘内，以提高机油压力，将机油送到需要的润滑构件上；机油滤清器（粗滤和细滤）用于滤除机油中的杂质，减轻磨损，延长机油的使用期限。

（6）冷却系统

冷却系统用于保证油机在适当的温度（80℃～90℃）下正常工作，包括水套、散热器、水管、水泵等。冷却水通过水泵加压后进行循环，循环路径为水箱→下水管→水泵→气缸水套→气缸盖水套→

节温器→上水管→水箱。节温器可自动调节进入散热器的水量，使油机在最适宜的温度下工作。

水冷油机主要构件包括水套、水泵、节温器、散热器、风扇等；风冷油机主要为小油机，包括风扇和导风罩等。

3. 工作原理

内燃机一个工作循环由 4 个冲程组成，该内燃机亦称为四冲程内燃机，如图 6-35 所示。目前，通信企业中的发电机组均为四冲程柴油机。其工作原理如表 6-2 所示。

表 6–2　四冲程柴油机的工作原理

冲　　程	气门状态	活塞运动趋势	目　　　的
进气冲程	进气门开启 排气门关闭	上→下	吸入新鲜气体为燃烧准备
压缩冲程	进气门关闭 排气门关闭	下→上	① 提高气缸内气体的压力和温度，为燃烧创造条件。 ② 为活塞的膨胀做功让出空间。 ③ 此冲程末期开始喷油
膨胀（做功）冲程	进气门关闭 排气门关闭	上→下	通过燃烧，气体产生的高压推动活塞运动，再由曲轴输出机械功，完成热功转换
排气冲程	进气门关闭 排气门开启	下→上	排出气缸内的废气，为下一个工作循环做准备

因考虑到进气门和排气门的开启及关闭并非在各自的上下止点，所以会有相应的提前角和延时角，表 6-2 中仅列出了活塞的运动趋势。

6.4.2　无刷同步发电机

同步发电机是将机械能转化成交流电能的设备。其存在旋转电枢（或旋转磁极），传统方式要借助炭刷和滑环，工作时易出现故障而使维护工作量增加，并且存在电磁干扰。现在广泛采用同轴交流无刷励磁和旋转整流器的无刷激励方式。

同步发电机的基本形式有旋转电枢（即三相绕组在转子上）和旋转磁极式两种。旋转磁极式同步发电机的电枢固定，磁极旋转，电枢绕组均匀分布在整个铁芯槽内，按其磁极的形状可分为凸极式和隐极式两种。

目前通信企业自备的柴油发电机组均采用旋转磁极式的发电机，机房用油机采用如 CAT、MTU、科勒等品牌。

图 6-35　四冲程内燃机简图

发电机转子由柴油机（发动机）拖动旋转后，在定子（电枢）和转子（磁极）间的气隙里产生一个旋转磁场，这个旋转磁场是发电机主磁场，又称转子磁场。当主磁场切割定子三相绕组的线圈时，就会产生三相感应电势，接通负载后，负载电流流过电枢绕组后又在发电机的气隙中产生一个旋转的磁场，此磁场称为电枢磁场。同步发电机的所谓"同步"是指电枢磁场和主磁场以同一转速旋转，二者保持同步。

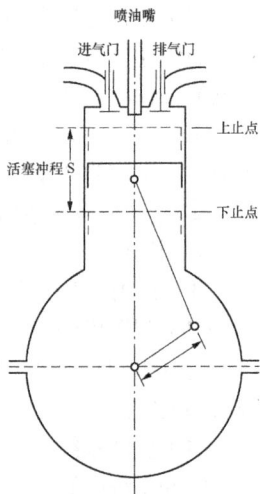

6.4.3　便携式（小型）油机发电机组

便携式油机发电机组由油机（发动机）、发电机和控制设备等主要部分组成，多为汽油机或柴油机。在工程、基站和模块局站等中其作为小型动力设备的备用电源。

1. 组成

发动机：发电设备的动力装置，包含燃油系统、点火系统、压缩系统、其他附属机构（配气机构、调速机构、机械减压机构、机油油位开关）等。

发电机：多采用单相、旋转磁极式结构的同步发电机。

发电机励磁调节装置：根据具体线路制作，安装在控制面板上或放置在发电机附近。

控制面板：用来启动、停止及变换配电，向用电设备供电，同时可呈现机组的运行状态，一般有开关、指示灯、插座、显示仪表、熔断器和照明灯等。

小型发电机中还有燃油箱（油量指示）、蓄电池（电启动）等，其基本构成如图 6-36 所示。

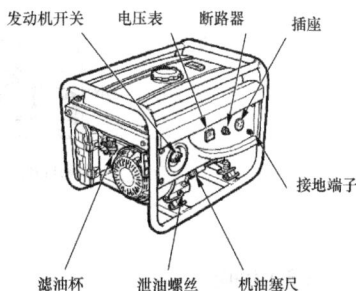

图 6-36 小型发电机基本构成

2. 运行

（1）准备

① 检查机油箱内的机油是否充足，看油路是否畅通。

打开加油口盖，用干净抹布清洁机油塞尺，将机油塞尺插入加油口，若油位低于机油塞尺下限则需加注机油，加注机油至机油塞尺上限后装好机油塞尺。

② 检查汽油油位。使用汽车汽油时，最好选择 92# 以上型号。使用无铅或低铅汽油可减少燃烧室的积炭，不要使用机油和汽油的混合物或不纯正的汽油，避免让污物尘、土或水进入油箱。打开油箱盖，检查燃油油位，油位低则加注燃油至燃油滤清器肩部，然后盖好油箱盖。

③ 检查空气滤清器。运行发动机时，不要拆下空气滤清器，否则污物、灰尘将被化油器吸入发动机，会加速发动机磨损。将空气滤清器盖从框架管右边拆下，检查滤芯，确保其干净、完好，如果有必要，清洗或更换滤芯，然后装回空气滤清器，如图 6-37 所示。

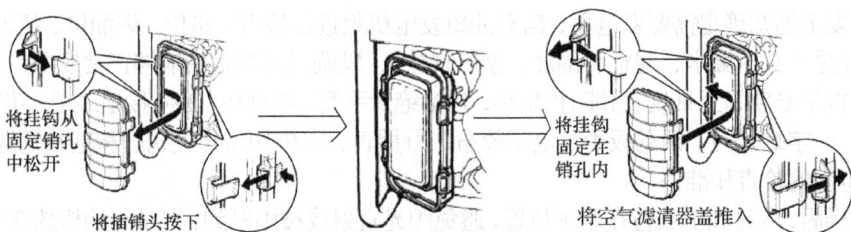

图 6-37 检查空气滤清器

④ 检查控制面板、连接电缆及插座、插头是否良好，导线有无折裂和绝缘破损等。

（2）启动

① 拆除负载，断开交流断路器。

② 将燃油阀置于"ON"，打开油门，将阻风门杆扳至关位置，关闭阻风门。

重点提示 当发动机在热机状态下启动时，不能关闭阻风门。

③ 将发动机开关置于"ON"，轻轻拉起抓手，直到感到阻力为止，然后用力拉起（或将启动绳按规定方向绕在轮槽上快速抽拉）；发动机启动后逐步打开阻风门，使发动机转速升到额定转速；将电压调到 220V，如图 6-38 所示。

④ 检查油门开关和排油塞。油门开关应开，排油塞应关。

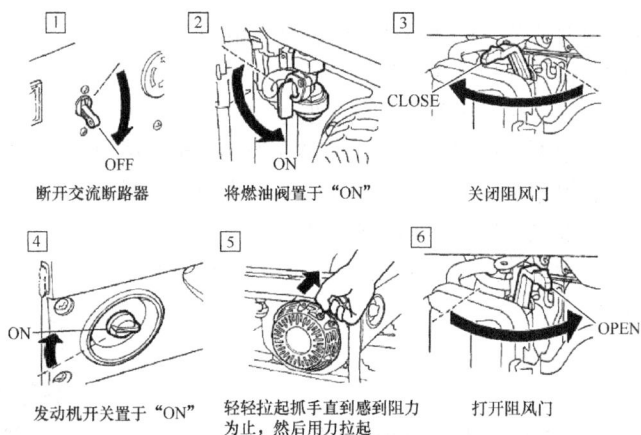

图 6-38 启动小型发电机

（3）供电

① 在机组运转正常、电压稳定后，即可打开供电开关。

② 运转中一定要用空气滤清器，在加注油不安全的情况下，禁止加油。

（4）停机

① 切断电源，关闭油门，按下"停止"键。不需紧急停机时，应手动控制节气门臂，使其低速运行 2min～3min，待化油器内混合油用完后自动停机。

② 进行清洗化油器和空气滤清器等维护工作。

3. 发电流程

（1）出发前检查

① 接到发电通知确定需要发电后，需对油机发电机组进行检查（水位、燃油位、机油位、启动电池电压，以及是否存在漏水、漏电、漏油、漏气现象），以确保到基站后能够正常发电。

② 随车携带必要的工具仪表和防护用品，包括绝缘手套、接地棒、1×4 接地线缆、尖嘴钳、电笔、十字螺丝刀、一字螺丝刀、活动扳手、电工胶布、万用表、双极切换开关钥匙和基站钥匙。

（2）发电前的检查和准备

① 到现场后，应将油机放置在水平位置，避免阳光直射或被雨淋到，严禁将油机放在基站内发电，禁止发电机的进、排气风口对准基站门口方向或对上风方向排放废气。

② 连接好油机的接地线，打好接地桩，确保接地连接可靠。

③ 将双极转换开关箱中的闸刀开关切换到油机电位置，确保切合可靠。

④ 将油机的输出电缆连接到双极转换开关箱中的油机电端口，确保连接可靠、绝缘措施可靠，并锁好切换转换开关箱门。

⑤ 对于未安装双极转换开关箱的基站，在确保交流输入总开关分断的前提下，拆除基站交流总输入零线，做好绝缘防护；将油机输出电缆连接到基站交流配电屏的空余输出空开，确保空开容量与油机容量匹配。

⑥ 将油机输出电缆连接到油机输出开关，确保连接可靠、绝缘措施可靠。

⑦ 检查油机输出电缆的连接相位是否正确、连接是否安全可靠，检查线缆布放路由有无安全隐患、线缆有无缠绕。

（3）发电后检查

① 启动油机，空载运行 3min～5min，检测油机输出电压、频率是否正常，检查油机有无异常声

响、异常气味，查看排气烟色是否正常，运行是否稳定。

② 闭合油机输出开关，在油机电输入端检测电压、相位、相线和零线连接是否正常。

③ 依次闭合基站交流输出分路开关，检查基站电源设备、通信设备运行是否正常。

④ 通报监控中心，确保基站油机发电成功。

（4）发电中的检查

① 发电中应确保油机运行现场有人看守。

② 每小时检测油机运行状况，及时记录油机输出电压、输出电流。

③ 检查油机运行是否安全稳定。

④ 定时观察市电情况，以便及时掌握来电信息。

（5）来电后的检查

来电后用万用表检测基站的市电输入端电压，确认电压有无缺相、过压、欠压等情况。

（6）恢复市电

① 依次分断基站交流输出分路开关。

② 分断油机输出开关，并确保闸刀处于断开位置。

③ 拆除油机端的发电线缆。

④ 对于未安装双极转换开关箱的基站，在确保交流输入总开关分断的前提下，连接好基站交流总输入零线，确保连接可靠；再将交流配电屏内的发电线缆拆除。对于已安装双极转换开关箱的基站，先将双极转换开关箱中的油机接头拔出，再将闸刀拨到市电侧，锁好双极转换开关箱门。

⑤ 依次将基站内交流配电箱中的总开关、开关电源分路开关、两路空调分路开关闭合，检查基站电源设备、通信设备运行是否正常。

⑥ 检查空调相序是否正确，若不正确则需进行调整。

⑦ 检查开关电源和设备工作情况。

（7）停机并检查

① 待油机空载运行 3min 后，停止油机工作，拆除油机接地线。

② 检查油机各部件情况，看有无松动、渗漏之处。

③ 把电缆收好归位。

④ 关闭基站大门，通知网管结束发电。

4. 维护

（1）机油检查和更换

检查频率：每天一次。

更换频率：100 小时一次（约 6 个月）。初次更换为 20 小时一次（约 1 个月）。

机油油位检查方法：将机组放在平坦的地面上，冷机时检查机油油位。

更换机油：打开机油塞尺，旋开泄油螺丝，排出机油（热机下放油，可放得更快、更彻底）；装好泄油螺丝并旋紧；加注机油到机油塞尺上限，装好机油塞尺。

（2）检查空气滤清器

检查频率：每天一次。

清洗频率：运行 50 小时清洗一次（约 3 个月）。

滤芯清洁标准：无污物、无堵塞、无撕裂和过多机油。

用煤油、柴油清洗海绵滤芯，清洗干净后，加入少量机油并拧干。将滤芯放入壳体内装好。

（3）检查火花塞

卸下火花塞帽与火花塞，清理积炭，装回火花塞及火花塞帽后将电极间隙调整为 0.7mm～0.8mm，如图 6-39 所示。

（4）检查滤油杯

将燃油阀拨至"OFF"，逆时针方向旋开滤油杯，取下 O 形环及滤网后进行清洁；用汽油清洗燃油阀，若无法清洗则需更换，如图6-40所示。

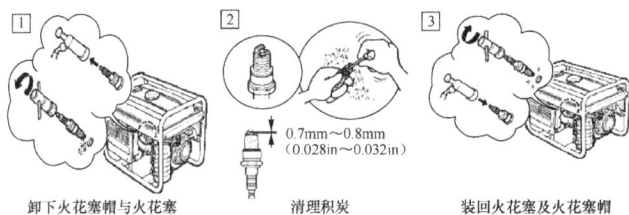

| ① 卸下火花塞帽与火花塞 | 清理积炭 | 装回火花塞及火花塞帽 | 关燃油阀，取下滤油杯 | 清洗或更换 |

0.7mm～0.8mm
(0.028in～0.032in)

图6-39　检查火花塞　　　　　　　　　　　　　图6-40　检查滤油杯

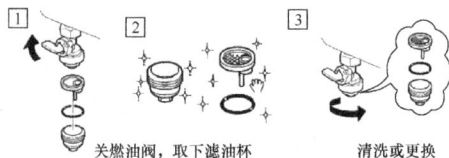

5. 常见故障的排除（见表6-3）

表6-3　常见故障的排除

故障现象	主要原因	采取措施
不能启动或启动困难	① 油箱缺油。 ② 油门开关未开。 ③ 油路堵塞或油中有水。 ④ 阻风门或排油塞未关。 ⑤ 火花塞不洁或气门间隙过小。 ⑥ 火花塞绝缘损坏。 ⑦ 高压线圈绝缘损坏。 ⑧ 电容器不良。 ⑨ 启动速度不快	① 加油。 ② 打开油门开关。 ③ 清洁油门开关、油路和化油器。 ④ 关闭阻风门或排油塞。 ⑤ 清洁火花塞或调整间隙。 ⑥ 更换。 ⑦ 更换。 ⑧ 更换。 ⑨ 快速拉动启动绳
转速不正常	① 发电机电路接触不良。 ② 高压线圈局部击穿、漏电。 ③ 油平面过低。 ④ 调速器零件磨损或不灵活	① 检测、消除接触不良点。 ② 检查、更换。 ③ 校正油平面。 ④ 更换，重新校正
不发电	① 炭刷与滑环接触不良。 ② 炭刷刷握不灵活。 ③ 电缆插头断线，或接触不良，或插头内碰线。 ④ 断路器故障	① 打磨、清洁。 ② 清洁、整形。 ③ 进行相应处理。 ④ 更换

6.5　通信局（站）的防雷接地

在通信局（站）中，接地很重要，不仅关系到设备和维护人员的安全，同时还直接影响着通信质量。因此，掌握、理解接地的基本知识，正确选择和维护接地设备，都具有很重要的意义。本节主要介绍接地系统的基本概念、分类，以及通信电源系统的防雷设备和方式。

6.5.1　接地系统概述

基站机房中的接地包括工作接地、防雷接地和保护接地。

1. 接地的概念

通信局（站）中接地装置或接地系统中所指的"地"和一般所指的大地的"地"是同一个概念。所谓接地，就是为了工作或保护的目的，将电气设备或通信设备中的接地端子通过接地装置与大地进行良好的电气连接，将该部位的电荷注入大地，达到降低危险电压和防止电磁干扰的目的。

所有接地体与接地引线组成的装置称为接地装置。把接地装置通过接地线与设备的接地端子连接起来就构成了接地系统，如图 6-41 所示。

2. 接地的分类和作用

通信电源接地系统按带电性质划分，可分为交流接地系统和直流接地系统两大类。按用途划分，可分为工作接地系统、保护接地系统和防雷接地系统。防雷接地系统又可分为设备防雷系统和建筑防雷系统。

（1）交流接地系统

交流接地系统有工作接地和保护接地之分。

交流工作接地的作用是将三相交流负载不平衡引起的在中性线上的不平衡电流泄放于地，以减小中性点电位的偏移，保证各项设备的正常运行。接地后的中性线称为零线。所谓工作接地，在低压交流电网中就是将三相电源的中性点直接接地，如将配电变压器次级线圈、交流发电机电枢绕组等中性点接地，如图 6-42 所示。

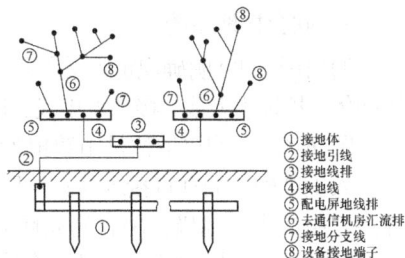

图 6-41　接地系统组成

① 接地体
② 接地引线
③ 接地线排
④ 接地线
⑤ 配电屏母线排
⑥ 去通信机房汇流排
⑦ 接地分支线
⑧ 设备接地端子

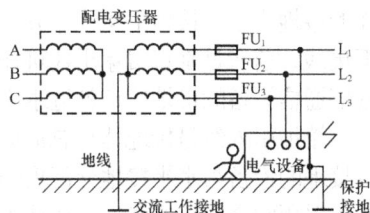

图 6-42　交流接地系统

所谓保护接地，是将带电设备在正常情况下与带电部分绝缘的金属外壳部分或接地装置进行良好的电气连接，以达到防止设备因绝缘损坏而触电的目的。

（2）直流接地系统

按性质和用途的不同，直流接地系统可分为工作接地和保护接地两种。工作接地用于保证通信设备和直流电源设备的正常工作，而保护接地则用于保护人身和设备的安全。

在通信电源的直流供电系统中，为了保证通信设备的正常运行和保障通信质量而设置的电池一极接地称为直流工作接地，如-48V、-24V 电源的正极接地等。

直流工作接地的主要作用：利用大地作为良好的参考零电位，保证各通信设备间甚至各局（站）间的参考电位没有差异，从而保证通信设备的正常工作；减少用户线路对地绝缘不良时引起的通信回路间的串音；利用大地构成通信信号回路或远距离供电回路。

在通信系统中，将直流设备的金属外壳和电缆金属护套等部分接地称为直流保护接地。其主要作用：防止直流设备绝缘损坏时发生触电危险，保证维护人员的人身安全；减小设备和线路中的电磁感应效应，保持一个稳定的电位，达到屏蔽目的，减小杂音干扰，防止静电发生。

通常情况下，直流工作接地和保护接地是合二为一的，但随着通信设备向高频、高速处理的方向发展，对设备的屏蔽、防静电要求越来越高，可能会要求将两者分开。

直流接地需连接蓄电池组的一极、通信设备的机架或总配线架、通信电缆金属隔离层或通信线路保安器、通信机房防静电地面等。

直流电源通常采用正极接地，原因主要是大规模集成电路所组成的通信设备的元器件的要求，同时也是为了减少由于金属外壳或继电器线圈等绝缘不良对电缆芯线、继电线圈和其他电器造成的电蚀作用。

另外，通信电源的接地系统中还专门设置了用来检查、测试通信设备工作接地而敷设的辅助接地，称为测量接地。它平时与直流工作接地装置并联使用，当需要测量工作接地的接地电阻时，将其引线与地线系统脱离，这时测量接地代替工作接地运行。因此，测量接地的要求与工作接地的要求是一样的。

（3）防雷接地系统

在通信局（站）中，通常有两种防雷接地：一种是为保护建筑物或天线不受雷击而专设的避雷针防雷接地装置，由建筑部门设计、安装；另一种是为了防止雷击过电压对通信设备或电源设备造成破坏，需安装避雷器而敷设的防雷接地装置，如高压避雷器的下接线端汇接后接到接地装置。

3. 联合接地系统

通信局（站）明确规定应采用联合接地系统。联合接地系统由接地体、接地引入线、接地汇集线、接地线组成，如图6-43所示。

图6-43中的接地体是由数根镀锌钢管或角铁强行环绕后垂直打入土壤构成的垂直接地体；然后用扁钢以水平状与钢管逐一焊接，组成水平电极，两者构成环形电极（称为地网）。采用联合接地方式的接地体还包含建筑物基础部分混凝土内的钢筋。

接地汇集线是指通信大楼内分布设置的与各机房接地线相连的接地干线。接地汇集线又分垂直接地总汇集线和水平接地分汇集线，前者是垂直贯穿于建筑物各楼层的接地主干线，后者是各层通信设备的接地线与就近水平接地进行分汇集的互连线。

接地引入线是接地体与总汇集线间的连接线，是各层需要进行接地的设备与水平接地分汇集线间的连接线。

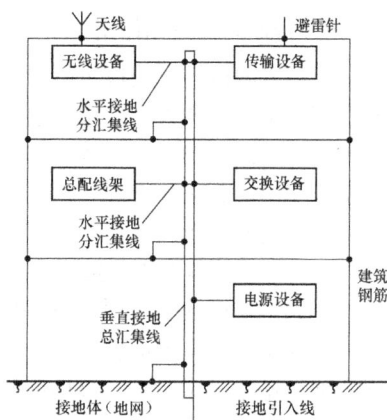

图 6-43　联合接地系统

采用联合接地方式，可在技术上使整个大楼内的所有接地系统联合组成低接地电阻值的均压网，其具有的优点：地电位均衡，同层各地线系统电位大体相等，消除了危及设备的电位差；公共接地母线为全局建立了基准零电位点，全局按一点接地原理而用一个接地系统，当发生电位上升时，各处的地电位一起上升，在任何时候，基本不存在电位差；消除了地线系统的干扰，通常依据各种不同电特性设计出的多种地线系统彼此之间存在相互影响，而采用一个接地系统后，地线系统做到了无相互干扰；电磁兼容性能变好，由于强/弱电、高频及低频电都等电位，又采用分屏蔽设备及分支地线等方法，因此提高了电磁兼容性能。

理想的联合接地系统在受外界干扰影响时仍然能处于等电位状态，因此要求地网任意两点间的电位差小到近似为0。

对通信大楼建筑与双层地面的要求：建筑物混凝土内的钢框架与钢筋互连，并连接联合地线，焊接成法拉第"鼠笼罩"状的封闭体，使封闭导体的表面电位变化，形成等位面（其内部场强为0）。各层接地点电位同时进行升高或降低的变化，不会产生层间电位差，也避免了内部电磁场强度的变化，如图6-44所示。

4. 对接地电阻的要求

接地装置的接地电阻大小直接影响着通信质量的好坏及设备、人身安全。一般来说，接地电阻越小越好，但接地电阻越小，接地装置的造价就越高。因此，要从保证设备正常运行和保障安全的要求出发，分别确定各种接地装置的最大允许接地电阻值。

一般情况下，基站机房在平原地区接地电阻应小于5Ω，在山区接地电阻应小于10Ω。

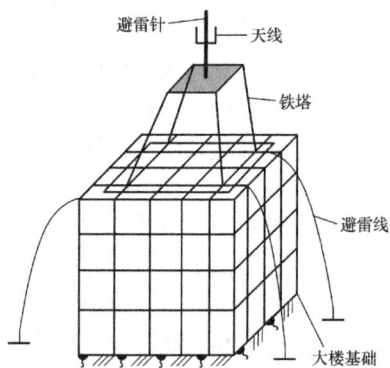

图 6-44　通信大楼钢架与联合地线焊成"鼠笼罩"

6.5.2　通信电源系统的防雷

随着电力电子技术的发展，电子电源设备对浪涌高脉冲的承受能力和耐噪声能力不断下降，电力线路或电源设备受雷电过电压冲击的事故常有发生，所以开展防雷技术研讨十分重要。

1. 雷电流及其影响

雷击分为两种形式，即感应雷与直击雷。感应雷指附近发生雷击时设备或线路产生静电感应或电磁感应所产生的雷击；直击雷是雷电直接击中电气设备或线路，形成强大的雷电流，通过击中的物体泄放入地。直击雷峰值电流在 75kA 以上，所以破坏性很大。大部分雷击为感应雷，其峰值电流较小，一般在 15kA 以内。

雷电流的危害和雷电流带来的干扰详见【拓展内容 9　雷电流及其影响】。

拓展内容 9　雷电流及其影响

2. 防雷器

防雷主要采用"抗"和"泄"的方法。"抗"指各种电器设备应具有一定的绝缘水平，以提高其抵抗雷电破坏的能力；"泄"指使用足够的避雷元器件，将雷电引向自身从而泄入大地，以削弱雷电的破坏力。实际的防雷措施往往是两者结合，从而有效地减小雷电造成的危害。

常见的防雷器件有接闪器、消雷器和避雷器 3 类。其中，接闪器是专门用来接收直击雷的金属物体。接闪的金属杆称为避雷针，接闪的金属线称为避雷线，接闪的金属带或金属网称为避雷带或避雷网。所有接闪器必须连接接地引入线，与接地装置良好连接，一般用于建筑防雷。

消雷器是一种新型的主动抗雷设备，由离子化发射装置、地电吸收装置及连接线组成，如图 6-45 所示。其工作原理是金属针状电极的尖端放电原理。当雷云出现在被保护物上方时，将在被保护物周围的大地中感应出大量的与雷云带电极性相反的异性电荷，地电吸收装置会将这些异性电荷收集起来，通过连接线引向针状电极（离子化发射装置）发射出去。这些异性电荷向雷云方向运动并与其所带电荷中和，使雷电场强减弱，从而起到防雷的作用。实践证明，消雷器可有效地防止雷电灾害的发生，并有取代普通避雷针的趋势。

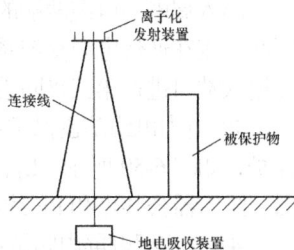

图 6-45　消雷器结构

避雷器常指防止雷电过电压沿线路入侵并损害被保护设备的防雷元器件，与被保护设备输入端并联，如图 6-46 所示。常见的避雷器有阀式避雷器、排气式避雷器和金属氧化物（锌）避雷器（Metal Oxide Arrester，MOA）（见图 6-47）等。

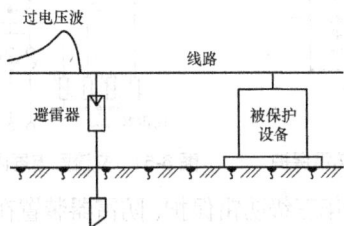

图 6-46　避雷器的连接

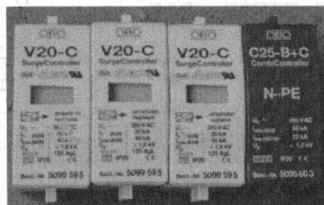

图 6-47　金属氧化物（锌）避雷器

3. 防雷的保护方式

（1）划分防雷区

由于防护环境遭受直击雷或间接雷破坏的严重程度不同，应分别采取相应措施防护，防雷区依据电磁场环境有明显改变的交界处进行划分。在两个防雷区的界面上，应将所有通过界面的金属物做电位连接，并采用屏蔽措施。

（2）防雷器的安装与配合。

各防雷区可能受到的雷击对保护设备造成的损坏程度不一，因此对各区所安装防雷器的数量和分断能力要求也不同。在通信局（站），防雷保护系统的防雷器配合方案为：前续防雷器具有不连续电流/电压特性，后续防雷器具有限压特性。在前续放电间隙出现火花放电，使后续防雷浪涌电流波形改变，因此后续防雷器的放电只存在残压的放电。

（3）防雷保护

防雷保护分直接保护和间接保护，通信局（站）内主要考虑间接保护。由于直击雷的浪涌最大电流在 75kA～80kA，所以将防雷器最大放电电流定为 80kA。间接保护又分主级保护和次级保护两大类。主级保护采用防雷器经受一次雷击而不遭受破坏时所能承受的最大放电电流值（以 8/20μs 波为例），典型值为 40kA；次级防雷器为主级防雷器的后续防雷器，典型值为 10kA。依据 NFC17-102 标准，绝大多数直击雷的放电电流幅度低于 50kA，所以 40kA 分断一级防雷器是合适的。

① 电力变压器的防雷保护：电力变压器高低压侧都应安装防雷器，在低压侧还应采用压敏电阻避雷器，变压器高低压两侧均为 Y 形接续，它们的汇集点与变压器外壳接地点一起组合，就近接地，如图 6-48 所示。

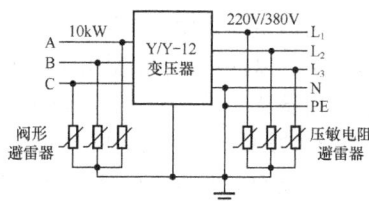

图 6-48　电力变压器的防雷保护

② 通信局（站）交流配电系统的防雷保护：为消除直击雷浪涌电流与电网电压的较大波动影响，依据负载的性质采用分级衰减雷击残压或能量的方法来抑制雷电的侵犯。

出入局电力电缆两端的芯线应安装氧化锌避雷器，变压器高低压相线也应分别安装氧化锌避雷器。因此，应在通信电源交流系统低压电缆进线进行第一级防雷，在交流配电屏进行第二级防雷，在整流器输入端口进行第三级防雷，如图 6-49 所示。

③ 电力电缆防雷保护：在电力电缆馈电至交流配电屏前约 12m 处设置避雷装置作为第一级防雷保护，如图 6-50 所示。L₁、L₂、L₃ 每相与地之间分别装设一个防雷器，N 线与地之间也装设一个防雷器，防雷器公共点和 PE 线相连。这级防雷器应达到防直击雷的电气要求。

④ 交流配电屏内防雷：由于前面已设有一级防雷电路，故交流配电屏只承受感应雷击相应的通流量及残压的侵入，这一级为第二级防雷保护，如图 6-51 所示。

防雷器件接在空气开关 K 前，以防空气开关受雷击。防雷电路是在相线与 PE 间接压敏电阻，同时在中性线与地间也接压敏电阻，以防止雷电从中性线侵入。

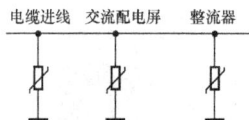

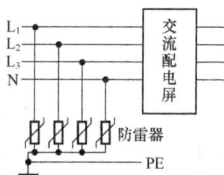

图 6-49　防雷等级　　　图 6-50　电力电缆防雷保护　　　图 6-51　交流配电屏内防雷保护

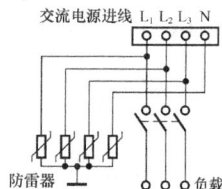

⑤ 整流器防雷：在整流器的输入端设置的防雷器为第三级防雷保护，防雷器装置在交流输入断路器前，每级通流量小于配电屏防雷通流量，承受的残压也较小。

有些整流器在输出滤波电路前接有压敏电阻，或在直流输出端接有电压抑制二极管。它们除了作为第四级防雷保护，还可抑制直流输出端有时会出现的操作过电压。

重点提示

前文所述主要为机房防雷。对于基站防雷，由于所处环境和地理位置有一定的特殊性，防雷要求更高。

基站按位置不同，浪涌保护器（Surge Protective Device，SPD）通流量要求也有所不同。

6.6　安全用电

安全用电是电信部门首先需要考虑的事情，加强用电安全管理，确保用电安全，防止事故发生是十分重要的。用电安全一方面涉及人身安全，另一方面涉及设备安全，这两个方面都是不能疏忽的。本节主要介绍安全用电的技术措施和组织措施。

6.6.1　安全用电的技术措施

安全用电对于人身安全而言，最要紧的是防止触电事故的发生。触电有直接接触触电和间接接触触电两种情况。针对这两种情况，应采用不同的防护措施。

1. 直接接触防护措施

为了防止直接接触带电体，常采用绝缘、屏护、间距等最基本的技术措施。

① 绝缘：用绝缘材料把带电体封闭起来，以隔离带电体或不同电位的导体，使电流能按一定的路径流通。常用的绝缘材料有瓷、玻璃、云母、橡胶、木材、胶木、布、纸、矿物油等。

② 屏护：当配电线路和电气设备的带电部分不便于以绝缘体包扎或绝缘体不足保证安全时，就应采用屏护装置。常用遮拦、护罩、护盖、箱盒等方式将带电体与外界隔绝，以防止人体触及或接近带电体而引起触电、电弧短路或电弧伤人。

③ 间距：为防止人体触及或接近带电体，防止车辆及其他物体碰撞或过分接近带电体，防止火灾、过压放电和短路事故的发生，带电体与地面、带电体与带电体、带电体与其他设备间均应保持一定的距离，间距大小决定于电压高低、设备类型及安装方式等。

④ 用漏电保护装置做补充防护：为防止人体触及带电体而造成伤亡事故，有必要在分支线路中采用高灵敏度（额定漏电动作电流≤30mA）快速（最大分断时间≤0.25s）型漏电保护装置。在正常运行中可用作其他触电防护措施失效或使用者疏忽时的直接补充防护，但不能作为唯一直接接触防护。

2. 间接接触防护措施

对于间接接触触电，通常采用接地、接零保护等各种防护措施。

① 接地、接零保护：采用本措施后，当电气设备发生故障时，线路上的保护装置会迅速动作而排除故障，从而防止间接触电事故发生。

② 双重绝缘：为防止电气设备或线路因基本绝缘损坏或失效使人体易接近部分出现危险的对地电压而引起触电事故，可在基本绝缘层外另加一层独立的附加绝缘层（如在橡胶软线外再加绝缘套管）。

③ 自动断开电源：当电气设备发生故障或者载流体的绝缘老化、受潮与损坏时，必须根据低压电网的运行方式，采用适当的自动元件和连接方式（一般通过熔断器、低压断路器的过滤脱扣器、热继电器及漏电保护装置），在规定的时间内自动断开电源，防止触电事故的发生。

6.6.2　安全组织措施

安全管理工作必须贯彻"安全第一，预防为主"的方针，建立和健全安全管理机构，专人负责，统一管理。安全部门应做好人员的培训考核、安全用电宣传教育及安全检查等组织管理工作，协同制定各项安全规程，并检查执行情况。

电气安全操作规程是电气安全管理的重要内容之一，是确保电气设备正常运行和保护工作人员安全的有效措施，是工作人员长期实践的经验总结，必须严格遵守，切实执行。安全操作规程一般包括以下内容。

1. 倒闸操作

倒闸操作指闭合或断开开关、闸刀和熔断器及与此有关的操作，如交/直流回路的闭合或断开、熔断器的更换、市电/油机转换操作、相序校核、携带型临时接地线的装拆等。倒闸操作应按规定的操作顺序由电力机务员进行，复杂的倒闸操作应一人监护，一人操作。倒闸操作的基本程序：切断电源时，先断开分路负载，再操作主闸刀，防止带负载拉闸；闭合电源时，为防止带负载合闸，应先闭合闸刀，后闭合分路负载开关。

2. 移动电具的使用

移动电具是指无固定装置地点、无固定操作人员的生产设备及电动工具，如电焊机、电钻、电锤、电风扇及电烙铁等。移动电具应由专人保管，定期检查，使用过程中如需搬运，应停止工作，断开电源后操作。具有金属外壳的移动电具必须有明显的接地螺母和可靠的接地线。单机 220V 的电具应用三芯线，三相 380V 的电具应用四芯线，其中，绿、黄双色线为专用接地线。移动电具的引线、插头和开关应完整无损，使用前应用电笔检查外壳是否漏电。根据现行低压电气装置规程，移动电具的绝缘电阻应不低于 2MΩ。

3. 不停电工作的安全规程

不停电工作的安全规程指交/直流电源设备在日常维护中，工程割接时工作人员必须带电工作的安全操作规程。一般规则：严格执行监护制度，由经过训练的熟练工作人员操作，专人监护。工作中，工具的金属裸露部分必须包扎绝缘物。带电割接必须事先向有关部门提交书面报告，报告内容包括带电割接的缘由、时间、步骤（必须包括相应的安全措施）、人员等内容，获取有关部门批准后方能实施。

小结

通信电源专指对通信设备直接供电的电源，常称为通信设备的"心脏"，是整个通信设备的重要组成部分，其供电质量的好坏直接关系到通信系统能否正常工作。通信电源主要包括交、直流两个供电系统。

开关电源是由交/直流配电模块、监控模块、整流模块等组成的直流供电系统，主要是指整流模块。UPS 系统是一种交流不间断供电系统，在市电掉电时由蓄电池供电，并输出纯净交流电；在市电供电时，UPS 系统输出无干扰的工频交流电。

蓄电池在市电正常时与供电主设备整流器并联运行，改善整流器的供电质量，起平滑滤波的作用；在市电异常或整流器不工作的情况下，则由蓄电池单独供电，担负起为全部负载供电的任务，起到荷电备用作用。其化学反应原理就是充电时将电能转化成化学能在电池内储存起来，放电时将化学能转化成电能供给外部系统。充放电的转化过程是可逆的。

油机发电机组作为备用交流电源，可在市电停电后迅速提供稳定的、符合要求的交流电源给通信设备。

通信局（站）中是否采用可靠的接地方式，直接关系到设备和维护人员的安全，并影响着通信质量。防雷接地可保护建筑物或天线不受雷击，并可防止雷击过电压对通信设备或电源设备的破坏。

安全用电关系到人身和设备的安全，必须严格采取措施，认真执行。

习题

一、填空题

1. 通信电源中的接地系统，按用途划分，可分为_____、_____、_____。
2. 接闪器是专门用来接收直击雷的金属物体，有_____、_____、_____、避雷带。
3. 给交换供电分布系统有源设备提供不间断供电的是_____。
4. 电源系统接地应采取_____，分别引入接地_____的原则。

二、判断题

1. 直流工作接地采用正极接地的原因是防电蚀和通信设备元器件的需求。　　　（　　）
2. 为更好地保护线路以及设备安全，最好在零线上加装熔断器或空开。　　　（　　）

3. 金属氧化锌避雷器如果显示窗为绿色，则表明其已经烧毁，需要马上更换。　　（　　）

4. 出现熔丝熔断告警后，应立即更换新的熔断器。　　（　　）

5. 移动通信基站应按均压、等电位的原则，将工作地、保护地和防雷地组成一个联合接地网。

（　　）

三、选择题

1. 室内接地铜排和室外接地铜排在基站地网上的引接点宜相距（　　）以上。

    A. 4m   B. 5m   C. 6m   D. 7m

2. 以下（　　）是联合接地的优点。

    A. 防止搭壳漏电触电   B. 地电位均衡

    C. 供电损耗及压降减小

3. 由于存在接触电压等原因，要求设备接地时距离接地体（　　）。

    A. 近一些   B. 远一些   C. 没有要求

4. 当市电正常时，整流器一方面向负载供电，另一方面给蓄电池以一定的补充电流，用于补充其自放电的损失，此时，整流器输出的电压称为（　　）。

    A. 均衡电压   B. 浮充电压   C. 强充电压   D. 终止电压

5. 以下交流供电原则的描述中，（　　）是错的。

    A. 动力电与照明电分开   B. 市电作为主要能源

    C. 尽量采用三相四线，并有保护地

6. 整流模块冗余并机的目的是（　　）。

    A. 可靠   B. 增容   C. 减小市电对模块的影响

7. 整流模块输入端设置的防雷器属于第（　　）级防雷。

    A. 一   B. 二   C. 三   D. 四

8. 熔丝的作用是（　　）保护。

    A. 过压   B. 过流   C. 短路   D. 过流和短路

四、简答题

1. 通信电源系统由哪几个部分组成？

2. 简述开关电源的组成及各部分功能。

3. 简述联合接地系统的结构。

4. 雷电流会对通信系统产生哪些干扰？

5. 通信局（站）的电力系统如何进行防雷保护？

6. 简述安全用电的技术措施。

07 第7章 空调和动力环境监控系统

【主要内容】空调是确保机房温湿度环境满足设备运行条件的关键，网络运行需要安全的环境。基站作为无人值守机房，其电源提供状况和设备运行状况如何，需要由动力和环境监测系统提供给网络操作维护中心。本章主要介绍空调的基本组成、基本工作原理、使用和维护方法等基本内容，以及监控系统的结构与设备、使用和维护方法。

【重点难点】空调的基本工作原理；空调的使用和基本维护方法；动力环境监控设备的使用和维护方法。

【学习任务】理解空调的结构及工作原理；掌握空调的使用和基本维护方法；掌握动力环境监控系统的监控内容；掌握动力环境监控设备的维护方法。

7.1 空调

空调是保证通信局（站）机房环境正常的必备设备，是保证通信设备正常运行的条件。集成电路、电子器件的运行需要适当、稳定的温度，否则可能会影响半导体元件的特性，例如空气湿度较高，板件就会结露、短路；湿度较低，板件易产生静电；为防止热量积聚，需要空气流动，灰尘多的空气流经板件，易在板件上积灰，导致散热不良，因此需要室内空气的温度、湿度、清洁度、气流速度达到所需要求。大型通信局（站）机房中使用的是机房专用空调，在基站中一般使用普通空调。本节主要介绍基站用空调的组成、基本工作原理、基本维护知识。

7.1.1 空调简介

空调是"空气调节器"的简称，即用控制技术使室内空气的温度、湿度、清洁度、气流速度和噪声达到所需要求，使用空调的目的是改善环境条件以满足生活和设备运行要求，空调的主要功能有制冷、制热、加湿、除湿等。

1. 空调的组成

空调一般由四大部分组成。①制冷系统：指空调中用于制冷降温的部分，是由制冷压缩机、冷凝器、毛细管、蒸发器、电磁换向阀、过滤器及制冷剂等组成的一个密封的制冷循环系统。②风路系统：促使房间空气流动和加快热交换，由离心风机、轴流风机等设备组成。③电气系统：是空调内促使压缩机、风机安全运行来实现温度控制的部分，由电动机、温控器、继电器、电容器、加热器等组成。④箱体与面板：包括空调的框架、各组成部件的支撑座和气流的导向部分，由箱体、面板和百叶栅等组成。

2．普通空调的类型

基站用空调一般为普通空调，而非机房专用空调。普通空调主要有以下几种类型。

（1）单冷型空调

单冷型空调只吹冷风，用于夏季室内降温，兼有除湿功能，可为房间提供适宜的温度和湿度。其结构简单，可靠性好，价格便宜，使用环境为18℃～43℃，有窗式和分体式。

（2）冷热型空调

冷热型空调在夏季可用于吹冷风，在冬季可用于吹热风。制热有热泵制热和电加热两种方式，两种制热方式兼用空调称为热泵辅助电热型空调。

① 热泵型空调：在制冷系统中通过两个换热器（即蒸发器和冷凝器）的功能转换实现冷热两用。在单冷型空调上装上电磁四通换向阀后，可使制冷剂流向改变。原来在室内侧的蒸发器变为冷凝器，来自压缩机的高温、高压气体在此冷凝放热，向室内供热；而室外侧的冷凝器变为蒸发器，制冷剂在此蒸发，吸收外界热量。由于环境温度的影响，室外换热器无自动除霜装置的热泵型空调，只能用于5℃以上的室外环境，否则室外换热器会因结霜堵塞空气通路，导致制热效果极差。有自动除霜功能的热泵型空调可在-5℃～43℃环境下工作，低于-5℃时必须用电热型空调制热。

② 电热型空调：在制热工况下，空调靠电加热器对空气加热，可在寒冷环境下使用，工作的环境温度≤43℃。

③ 热泵辅助电热型空调：在制热工况下，利用热泵和电加热器共同制热，制热功率大，较省电，但结构复杂，价格稍贵。在室外机组中增加一个电加热器，可在低温下对吸入的冷风先加热，提高制热效果。其冬季用电量比夏季时多一倍，可能会超过电表容量。

3．空调的工作环境与性能指标

普通空调根据制冷量来划分系列，窗式空调制冷量一般为1800W～5000W，分体式空调一般制冷量为1800W～12000W，在以上范围内又根据制冷量的不同划分成若干个型号及构成系列。

（1）普通空调的使用条件

① 环境温度：普通空调通常工作的环境温度如表7-1所示。

表7-1　空调工作的环境温度

类　　型	代　　号	使用的环境温度/℃
单冷型	L	18～43
热泵型	R	−5～43
电热型	D	<43
热泵辅助电热型	Rd	−5～43

由表可知，空调最高工作温度为43℃，热泵型空调最低工作温度为-5℃。因为空调的压缩机和电动机封闭在同一壳体内，所以电动机的绝缘等级决定了对压缩机最高温度的限制。若环境温度过高，压缩机工作时冷凝温度会随之提高，使压缩机排气温度过高，造成压缩机超负荷工作，可能使过载保护器切断电源而导致停机。另外，电动机的绝缘可能会因承受不了过高温度而遭破坏，甚至造成电动机烧毁。对于热泵型空调，若环境温度过低，其蒸发器里的制冷剂得不到充分的蒸发而被吸入压缩机，会产生液击事故，并导致构件磨损、老化。对于电热型空调，冬季工况下压缩机不工作，只有电热器工作，因此对最低温度无严格限制。对于热泵型和热泵辅助电热型空调，若不带除霜装置，其使用的最低环境温度为5℃，否则室外蒸发器可能结霜，使气流受阻而不能正常工作；有除霜装置，其使用的最低环境温度为-5℃。

当外界气温高于43℃时，大多数空调不能工作，压缩机上的热保护器会自动将电源切断，使压缩机停止工作。空调的温度调节依靠温控器自动进行，温控器一般把房间温度控制在16℃～30℃，并能

在调定值 ±2℃ 范围内自动工作。

② 电源：国家标准规定电源额定频率为 50Hz，单相交流电额定电压为 220V 或三相交流电额定电压为 380V，使用电源电压值允许误差为 ±10%。

一些工作电源额定频率为 60Hz 的空调可在 60Hz、197V～253V 电压下运行，也可运行在 50Hz、180V～220V 电压下。在 60Hz 下运行的电动机转速为 3500r/min，在 50Hz 下的转速降为 2900r/min。随着电源频率下降，空调制冷量会同时减小，噪声随之降低。工作电源频率为 50Hz 的空调不能用于电源频率为 60Hz 的地区，否则电动机会被烧坏。

（2）空调的性能指标

① 名义工况如表 7-2 所示。

表 7-2　名义工况

工 况 名 称	室内空气状态		室外空气状态	
	干球温度/℃	湿球温度/℃	干球温度/℃	湿球温度/℃
名义制冷工况	27	19.5	35	24
名义热泵制热工况	21	—	7	6
名义电热制热工况	21	—	—	—

② 性能指标。

名义制冷量：在名义工况下的制冷量（单位为 W）。

名义制热量：冷热型空调在名义工况下的制热量（单位为 W）。

室内送风量：室内循环风量（单位为 m^3/h）。

额定电流：名义工况下的总电流（单位为 A）。

风机功率：电动机配用功率（单位为 W）。

噪声：名义工况下的机组噪声（单位为 dB）。

制冷剂种类及充注量：例如 R22、kg。

使用电源：单相 220V、50Hz 或三相 380V、50Hz。

制冷量：单位时间吸收的热量，与空调铭牌上的名义制冷量的关系为 1kW=860kcal/h 或 1000kcal/h=1.16kW。（1kcal≈4.18kJ。）

国家标准规定名义制冷量的测试条件为名义制冷工况，即室内干球温度为 27℃，湿球温度为 19.5℃；室外干球温度为 35℃，湿球温度为 24℃。该标准允许空调的实际制冷量比名义值低 8%。

（3）空调的性能系数

性能系数即能效比（Energy Efficiency Ratio，EER）或制冷系数，即能量与制冷效率的比值，含义是空调在规定工况下制冷量与总的输入功率之比（W/W），即每消耗 1W 电能产生的制冷量。用铭牌上的值计算的性能系数值比实际运行的值大，实际值一般只有铭牌值的 92% 左右。

（4）空调的噪声指标

空调的噪声一般要求低于 60dB。

（5）空调的输入功率

一般以 W 或 kW 为单位，也可用匹为单位，匹与 W 的关系为一匹（马力）=735W。

7.1.2　空调的基本工作原理

使用空调的主要目的是进行冷热交换。

1. 空调的制冷系统

制冷系统是空调系统中的一个关键的部分，只有其正常工作才能提供一个良好的机房环境。

（1）制冷工作原理

制冷系统是一个完整的密封循环系统，主要组成部件是制冷压缩机、冷凝器、节流装置（膨胀阀或毛细管）、蒸发器等。各个部件用管道连接起来，形成一个封闭的循环系统，系统中的制冷剂用于实现制冷降温。

空调制冷降温是把一个完整的制冷系统装在空调中，再配装上风机和一些控制器来实现的。制冷工作原理按照制冷循环系统的组成部件和作用分为 4 个过程（见图 7-1）。

① 压缩过程：从压缩机开始，制冷剂气体在低温低压状态下进入压缩机，在压缩机中被压缩，气体的压力和温度升高后排入冷凝器。

② 冷凝过程：从压缩机中排出来的高压高温气体进入冷凝器，将热量传递给外界空气或冷却水后，凝结为液态制冷剂，流向节流装置。

③ 节流过程：又称膨胀过程，冷凝器中凝结的液体制冷剂，在高压下流向膨胀阀。由于膨胀阀能进行减压节流，从而使通过膨胀阀后出来的液体制冷剂压力下降。

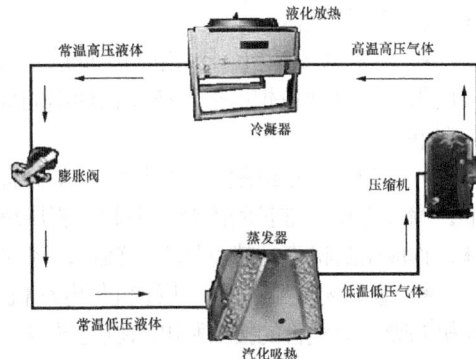

图 7-1　制冷工作原理

④ 蒸发过程：从膨胀阀出来的液体压力是低压，这种低压液体流向蒸发器，吸收外界的热量而蒸发为气体，从而使外界环境温度降低。

蒸发后的低温气体又被压缩机吸回，进行再压缩、冷凝、膨胀、蒸发，不断循环。

空调分为高压侧和低压侧。高压侧为从压缩机出口到膨胀阀，压缩机压缩空气后，温度升高，高湿气体经室外空气冷却后在冷凝器（散热器）中冷凝为液态回流，放出热量。低压侧为从膨胀阀至压缩机入口，液态制冷剂由膨胀阀降压后，温度降低至低于室内温度，在蒸发器中被室内空气加热后沸腾，吸收热量。

相关知识

家用空调没有膨胀阀，由毛细管代替。

电热型空调在室内蒸发器与离心风扇间安装了电热器，夏季使用时，将冷热转换开关置于冷风位置，其工作状态与单冷型空调相同。冬季使用时，将冷热转换开关置于热风位置，此时，只有风扇和电热器工作，压缩机不工作。

冷热两用热泵型空调的室内制冷或制热是通过电磁四通换向阀改变制冷剂流向实现的。在压缩机的吸/排气管和冷凝器、蒸发器间增设电磁四通换向阀。夏季提供冷风时，室内热交换器为蒸发器，室外热交换器为冷凝器；冬季制热时，通过电磁四通换向阀，室内热交换器为冷凝器，室外热交换器为蒸发器，向室内吹热风，如图 7-2 所示。

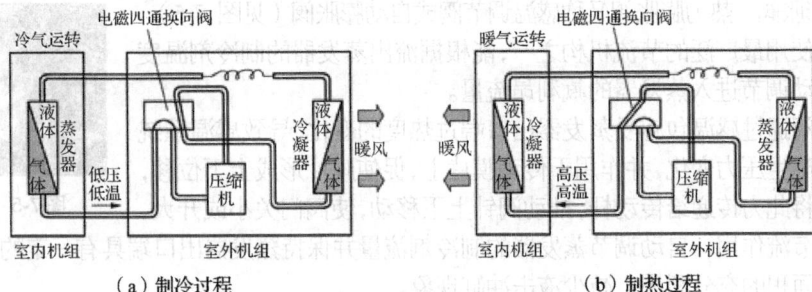

（a）制冷过程　　　　　　　　　　（b）制热过程

图 7-2　热泵型空调制冷/制热运行状态

251

（2）制冷系统的主要部件

① 制冷压缩机。制冷压缩机（见图 7-3）有开启式压缩机、半封闭式压缩机、全封闭式压缩机、旋转式压缩机等。不同的压缩机有不同的工作过程、结构特点，但其基本作用是一致的，就是用于将低温低压的制冷剂气体压缩成高温高压的气体。

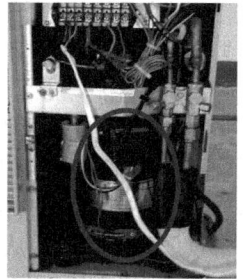

图7-3　制冷压缩机

• 开启式压缩机。压缩机曲轴的功率输入端伸出曲轴箱外，通过联轴器或皮带轮和电动轮相连接，在曲轴伸出的部分必须装置轴封，以免制冷剂向外泄漏。

• 半封闭式压缩机。由于开启式压缩机轴封的密封面磨损后会造成泄漏，增加操作、维护的困难，因此可将压缩机的机体和电动机的外壳连成一体，构成密封机壳，特点是不需轴封，密封性好。

• 全封闭式压缩机。压缩机与电动机一起装在一个密闭的铁壳内，形成一个整体，外表只有压缩机的吸、排气管的接头和电动机的导线。铁壳分上、下两部分，压缩机和电动机装入后，用电焊接成一体，平时不能拆卸，因此使用可靠。

• 旋转式压缩机，如图 7-4 所示。图中的 O 为气缸中心，在与气缸中心保持偏心 r 的 P 处，有以 P 为中心的转轴（曲轴），轴上装有转子。随曲轴的旋转，制冷剂气体从吸气口被连续送往排气口。滑片靠弹簧与转子保持经常接触，把吸气侧与排气侧分开，使被压缩的气体不能返回吸气侧。在气缸内的气体与排气侧达到相同压力前，排气阀保持闭合状态，以防止排气倒流。旋转式压缩机采用与往复式压缩机不同的旋转压缩，没有吸气阀。

图7-4　旋转式压缩机

旋转式压缩机的特征：由于连续压缩，性能优越，且因没有往复过程，几乎能完全消除平衡方面的问题，振动小；由于没有把旋转运动变为往复运动的设置，零件个数少，且旋转轴位于中心，采用圆形结构，体积小，重量轻；在结构上，可把余隙容积做得非常小，无膨胀气体干扰；由于没有吸气阀，流动阻力小，容积效率、制冷系数高；由于间隙均匀，若压缩气体漏入低压侧，会使性能降低；由于靠运行部件间隔中的润滑油进行密封，因此要从排气侧中分离出油，机壳内需保持高压，因易过热，需采取特殊措施；需要非常高的加工精度。

② 热力膨胀阀。热力膨胀阀又称感温调节阀或自动膨胀阀（见图 7-5），是制冷系统中使用最广泛的节流机构之一，能根据流出蒸发器的制冷剂温度和压力信号自动调节进入蒸发器的氟利昂流量。

热力膨胀阀通过感温包感受蒸发器出口端过热度的变化，导致感温系统内的充注物质产生压力变化，并作用于传动膜片上，促使膜片形成上下位移，再通过传动片将此力传递给传动杆，推动阀针上下移动，使阀门关小或开大，

图7-5　热力膨胀阀

进而起到降压节流作用，自动调节蒸发器的制冷剂流量并保持蒸发器出口端具有一定的过热度，以保证蒸发器传热面积的充分利用，减少液击冲缸现象。

③ 毛细管。毛细管是最简单的节流机构之一，通常用一根直径为 0.5mm～2.5mm、长度为 1m～

3m 的紫铜管就能使制冷剂节流、降温。

制冷剂在管内的节流过程极其复杂。制冷剂在毛细管中的节流过程与在膨胀阀中的有较大区别。在毛细管中，节流过程是在毛细管总长的流动过程中完成的。在正常情况下，毛细管中通过的制冷剂的量主要取决于它的内径、长度和冷凝压力，长度过短或直径过大，会使阻力过小，液体流量过大，冷凝器不能供给足够的制冷剂液体，会降低压缩机的制冷能力；反之，则阻力过大，易使制冷剂液体积存在冷凝器中，造成高压过高，同时也使蒸发器因缺少制冷剂而造成低压过低。流入毛细管的液体制冷剂受到冷凝压力的不同而影响其在毛细管内流量的大小，冷凝压力越高，液体制冷剂流量越大，反之则越小。

④ 电磁四通换向阀。热泵空调是通过电磁四通换向阀改变制冷剂流向的，使其夏季能制冷，冬季能制热。当低压制冷剂进入室内侧换热器时，空调向室内供冷气；当高温高压制冷剂进入室内侧换热器时，空调向室内供暖气。

电磁四通换向阀主要由控制阀和换向阀两部分组成，通过控制阀上电磁线圈及弹簧的作用打开和关闭其上毛细管的通道，以使换向阀进行换向。

⑤ 干燥过滤器。过滤器在冷凝器与毛细管间用来清除从冷凝器中排出的液体制冷剂中的杂质，避免毛细管被阻塞造成制冷剂的流通被中断而使制冷工作停顿。

窗式空调的过滤器结构简单，即在铜管中设置两层铜丝网，用来阻挡液体制冷剂中的杂质流过。对设有干燥功能的过滤器，在器件中还装有分子筛（4A 分子筛），用来吸附水分。如果有水分存在，毛细管出口或蒸发器进口的管壁内可能结冰，使制冷剂流动困难甚至阻塞，无法实现制冷。

空调使用一段时间后，由于安装不妥等原因而产生震动会使系统管道中产生一些微小的泄漏。外界空气渗入是制冷系统中水分的主要来源。

（3）制冷剂、冷媒、冷冻油

① 制冷剂。制冷剂又称"制冷工质"，是制冷循环中的工作介质，如在蒸汽压缩机制冷循环中，利用制冷剂的相变传递热量，即制冷剂蒸发时吸热，凝结时放热。制冷剂应具备的特征：易凝结，冷凝压力不要太高，蒸发压力不要太低，单位容积制冷量大，蒸发潜热大，比热容小；不会爆炸、无毒、不燃烧、无腐蚀性、价格低等。常见的制冷剂有 R12、R22、R134a 等。

② 冷媒。冷媒又称"载冷剂"，是制冷系统中间接传递热量的液体介质。它在蒸发器中被制冷剂冷却后送至制冷设备中，吸收被冷却物体的热量，再返回蒸发器将吸收的热量释放给制冷剂后重新被冷却，如此循环即可达到连续制冷的目的。常用的载冷剂有水、盐水及有机溶液，对载冷剂的要求是比热容大、导热系数大、黏度小、凝固点低、腐蚀性小、不易燃烧、无毒、化学稳定性好、价格低及易购买。

③ 冷冻油。冷冻油即冷冻机使用的润滑油。基本性能：将润滑部分的摩擦降到最小，防止机构部件磨损；维持制冷循环中高、低压部分给定的气体压差，即油的密封性；通过机壳或散热片将热量放出。在选择冷冻油时，必须注意压缩机内部冷冻油所处的状态（排气温度、压力、电动机温度等），可概括表示为溶于制冷剂时，也要能保持一定的油膜黏度；与制冷剂、有机材料和金属等高温或低温物体接触不应起反应，其热力及化学性能稳定；在制冷循环的最低温度部分不应有结晶状石蜡分离、析出或凝固，保持较低的流动点；含水量极少；在压缩机排气阀附近的高温部分不产生积炭、氧化，具有较高的热稳定性；不使电动机线圈、接线柱等的绝缘性能降低，且有较高的耐绝缘性。

2. 空调的风路系统

风路系统是空调的又一个重要的组成部分。

空调中风路系统包括离心风机、轴流风机、风道和电动机等。

空调中采用的离心风机与室内换热器组合，促使冷空气在房间内流动，进行冷热空气的交换，以达到空调所在房间的均匀降温。

空调中采用的轴流风机与室外换热器组合，促使冷凝器热交换中所产生的热量往大气中流动，以使制冷剂气体凝结为液体。

轴流风机的结构比较简单，一般采用 ABS 塑料注塑成型，也有的采用铝材压制成型，叶片数一般为 4~8 片。小型窗式空调中的轴流风机叶片顶端带有轮圈，与叶片一起一次注塑成型。轮圈的作用：将蒸发器流来的冷凝水带起，利用叶片转动产生的风力吹到冷凝器上，提高冷凝器的热交换效果；增加叶轮的刚性，保证叶片的扭角。轴流风机中空气轴向流动，噪声小，风压小，风量大，价格便宜，因此，冷凝器的散热通常选这种风量大的风机。

在维修和调整轴流风机时，应注意轮圈与隔板洞孔间的间隙尺寸。间隙过大，会产生气流的短路，过小则可能产生碰撞。对叶片上没有轮圈的风机，叶片顶端与机壳内表间的空隙距离一般要求不大于叶片长度的 1%，越小越好，过大会影响风机的效率和风压，增大噪声。

风量不足、风压不够时，可调整叶片的角度。因叶片角度不同，风压、风量和消耗功率也不同。同样，调整转速，也能获取不同的风压、风量，消耗功率也不同。

7.1.3　空调设备维护简介

常用的空调设备很多，在此简单介绍大金品牌空调的使用、维护和常见故障的处理方法。

1. 大金品牌空调使用简介

为了保护空调，应接通电源 12h 后再开机。为确保空调启动顺利，使用季节内勿关闭电源。使用时需按使用说明选择运转状态，设定合适的温度、风速和风向。

重点提示

① 如果在运转中主电源被关闭，电源恢复后会自动重新启动。

② 送风运转中的温度设定无法使用。

③ 制热运转停止后，大约会有 1min 的送风运转。

④ 风速可以根据室温自动变换。在某些情况下风扇会停止工作（不是故障）。

⑤ 停机后不要立即关闭电源，至少等 5min 再断电，否则可能漏水或发生故障。

⑥ 在室内、外的温、湿度不满足运转条件时，启动空调会使安全装置发生作用而阻止运转，或室内机组可能发生凝露。

⑦ 为高效制冷，风向调节时使挡板略微上翘；为高效制热，使挡板略微下垂。若上挡板、下挡板和联动挡板碰在一起时运转，会引起露水下滴。因此务必使三挡板朝向同一个方向。

2. 故障检修

（1）异常处理

空调在出现异常时，若继续使用可能会损坏，需采取相应措施进行处理，并联系厂家，具体措施如表 7-3 所示。

表 7-3　空调异常时采取的措施

现　象	采 取 措 施
安全装置（如保险丝、断路器、漏电断路器等）多次动作，或者运转开关工作不正常	关闭电源
空调漏水	停止运转
控制盘上的运转指示灯亮起和检验显示指示灯闪烁，并显示故障码	把控制盘上显示的内容通知厂家

（2）维修前检查

在维修空调前应进行检查，具体内容如表 7-4 所示。

表 7-4　维修前检查

现　象	可能原因	措　施
机器不运转	保险丝烧断或断路器断开	更换保险丝或闭合断路器
	停电	无须处理，来电后会自动运转
机器运转随即停止	室内或室外机组的进气口或出气口阻塞	清除障碍
	空气过滤器堵塞	清洁空气过滤器
制冷或制热工作不正常	室内或室外机组的进气口或出气口堵塞	清除障碍
	空气过滤器堵塞	清洁空气过滤器
	温度设置不当	重新设置
	风速设定过低	重新设置
	风向不正确	重新调整
	窗或门打开	关闭门窗
制冷工作不正常	太阳直晒	挂窗帘或百叶窗

（3）空调告警原因

空调告警原因如表 7-5 所示。

表 7-5　空调告警原因

告　警	可能原因
高压保护	冷凝器散热不良
低压保护	制冷剂不足
湿度过高或过低	湿度检测电路故障或缺水
过滤网堵塞	空调检测到过滤网两侧压力相差太大，认为过滤网堵塞
温度过高	热负荷过大，或机房密封不严
气流损失	主风机损坏或皮带松动、过滤网堵塞

3. 维护和保养

保养只能由专业维修人员进行，接触装置前必须切断所有电源。只有在停机并关掉电源后才能清洗空调，否则可能触电，清洗空调时不能用水。

（1）日常保养

① 清洗空气过滤器。不清洗时不要拆卸空气过滤器，否则可能导致故障。空调运转一段时间后，应清洗空气过滤器。在空调的使用环境灰尘较多时，应多次清洗。

清洗前先打开吸入格栅，拆下空气过滤器，再进行清洗。

清洗时不能用 50℃ 以上的热水清洗，以免掉色或变形，也不能在火上烤干。清洗可用真空吸尘器或用水。当尘土过多时，可用软毛刷加中性洗涤剂清洗。洗完后，把水甩干，在阴凉处晾干即可。

清洗后，装回空气过滤器，关闭吸入格栅。

② 清洗出气口、吸入格栅、外壳。清洗时不能用汽油、苯、稀释料、磨光粉或液体杀虫剂，也不能用 50℃ 以上的热水，以免掉色或变形；可用柔软的干布擦拭，若灰尘除不掉，可加水或用中性洗涤剂。

（2）使用季节开始和结束时的保养

① 季节开始。检查室内和室外机组的进气口和出气口是否阻塞，检查接地线及其连接是否完好。

由专业人员清洗空气过滤器及外壳。打开电源（控制盘显示屏上有文字出现）。为保护空调，接通电源 12h 后再开机。

② 季节结束。天气晴朗时进行半天送风运转，使机器内部干燥。关闭电源。请专业人员清洗空气过滤器及外壳。

7.2 动力环境监控系统

对通信电源、机房空调实施集中监控管理是对分布的各个独立的电源系统和系统内的各个设备进行遥测、遥信、遥调、遥控，监视系统和设备的运行状态，记录和处理相关数据，及时侦测故障，通知人员处理，从而实现通信局（站）的少人或无人值守，以及电源、空调的集中监控维护管理功能，可提高供电系统的可靠性和通信设备的安全性。另外，机房需要防雨水、防火灾、防盗，即需要水浸监控、早期烟雾监控和门禁红外告警等，如图 7-6 所示。本节主要介绍动力环境监控的基本内容、监控系统的网络与设备、监控系统的使用和维护方法。

图 7-6　BASS-230 基站动力与环境集中监控器解决方案

7.2.1 动力环境监控系统简介

动力和环境监控系统用于完成对机房的供电和运行环境的监控，系统包括传感器、变送器、协议转换器等，需完成现场数据的采集与传输，同时提供给维护人员使用控制命令实现对部分设备和环境的操作。

1. 动力环境监控设备的分类

根据监控需要，可将动力环境监控设备分为下述 3 类。①电源设备：高压配电设备、低压配电设备、柴油发电机组、UPS、逆变器、整流配电设备、DC-DC 变换器及蓄电池组等。②空调设备：局部空调设备、集中空调设备。③环境设备：烟雾/火警、门禁、水浸、温度、湿度及雷击等传感器。

2. 集中监控的功能

图 7-7 所示是监控系统工作过程。监控系统的工作过程是双向的，被监控的设备和环境信息需经过采集并转换成便于传输和计算机识别的数据形式，再经网络传输到远端的监控计算机进行处理和维护，最后通过人机交互界面和维护人员交流。维护人员可通过交互界面发出控制命令，经计算机处理后传输至现场，经控制命令执行机构使设备和环境完成相应动作。

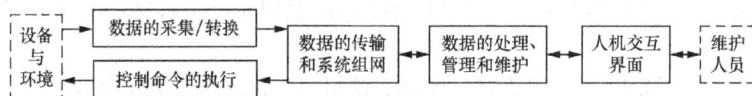

图 7-7　监控系统工作过程

集中监控管理系统功能可分为监控功能、交互功能、管理功能、智能分析功能及帮助功能等。

（1）监控功能

监控功能是监控系统最基本的功能，即监视和控制两部分功能，包括实时监测环境和动力设备的运行参数及工作状态。通过遥测、遥信、遥像，可实时、准确、直观地获取设备运行的原始数据，掌握设备运行状况，查找告警原因，及时处理故障。通过遥控和遥调，可实时、准确地执行控制命令，实现预期动作，或进行参数调整。

（2）交互功能

交互功能是监控系统与维护人员间对话的功能，包括图形界面、多样化的数据显示界面、声像监控界面几种交互形式。

（3）管理功能

管理功能是监控系统最重要和最核心的功能之一，包括对实时数据、历史数据、告警、配置、人员及档案资料的一系列管理和维护功能，即包括数据管理功能、告警管理功能（显示、屏蔽、过滤、确认、呼叫）、配置管理功能、安全管理功能、自我管理功能及档案管理功能等。

（4）智能分析功能

智能分析功能是采用专家系统、模糊控制和神经网络等人工智能技术，在系统运行中对设备的实时运行数据和历史数据进行分析、归纳，以便不断优化系统性能，提高维护人员决策水平的各项功能，具体包括告警分析、故障预测、运行优化等功能。

（5）帮助功能

帮助功能中最常见的是系统帮助功能，是集系统组成、结构、功能描述、操作方法、维护要点及疑难解答于一体的超文本，可为用户提供目录和索引等多种查询方式，还可为用户提供演示和程序。

3. 常见监控硬件

（1）传感器

传感器是监控系统前端测量中的重要器件，负责将被测信号检出、测量并转换成前端计算机能处理的数据信息。传感器常将被测的非电量转换为一定大小的电量输出，主要类型有温度传感器、湿度传感器、烟雾传感器、水浸传感器等，如图 7-8 所示。

（2）变送器

变送器用于将以各种形式输入的被测电量（电压、电流等）按一定规律进行调制，变换成可传送的标准电量信号。

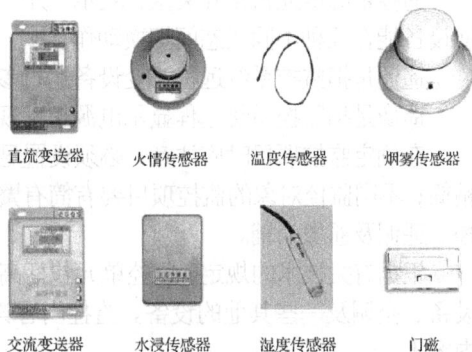

直流变送器　火情传感器　温度传感器　烟雾传感器

交流变送器　水浸传感器　湿度传感器　门磁

图 7-8　主要传感器和变送器

（3）协议转换器

已存在的大量智能设备的通信协议与标准通信协议有不一致的情况时，一般采用协议转换器将其转换成标准协议，再与监控中心主机通信。

（4）数据采集器

数据采集器用于对各种模拟量以及开关量进行采集，具有数据分析、存储和上报功能。

4. 监控系统的数据采集

（1）数据采集与控制系统的组成

针对动力设备的监控量有开关量和模拟量。关于开关量的采集，其输入简单，数字脉冲可直接作为计数输入、测试输入、I/O 输入或中断源输入，进行事件计数、定时计数，实现脉冲的频率、周期、相位和计数测量。对模拟量的采集，须通过模数转换后送入总线、I/O 或扩展 I/O；对模拟量的控制需通过数模转换后送入相应控制设备。数据采集与控制系统如图 7-9 所示。

（2）串行接口与现场监控总线

串行通信是 CPU 与外部通信的基本方式之一，在监控系统中采用串行异步通信方式，一般设定速率为 2400bit/s～9600bit/s。监控系统常用的串行接口有 RS-232、RS-422、RS-485 等。动力监控现场总线一般采用 RS-422 或 RS-485 总线，由多个单片机构成主从分布式大规模测控系统，具有 RS-422 或 RS-485 接口的智能设备可直接接入，具有 RS-232 接口的智能设备需将接口转换后接入；各种高低配实时数据和环境监控量、电池信号通信采集器接入现场控制总线，送到端局监控主机，然后上报监控中心。图 7-10 所示为端局现场监控系统。

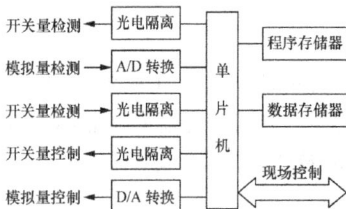

图 7-9　数据采集与控制系统

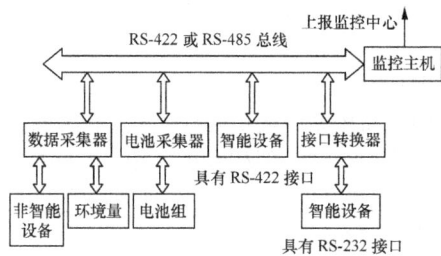

图 7-10　端局现场监控系统

5. 监控内容

集中监控系统的作用就是对通信电源、机房空调、环境条件实施集中监控管理，实时监视设备运行状态，记录和处理相关数据，侦测故障并通知人员处理。监控项目简称为"三遥"，即遥测、遥信（遥像归入遥信）、遥控（遥调归入遥控）。

遥测的对象都是模拟量，包括电压、电流、功率等各种电量，以及温度、压力、液位等各种非电量。

遥信的内容一般包括设备运行状态和状态告警信息两种。

遥控量的值通常是开关量，表示"开""关"或"运行""停机"等信息，也有采用多值的状态量，使设备能在几种不同状态间切换动作。

遥调是指监控系统远程改变设备运行参数的过程，其对象一般为数字量。

遥像是指监控系统远程显示电源机房现场的实时图像信息的过程。

在确定监控项目时应注意，必须设置足够的遥测、遥信监控点；监控项目力求精简；不同监控对象的监控项目要有简有繁；监控项目应以遥测、遥信为主，以遥控、遥调及遥像为辅。

根据有关技术的规定，监控单元包括高压配电设备、低压配电设备、整流配电设备、空调及一些其他的设备。监控内容详见【拓展内容 10　各监控对象及监控内容】。

拓展内容 10
各监控对象及监控
内容

7.2.2　监控系统网络与硬件

监控系统有多种组网形式，目前基站主要采用模拟量监控系统。

1. 系统的分层结构

整个监控系统可以划分成 3 层，分别为集中监控中心（Central Supervision Center，CSC）、区域监控中心（Local Supervision Center，LSC）、现场监控单元（Field Supervision Unit，FSU），如图 7-11 所示。

独立监控子系统与干节点监控子系统的组网详见【拓

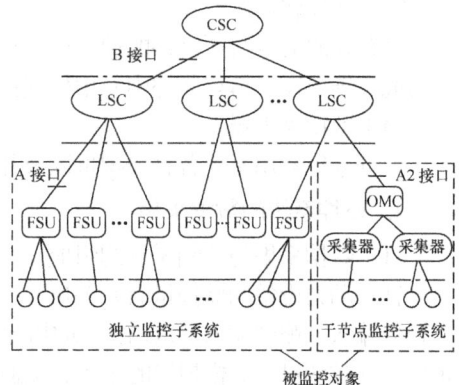

图 7-11　监控系统组网

展内容 11 独立监控子系统与干节点监控子系统的组网 】。

2. 模拟量监控系统

由于数字量监控系统在应用中具有较大的局限性，目前越来越多的模拟量监控系统得到应用。模拟量监控系统采用一种新颖的、基于 E1 通道及 IP 路由分级复用的集中监控数据传输复用技术，通过分级复用和接入路由信息节省投资，不用在监控中心配置昂贵的集中解复设备。系统可将多达 60 路的监控数据复用到一个 E1 通道上，不再需要在很多个传输业务数据的 E1 通道上插入监控数据，便于监控数据与业务数据的分离，有利于基站动力环境等设备的管理部门对监控数据的独立管理。该系统采用一种全新的 2M 传输组网理念，创造性地提出了基于 2M 总线环的基站监控数据传输组网解决方案。

拓展内容 11 独立监控子系统与干节点监控子系统的组网

（1）系统组成

基站监控传输组网系统由基站端接入设备 DAM-2160、中心端接入设备 BASS281 及传输网管系统组成。

基站端接入设备又可称为时隙插入复用器，每台复用器配置有 8 路 RS-232 接口，用于与被监控设备的数据交互；每台复用器配置 2 路 E1 接口，用于连接 E1 传输通道，形成数据传输链路。

中心端设备置于监控中心，能同时与多达 720 个节点进行监控数据交互；能将复用器插入 E1 通道的 RS-232 接口数据转换成 IP 包并传输到管理服务器；能将从管理服务器发出的 IP 包进行信息解析并提取出控制信息，将控制信息插入 E1 通道并传输到被监控设备，实现对被监控设备的控制。中心端设备可以对基站端复用器进行配置及监控。

中心端设备和基站端复用器配套使用，可构成链状或自愈环状集中监控系统传输网络。

DAM-2160 2M 数据接入复用器如图 7-12 所示，采用大规模专用集成电路设计，基于 E1 传输，从 E1 电路中提取部分时隙实现多个异步串口的复用传输；可提供 4 个～8 个异步串口，适合应用于各种数据采集监控系统。

图 7-12 DAM-2160 2M 数据接入复用器

（2）组网方案

模拟量监控网络利用 SDH 环构建 2M 总线环路独立传输，不再从 BTS 的 2M 传输链路上抽取时隙，实现了业务与承载的彻底分离；每个基站占用 1 个～4 个时隙用于监控数据传输，类似于 SDH 传输环路的自愈功能，具有 2M 传输链路自愈保护功能。

基站端数据接入通过一台具有东西两个方向 E1 接口的 2M 复用设备（DAM-2160）提供多个 RS-232 接口，并通过这些接口，将基站端的多个智能设备（开关电源、动力环境监控采集器、智能门禁等）统一接入，加上路由信息后再复用到 2M 电路上。

通过中心网管系统，可以设定 DAM-2160 的 RS-232 接口速率，并根据接口使用情况手动设定时隙占用数量。每台 DAM-2160 均有唯一的 16 位编码 ID 地址，且该 ID 号可以与基站编号进行绑定，便于设备管理。

每两路 RS-232 接口数据占用 1 个 64kbit/s 时隙。E1 中的 TS0 时隙用于链路帧同步，TS16 时隙用于传输设备配置等信息，所以实际可以使用的时隙数量为 30 个。按照基站智能设备接入数量，一个 2M 环最多可以接入 15 个基站。基站集中监控组网如图 7-13 所示。

系统具有故障或断电直通的安全保护机制，某个节点上的某台或多台设备故障不会影响其他节点数据的传输。2M 总线环上某个节点的 2M 传输中断时，可瞬时自动切换到备份路由，数据传输不受影响。

与现有的监控系统组网最大的不同是，模拟量监控系统具有完备的传输网管功能，可以实时监测 2M 传输网上各节点设备和传输链路正常与否；可以手动为 2M 环上的各节点复用设备分配时隙；能自动生成各个 2M 环路的物理连接拓扑图。

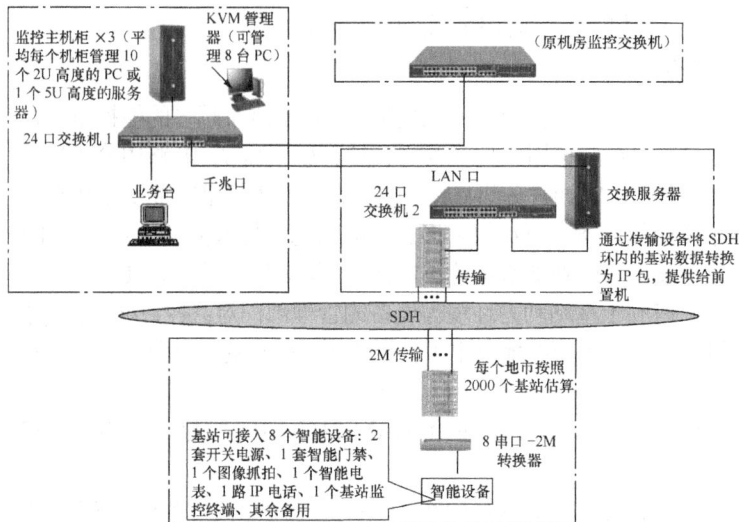

图 7-13　基站集中监控组网示例

中心端可以远程配置底端的每一个 RS-232 接口，并能监测每一个串口的工作状态；底端基站的传输割接后（割接到其他 2M，或割接到其他 155M），中心端会及时告警，并能方便地对底端通信接口进行修改配置。

基站传输割接，对上层监控系统原来已配置好的参数不产生任何影响，不用修改原有配置资料。具有完善的告警功能（传输中断、接口断线、2M 电路异常等）；具有远端环回测试功能，便于故障定位分析。当 2M 环上的基站已满配置时，如果因基站割接或搬迁需要在这个环上增加新设备，系统会给出告警信息，提示该环基站配置已满，没有空闲时隙可以使用。

集中网管系统具有当前告警列表和告警确认、告警统计分析等功能。

系统具有基站查询功能，按基站名或基站编号查询时，可知道该站在哪个 2M 环上。

（3）DAM-2160 系统维护

DAM-2160 监控传输系统告警信息如下所述。

无码：红灯亮时，表示接收不到信号，可能接收 2M 线路断开或 "IN" "OUT" 接反。

AIS：黄灯亮时，表示接收到全 "1" 信号，可能对端设备电路或线路故障。

失步：红灯亮时，表示检测到线路信号失步，可能 2M 同轴线路接地、接触不良或 2M 同轴线路过长。

对告：黄灯亮时，表示接收到对端告警信号，若本端设备不亮红灯，检查对端设备。

系统运行当中出现故障时，应首先观察电源工作是否正常，再检查面板上的 2M 信号告警灯是否正常。如果不正常，可以用自环方法将 2M 故障定位。

7.2.3　智能门禁系统

智能门禁系统是通过电子化手段，以预授权和远程监控等方式对受控区出入人员、出入时间进行监测与控制的安全系统。

1. 组成与应用

智能门禁系统由门禁控制模块、读卡头、电动门锁、出门按钮、射频卡、发卡器、短信模块及系统中心管理软件等组成，其功能主要包括受控机房、基站出入人员设置与权限设置、更改与删除，受控机房、基站出入信息的实时监控与历史统计，授权人员出入授权机房、基站的实时/历史信息统计，监控中心远程控制受控机房、基站的出入功能。

（1）门禁控制模块

门禁控制模块（见图 7-14）具有门禁设防、撤防和屏蔽告警功能，支持各种电控门锁，支持黑/白名单两种工作方式。自动对卡的合法性、权限、时段、有效期及是否为挂失卡等进行判别，只有符合条件才会开门，同时会将考勤记录写到门禁控制模块和 IC 卡内。

读卡感应距离在 60mm 以内，门禁控制模块可存储 5000 条记录，支持两个读卡头，鉴权耗时小于或等于 0.5s，中心对卡的读写时间小于或等于 2s，黑/白名单数目为 1000 个。

图 7-14　门禁控制模块

（2）工作方式

① 黑名单工作方式。指门禁控制器内存储丢失卡卡号信息，在这种工作方式下，控制器内存有卡号的均为丢失卡，在中心挂失后不能够开门。

② 白名单工作方式。指门禁控制器内存储有效卡卡号信息，在这种工作方式下，控制器内存有卡号的均为有效卡，能够开门，没有存储卡号的卡不能够开门。

2. 维护

① BASS-260 的电源（POWER）指示灯不亮。检查 BASS-260 的电源开关是否置于"开"的位置上、其电源输入端是否有 24V/-48V 的直流电、电源的极性是否接反。

② 电源（POWER）指示灯亮，但状态（STATE）指示灯不闪烁。这说明 BASS-260 不是处于工作状态，正常的情况下，状态指示灯应该一直闪烁。应该检查电源输入端的电压是否在 DC 14V～63V，如果电源电压超过这个范围，BASS-260 可能无法正常工作。

③ 电磁锁无法工作。可以按 BASS-260 的开门按钮（电源开关的旁边）和出门按钮，看电磁锁是否动作。如果无法动作，则检查电磁锁的接线是否正确及供电电压是否达到电磁锁的要求（一般要求达到 DC12V）、电源的输出电流是否足够，尤其是使用脉冲锁时，其开锁电流应达到 3A 左右，所以要求供电的电源要有 3A 以上的输出电流。如果电磁锁需要的电压范围超出了 DC 9V～15V，则 BASS-260 和电磁锁就需要使用不同的电源分别供电。

④ 刷卡无法开门。

● 如果刷卡时读卡头的读卡（双色）指示灯为红色闪烁状态，说明 BASS-260 检测到有卡，但判断这是无效卡，所以不开门。这有两种可能：一是 BASS-260 的参数（包括区号、站号、机内时间等）还未设好；另一种可能是该卡不是本系统卡，或者没有进这个站的权限，或者该时段不可以进入，或者属于黑名单卡，或者不在有效期内。如果用有效卡刷卡，但读卡指示灯没反应，则需将读卡器交回厂家检测。

● 在正常的情况下，用合法的卡刷卡，读卡指示灯会发绿光并闪烁一下。对于需要将读卡头埋在墙内的情况，读卡指示灯会安装在 BASS-260 内部，打开其外壳即可看到。

⑤ 刷卡有时能开门，有时不能开门。用开关电源的基站，需检查开关电源 12V 输出是否正常和开锁瞬间电压的变化（不能低于 11V）。电压太低、电流太小会导致刷卡时开不了门或是偶尔才能开门的情况出现。

⑥ 刷卡时读卡头没有亮灯。如果刷卡开不了门且读卡头的灯不闪，首先检查读卡头与门禁机连接是否牢固，如果连接正常，就是智能门禁机读卡模块损坏，需更换门禁机。

⑦ 刷卡后读卡指示灯正常但无法开门。如果刷卡时读卡头闪绿灯，而在电控锁上测量不到电压（要先把电控锁电源线拆除），用万用表测量 BASS-260 的继电器输出端 COM 与 NC，检查在按开门按钮时继电器有没有导通。如果没有则主机继电器损坏，应更换主机。

对于脉冲门锁要检查 BASS-260 继电器吸合时间，若继电器吸合时间设得很短，测试开门时会误认为开不了，可以连续按开门按钮来测试门锁，这样可以让门锁长时间通电。另外要注意，有的玻璃门锁是断电才开的，电源线要接在 BASS-260 继电器输出端 COM 和 NC 上。

7.2.4 集中监控系统日常使用和维护

实施集中监控的根本目的是提高通信设备运行的可靠性，同时提高管理水平，提高工作效率，降低维护成本和运行成本。这些必须在合理使用和维护的情况下才能实现。

1. 监控系统的使用

监控系统基本的功能：对电源设备及环境的实时监视和实时控制；分析电源系统运行数据，协助故障诊断，做好故障预防；辅助设备测试；实现维护工作的管理与监督等。

2. 监控系统的维护体系

维护管理人员可分为监控值班人员、技术维护人员和应急抢修人员。

监控值班人员是各种故障的第一发现人和责任人，也是系统的直接操作者和使用者。其主要职责：坚守岗位，监测系统及设备的运行情况，及时发现和处理各种告警；进行数据分析，按要求生成统计报表，提供运行分析报告；协助进行监控系统的测试工作；负责监控中心部分设备的日常维护和一般性故障处理。

技术维护人员是在值班人员发现故障告警后进行现场处理的人员。其主要职责：对系统和设备进行例行维护和检查，包括对电源、空调设备、监控设备、网络线路和软件等进行检查、维护、测试、维修等，建立系统维护档案。

应急抢修人员主要在发生紧急故障时进行紧急修复工作，并配合技术维护人员承担一定的工程日常维护工作。

3. 告警排除及步骤

通过监控告警信息发现市电停电等；通过分析监控数据发现直流电压抖动但没有告警等；观察监控系统运行情况异常，发现监控系统误告警等；进行设备例行维护时发现熔断器过热等。

告警信息按其重要性和紧急程度划分，可分为一般告警、重要告警和紧急告警。监控值班人员在发现告警时应立即确认，并进行分析判断和相应处理。机房集中监控系统周期性维护检测项目如表7-6所示。

表7-6 机房集中监控系统周期性维护检测项目

项目	维护检测内容	维护检测要求	周期	责任人
监控系统	监控主机、业务台、图像控制台、IP浏览台的运行状况	端局数据上报是否正常，监控系统的常用功能模块、告警模块、图像功能及联动功能等是否正常	日	中心值班人员
	系统记录	查看监控系统的用户登录记录、操作记录、操作系统和数据库日志，检查是否有违章操作和运行错误	日	系统管理员
	本地区所有机房浏览	浏览监控区内所有机房，查看设备的运行状况是否正常	日	中心值班人员
	监控系统病毒检查	每星期杀毒一次	周	中心值班人员
	检查系统主机的运行性能和磁盘容量	检查业务台、前置机和服务器的设置及机器运行的稳定性，检查各系统和数据库的磁盘容量	月	系统管理员
	资料管理	监控系统软件、操作系统软件管理，报表管理	月	系统管理员
	采集器、变送器、传感器	和监控中心核对端局采集的数据，确定采集器、变送器、传感器是否正常工作	月	中心值班人员及端局监控责任人
	端局图像硬件系统	中心配合端局人员对摄像头、云台、PLD、画面分割器、视频线和接插件进行检查	月	中心值班人员及端局监控责任人
	广播和语音告警	检查音箱和话筒，测试广播和语音告警	月	中心值班人员及端局监控责任人
	端局前端设备现场管理	检查监控区域内所有端局设备和采集器等的布设、安装连接状况，线缆线标等是否准确	月	端局监控责任人
	监控系统设备清洁	对中间配线区（Intermediate Distribution Area，IDA）监控机架等进行清洁	月	端局监控责任人

续表

项目	维护检测内容	维护检测要求	周期	责 任 人
数据量	低压柜	检查三相电压是否平衡，看市电频率是否波动频繁	季	中心值班人员及端局监控责任人
	自动转换开关（Automatic Transfer Switching，ATS）	开关状态，油机自启动功能检查	季	中心值班人员及端局监控责任人
	油机	启动电池电压不低于额定电压，观察油机运行的各项参数（尤其是油位、油压和频率）	季	中心值班人员及端局监控责任人
	开关电源	检查整流器模块的输出电流是否均流、直流输出电流和输出电压及蓄电池总电压是否正常	季	中心值班人员及端局监控责任人
	UPS	检查 UPS 输出的三相电压是否平衡、三相电流是否均衡，检查 UPS 的工作参数是否正确	季	中心值班人员及端局监控责任人
	交直流屏	检查三相电压是否平衡、市电频率是否波动频繁、负载电流是否稳定正常	季	中心值班人员及端局监控责任人
	机房空调	观察空调温度、湿度设置是否合理，检查是否符合机房环境要求，检查风机及压缩机工作是否正常	季	中心值班人员及端局监控责任人
环境量	空调、水浸	检查传感器是否正常运行	季	中心值班人员及端局监控责任人
	各机房温度	检查传感器是否正常运行，精度是否达到要求	季	中心值班人员及端局监控责任人
	门禁系统	检查门管理、卡管理和卡授权是否正确	季	中心值班人员及端局监控责任人
	红外告警	检查红外传感器是否准确告警	季	中心值班人员及端局监控责任人
其他	剩余非重要项目检测	按软/硬件功能测试要求对剩余非重要项目进行测试	年	中心值班人员及端局监控责任人

机房集中监控系统告警处理流程如图 7-15 所示。

7.2.5 监控系统的工程施工

监控系统的工程施工包括设备安装、布线、系统供电和调测等过程。

1. 工程施工的基本原则

由于工程施工是工程设计的实现过程，所以进行工程施工时除了需遵守国家有关的法律法规和施工规范，还需遵循一个原则，即必须严格按照设计方案、设计图纸进行施工。当然，在设计工程中难免出现由于对现场条件不熟、考虑不周以及施工过程中现场条件的变化，使得原设计方案不能适应现场的实际情况，这时就必须对设计方案进行一定的调整和修改，以适应新的需求。

工程施工过程中还需尽量不影响通信电源系统的正常供电，不能由于施工的不合理或误操作而使电源设备不能正常工作，进而影响到通信设备，造成通信事故。施工过程中确实需要切断交流电源或停止供电设备运行时，需事先征得用户同意，并做好充分的准备工作，尽量将需断电进行的施工项目集中进行，每次断电操作的时间不宜超过 1h。

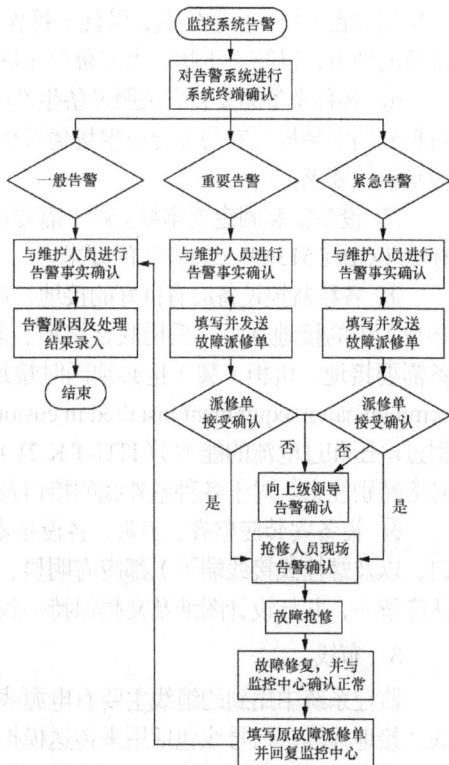

图 7-15 机房集中监控系统告警处理流程

此外，施工过程中还有必要由用户方代表对工程进行随工检验，即随时检查各部件的安装位置是否符合要求，是否会影响电源设备本身的正常运行。对于不符合要求的应立即要求施工人员予以改正，厂商施工人员也应派专人对工程进行随工检验。

2. 设备安装

监控系统中的硬件设备可以分为4类，即前端采集设备、网络传输及接口设备、计算机及其外围设备、附属及配套设备。其中，前端采集设备包括传感器、变送器、通用采集器等；网络传输及接口设备包括集线器、路由器、调制解调器、接口转换器等；计算机及其外围设备包括服务器、工作站、工控机、打印机等；附属及配套设备包括电源、大屏幕显示器、机柜（架）等。设备安装需要遵循以下一些规范。

① 设备安装应符合安全可靠、便于维护、不破坏原有环境的协调的基本要求。

② 前端采集设备中的传感器和变送器的安装位置应能真实地反映被测量的值，不受其他因素的影响；应符合就近安装、隐蔽安装、最少改动3个原则。其中，就近安装是指传感器和变送器的安装应尽量靠近原始测量点，以减少干扰，提高可靠性和安全性；隐蔽安装是指器件应尽量利用用户设备的机柜（架）进行安装，不能因安装而影响用户设备的正常工作和维护；最少改动是指安装器件时尽量不改动用户设备，除非按监控要求必须改动用户设备。

③ 前端局站的采集器、计算机设备及网络传输设备应利用机柜（架）集中安放，要求布局合理，利于设备散热及检修维护。对于不适合于集中安放的采集器（如蓄电池监测仪），可以在被监控设备附近以落地式或壁挂式箱体的方式就近安装。有条件的局站也可以将计算机设备安放在专用工作台（桌）上，以便于维护。

④ 在局站通信电源设备机房内安装监控设备机柜、数据采集箱等，应不影响通信电源设备正常的操作、维护，不应占用维护、安全通道以及电源设备的远期预留位置。

⑤ 监控中心的网络传输及接口设备通常采用机柜（架）集中安放；计算机及其外围设备通常采用专用工作台（桌）分散安装，以便于操作和维护。监控中心的UPS等电源设备尽量放置在远离计算机设备的地方，以防止干扰。大屏幕显示器、电视墙等设备一般采用立架或墙体安装。

⑥ 各种设备的安装应按照设备生产厂家的说明书或同类设备统一的安装规范进行操作，若所选设备自身的安装规范有与设计或现场情况相悖的，应及时更换设备，以保证设备正常工作，使系统达到预定设计要求。

⑦ 设备安装固定要牢靠。对于需要加固的设备，其加固方式应满足《通信设备安装工程抗震设计标准（GB/T 51369—2019）》的要求。

⑧ 各种监控设备应有良好的接地，接地符合《通信局（站）电源系统总技术要求》（YD/T1051—2018）中的接地规范，采用联合接地。需要注意的是，当采用机柜（架）集中安放设备时，除了设备需要接地，机柜（架）也必须同时接地。设备还应有防雷措施，防雷应符合《Resistibility of tele-communication equipment installed in customer premises to overvoltages and over currents》（电信交换设备耐过电压和过电流的能力）（ITU-T K.21）中对防雷与过压、过流保护能力的要求，这一点在选用设备时应特别注意。对于各种室外线的接口及重要设备的接口，一定要加装防雷保护器件。

⑨ 设备安装应整齐、美观，各设备本身及其接口（尽量便捷、可靠的插拔式、卡接式或压接式接口，以及螺栓式接线端子）都应有明显、清晰的标牌或标签，标牌或标签样式、格式及命名、编号方法应统一，并与设计图纸及文档保持一致。

3. 布线

监控系统中用到的缆线主要有电源线和信号线两大类，电源线包括交流电源线、直流低电压电源线、接地线等；信号线包括用来传送模拟信号的视频电缆、模拟传感器（变送器）信号线，用来传送数字信号的串行数据总线、并行数据总线、计算机网线，以及用来进行远距离传输的电话线、专线等。传输线路通常由电信局提供。如果在监控现场采用现场总线技术，则可以将电源线和信号线合二为一，简化布线。

缆线的布设需要遵循以下一些规范。

① 缆线的规格、路由和位置应符合设计规定，缆线排列必须整齐、美观，缆线外皮应无损伤。

② 接点、焊点可靠，接插件牢固，保证信号的有效传输。尽量采用整段的线材，避免在中间制作接头；若实际需要长度比缆线总长度长，则应保证多段缆线间接续牢固、可靠。

③ 缆线应有统一编号，缆线头上的标注应做到正确齐全、字迹清晰不易擦除。编号应与图纸保持一致，按编号应能从图纸上查出缆线的名称、规格和始终点。

④ 布线应充分利用运营商的地沟、桥架和管道，简化布线。不提倡布明线，若不得不布明线时，应注意隐蔽、美观，应给原有空间留出最大位置，以便于以后安装其他设备；墙上走线最好选用 PVC 装饰线槽，地面或设备附近走线应使用合适的线槽或线管，保证安全可靠。

⑤ 布设于地沟、桥架的缆线必须绑扎，绑扎后的电缆应相互紧密靠拢，外观平直整齐，线扣间距均匀、松紧适当，尽量与原走线的风格保持一致；布设于活动地板下和顶棚上的线应采用阻燃材料的槽（管）安放，尽量顺直，少交叉。

⑥ 监控系统采用的缆线均应使用阻燃材料；应根据现场环境条件选用绝缘性能、抗干扰性能、抗腐蚀性能等均符合要求的缆线；对于易受电磁干扰的信号线应采用屏蔽线，安装时要注意屏蔽层的正确接地。

⑦ 信号线、电源线应分离布放。信号线应尽量远离易产生电磁干扰的设备或缆线。

⑧ 室外架空线应在设备端采取必需的防雷措施，在加装避雷器时一定要保证接地良好。

4. 系统供电

正如通信电源是通信系统的"心脏"一样，监控系统供电也是监控系统的动力源泉。由于监控系统设备种类繁多，各种设备对电源的要求各不相同，所以整个系统的供电有着多样化的特点。通常监控系统中常用的供电电压有 220VAC、-48VDC、12VDC、24VDC 等。根据监控系统可靠性的要求，其系统供电应符合如下要求。

① 符合供电及电力安全标准，符合电力部门安装标准；市电停电时系统能够正常运行；交/直流分开，分路可控，便于维护与操作。

② 当监控设备集中供电时应有专用配电设备，其中应有多分路端子维护开关、保护回路，该设备应易于安装、外形美观。

5. 系统调测

系统调测包括调试和测试两个不同的步骤。调试是通过对已安装设备的工作状态、工作参数的调整和配置，使系统各组成部分本身及各部分间能协调工作，以达到系统设计要求。测试是对已安装设备及整个系统是否能够正常工作、是否符合设计指标要求的一种验证。调测工作贯穿于整个施工过程，从元器件的选用、设备的安装、缆线的布设到系统成型，每个环节都应进行必要的调测工作。工程施工结束后，还需进行整个系统的综合调测，方能宣告竣工。对于系统的调试，各系统开发厂商有着各自的方法和流程；对于系统的测试，则执行统一的标准和方法。

由于监控系统是一个复杂的系统，并且直接关系到通信电源系统的正常工作及其维护，因此运营商应派专人跟随整个施工及调测过程，随时了解工程进展情况，及时询问各种疑点，详细记录施工过程中遇到的各种障碍及解决办法，严格进行随工检验。这样有利于尽快熟悉系统，为今后的使用和维护做好准备。

小结

空调主要由制冷系统、风路系统、电气系统及箱体与面板等部分组成。空调中通过液态制冷剂气化、气态制冷剂冷凝过程吸收和释放热量，起到循环制冷的作用。

空调制冷通过压缩、冷凝、节流、蒸发过程实现。空调的风路系统用于实现机房内空气流动，以均匀降温。

不同厂家、不同类型的空调有不同的使用方法和故障排除方法，在使用中要注意日常的保养。

基站动力与环境监测系统用于实时监视通信系统和设备的运行状态，记录和处理相关数据，及时侦测故障，并通知人员处理，从而实现通信局（站）的少人或无人值守，提高通信系统的可靠性和通信设备的安全性。

监控系统以"三遥"实现对动力设备和机房环境的监测和控制的功能。系统可采用数字量监控，也可采用模拟量监控；可采用独立子系统组网，也可采用干节点子系统简易监控。

监控系统必须严格按规定进行日常的使用和维护，并及时排除故障。

习题

一、填空题

1. 制冷系统工作时，制冷剂在冷凝器中_____，_____热量，在蒸发器_____，_____热量。

2. 空调一般由四大部分组成：_____、_____、_____、_____，另外还有各种风机和控制装置。

3. 空调中的电磁换向阀也称_____，由它改变_____的方向，从而实现制冷和制热的变换。

4. 监控系统采用_____技术、_____技术和_____技术，以有效提高通信电源、机房空调的维护质量。

5. 根据监控需求，动力环境设备分为_____、_____、_____ 3 类。

6. 采样器件中，门禁、水浸传感器接线是_____极性的，直流采样接线是_____极性的。

二、判断题

1. 基站壁挂式空调室内机允许安装在基站设备上方。 （ ）

2. 空调漏水的一般原因是水管堵塞，接水盘损坏等。 （ ）

3. 开关电源系统的机架上方不允许安装任何灯具、烟雾传感器等悬挂式顶置器件。 （ ）

4. 日常基站维护工作中，可用打火机来检查火灾传感器的工作是否正常。 （ ）

5. 水浸传感器必须固定，并选择在地势较高处。 （ ）

6. 门禁系统电压太低可能导致刷卡无法开门。 （ ）

7. 基站监控系统的信号线可以与交、直流电源线捆扎在一起。 （ ）

8. 环境温度传感器应避免受到空调的直接影响，避免安装在空气不流通的死角。 （ ）

9. 模拟量监控系统传输电路是从 BTS 上的 2M 传输上抽取时隙的。 （ ）

10. 类似于 SDH 传输环路，模拟量监控系统具有 2M 传输链路自愈保护功能。 （ ）

三、选择题

1. 蒸发器表面结霜的原因可能是（   ）。
   A. 蒸发压力过低　　　　　B. 蒸发压力过高　　　　　C. 与压力无关

2. 制冷系统脏堵常发生在（   ）。
   A. 冷凝器　　　　　　　　B. 干燥过滤器　　　　　　C. 蒸发器

3. 监控设备信号地与机壳隔离的目的是（   ）。
   A. 防信号干扰　　　　　　B. 防雷　　　　　　　　　C. 防触电

4. 门禁属于（　　　）。

    A. 遥控　　　　　　　　　　　B. 遥信　　　　　　　　　　C. 遥测

5. 监控液晶屏无显示，"电源"指示灯不亮的原因可能是（　　　）。

    A. 电源线未连接正确　　　　　B. 电源未开

    C. 电源线保险烧断　　　　　　D. 以上均是

6. 以下（　　　）采集的是数字量。

    A. 整流告警　　　　　　　　　B. 温度告警

    C. 水浸告警　　　　　　　　　D. 门禁告警

四、简答题

1. 简述空调的组成及各部分的作用。

2. 简述空调制冷系统的工作原理。

3. 简述空调维护保养工作的内容。

4. 简述集中监控系统的作用及监控内容。

5. 模拟量监控系统如何实现传输？

08 第8章 基站建设维护规范

【主要内容】基站维护是确保移动通信畅通的必要环节，必须了解相关的建设规范。本章主要介绍基站勘测设计基础，基站施工中的基站布局、设备安装规范；攀登铁塔的安全规范；基站维护的内容、实施，基站维护的主要项目及要求、安全规范；基站设备的安装、维护规范。

【重点难点】基站维护的主要项目及要求、安全规范；基站设备的安装、维护规范。

【学习任务】了解基站勘测设计基础知识，掌握基站建设、维护规范及安全操作常识。

8.1 基站建设基础

在基站的日常维护中，维护人员了解基站建设施工规范有利于维护工作的进行。本节主要介绍基站勘测设计基本知识及基站建设施工技术规范。

8.1.1 基站勘测设计基础

基站勘测主要包括基站选址和详细勘测两大部分。基站勘测人员需要了解无线传播理论的基础知识、基站设备的技术性能、天馈系统知识等。

1. 基站选址

基站选址是勘测中比较关键的步骤。规划人员根据网络建设的要求到所覆盖的区域进行调查、研究，收集数据，包括地形特点、用户分布情况、经济状况、交通情况、城市规划情况等。在这一阶段，需根据覆盖和容量规划的综合要求，兼顾整体性和长期性的原则，在地图上选择理想基站位置。在确认理想站址后，就要和基站所处位置的房东或土地所有者联系，确认是否能购买或租借到理想站址空间。

基站选址原则如下。①保证重要区域和用户密集区的覆盖。②在不影响基站布局的情况下，考虑原有设施的利用。③城市市区或郊区海拔很高的山峰一般不作为站址。④新建基站应建在交通方便、市电可用、环境安全的地方，避免建在大功率无线电发射台、雷达站或其他干扰源附近，应远离树林处以避免接收信号的衰落。⑤将基站站址选择在离反射物尽可能近的地方或将基站选在离反射物较远的位置时，将定向天线背向反射物。⑥在市区楼群中选址时，可利用建筑物的高度，实现网络层次结构的划分。⑦避免将小区边缘设置在用户密集区。⑧考虑长期建设需要，如果需要网络扩容，还要注意和现有网络基站的配合。

> **重点提示** 基站选址强制要求：站址应有安全环境；站址应选在地形平坦、地质良好的地段；站址不应选择在易受洪水淹灌的地区；当基站需要设置在机场附近时，其天线高度应符合机场净空高度要求。

在租用机房时还要考虑房龄、房屋完好程度、机房空间、机房荷载能力、楼面承重（设备与天馈系统）能力等方面的要求。

2. 基站勘测

详细勘测是设计过程中一项非常重要的工作。勘测的细致程度、记录的完整程度直接关系到设计能否指导工程的实施，能否正确计算出工程的投资。在进行概算时，如果没有勘测的数据或数据不全、不准，设计与实际的偏差就会较大，必然导致需要再次勘测，这会增加工作量和成本。

基站勘测流程就是在规划的基础上明确最终站址、配置、天线等参数，勘测的结果又反馈到规划中进行局部调整。

无线侧基站相关勘测内容：基站机房的本身情况，包括大小、位置、结构等；基站机房外的环境情况，市电供电和接地情况；基站无线设备、基站电源设备、天馈线系统及相关电缆的布放路由。

设计单位提供各基站的铁塔或桅杆工艺要求，铁塔或桅杆的设计、安装、接地及改造由相关铁塔设计单位或厂家负责；基站的土建、机房改造及机房接地系统均由建设单位负责实施。

基站勘测前需做好相应的准备工作，如准备工具、前期规划方案、勘测计划，了解本期工程设备的基本特性（包括基站、天馈系统、电源等设备的物理特性和基本配置）及获取机房的图纸等。

（1）机房内勘测

机房内勘测内容：确定所选站址建筑物的地址信息；记录建筑物的总层数、机房所在楼层（机房相对整体建筑的位置）；记录机房的物理尺寸，包括机房长、宽、高（梁下净高），门、窗、立柱和主梁等的位置和尺寸及其他障碍物位置、尺寸；判断机房建筑结构、主梁位置、承重情况（BTS 机柜承重要求大于或等于 600kg/m^2，一般的民房承重应在 $200\text{kg/m}^2 \sim 400\text{kg/m}^2$，不足的情况下需采取措施增加承重），并向建设单位陪同人员和业主索取有关信息；确定机房内设备区的情况，机房内已有设备的位置、设备尺寸、设备生产厂家、设备型号；确定机房内走线架、馈线窗的位置和高度；了解机房内市电容量及市电引入、接地的情况；了解机房内直流供电的情况；了解机房内蓄电池、UPS、空调情况；了解基站传输系统情况；了解机房接地情况；拍照存档。

机房内勘测步骤如下所述。

① 进入机房前，在勘测表格上记录所选站址建筑物的地址信息。

② 进入机房，在勘测表格上记录建筑物的总层数、机房所在楼层；并结合室外天面草图画出建筑内机房所在位置的侧视图。

③ 在机房草图中标注机房的指北方向；机房长、宽、高（梁下净高）；门、窗、立柱和主梁等的位置和尺寸；其他障碍物的位置、尺寸。

④ 机房内设备区勘测：根据机房内现有设备的摆放图、走线图，在草图上标注原有设备、本期新建设备（含蓄电池）的摆放位置；机房内部是否需要加固需经有关土建部门核实。

⑤ 确定机房内走线架、馈线窗的位置和高度：在机房草图上标注馈线窗位置和尺寸、馈线孔使用情况；在机房草图上标注原有、新建走线架的离地高度以及走线架的路由；统计需新增或利旧走线架长度。

⑥ 了解机房内市电容量及市电引入的情况：对于新建站需明确市电容量和引入位置，并根据典型基站的电源容量判断是否需要市电增容，在草图上标注引入点的位置和引入长度。

⑦ 了解机房内交/直流供电的情况：对于已有机房，在勘测表格中记录开关电源整流模块、空开、熔丝等使用情况，判断是否需要新增设备，做好标记，并现场拍照存档。

⑧ 了解机房内蓄电池、UPS、空调、通风系统情况：对于已有机房，在勘测表格中记录机房内蓄电池、UPS、空调、通风系统的一些参数；判断是否需要新增或替换设备，并现场拍照存档。

⑨ 了解传输系统情况：对于已有基站，需了解的传输情况包括传输的方式、容量、路由和 DDF 端子板使用情况等。

⑩ 确定机房接地情况：对于租用机房，尽可能地了解接地点的信息，在机房草图上标注室内接地铜排安装位置、接地母线的接地位置、接地母线的长度。

勘测中还应从不同角度拍摄机房照片，必要时对局部特别情况（馈线窗、封洞板、室内接地铜排、走线架、馈线路由、原有设备和预安装设备位置）拍摄照片进行记录。

（2）机房外勘测

机房外勘测内容：基站经纬度与方位；塔桅勘测；天面勘测内容、拍照存档；绘制天馈系统安装草图；记录并拍摄室外接地铜排情况；拍摄基站所在地全貌。

重点提示

对楼顶塔桅勘测的内容：天面结构；本期天馈系统的安装位置、高度、方位角、下倾角；室外走线架路由；馈线方案；室外防雷接地情况。

对落地塔勘测的内容：落地塔的位置；本期天馈系统的安装位置、高度、方位角、下倾角；室外走线架路由等。

① 落地塔桅的勘测步骤。

第1步，记录基本信息，包括勘测时间、基站编号、名称、站型、经纬度、海拔、共址情况及区域类型等。

第2步，记录塔桅信息，包括新建铁塔塔形、各安装平台的高度，并在天馈系统草图中标注铁塔与机房的相对位置和馈线路由（室外走线架及爬梯）。

第3步，准确记录天馈系统信息，包括本期工程天线（包括微波等）的安装位置、高度、方位角、下倾角等参数；如果是利旧塔桅，需记录原有塔桅类型、归属、已用与可用平台高度、支架高度与方位角，并在天馈系统草图中标注利旧塔桅与机房的相对位置和馈线路由（室外走线架及爬梯）。

第4步，绘制草图，绘制室外天馈系统草图，包括铁塔与机房位置、馈线路由（室外走线架及爬梯）、主要障碍物及共址塔桅的相对位置等。

② 楼顶塔桅的勘测步骤。

第1步，记录基本信息，包括勘测时间、基站编号、名称、站型、经纬度、海拔、共址情况及区域类型等基本信息。

第2步，记录塔桅信息，包括新建塔桅类型、高度，并在天馈系统草图中准确标注塔桅与机房的相对位置；如果是利旧塔桅，需要记录原有塔桅类型、归属、已用与可用平台高度、可用支架高度与方位角，并在天馈系统草图中标注利旧塔桅与机房的相对位置。

第3步，记录天馈系统信息，包括本期工程所有天线（如含有 GPS 天线，还需要记录 GPS 天线）的安装位置、安装高度、方位角和下倾角。

第4步，记录馈线信息，包括馈线的数量与长度、室外走线架的长度，并在天馈系统草图中标注室外走线架路由及馈线爬梯位置、馈线走线路由、馈线下走线与机房馈线入口洞的相对位置。

第5步，记录大楼地网相关信息。

第6步，绘制草图。依照要求绘制室外天馈系统草图，包括塔桅位置、馈线路由（室外走线架及爬梯）、共址塔桅、主要障碍物等，如屋顶的楼梯间、水箱、太阳能热水器、女儿墙等的位置及尺寸（含高度信息），梁或承重墙的位置，机房的相对位置等，尺寸应尽可能详细。

勘测中还应自正北方向起每隔30°～60°拍摄一张基站周边环境照，照片总数不少于6张，应尽可能地真实记录基站周围环境，以备日后使用。还应拍摄新建塔桅、机房的位置和主要障碍物的照片。

如果是利旧塔桅，需要从不同角度拍摄利旧塔桅及已安装天线的照片。

（3）输出报告要求

基站勘测时需将勘测得到的信息记录在规范的表格中。所附表格应基本上涵盖基站勘测时需记录的全部信息。由于运营商和每期工程的要求不同，项目组可根据工程情况对表格内容进行调整和简化，在勘测前加以统一规范并报相关领导及部门批准和备案。

为了节省勘测时间，明确勘测重点，基站勘测表格可分为两种格式：一种是不共址基站勘测表格，主要用于新建基站的勘测，包括自建、新建、租用机房，在这些机房内无任何运营商的基站设备；另一种是共址基站勘测表格，主要用于原有基站机房的勘测，包括对原有基站扩容、增加基站机柜、改动天馈系统、添加另一套通信系统设备等。

现场草图绘制要求至少记录或设计两张草图，包括机房平面图和天馈系统安装示意图。若仍无法说明基站总体情况，可增加馈线走线图、建筑物立面图、周围环境示意图。草图应画得工整，信息越详细越好。

3. 基站设计

根据基站勘测结果进行基站设计。基站设计包括天馈系统的设计（如天线选型、馈线路由等）、基站主设备的设计（如设备选型、配置等）、配套设备的设计（如电源系统、传输系统、塔桅等）等工作，最终须给出设计图并提出安装要求。此处不进行详细介绍。

图 8-1 所示为机房平面图示例，图 8-2 所示为天馈系统安装图示例。

8.1.2　基站设备安装规范

机架放置应按设计图施工，若遇特殊情况，应与工程负责人、设计部门协商，进行适当的修改，并做好书面记录。

1. 机架安装

机架由 4 个螺钉固定在地基上；机架固定要稳定，用手摇晃机架，机架不应晃动；机架安装水平误差应小于 2mm，垂直误差应小于 3mm。

2. 接地

基站内部接地线连接到室内主接地排，室内主接地排连接到外部接地系统，主要包括机架保护地、工作地、天线/铁塔防雷接地。其中工作地相关内容可参见第 6 章。

（1）机架保护地

机架独立接地连接到室内主接地排；接地线建议使用线径≥16mm² 的多股铜导线；接地线的颜色建议选择黄绿色；接地线的铜接头（铜鼻子）要用胶带或热缩套管封紧；电源架到室内主接地排的连线应为线径≥70mm² 多股铜导线；基站外部接地体到基站内主接地排的连接线径应≥70mm²；接地线与接地排的连接必须除去漆或氧化层，并紧固连接，保持接地良好；接地线不与交流中性线相连；接地线不能复接。

（2）天线/铁塔防雷接地

7/8"馈线长度小于 60m 时，一般要求三点接地：首尾两点，中间一点。如果两点间超过 60m，必须增加接地点，一般每增加 20m 增加一点；如果小于 20m，允许两点接地；如果小于 10m，允许一点接地。7/8"馈线室内端需加装避雷器，避雷器应尽量靠近馈线入室处。接地线应尽可能不弯曲，最小弯曲半径为 7.5cm。接地排和接地线连接处要事先清除油漆。接地线与防雷接地铜排使用铜鼻子连接，并用螺栓固定连接，同时进行防氧化处理。接地线的馈线端要高于接地排端，走线要朝下。接地线与馈线的连接处一定要用防水胶和防水胶布密封，进行防水处理。

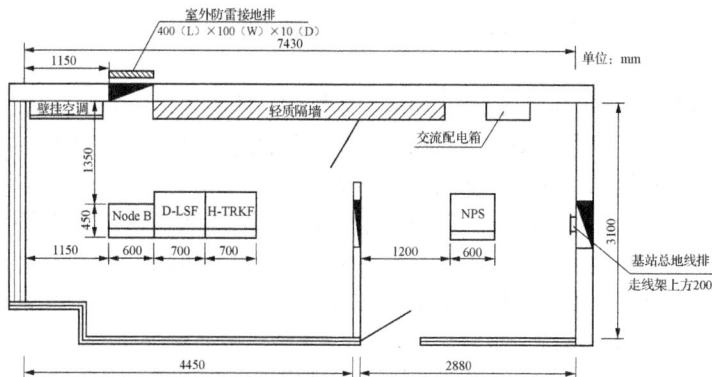

（a）设备平面布局图

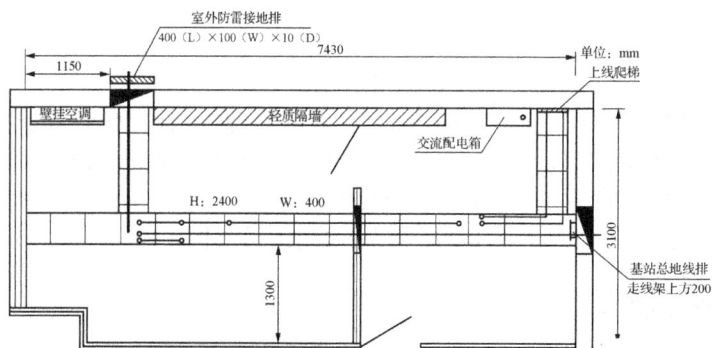

（b）走线架布局图

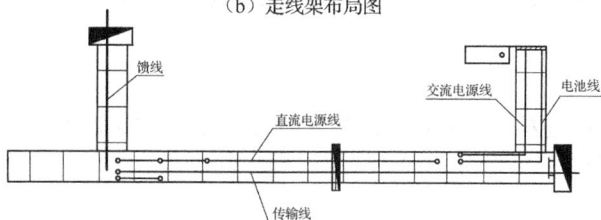

（c）线缆布局图

图 8-1　机房平面图示例

3. 电源

① 胶带的颜色要和线的颜色一致。

② 直流电源：工作电压为+27V，建议 0V 为黑色线，+27V 为红色线；工作电压为-48V，建议 0V 为黑色线，-48V 为红色线；开关的顺序要与机架的顺序一致，并有标识；纯基站的蓄电池线径应不小于 95mm²，与 BSC 合用机房的线径应为 120mm²；电池地不与交流中性线相连，接地线与机架连接处要用塑料套包裹。

③ 交流电源：三相用电量必须均衡；交流中性线引自电力室，在电力室单独接地；交流中性线与保护地不接触，不合用；相线与自己的中性线一起使用，不单独引入相线；中性线线径至少为相线线径的一半。

4. 布线

（1）总则

整齐、可靠、美观；走线架上分类走线的顺序从前至后依次为电源线、馈线、传输线，不纠缠扭结；各种走线路由都尽可能短；扎线方法一致，多余扎带必须修剪；避免接触尖锐物体；室内走线跨度超过 0.6m 时必须要有支撑；线缆的扎带绑扎间隔要均匀一致；各类线缆的绑扎应选用合适的扎带，每种线缆的扎带应统一；扎带不要扎得太紧以免勒伤线缆，尤其是传输线和光纤。室内走线工艺示例如图 8-3 所示，走线架线缆布放工艺示例如图 8-4 所示。

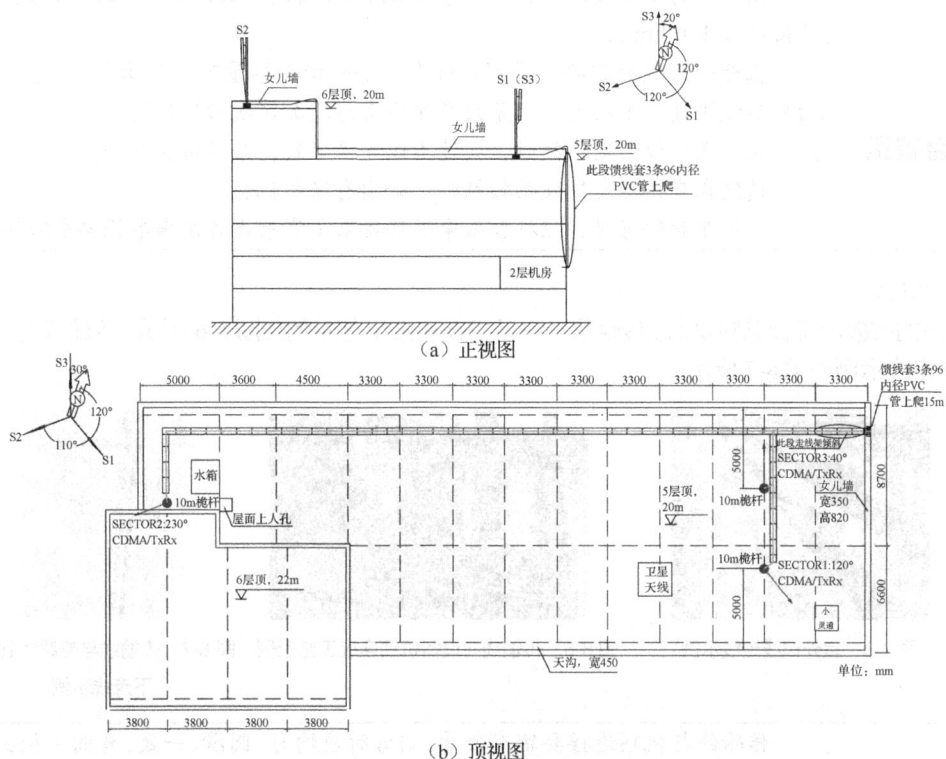

（a）正视图

（b）顶视图

图 8-2 天馈系统安装图示例

图 8-3 室内走线工艺示例

图 8-4 走线架线缆布放工艺示例

重点提示

室内走线应用白色扎带捆扎，朝向一致。扎带扣方向一致，剪齐不留尖，拐弯处半径≥100mm。布放下跳线时要求平直、美观、有层次感。

电源线、地线、信号线缆的走线应符合设计文件要求。

各种电缆分开布放，电缆的走向须清晰、顺直，不要相互交叉，捆扎牢固，松紧适度。在走线架内，电源线和其他非屏蔽电缆平行走线的间距为 150mm。传输线拐弯时应均匀、圆滑、一致，弯曲半径≥60mm。

线缆固定在走线架横铁上时，扎带间距应均匀、美观，确保线缆不松动，间距与走线架间隔一致。

（2）室外馈线

符合总则要求；室外绑扎一定要选用室外专用扎带；所有馈线要在两端粘贴标签；在馈线接头处

要尽可能地留有活动余量；7/8"馈线布放要求参见第 2 章中 7/8"馈线部分；1/2"馈线布放要求参见第 2 章中 1/2"馈线部分。室外馈线走线示例如图 8-5 所示。

重点提示

馈线卡的安装要均匀，平均每隔 800mm 固定一次，特殊情况下最大飞线距离不得超过 1500mm。

在开始布放时就要考虑到馈线在整个路由中尽量不要扭曲和交叉。在馈线弯曲处不能用馈线卡固定，以免因外导体变形增加馈线回波反射。

在用黑扎带固定馈线时，扎带不能齐根剪断，必须留 3 个扣。

馈线在直接与尖锐硬物接触时，必须有保护机制。

线缆布放转弯时，应符合曲率半径要求（集束线缆曲率半径要求≥300mm）。

（3）2M 线

2M 线的布放应符合总则要求。传输线与设备机顶连接工艺示例如图 8-6 所示，传输线与电源线到机顶的下走线示例如图 8-7 所示。

图 8-5　室外馈线走线示例　　图 8-6　传输线与设备机顶连接工艺示例　图 8-7　传输线与电源线到机顶的下走线示例

重点提示

传输线与机顶连接要留有余量，拐弯时应均匀、圆滑、一致，弯曲半径≥60mm。剩余端口需用保护套保护起来。

电源线与传输线走线应顺直，与电源线保持 150mm 以上的间距，避免和电源线交叉，避免穿越、靠近电源柜，以免产生电磁干扰，影响传输信号的质量。

（4）光纤

光纤的布放应符合总则要求；光纤应有标号，主备框光纤线缆标号应有明确区别；架间光纤应走柜顶走线槽，光纤很长时，应卷好、扎好，并置于柜内合适位置。

（5）电源线

电源线的布放应符合总则要求；电源线颜色要求见第 6 章；电源线到水平走线架需通过走线架并固定。接地线工艺示例如图 8-8 所示。

图 8-8　接地线工艺示例

重点提示

接地线的布放应遵循就近、取短的原则。接地线要求不留余量，不能缠绕、卷曲、打环。基站的直流工作地、保护地应接入同一地线排，地线系统采用联合接地方式。地线两头的铜鼻子应用绝缘胶带或热缩套管包裹裸露部分，并且压接牢固。接地线不能与其他接地点复接。

5. 天线/馈线

（1）天线安装要求

在无线网络规划指定范围内，天线安装准确度要求：俯仰角≤±1；水平方位角≤±5；高度≤±2m。天线安装水平和垂直隔离距离、分集距离等应符合设计和无线网络规划要求；天线应在避雷装置的设计保护范围之内。

（2）天线的尾线

禁止使用非室外的馈线（例如室内用 1/2"馈线）作为尾线；尾线的最小弯曲半径为 0.2m；尾线应与桅杆或悬臂固定绑扎。

（3）7/8"馈线

接地参见第 6 章接地部分。7/8"馈线必须用专用的馈线卡固定，室外间距不大于 0.8m，室内间距不大于 0.6m；馈线入室端应有回水弯；馈线入室口必须用封洞板，并用护套密封；馈线走线分层排列，应整齐、有序。

（4）1/2"跳线

该跳线要用扎带绑扎整齐，下垂部分尽量短。

（5）电调天线的特殊工艺要求

控制线必须安装避雷器，每个避雷器必须独立接地，可使用线径为 8mm 的黄绿色接地线。避雷器的安装位置尽量靠近窗口。建议走线每 0.5m 用扎带固定一次。

6. 标记

（1）强制要求

设备及线缆标识方法必须统一，设备及线缆标识应清晰明了。

为区别 WCDMA 单系统、GSM 单系统、WCDMA/GSM 共系统设备标识，在设备及线缆标识前应标注系统标识："U-XX…"表示 WCDMA 单系统设备或线缆；"G-XX…"表示 GSM 单系统设备或线缆；"D-XX…"表示 WCDMA/GSM 共系统设备或线缆。

（2）天馈线标识标准

7/8"馈线标牌必须使用统一制定的标牌，固定于两端明显处，标牌内容包括对应天线方向、收发等；1/2"馈线两端用统一标牌或黄色标签标记，标签内容对应于 7/8"馈线，示例如图 2-71 和图 8-9 所示。

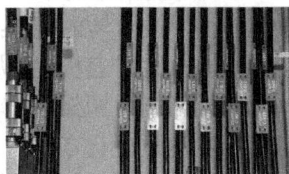

图 8-9 线缆标签工艺示例

重点提示 电源线、地线、传输线、综合控制线缆绑扎时应标签齐全，标签距离机架顶处 250mm。线缆布放应避免交叉，且按连接次序理顺，垂直接入机架顶部。

（3）电源线标识标准

采用统一的、规定颜色的永久标签。电源架输出端子和电源线上应标出所至机架的机架号。

（4）传输标识标准

① ODF 配线单元上应进行标识，内容应包括纤芯终端、开放情况。参考标签形式如表 8-1 所示。

表 8-1 ODF 配线单元参考标签形式

方向	纤芯				
	1	2	3	4	5
营业厅 1-6	—	—	SDH 支路至营业厅（发）	SDH 支路至营业厅（收）	…
信用社 1-6	光收发器至信用社（发）	光收发器至信用社（收）	—	—	…
文东 1-4 太阳 5-8	SDH 西至文东（发）	SDH 西至文东（收）	—	—	…
××路 1-12	SDH 东至××路（发）	SDH 东至××路（收）	—	—	…

② 尾纤标签。ODF 侧示例如下。

From：SDH155M-OI2D-1 OUT	From：SDH155M-OI2D-1 OUT
To：No.1 子框-A-1	To：No.1 子框-A-1
椒江 C4 环一白云菜场方向	椒江 C4 环一白云菜场方向

设备侧示例如下。

From：烽火 XMT	From：烽火 XMT
To：光终端盒-2	To：光终端盒-2
应家方向	应家方向

③ 传输配线单元上应标记用户名并注明收发，上行为收用 RX，下行为发用 TX。参考标签形式如下。

1	2	3
电路通达方向 A 站	电路通达方向 A 站	…
No.1	No.2	…

（5）机架标识标准

从左到右扩容的机架：从左到右为 C0、C1、C2……

从右到左扩容机架：从右到左为 C0、C1、C2……

架号应与电源架输出端子的标识对应。

（6）电池标记方法

要求标明容量和开始使用日期。

7. 其他

在各阶段都要做好清场工作，尤其是屋顶、架顶等。注意遵守房主/房屋管理部门制定的规章制度；严禁吸烟，注意防火；注意用电安全；离开时关好门窗。

8.1.3 基站建设安全防护

为保障工作人员作业时的安全，需要严格采取安全防护措施。基站建设中的安全问题主要体现为用电安全和登高安全（用电安全在第 6 章中已有介绍）。安全第一，预防为主，为预防高空作业可能出现的高空坠落及高空坠物打击事故，应使用安全网、安全带、安全帽这 3 种防护工具。下面简单介绍个体防护用品的作用，以及安全带和安全帽的使用方法。

1. 个体防护用品的作用

个体防护用品是保护劳动者在劳动过程中的安全和健康所必需的预防性装备。个体防护用品又称劳动防护用品，是为了预防作业中可能造成的工伤，保证社会生产的顺利进行，改善劳动条件，防止伤亡事故发生采取的措施之一。个体防护用品即使作为预防性的辅助措施，在劳动过程中，仍是必不可少的生产性装备，因此不能被忽视。

防护用品必须严格保证质量，务必安全可靠，而且穿戴要舒适、方便，不影响工效，还应经济耐用。工作中要正确、合理地使用个体防护用品。天馈、铁塔系统维护中的主要个体防护用品为安全帽和安全带，如图 8-10 所示。防护用品必须要有"生产许可"标识、"安全防护"和"合格证"。

图 8-10 安全帽（相关标识）与安全带

2. 安全帽的使用与维护

在使用安全帽时，如果戴法不对，在使用过程中其防护性能会降低，也就有可能在受到冲击的情况下起不到防护的作用，因此要正确地使用和维护。

① 缓冲衬垫的松紧由带子调节，人的头顶和帽体内顶部的空间至少要有 32mm 才能使用。这样在遭受冲击时，不仅帽体有足够的空间可供变形，还有利于头和帽体间的通风。

② 使用时，不要把安全帽歪戴在脑后，否则会降低安全帽对于冲击的防护作用。

③ 使用时，安全帽要系结实，否则就可能在物体坠落时，由于安全帽掉落而起不到防护作用，尤其是装卸时更应该注意这类情况。另外，如果安全帽不系牢，即使帽体与头顶间有足够空间，也不能充分发挥防护作用，而且当头前后摆动时，安全帽容易脱落。

④ 帽体内部安装了帽衬，不要为了透气而随便开孔，以免使帽体强度显著降低。

⑤ 安全帽要定期进行检查，仔细检查有无龟裂、下凹和磨损等情况，不要用有缺陷的安全帽。另外，因为帽体材料具有逐渐硬化、变脆的性质，所以要注意不能长时间在阳光下直接暴晒，否则由于汗水浸湿，安全帽的帽衬易损坏。如果发现损坏要立即更换安全帽。

安全帽要按不同的防护目的来选用，一定要选择符合我国颁布的相关国家标准的产品。安全帽必须要有合格证、生产许可证和安全标识，如图 8-10 所示。

3. 安全带的使用和维护

安全带使用不当时会增加冲击负荷，直接威胁人的生命安全。所以在使用时应特别注意，关于安全带的使用和维护注意事项如下。

① 高挂低用。将安全带的绳挂在高处，人在下面作业，这是一种较安全的挂绳法，可使实际冲距减少，若高挂距离远，可另接一长绳。绳挂在低处、人在上面作业的低挂高用的形式则很不安全，因为实际冲击距离大，人和绳都要受较大的冲击负荷。

除挂绳，还要特别注意保护绳上的保护套，以防保护绳被磨损。若发现保护套丢失，需要加上后再用。

② 安全带使用后，要注意维护和保管，要经常检查安全带的缝制部分和挂钩部分，必须详细检查捻线是否发生断裂和磨损，要保证安全带一直处于完好状态。

4. 攀登铁塔的条件与登塔前的准备

（1）登高作业的基本条件

凡在距地面 2m 以上的地方进行工作，都应被视作高空作业，高空作业人员必须持有登高安全操作证。高空作业人员必须身体健康，经医生鉴定患有精神病、癫痫、高血压、心脏病等疾病的人员，不宜从事高空作业。凡发现作业人员有饮酒、瞌睡、情绪不稳、精神不振的情况时，应暂时禁止其进行高空作业。在气温超过 40℃或低于-10℃、六级以上大风及暴雨、打雷、大雾等恶劣天气下应停止高空作业。

（2）登塔前的准备

应按照劳动保护要求穿戴好工作服、工作鞋、工作手套等。严禁穿皮鞋、拖鞋等登塔。对所用安全用具（如安全帽、安全带、梯子等）进行检查，安全工具应符合要求，试验合格并不得有缺损，严禁使用不合格的安全用具。对梯子和安全带还必须在地面进行冲击试验。登塔前应对所登铁塔的基础进行检查，不得有底部主材严重锈蚀、缺损及基本冲刷等现象，否则应采取相应的措施后再行登塔。应明确工作铁塔的名称并核对无误。应明确工作任务并准备好必需的工具、材料等。

（3）攀登铁塔

登塔作业人员应精神饱满、思想集中，牢记安全第一、预防为主的方针。登塔时应沿爬梯攀登，手脚必须协调配合，应一级一级地慢慢攀登。攀登过程中脚踩爬梯横杆，两手应抓在主材上。应一边攀登，一边检查爬梯有无锈蚀，是否牢固。中间如需休息，也必须正确系好安全带。如在攀登过程中产生头晕等不适症状，应立即停止攀登，并告知地面人员，采取措施后返回地面。登高作业应做到一人作业、一人监护。

（4）有关安全注意事项

安全带应系在牢固的构件上，应防止从顶部脱出或被锋利物损坏，禁止挂在移动或不牢固的物体上。系好安全带后必须检查扣环是否扣牢。塔上作业转位时不得失去安全带的保护。

在作业过程中，安全带所系位置必须高于人体，即做到高挂低用，以防滑落而造成冲击伤害。

离开爬梯到达作业点时，两手必须抓在较大的主材上，以免抓住未固定的浮铁。

应避免上下同时登塔或作业，必须同时进行时，应做好必要的安全措施。

塔上及上层作业人员应防止掉东西，个体防护用具应正确、安全佩戴。使用的工具、材料应用绳索传递，不得抛扔。

8.2 基站维护内容及实施

基站维护是确保移动通信畅通的必要环节，进行基站维护前必须了解相关的建设、施工等规范。随着技术的进步和管理要求的完善，规范也在不断更新，不同的运营商或企业会有自己的规范，但主要目标一致，都是为了确保系统的正常运行和最大化收益。本节主要介绍基站维护的基本内容和工作的基本实施过程、基站维护基本项目和要求、维护部门配备的仪表工具以及维护安全规范。

8.2.1 基站维护工作的实施

基站维护工作量大、面广，基站维护工作的实施包括基站运行的日常维护、工程施工及告警处理等多个层面。

1. 基站维护的内容

基站维护的主要内容：基站环境及安全巡查；工程、整改和其他维护工作，其对象包括铁塔（桅杆）与天馈系统、空调和电源等；铁塔（桅杆）与天馈系统包括铁塔（桅杆）、天线部分、馈线系统、接地系统的故障抢修和按需维护等；主辅设备（包括基站主设备、传输设备、集中监控系统）的周期检测及维护工作；基站存在问题的整改；外部告警与设备故障处理；移动油机发电；防台抗洪；其他工作。

2. 基站维护工作的实施

基站维护工作主要包括日常巡检、告警/故障处理、维护人员的随工、问题整改等。

（1）日常巡检

① 维护部门制订计划（月工作计划、巡检计划、检测计划、抽查计划），计划制订要符合规范，计划要有延续性，包含未完成情况说明、明确的执行时间和责任人等内容；抽查计划要注明本月的抽查与整改情况、考核情况和下月抽查计划。

② 巡检人员严格按巡检计划和检测计划开展基站巡检和设备周期检测工作，认真分析测试数据，准确记录巡检和测试结果。发现问题要及时处理，对无法处理的安全问题、设备故障和测试数据表明的可能存在的安全隐患，要及时填写"基站异常情况报告"，并在今后的巡检工作中继续跟踪处理，直至问题最终被解决。

③ 巡检人员进出机房要严格填写"基站出入记录"，注明进出日期、时间、人员和工作内容。

④ 基站监控系统的日常维护和告警处理按基站监控系统告警处理制度的要求实施。

⑤ 每月对各种工单进行汇总、统计和分析，填好各类报表。

（2）告警/故障处理

① 网络维护中心管理人员通过基站动力环境监控系统和操作终端得知某基站出现外部告警或配套/传输/基站主设备故障时，填写"基站故障通知单"并发到维护部门，明确告知基站名、告警/故障类别、故障发生时间、故障现象等。

② 维护部门收到通知单后，填写"收单时间"与"收单人"，反馈确认信息。

③ 在规定的时限内处理故障后，维护部门要将故障处理的详细经过、更换的材料和遗留的问题等详细记录在通知单内，并填写"回单时间"与"回单人"，并将通知单在当天反馈维护管理人员。

④ 维护管理人员通过随后几天的观察对本次故障处理的及时性、维修质量、维修态度、复修率和通知单的填写规范性进行考核，并记录在案。

（3）基站维护人员的随工

① 维护部门应选派技术能力满足要求、责任心强的维护人员作为随工代表，做好随工工作。

② 随工人员要自始至终陪同巡检人员做好基站工程、整改和其他维护工作涉及的工程规范、巡检测试项目和耗材的核对与签字认证，对不符合工程规范、巡检测试结果有疑义或耗材不清的项目要及时提出，要求整改、重测和重新记录等。

③ 遵守基站维护的相关规章制度，对违反操作维护规程与安全规定的行为要予以制止。

④ 随工人员完成工作后要认真、详细、如实填写"随工工作单"，经随工人员与巡检人员双方签字后反馈至维护管理人员。

⑤ 随工人员无特殊情况不得擅自离开现场。

⑥ 随工人员要与巡检人员加强合作，相互配合，共同完成基站工程、整改和其他维护巡检任务。

⑦ 若出现因随工人员工作疏忽而造成的基站安全事故和设备故障，或严重影响被随工工作的质量，应视情况按章程处理。

（4）存在问题的整改

基站机房现场管理工作应结合机房安全要求开展，需在整改原则的基础上结合自身机房的实际状况，提出切合实际的详细方案。需要整改的问题在基站外部涉及的主要内容有市电引入系统，铁塔、桅杆、天馈线，接地系统。基站内部涉及的主要内容有基站环境、工程建设规范、基站配置和管理。

基站中常用的表单包括月工作计划表、月检测计划表、月计划变更申请表、基站告警/故障通知单、基站整改通知单、基站随工工作单、基站出入记录表、基站异常情况报告单等。

8.2.2 基站维护主要项目与基本要求

基站维护涉及环境、安全、主辅设备等多个层面，每个维护项目都要满足要求才能保障基站正常运行。

1. 基站环境和安全巡查

（1）维护周期及要求

维护周期：主要基站每月两次，其他基站每月一次。

维护要求：基站整洁，无安全隐患，符合工程规范。

（2）维护项目

清理：清理机房内外、楼顶及工程结束后的杂物；清理室外环境，并检查室外环境是否存在安全隐患。

清洁：打扫地面和墙面，抹净门窗；用吸尘器吸去各设备内外灰尘，若有必要，要先用吹风机吹出死角灰尘，再使用吸尘器；抹净各设备表面，设备包括铁皮柜、走线架、主设备、电源设备、空调、蓄电池、传输设备、灭火器及环境监控设备等；整理卫生器具。

重点提示

清洁时不能影响设备的正常运行，特别是机柜。

检查机房环境：检查机房楼面、墙体是否开裂；机房内各处是否有漏水现象；照明系统、空调排水、水龙头排水是否正常；各门窗的密封、破损、防盗、遮光情况；馈线孔、空调进线孔是否密封；室内环境是否存在电和火方面的隐患；室内温度和湿度。

检查辅助设备：灭火器是否有效，明确其数量；辅助设备（交直流配电屏、开关电源和蓄电池等）运行是否正常；基站环境监控设备运行是否正常；室内走线是否规范；空调、传输设备运行是否正常。

相关知识

机房内一般要求配置 2 个不小于 1kg 符合消防规定的灭火器，灭火器均在有效使用时间之内。灭火器放置于室内靠近门口，位置明显，易于取放的地方。灭火器放置处正上方放置标牌，红底白字。灭火器需定期巡视，并有巡视记录。

检查主设备：检查主设备运行正常与否。

处理异常情况：对上述检查中发现的问题进行处理，对安全隐患进行整改。处理原则为对一般问题当场处理，对较严重问题采取预防监控措施并上报，确认后及时处理。

2. 工程、整改与其他维护工作的随工

① 工程随工范围：基站扩容、调整和搬迁时的随工。

② 整改随工范围：防盗门窗安装、机房维修及其他安全问题整改项目的随工。

③ 维护随工范围：其他维护工作（包括铁塔、桅杆与天馈系统维护，空调和电源维护）的随工。

3. 主辅设备周期检测及维护项目

整体维护要求：按时保质保量完成各项维护检测任务，确保机房及设备运行稳定、安全、可靠，工程安装符合规范要求。

维护项目：检查、记录基站交/直流供电情况，蓄电池维护项目，整流电源维护项目，变配电设备的维护，接地系统（包括室内接地和室外接地）的维护，空调系统的维护，移动式油机和基站内固定式油机发电机组的维护，基站主设备周期检测（见表 8-2），传输设备的日常巡检（内容为公务机呼叫与设备清洁，周期为月），环境监控设备的日常巡检（检查监控设备是否正常运行，有无异常情况）。

表 8-2　华为 BTS3900 基站主设备周期检测

周　期	维 护 项 目
月	电源和接地系统维护项目。 检查各电源线连接是否安全、可靠。 检查电源接线是否老化，连接点是否腐蚀
月	BTS3900 例行硬件维护项目。 万用表测量电源电压是否在标准电压允许范围内。 检查保护地线、机房保护地线连接处是否安全、接地排连接是否安全可靠、连接处有无腐蚀。 检查保护地线有无老化、机房接地排有无腐蚀、防腐蚀是否处理得当

续表

周 期	维 护 项 目
月	机柜维护项目: 检查风扇是否存在异常,风扇应运转良好,无异常声音(如叶片接触到箱体的声音),如果风扇盒表面及内部灰尘过多,则应清除风扇盒灰尘。 检查机柜内部各单板的指示灯是否正常,各部件指示灯的状态请参见对应单板的硬件描述。 检查机柜防尘网,防尘网上若灰尘过多,则应清洗防尘网。 检查机柜外表是否有凹痕、裂缝、孔洞、腐蚀等损坏痕迹,看机柜标识是否清晰。 检查机柜锁和门,机柜锁是否正常,门是否开关自如。 检查机柜清洁度,机柜表面应清洁,机框内部灰尘不得过多
年	用频率计进行时钟校准(不同厂家设备要求不同)
	用天馈线测试仪测量天馈线的驻波比,检查是否符合要求,记录测试频段内最大的驻波比和所在频率,对不符合要求的天馈线进行处理
	用功率计根据网络优化提供数据检查与调整基站发射功率
按需	基站故障修复后用测试手机进行拨打测试,没有掉话、串音、回声、单通情况为正常

8.2.3　基站维护部门仪器仪表和工具的配备

基站维护部门必须配备的仪器仪表和工具清单如表 8-3 所示,部分仪表如图 8-11 所示。

表 8–3　基站维护部门配备的仪器仪表和工具清单

类 型	名 称	规 格 程 式	数 量
仪表	交/直流钳形表	0~600A/3 位半	每组一只
	数字万用表	4 位半	每组一只
	接地电阻测试仪	—	每组一只
	红外线测温仪	—	每组一只
	天馈线测试仪	—	每地区一只
	功率计	—	每地区一只
	经纬仪	—	每地区一只
	高度测试仪	—	每组一只
	垂直度测试仪	—	每组一只
	俯仰角测试仪	—	每组一只
	厚度测试仪	—	每组一只
	罗盘	—	每地区一只
	扭力测试扳手	—	每组一只
	蓄电池容量测试仪	—	每地区至少一套
	检漏仪	—	每组一只
	压力计	—	每组一只
工具	绝缘靴	绝缘电压 25kV	每人一双
	低压试电笔	500V	每组一只
	电烙铁	220V/75W	每组一只
	活动扳手、套筒扳手、固定扳手	—	每组一套
	剥线钳、裁线钳	—	每组一套
	各种起子	—	每组一套
	钢丝钳、斜口钳、尖嘴钳	—	每组一套
	油压钳(制作铜鼻子)	—	每组一只

续表

类　　型	名　　称	规　格　程　式	数　　量
工具	手提式应急灯	—	每组一只
	吸尘器	600W～1000W	每组一只
	馈线专用钳	—	每组一只
	切割机	—	每组一只
	制冷剂瓶	—	每组一只

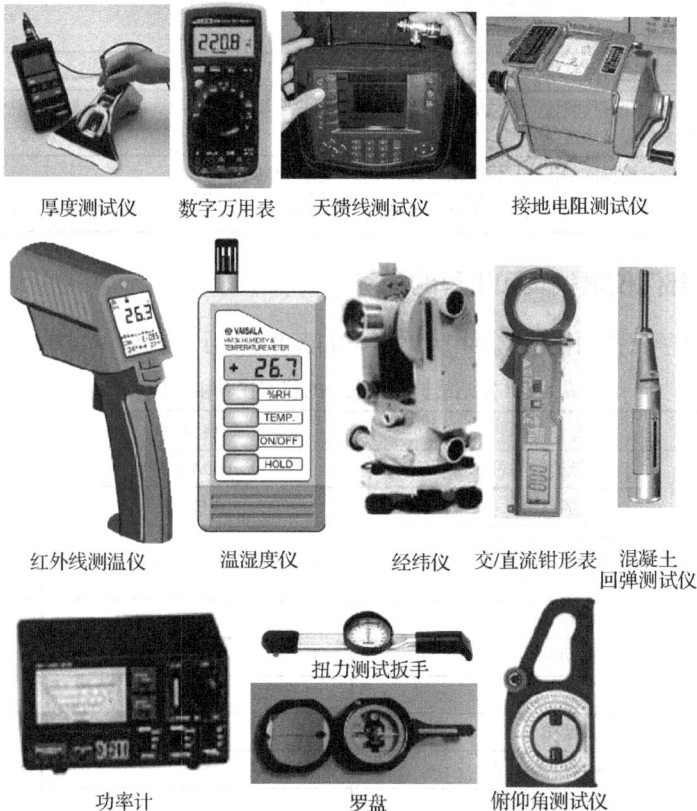

图 8-11　部分基站维护仪表

8.2.4　基站维护安全规范

基站维护安全规范的制定是为了规范基站维护、铁塔（桅杆）与天馈系统维护、空调维护等管理工作，提高基站和维护设备的安全性，确保人身、基站和网络设备的安全。

基站维护安全规范内容详见【拓展内容 12　基站维护安全规范】。

拓展内容 12　基站维护安全规范

8.3　基站设备的维护工作

要使基站提供可靠的通信服务，必须确保基站各类设备的正常运行，基站的维护操作以天馈系统和电源系统为主要对象。本节主要介绍基站天馈系统、电源系统等的维护工作的基本要求，以及相关的安全保密管理基本规范。

8.3.1　设备维护安全清洁方法

设备的清洁是基站维护中的一项基本工作。维护人员在工作中必须明白自己的行为可能给设备或自身安全造成的损害或伤害，在维护工作中必须清楚水及挥发性溶剂（如酒精）可能给设备及人员造成的损害和伤害。在工作中严禁有水珠接触到模块或集成电路的内部或表面。严禁使用无绝缘防范的仪表。各类设备安全清洁方法如下。

① 清洁基站主设备时，机架顶暴露部分、各模块表面可用吸尘器或绝缘刷子进行清洁；不易清除的污垢可用酒精谨慎清洁，机架门的内外表面可用拧干的湿布清洁，但必须注意各模块的连线、开关与"RESET"开关（特别注意开启或关闭机架门时）要保持原状。特别要注意 2M 传输接口，严防因误动作而使其脱落，造成基站通信中断。

② 清洁电源架时，风扇及模块部分用吸尘器或绝缘刷子清洁，外表面可用拧干的湿布清洁。对于不易清除的污垢，可用酒精谨慎清洁。

③ 清洁传输设备时，用吸尘器或绝缘刷子清洁，但必须注意光纤尾纤各接口、接头、连线及模块表面开关的安全，严防因误动作而使其脱落，造成基站通信中断。

④ 清洁蓄电池时，需小心地用吸尘器或绝缘刷子清洁，然后用拧干的湿布清洁，严防直流短路。发现蓄电池连接线（头）有腐蚀现象时，应清除锈迹，然后涂上牛油。

⑤ 清洁空调时，应先关闭电源，然后才能清洁滤网及进行其他清洁工作，严防被风扇击伤与触电。

⑥ 清洁三相电力配电箱时，底面只能用吸尘器或绝缘刷子清洁，表面只能用干燥的抹布清洁。

8.3.2　铁塔（桅杆）与天馈系统的安装维护规范

铁塔（桅杆）与天馈系统的安装与维护包括按需工程和日常维护，每个项目的实施都需要满足工程规范的要求。

1. 按需工程

铁塔（桅杆）维护按需工程如表 8-4 所示。

表 8-4　铁塔（桅杆）维护按需工程

项 目 名 称	工 作 内 容
故障抢修	更换天线、馈线和相关部件后，要求进行相关的天线方位角、仰俯角调整和测试驻波比等
铁塔安全评估	对铁塔的安全性能进行评估，出具评估报告，并提出切实可行的整改方案
新建或拆除铁塔（桅杆）	按设计方案建设铁塔或桅杆，工程规范和质量应符合要求，资料齐全，工程通过验收
旧铁塔（桅杆）改造	按设计方案拆除多余部分，安装新增部分，对材料进行重新镀锌等处理，符合工程规范和质量要求，并通过验收
铁塔上增补天线支架	按要求增装天线支架，符合工程规范和质量要求
调整天线方位	按要求调整并测量天线水平方位角或垂直俯仰角
升天线平台	拆除原天线和馈线，装箱搬运、裁量；重放馈线，重装天线，并做好馈线接头，安装小跳线和接地线，调整天线方位角、仰俯角，测试驻波比等
降天线平台	拆除原天线，对原馈线进行整理，并对天线重新进行安装，做馈线接头，安装地线，调整角度，测试驻波比
拆除天馈系统	拆除天线、馈线，收集馈线接头、跳线及其他附属材料
安装天馈系统	开箱检验，裁量馈线，清洁搬运，起吊安装，调整角度，固定馈线，做地线，测试驻波比等，需符合网络优化要求
接地网的安装	装箱搬运材料，测量定位，下料加工，开挖、焊接并将地网材料打入地下，制作地网汇集线并与地网连接良好（焊接或用铜鼻子连接），测试接地电阻，应符合要求

项 目 名 称	工 作 内 容
安装接地引入线和汇集线	在基站室内适当位置和室外封洞板附近安装接地汇集线，测量定位，布放和固定室内接地引入线，做好铜鼻子，与汇集线连接良好
安装馈线密封窗	打洞安装，封玻璃胶，拆除部分馈线并重新安装馈线，做防水弯，截短馈线，安装馈线接头并测试驻波比
安装桅杆	立桅杆，固定铁塔，支撑、安装小避雷针
安装走线架	安装走线架并整理架上的馈线，安装馈线卡，做接地线
零星工程	整理室内布线，整理室外馈线，拆除或重做馈线接头并测试驻波比，安装接地汇接铜排

铁塔（桅杆）与天馈系统维护项目及要求如表 8-5 所示。

表 8-5 铁塔（桅杆）与天馈系统维护项目及要求

	维护检测项目	质 量 要 求	周 期
铁塔（桅杆）	塔体（桅杆）总高度现场实测校对	同原高度相符	台风季节前常规维护一次
	拉线及部件检查	无断股、锈蚀、松动现象	台风季节前常规维护一次，台风季节后巡检一次
	塔（杆）基、塔脚与支架、杆检查	塔基、杆基无裂缝，塔脚包封良好、无锈蚀现象，支架、支杆无附挂物	
	垂直检查	铁塔垂直度≤1/1500	
		各钢构件整体弯曲≤1/1500	
		塔身每段上下层平面中心线偏差≤层间高/1500	
	塔身（桅杆）紧固件紧固度检查	无松动现象	
	塔体（桅杆支架）防腐、防锈处理	无锈蚀现象	台风季节前常规维护一次
	螺栓型号及紧固度检查	螺栓型号正确，无松动，外露丝扣应为 3～5 扣螺纹长；螺栓紧固，扭矩应符合设计图纸要求	台风季节前常规维护一次
		无锈蚀的螺栓	
	塔体（杆体）镀锌检查	无锈蚀、附着性好；镀锌层厚度≥86μm（镀锌件厚度≥5mm）；镀锌层厚度≥65μm（镀锌件厚度≤5mm）	
	走线架与爬梯检查	从桅杆到封洞板的走线架连续；室外所有走线必须有走线架；高于 4m 的桅杆有爬梯或角钢；室外走线架宽度不小于 0.4m，横杆间距不大于 0.8m，横杆宽度不小于 50mm，横杆厚度不小于 5mm；室外爬梯牢固可靠，进行除锈、防锈处理，有预防攀爬装置	
	塔灯检修	电源电缆固定，两端铁护套接地良好，塔灯正常	台风季节前常规维护一次，台风季节后巡检一次
	天线避雷检查	天线处于避雷针45°角保护范围内	
	房顶塔、拉线塔屋面防漏修补	屋面无开裂、渗漏	
	周围环境检查	周围无不安全因素；拉线地锚及附近的地形、土质无变化	
	清理平台、场地	平台上无遗留物、场地干净，屋内排水沟、地漏通畅	
天馈系统	检查并记录天线水平方位角、垂直俯仰角，并按要求进行校准	与要求的角度一致（方位角安装误差小于 5°，同扇区方位角不小于 1°，俯仰角安装误差小于 1°），并记录到统一的数据库中	台风季节前常规维护一次，台风季节后巡检一次
	天线支架、抱箍检查	牢固、清洁、无锈蚀现象，天线上下抱箍中心偏差≤0.5cm	
	天线检查	无损坏、漏水现象，且较为干净；天线正前方无建筑物遮挡	
	尾线、馈线接头的检查	无松动、漏水现象	
	馈线接头的检查	接触密封良好，无积水现象	

续表

维护检测项目		质 量 要 求	周　　期
天馈系统	扎带的检查	整洁、牢固	台风季节前常规维护一次，台风季节后巡检一次
	馈线外形检查	无变形、扭曲现象，发现问题及时上报，并做进一步的处理	
	小跳线的检查	馈线接头处的小跳线有活动余量，接头附近 10cm 保持笔直。小跳线的最小弯曲半径大于 10cm（连续弯曲大于 20cm）；小跳线固定捆扎在桅杆或悬壁上	
	避雷针、避雷针引下线的连接检查	牢固、可靠、无锈蚀；楼顶铁塔避雷针应和建筑物防雷地就近焊接不少于两处，并与地网连接	全年一次
	避雷器的检查	7/8"馈线及电调天线需安装避雷器，且工作正常	
	接地电阻测试	山区小于 10Ω，平原小于 5Ω	
	数据库的建立完善	至少应包含的项目有铁塔、天线、馈线和接地系统的基本数据，如塔高、塔型、馈线型号、馈线长度、天线型号、天线方位角、天线俯仰角、天线水平间隔、天线垂直间隔和接地电阻测量值等	
	螺栓、螺母检查	牢固、无锈蚀现象	台风季节前常规维护一次
	馈线编号标注	正确、清晰	
	馈线测量登记	数据正确，并记录到统一的数据库中	
	馈线卡的检查	无松动、跌落现象；室外间距小于 0.8m，室内小于 0.6m	
	馈线整理	馈线分层排列，做到整洁、紧密、均匀、安全、可靠；馈线应防止被金属或坚硬物碰撞，以免发生变形或损坏表面橡胶。馈线的最小弯曲半径为 12cm（连续弯曲大于 36cm），入室处有回水弯，且有封洞板，封洞板上的孔洞应密封	
	驻波比的检查	天馈线驻波比小于 1.4	
	馈线接地检查	小于 10m 时，允许一点接地；小于 20m 时，允许两点接地；小于 60m 时，三点接地；超过 60m 时，必须增加接地点，每 20m 增加一点接地。接地牢固、可靠、无锈蚀；接地线接头做好铜鼻子，用螺栓紧固在接地汇集线（最后点接地）或走线架上	
	地网和接地汇集线/排检查	地网和接地汇集线（接地排）无损坏，固定牢固，室外接地汇集线固定在封洞板边	
	接地引入线和接地线检查	接地引入线和接地线连接牢固、可靠；螺栓无锈蚀；标签齐备、清晰；线径符合要求（引入线为 $95mm^2$），走线整齐，固定和绑扎符合要求；接地线不得复接	
	铁塔（桅杆）与天馈系统故障和异常情况的处理	故障抢修时限为 24h	按需
	网络调整和优化时的零星工程	—	

2. 铁塔（桅杆）与天馈系统安装维护技术规范

确定安装维护技术规范的目的是要明确铁塔（桅杆）的施工维护质量要求。铁塔（桅杆）安装维护技术规范详见【拓展内容 13　铁塔（桅杆）与天馈系统安装维护技术规范】。

8.3.3　电源、空调系统的维护规程

电源和空调设备的工作情况直接影响到基站的工作状态，其管理和维护必须符合相应的规程要求。电源、空调系统的维护规程详见【拓展内容 14　电源、空调系统的维护规程】。

拓展内容 13　铁塔（桅杆）与天馈系统安装维护技术规范

拓展内容 14　电源、空调系统的维护规程

8.3.4　机房安全管理

机房安全管理包括机房和设备的运行、机房设备的安全操作、机房设备的安全维护、机房监控系统的安全管理，机房运行环境的管理、机房安全防范，以及机房的保密。机房安全管理内容详见【拓展内容 15　机房安全管理】。

拓展内容 15　机房安全管理

小结

基站建设包括规划、勘测、设计、施工等环节。基站勘测需要详尽、细致，基站设计要满足覆盖性能要求，基站施工要符合工程建设规范。

基站维护是确保通信畅通的必要程序。基站维护人员应当了解基站维护的基本内容和工作的基本实施过程、基站维护的基本项目和要求，以及维护安全规范。

基站维护人员在施工前期、施工中都应根据需要参与相关的工作，必须了解工程的相关规定和要求。

基站维护人员在维护和工程随工中都必须注意安全防护。

习题

一、填空题

1. 从事塔桅维护等登高作业时，操作人员必须戴好＿＿＿＿＿＿＿，扣好帽带，系好＿＿＿＿＿＿＿。在作业过程中，安全带应系在＿＿＿＿＿＿＿上，作业时应思想集中，服从统一指挥，文明施工。

2. 馈线垂直部分长度在 20m～60m 时需＿＿＿＿＿＿＿点接地。

3. 进行登高作业的维护人员必须持有＿＿＿＿＿＿＿证。

4. 基站室外安装的供电变压器，应确保＿＿＿＿＿＿＿固定，并在醒目位置悬挂"＿＿＿＿＿＿＿、＿＿＿＿＿＿＿"等警示标识。

5. 维护人员应注意区分＿＿＿＿＿＿＿、＿＿＿＿＿＿＿、防雷接地等的连接情况，避免误操作引起设备的接地悬空而遭雷击。

6. 清洁或插拔设备模块时，必须戴上＿＿＿＿＿＿＿。

二、判断题

1. 基站勘测主要包括站址选择和详细勘测。（　　）

2. 在登高作业中，安全带所系位置需高于人体自身，以防滑落时造成冲击伤害。（　　）

3. 直流钳形电流表是用于测试设备电阻的。（　　）

4. 基站内部环境的要求：基站内部环境整洁、照明系统正常、用品用具摆放整齐、各种设备内部无明显灰尘，电池组无漏液现象等。（　　）

5. 开关电源模块表面的污垢不易清除时，可用酒精谨慎清洁。（　　）

6. 为保持基站通风顺畅，门窗可打开一条缝隙。（　　）

7. 在工作过程中，维护人员认为自身行为可能危及人身和设备的安全时，需经请示，在确认安全的情况下方可继续工作。（　　）

8. 强电作业时，测试人员必须有两人以上，一人操作测试，一人监护检查。（　　）

9. 基站勘测主要包括基站选址和详细勘测两大部分。（　　）

10. 勘测中应自正南方向起每隔 60°～90° 拍摄一张基站周边环境照，照片总数应不少于 4 张。（　　）

三、选择题

1. 检测开关电源直流电压和电池电压，使用的万用表精度显示位数必须为（　　）。
   A. 4 位半　　　　　B. 3 位半　　　　　C. 5 位　　　　　D. 4 位

2. 月度巡检时应对灭火器的（　　）进行检查。
   A. 压力　　　　　B. 重量　　　　　C. 使用期限　　　　　D. 喷嘴和软管

3. 基站接地系统采用（　　）方式。
   A. 防雷接地　　　B. 保护接地　　　C. 联合接地　　　D. 工作接地

4. 基站内日光灯不宜安装在（　　）。
   A. 天花板上　　　　　　　　　　B. 天花板与墙之间的墙角
   C. 设备正上方　　　　　　　　　D. 工具柜上方

5. 基站开关量监控告警输出线端子接至（　　）。
   A. BTS　　　　　B. 开关电源　　　　　C. 蓄电池　　　　　D. BSC

四、简答题

1. 基站维护的主要内容有哪些？
2. 简述基站维护安全规范。
3. 简述基站设备的维护方法。
4. 说明在基站中如何标识线缆和设备。
5. 登塔安全防护措施有哪些？在工作中应注意哪些问题？

附录

附录 A　驻波比和反射损耗的换算关系

衡量天馈系统匹配情况的两个常用参数：电压驻波比和回波损耗（Return Loss，RL）。它们可相互进行换算：RL=20×lg[(VSWR+1)/(VSWR−1)]。

换算关系如附表 1 所示。

附表 1　驻波比和反射损耗的换算

驻波比	反射损耗/dB	驻波比	反射损耗/dB	驻波比	反射损耗/dB
1.00	0.00	1.10	26.4	1.20	20.8
1.01	46.1	1.11	25.7	1.25	19.1
1.02	40.1	1.12	24.9	1.3	17.7
1.03	36.6	1.13	24.3	1.4	15.6
1.04	34.2	1.14	23.7	1.50	14.0
1.05	32.3	1.15	23.1	1.60	12.7
1.06	30.7	1.16	22.6	1.70	11.7
1.07	29.4	1.17	22.1	1.80	10.9
1.08	28.3	1.18	21.7	1.90	10.2
1.09	27.3	1.19	21.2	2.00	9.5

附录 B　建议开设的实训项目

根据各章的学习任务，建议在各章学习过程中根据设备配备情况开设以下实训项目。

第 1 章　移动通信系统概述

实训项目：基站机房的认知。学习任务：认识基站机房中的各类设备；掌握基站机房中设备的基本配置。

第 2 章　天馈系统

实训项目一：天馈、塔桅系统的认知。学习任务：认识天馈系统的各组成部分；掌握塔桅的类型和结构。

实训项目二：天馈系统的安装。学习任务：掌握天馈系统的安装规范；掌握天线安装方法；掌握馈线安装方法（包括馈线接头制作、接地夹安装、防水制作、防雷保护器安装、馈线固定及回水弯制作等）。

实训项目三：天馈系统的维护。学习任务：掌握天线工程参数的测试与调整方法；掌握天馈系统驻波比测试及故障定位测试方法；掌握天馈系统的日常维护保养方法。

实训项目四：塔桅的维护。学习任务：掌握塔桅维护仪表（包括经纬仪、镀层厚度测试仪、接地电阻测试仪等）、工具的使用方法。

第3章 基站主设备

实训项目一：基站主设备的认知。学习任务：认识基站主设备；掌握基站主设备的结构；掌握基站主设备指示灯的含义及面板接口功能。

实训项目二：基站主设备的安装与调测。学习任务：掌握基站主设备的安装方法；掌握基站主设备各模块配置知识；掌握基站主设备各类线缆连接方法；掌握基站主设备数据配置方法；掌握基站主设备上下电方法。

实训项目三：基站主设备的维护。学习任务：掌握基站主设备维护终端的使用方法；掌握基站主设备告警的基本处理方法。

第4章 分布系统

实训项目一：分布系统的认知。学习任务：认识分布系统各组成部分；掌握分布系统结构；理解分布系统的基本设计方法。

实训项目二：分布系统的安装。学习任务：掌握分布系统安装方法。

实训项目三：分布系统的维护。学习任务：掌握设备告警的基本处理方法。

实训项目四：分布系统性能的测试。学习任务：掌握频谱仪等测试设备的基本用法；掌握分布系统覆盖性能测试（包括 CQT、DT）方法。

第5章 传输设备

实训项目一：传输设备的认知。学习任务：认识基站机房中的传输设备；掌握基站机房综合架结构及组成。

实训项目二：SDH 设备的维护。学习任务：掌握 SDH 基本数据配置方法；掌握常用仪表（如光功率计、2M 误码仪等）的使用方法。

实训项目三：PTN 设备的维护。学习任务：掌握 PTN 基本配置方法；掌握 PTN 设备的基本维护方法。

第6章 通信电源设备

实训项目一：电源设备的认知。学习任务：认识基站机房中的各类电源设备；掌握各类电源设备的作用及相互连接关系；理解各类接地及其方法。

实训项目二：开关电源的维护。学习任务：认识开关电源组成结构；掌握开关电源的日常检查基本操作（包括日常检查、检测、整流器参数查看、模块更换等）。

实训项目三：蓄电池的维护与测试。学习任务：认识蓄电池及其组成部分；掌握蓄电池日常检查基本操作（包括日常检查、检测、参数检查及设置、浮充电压检查等）。

实训项目四：油机的维护与发电。学习任务：认识油机及其组成部分；掌握油机发电方法；掌握油机日常维护基本方法（包括各类油液检查、各类过滤器件清洗等）。

实训项目五：UPS 的维护。学习任务：认识 UPS 组成及结构；掌握 UPS 日常检查维护基本操作（包括日常检查、检测、进网测试等）。

第7章 空调和动力环境监控系统

实训项目一：空调的维护。学习任务：认识空调各组成部分；掌握空调日常保养方法。

实训项目二：监控系统的维护。学习任务：认识监控系统的各组成部分；掌握监控系统传输通道的维护方法。

第8章 基站建设维护规范

实训项目一：基站勘测。学习任务：理解基站勘测各个环节的工作任务及要求。

实训项目二：安全防护。学习任务：掌握个人安全防护用品（安全帽、安全带）的使用方法和登高操作安全注意事项。

参考文献 REFERENCE

［1］张雷霆. 通信电源［M］. 3 版. 北京：人民邮电出版社，2014.

［2］赵东风，彭家和，丁洪伟. SDH 光传输技术与设备［M］. 北京：北京邮电大学出版社，2012.

［3］何一心. 光传输网络技术——SDH 与 DWDM［M］. 2 版. 北京：人民邮电出版社，2013.

［4］魏红. 移动通信技术［M］. 4 版. 北京：人民邮电出版社，2021.

［5］周峰，高峰，张武荣，等. 移动通信天线技术与工程应用［M］. 北京：人民邮电出版社，2015.

［6］吴为. 无线室内分布系统实战必读［M］. 北京：机械工业出版社，2012.

［7］广州杰赛通信规划设计院. 小基站（Small Cell）在新一代移动通信网络中的部署与应用［M］. 北京：人民邮电出版社，2019.

［8］宋铁成，宋晓勤，汤昕怡，等. 5G 无线技术及部署［M］. 北京：人民邮电出版社，2020.

［9］赵新胜，陈美娟，陶亚雄，等. 5G 承载网技术及部署［M］. 北京：人民邮电出版社，2021.